Reinhard Kulick

Auslandsbau

Leitfaden des Baubetriebs und der Bauwirtschaft

Herausgegeben von:

Univ.-Prof. Dr.-Ing. Fritz Berner
Univ.-Prof. Dr.-Ing. Bernd Kochendörfer

Der Leitfaden des Baubetriebs und der Bauwirtschaft will die in Praxis, Lehre und Forschung als Querschnittsfunktionen angelegten Felder – von der Verfahrenstechnik über die Kalkulation bis hin zum Vertrags- und Projektmanagement – in einheitlich konzipierten und inhaltlich zusammenhängenden Darstellungen erschließen.

Die Reihe möchte alle an der Planung, dem Bau und dem Betrieb von baulichen Anlagen Beteiligten, vom Studierenden über den Planer bis hin zum Bauleiter ansprechen. Auch der konstruierende Ingenieur, der schon im Entwurf über das anzuwendende Bauverfahren und damit auch über die Wirtschaftlichkeit und die Risiken bestimmt, soll in dieser Buchreihe praxisorientierte und methodisch abgesicherte Arbeitshilfen finden.

www.viewegteubner.de

Reinhard Kulick

Auslandsbau

Internationales Bauen innerhalb
und außerhalb Deutschlands

2., erweiterte und aktualisierte Auflage

Mit 105 Abbildungen

STUDIUM

VIEWEG+
TEUBNER

Bibliografische Information der Deutschen Nationalbibliothek
Die Deutsche Nationalbibliothek verzeichnet diese Publikation in der Deutschen Nationalbibliografie; detaillierte bibliografische Daten sind im Internet über <http://dnb.d-nb.de> abrufbar.

Prof. Dr.-Ing. Reinhard Kulick studierte Konstruktiven Ingenieurbau an der TU Hannover. Nach wissenschaftlicher Mitarbeit, Forschung und Promotion am Fachgebiet Informationsverarbeitung im Bauwesen an der TU Darmstadt wurde er Projektleiter. Er betreute viele Jahre Baustellen unter anderem in Saudi Arabien, Nigeria und Somalia. Nach seiner Berufung an die Fachhochschule Mainz für die Lehrgebiete „Auslandsbau" und „Bauwirtschaft" hat er dort den Studiengang „Internationales Bauingenieurwesen" sowie Kooperationen mit britischen und französischen Universitäten aufgebaut.

Internet: www.fh-mainz.de
Email: reinhard.kulick@fh-mainz.de

1. Auflage 2003
2., erweiterte und aktualisierte Auflage 2010

Lektorat: Karina Danulat | Sabine Koch

Vieweg+Teubner ist Teil der Fachverlagsgruppe Springer Science+Business Media.
www.viewegteubner.de

Umschlaggestaltung: KünkelLopka Medienentwicklung, Heidelberg
Satz/Layout: Dipl.-Vw. Annette Prenzer, Wiesbaden
Druck und buchbinderische Verarbeitung: Ten Brink, Meppel
Gedruckt auf säurefreiem und chlorfrei gebleichtem Papier.
Printed in the Netherlands

ISBN 978-3-8348-0752-6

Vorwort

Die deutsche Bauwirtschaft kommt mit dem ausländischen Baugeschehen zweifach in Berührung: Einerseits plant und baut sie direkt oder über Tochter- und Beteiligungsunternehmen im Ausland. Andererseits kommen ausländische Unternehmen und Bauherren nach Deutschland und erbringen hier Planungs- und Bauleistungen beziehungsweise lassen diese hier erbringen. Das vorliegende Buch will Hilfen für beide Berührungspunkte bereitstellen. Beschrieben und den deutschen Sachverhalten gegenübergestellt werden auslandsspezifische Randbedingungen und die daraus resultierenden Denk- und Vorgehensweisen ausländischer Baufachleute und Bauherren. Der gewählte, griffige Buchtitel „Auslandsbau" trifft demnach den Buchinhalt nur näherungsweise. Zutreffender wäre „Grenzüberschreitendes Bauen", was aber etwas holprig klingt, oder „Bauen mit Ausländern", was mit hoher Wahrscheinlichkeit völlig falsch gedeutet würde.

Eine „weltumfassende" Beschreibung des Auslandsbaus ist nicht leistbar! Das Buch beschränkt sich deshalb auf die aus deutscher Sicht bedeutsamen britischen, internationalen und französischen Regelwerke und zeigt grundlegende strukturelle und rechtliche Unterschiede auf. Es will für typische auslandsspezifische Besonderheiten sensibilisieren und damit helfen, Missverständnisse und Fehlinterpretationen in der Zusammenarbeit mit ausländischen Kollegen und Bauherren zu vermeiden oder zu vermindern.

Entstanden ist das Buch aus langjähriger Tätigkeit in einem international tätigen Bauunternehmen sowie aus auslandsbezogenen Lehrveranstaltungen in Bauingenieur-Studiengängen der FH Mainz. Es ist als Einführung in den Auslandsbau gedacht und richtet sich an zwei Zielgruppen: Erstens an Studierende der an den Hochschulen angebotenen international ausgerichteten Lehrveranstaltungen und Studiengänge. Zweitens an bereits im Berufsleben stehende Baufachleute, die beim Zusammenwachsen der Baumärkte mit dem Ausland oder Ausländern in Berührung kommen.

Da die Ende 2003 erschienene 1. Auflage des Buches 2008 vergriffen war, haben sich Verfasser und Verlag zu einer Neuauflage entschieden. Für den Verfasser folgte aus dieser Entscheidung ein in diesem Umfang nicht erwarteter Aktualisierungsaufwand. Neue EG-Richtlinien im Bereich der Vergabe und deren Umsetzung in deutsches, britisches und französisches Recht, die europäische Harmonisierung der Studienabschlüsse, die etwas breitere Betrachtung des Bauherrenberaters, die Entwicklung britischer und internationaler Muster-Bauverträge zu Muster-Bauvertragsfamilien, die Aufnahme des Themenbereichs Streitbeilegung und Ergänzungen beim abschließenden Beispiel haben zu umfangreichen Änderungen und Erweiterungen geführt. Inhaltlich abgeschlossen wurde die 2. Auflage im Juni 2009.

Abschließend sei darauf hingewiesen, dass das Buch lediglich aus Gründen der besseren Lesbarkeit nur in der „männlichen Form" geschrieben ist. Der Verfasser weiß aus seiner Lehrtätigkeit, dass auslandsbezogene Lehrveranstaltungen in starkem Maße von Studentinnen besucht werden.

Eine Beschreibung des sich laufend verändernden Auslandsbaus birgt naturgemäß die Gefahr von überholten, ungenauen und fehlerhaften Informationen in sich. Hinweise hierauf werden dankbar angenommen.

Mainz, im August 2009 *Reinhard Kulick*

Inhaltsverzeichnis

Abbildungsverzeichnis

Abkürzungsverzeichnis

Da insbesondere bei den englischen und französischen Abkürzungen manche „Langfassungen“ nicht unmittelbar erkennen lassen, welcher Sachverhalt sich dahinter verbirgt, wird bei fast allen Abkürzungen zusätzlich auf die Seite verwiesen, auf der der Sachverhalt erklärt ist.

Allgemein bekannte Abkürzungen wie z. B., d. h., bzw. oder t = Tonne werden nicht aufgeführt.

ABl.	Amtsblatt der Europäischen Gemeinschaften
ABN	Allgemeine Bedingungen für die Bauwesenversicherung von Gebäudeneubauten durch Auftraggeber
ABU	Allgemeine Bedingungen für die Bauwesenversicherung von Unternehmerleistungen
ADR	*Alternative Dispute Resolution*
AFNOR	*Association Française de Normalisation*
AMICE	*Associate Member of the Institution of Civil Engineers*
AMPR	*Associate Member Professional Review*
ARGE	Arbeitsgemeinschaft
ATV	Allgemeine Technische Vertragsbedingungen
AVB	Allgemeine Vertragsbedingungen
B.A.	Bachelor of Arts (in Deutschland)
BauPG	Bauproduktengesetz
BaustellV	Baustellenverordnung
BEng	*Bachelor of Engineering*
BEng(Hons)	*Bachelor of Engineering with Honours*
B.Eng.	Bachelor of Engineering (in Deutschland)
BET	*Bureau d'études techniques*
BGB	Bürgerliches Gesetzbuch
BG BAU	Berufsgenossenschaft der Bauwirtschaft
BGBl. I	Bundesgesetzblatt Teil I
BKR	Baukoordinierungsrichtlinie
BOOT	*Build-Own-Operate-Transfer*
BoQ	*Bill of quantities*
BOT	*Build-Operate-Transfer*
BPR	Bauproduktenrichtlinie
BS	*British Standard*
BSc	*Bachelor of Science*
BSc(Hons)	*Bachelor of Science with Honours*
B.Sc.	Bachelor of Science (in Deutschland)
BVB	Besondere Vertragsbedingungen
CAR	*Contractor's All Risks*
CCAG	*Cahier des clauses administratives générales*
CCAP	*Cahier des clauses administratives particulières*
CCTG	*Cahier des clauses techniques générales*
CCTP	*Cahier des clauses techniques particulières*

CDB	*Combined Dispute Board*
CDM	*Construction (Design and Management) Regulation 1994*
CE	Konformitätskennzeichnung
CEN	*Comité Européen de Normalisation*
CEng	*Chartered Engineer*
CESMM3	*Civil Engineering Standard Method of Measurement, 3rd Edition*
CFR	*Cost and Freight*
CIF	*Cost, Insurance and Freight*
CIP	*Carriage, Insurance Paid to*
CM	*Construction management*
CMP	*Code des marchés publics*
CNISF	*Conseil National des Ingénieurs et des Scientifiques de France*
CNOA	*Conseil National de l'Ordre des Architectes*
CPR	*Chartered Professional Review*
CPT	*Carriage Paid To*
DAB	*Dispute Adjudication Board*
DAF	*Delivered At Frontier*
DB	*Dispute Board*
DBFO	*Design-Build-Finance-Operate*
DBO	*Design-Build-Operate*
DDP	*Delivered Duty Paid*
DDU	*Delivered Duty Unpaid*
DEA	*Diplôme d'études approfondies* (≈M.Sc.)
DEQ	*Delivered Ex Quay*
DES	*Delivered Ex Ship*
DESS	*Diplôme d'études supérieures spécialisées* (≈M.Eng.)
DIN	Deutsches Institut für Normung
DIS	Deutsche Institution für Schiedsgerichtsbarkeit e.V.
DLR	Dienstleistungsrichtlinie
DPLG	*Diplomé par le gouvernement*
DRB	*Dispute Review Board*
DVA	Deutscher Vergabe- und Vertragsausschuss für Bauleistungen
EC	Eurocode
ECC	*Engineering and Construction Contract*
ECU	*European Currency Unit* (bis 2001)
Ed.	*Editor* (siehe Hrsg.)
EDF	*Électricité de France*
EEA	Einheitliche Europäische Akte
EFTA	*European Free Trade Association* (Europäische Freihandelszone)
EG	Europäische Gemeinschaft
EN	Europäische Norm
ENV	Europäische Vornorm
EPC	*Engineer-Procure-Construct*
ETZ	Europäische Technische Zulassung
EU	Europäische Union (seit 1993)
EWG	Europäische Wirtschaftsgemeinschaft
EXW	*Ex Works*
FAS	*Free Alongside Ship*

FCA	*Free Carrier*
FIBTP	*Fédération Internationale du Bâtiment et des Travaux Public*
FICE	*Fellow of the Institution of Civil Engineers*
FIDIC	*Fédération Internationale des Ingénieurs-Conseils*
FIEC	*Fédération de l'Industrie Européenne de la Construction*
FOB	*Free On Board*
frt	Frachttonne
GC/Works/1	*General Conditions of Government Contract for Building and Civil Engineering Major Works*
GmbH	Gesellschaft mit beschränkter Haftung
GMP	*Guaranteed Maximum Price* oder Garantierter Maximalpreis
GU	Generalunternehmer
GÜ	Generalübernehmer
GWB	Gesetz gegen Wettbewerbsbeschränkungen
HD	Harmonisierungsdokument
HGCRA	*Housing Grants, Construction and Regeneration Act 1996*
HND	*Higher National Diploma*
HOAI	Honorarordnung für Architekten und Ingenieure
Hons	*Honours = with honours*
Hrsg.	Herausgeber
ICC	*International Chamber of Commerce*
ICE	*Institution of Civil Engineers*
IEng	*Incorporated Engineer*
Incoterms	*International Commercial Terms*
IPD	*Initial Professional Development*
ISO	*International Organisation for Standardization*
IStructE	*Institution of Structural Engineers*
IUP	*Instituts universitaires professionnalisés*
JCT	*Joint Contracts Tribunal*
KfW	Kreditanstalt für Wiederaufbau
Kfz	Kraftfahrzeug
LB	Leistungsbeschreibung
LKR	Lieferkoordinierungsrichtlinie
Lkw	Lastkraftwagen
LV	Leistungsverzeichnis
M.A.	Master of Arts (in Deutschland)
MBO	Musterbauordnung
MC	*Management contracting*
MEng	*Master of Engineering*
M.Eng.	Master of Engineering (in Deutschland)
MICE	*Member of the Institution of Civil Engineers*
MPR	*Member Professional Review*
MSc	*Master of Science*
M.Sc.	Master of Science (in Deutschland)
NBS	*National Building Specification*
NEC	*New Engineering Contract*
NF	*Norme Française*
NJCC	*National Joint Consultative Committee for Building*

OPEC	*Organization of the Petroleum Exporting Countries*
ÖPP	Öffentlich Private Partnerschaft
OPQCB	*Organisme Professionnel de Qualification et de Classification du Bâtiment et des activités annexes'*
OPSI	*Office of Public Sector Information*
PhD	*Doctor of Philosophy* (lateinisch: Philosophiae Doctor)
PPP	*Private Public Partnership*
QS	*Quantity surveyor* oder *quantity surveying*
RAB	Regeln zum Arbeitsschutz auf Baustellen
RIBA	*Royal Institute of British Architects*
RICS	*Royal Institution of Chartered Surveyors*
RMR	Rechtsmittelrichtlinie
SektVO	Sektorenverordnung
SGO Bau	Schiedsgerichtsordnung für das Bauwesen einschließlich Anlagenbau
SiGe	Sicherheit und Gesundheitsschutz
SKR	Sektorenrichtlinie
SMM7	*Standard Method of Measurement of Building Works, 7th Edition*
SNCF	*Société nationale des chemins de fer français*
SOBau	Schlichtungs- und Schiedsordnung für Baustreitigkeiten
spec	*specification*
SRMR	Sektoren-Rechtsmittelrichtlinie
StLB	Standardleistungsbuch
StLK	Standardleistungskatalog
T+B	Tochter- und Beteiligungsgesellschaften
TCN	*Third Country National*
TTR	*Technical Report Route*
TU	Totalunternehmer
TÜ	Totalübernehmer
Ü	Übereinstimmungszeichen
UK	*United Kingdom* (Großbritannien)
US	*United States*
USA	*United States of America*
VDI	Verein Deutscher Ingenieure
VgV	Vergabeverordnung
VHV	Vereinigte Haftpflichtversicherungen
VKR	Vergabekoordinierungsrichtlinie
VOB	Vergabe- und Vertragsordnung für Bauleistungen
VOB/A	Vergabe- und Vertragsordnung für Bauleistungen, Teil A
VOB/B	Vergabe- und Vertragsordnung für Bauleistungen, Teil B
VOB/C	Vergabe- und Vertragsordnung für Bauleistungen, Teil C
VOF	Verdingungsordnung für freiberufliche Leistungen (zukünftig: Vergabeordnung für freiberufliche Leistungen)
VOL	Verdingungsordnung für Leistungen (zukünftig: Vergabe- und Vertragsordnung für Lieferungen und Dienstleistungen)
VOL/A	Verdingungsordnung für Leistungen, Teil A
VUBIC	Verband unabhängig beratender Ingenieure und Consultants
ZfBR	Zeitschrift für deutsches und internationales Bau- und Vergaberecht (früher: Zeitschrift für deutsches und internationales Baurecht)

ZPO	Zivilprozessordnung
ZTV	Zusätzliche Technische Vertragsbedingungen
ZVB	Zusätzliche Vertragsbedingungen
€	Euro
$	amerikanischer Dollar
£	englisches Pfund

1 Einleitung

1.1 Abgrenzung und Zielsetzung

Die Globalisierung der Märkte bringt es vermehrt mit sich, dass deutsche Bauherren Planungs- und Bauaufträge an ausländische Ingenieurbüros und Bauunternehmen vergeben und deutsche Ingenieurbüros und Bauunternehmen Planungs- und Bauleistungen für ausländische Bauherren erbringen. Es bilden sich international besetzte, temporäre Projektorganisationen, deren Beteiligte häufig davon ausgehen, dass das Planen, Entwerfen und Bauen in allen Ländern der Erde in gleicher Form geschieht.

Dies ist aber nur zum Teil richtig: Geht man beispielsweise in ein britisches Bauunternehmen, dann stellt man zunächst fest, dass das Erstellen eines Planes, das Aufstellen einer Statik und das Herstellen einer Betonstütze mit unserer deutschen Vorgehensweise weitgehend vergleichbar und ohne prinzipielle Schwierigkeiten übertragbar ist. Der Ablauf in beiden Ländern ist gleich, er „erfolgt“ lediglich in einer anderen Sprache.

Kommt man dann aber mit den handelnden Personen ins Gespräch, dann stößt man schnell auf „Ungereimtheiten“ und „Widersprüche“. Sie resultieren aus dem Sachverhalt, dass die eine Seite einen formal korrekt übersetzten Begriff in der gewohnten Weise verwendet, die andere Seite jedoch diesem Begriff nicht den gleichen Inhalt zuweist. So wird beispielsweise im allgemeinen Sprachgebrauch der „Bauingenieur“ mit *civil engineer* übersetzt, tatsächlich aber deckt der Begriff *civil engineering* nur den Bereich Ingenieurbau ab, nämlich Straßen, Brücken, Tunnel, Wasserbau und Industriebau. Hochbauten, d. h. Wohn- und Bürogebäude, Schulen, Krankenhäuser usw., werden von *building engineers* geplant und gebaut. Und dies sind immerhin etwa 80 % aller Bauwerke!

Das Buch soll mit diesen „Ungereimtheiten“ und „Widersprüchen“ vertraut machen. Dabei wird jedoch nicht das gesamte Baugeschehen betrachtet, sondern verglichen werden nur die Denk- und Vorgehensweisen im Ausland, die wesentliche und grundlegende Unterschiede zu denen in Deutschland aufweisen. Es sind dies vor allem strukturelle und rechtliche Sachverhalte. Beschrieben werden die Aufgabenfelder des Bauherrn, des Beratenden Ingenieurs und des Bauunternehmers. Es wird gezeigt, wie diese zueinander finden und wie sie sich vertraglich binden.

Verglichen werden Deutschland auf der einen Seite und Großbritannien, die Entwicklungs- und Schwellenländer sowie Frankreich auf der anderen Seite. Dabei wird vorausgesetzt, dass der Leser gewisse Kenntnisse des Bauens in Deutschland mitbringt. Es wird davon ausgegangen, dass er „seine“ VOB kennt beziehungsweise dort schnell nachschauen kann. Die deutschen Denk- und Vorgehensweisen werden nur soweit dargestellt, wie es für das Verstehen der Besonderheiten des Auslandsbaus erforderlich ist.

Ausführlich betrachtet wird Großbritannien: Erstens steht es für das britisch-angloamerikanische Bauen mit der darin oftmals enthaltenen starken Position eines Bauherrenberaters. Zweitens ist das britische Bauen auch eine maßgebliche Wurzel des Bauens in Entwicklungs- und Schwellenländern.

Die Entwicklungs- und Schwellenländer werden ebenfalls ausführlich betrachtet. Da zu Kolonialzeiten die britischen Denk- und Vorgehensweisen in afrikanische, arabische und asiatische Länder exportiert wurden und da weiterhin die für den internationalen Gebrauch formulierten

Baumusterverträge ihren Ursprung im britischen Vertragswesen haben, ist das internationale Bauen, der so genannte „traditionelle“ Auslandsbau, britisch geprägt.

Kürzer betrachtet wird Frankreich. Es steht als Beispiel für das Bauen in romanischen Ländern. Das „romanische“ Bauen ist geprägt durch die Trennung der Rechtgrundlagen für öffentliche und private Bauherren.

An die Beschreibung der strukturellen und rechtlichen Sachverhalte schließen sich zwei Kapitel mit baubetrieblichen Besonderheiten an. Für das Bauen in Entwicklungs- und Schwellenländern werden das Aufgabenfeld der Logistik und die Risikoabsicherung dargestellt.

Trotz einer angestrebten Themenbreite ist das Buch an einigen Stellen unvollständig. Dies hat mehrere Gründe:

- Da ist zunächst der gewählte Blickwinkel. Am Erbringen der Planungs- und Bauleistung sind eine Vielzahl von Personen und Institutionen mit unterschiedlichen Interessen beteiligt. In diesem Buch wird der Blickwinkel des Bauunternehmens eingenommen. Dabei steht der Begriff Bauunternehmen auch für solche Auftragnehmer, die nicht in jedem Fall Bauunternehmen sind, beispielsweise für General- oder Totalübernehmer. Dargestellt werden im Wesentlichen das Verhältnis Bauherr–Bauunternehmen und Problembereiche des Bauunternehmens.
- Die meisten der beschriebenen Regelwerke und der daraus abgeleiteten Aussagen sind, wenn überhaupt, nur für öffentliche Bauherren verbindlich. Diese Einschränkung darf aber nicht so eng gesehen werden. Ähnlich wie in Deutschland orientieren sich auch im Ausland private und privatwirtschaftliche Bauherren in ihren Denk- und Vorgehensweisen häufig an den Regeln der öffentlichen Hand.
- Nicht gesondert dargestellt wird das Bauen in den mittel- und osteuropäischen Ländern, obwohl dieser Tätigkeitsbereich für deutsche Planungs- und Bauunternehmen derzeit einen durchaus nennenswerten Umfang besitzt und wegen der beträchtlichen Geldzuflüsse aus dem EU-Strukturfond auch zukünftig besitzen wird. Öffentliche Projekte in diesen Ländern werden oftmals auf der Grundlage abgewandelter FIDIC-Verträge, private Projekte oftmals auf der Grundlage projektbezogen formulierter Verträge durchgeführt. Hinsichtlich der Logistik und der Risikoabsicherung ähneln sie Projekten in Entwicklungs- und Schwellenländern.
- Und zuletzt ist die Vielschichtigkeit des Auslandsbaus zu bedenken. Jedes Bauprojekt in einem fremden Land wirft andere Fragen auf. Ein Lehrbuch über alle denkbaren Besonderheiten des Bauens in allen Ländern dieser Welt wird wohl kaum möglich sein.

Ziel des Buches ist es, grundlegende strukturelle, rechtliche und baubetriebliche Unterschiede zwischen dem Bauen in Deutschland und dem Bauen im Ausland aufzuzeigen.

1.2 Buchstruktur und Lesehilfe

Das Buch ist in seinem Beschreibungsansatz zweidimensional angelegt, es orientiert sich an Sachthemen und an Ländern. Auf der oberen Gliederungsebene wird der gesamte Inhalt in sachbezogene Themenblöcke aufgespalten. In den Blöcken selbst werden die Sachthemen länderbezogen behandelt. Nacheinander betrachtet werden Deutschland, Großbritannien, die Entwicklungs- und Schwellenländer sowie Frankreich.

Auf Grund dieser Gliederung sind unterschiedliche „Leseabläufe“ möglich: Das Buch kann Seite für Seite und damit themenbezogen gelesen werden. Und es kann länderbezogen gelesen werden. In diesem Fall muss zwischen den Kapiteln gesprungen werden. Bild 1.1 zeigt die „Matrixstruktur“ des Buches und die „Leseabläufe“ für die verschiedenen Länder.

Sachthemen	Ausland allgemein	Deutschland	Großbritannien	"traditioneller" Auslandsbau =International	Frankreich
	siehe Kapitel ...	siehe Kapitel ...	siehe Kapitel ...	siehe Kapitel ...	siehe Kapitel ...
Struktur des Auslandsbaus	2	2.5		2.1 2.2	
Beteiligte am Bau		3.1.1	3.1.1	3.1.1	3.1.1
			3.1.2	3.1.2	3.1.3
		3.2	3.2	3.2	3.2
			3.3	3.4	3.5
		3.6	3.6	3.6	3.6
Vergabeverfahren		4.1	4.1	4.1	4.1
		4.2	4.2	4.2	4.2
			4.3	4.4	4.5
Bauverträge		5.1	5.1	5.1	5.1
		5.2.1	5.2.1	5.2.1	5.2.1
		5.2.2	5.2.2	5.2.2	5.2.2
			5.2.3	5.2.4	5.2.5
		5.3.1	5.3.1	5.3.1	5.3.1
		5.3.2	5.3.2	5.3.2	5.3.2
			5.3.3	5.3.4	5.3.5
		5.4.1	5.4.1	5.4.1	
			5.4.2	5.4.2	
Logistik				6	
Risikoabsicherung				7	
Beispiel				8	

Bild 1.1: Länderbezogene Buchstruktur

Zur Darstellung des Auslandsbaus wird eine Vielzahl englischer und französischer Fachbegriffe verwendet. Diese werden durch *Kursivschrift* hervorgehoben. Verwendet werden die Originalbegriffe aus mehreren Gründen:

- Erstens stimmen die Inhalte formal durchaus korrekt übersetzter Begriffe nicht immer überein. So unterscheidet sich das Aufgabengebiet des britischen *civil engineers* erheblich von dem des deutschen Bauingenieurs.
- Zweitens macht es keinen Sinn, fremdsprachige Bezeichnungen in jedem Fall zu übersetzen. Das *red book* der *FIDIC*-Muster-Bauverträge ist weltweit unter diesem und nicht unter dem Namen „rotes Buch“ bekannt.

- Drittens soll durch häufiges Wiederholen sowie Gegenüberstellen der fremdsprachigen und der deutschen Begriffe beim Leser eine Sprach-Vertrautheit entstehen.

Werden Begriffe dennoch übersetzt, dann geschieht das manchmal nicht exakt. So wird beispielsweise *bill of quantities contract* nicht mit „Mengenliste-Vertrag", sondern sinngemäß mit dem VOB-Begriff „Einheitspreisvertrag" übersetzt. In anderen Fällen wiederum ist die Übersetzung nicht VOB-konform. So wird beispielsweise dem Begriff *subcontractor* wegen der größeren Ähnlichkeit der Begriff „Subunternehmer" und nicht der VOB-Begriff „Nachunternehmer" zugeordnet. Für sprachliche Klärungen wurden vorwiegend der „Lange", ein baufachliches Wörterbuch /W02/,/W03/, und die „Heidenreich", ein Sprachlehrbuch für Architekten und Bauingenieure /W01/, zu Rate gezogen.

Zu den englischsprachigen Fachbegriffen sei weiterhin angemerkt, dass es oftmals sowohl britische als auch angloamerikanische Begriffe gibt. So wird in Großbritannien das Angebot des Bauunternehmens als *tender* bezeichnet, in den Vereinigten Staaten dagegen als *bid.* Die Inhalte britischer und angloamerikanischer Begriffe sind jedoch in der Regel bis auf Nuancen identisch. Verwendet werden in diesem Buch überwiegend die britischen Begriffe.

Hinsichtlich der Groß- und Kleinschreibung fremdsprachiger Begriffe sind in der zugrunde liegenden englisch- und französischsprachigen Literatur keine durchgängig einheitlich angewendeten Regeln zu erkennen. In dem vorliegenden Buch wird deshalb wie folgt verfahren:

- In Sätzen und satzähnlichen Formulierungen wird der Anfangsbuchstabe sowohl eines nicht-substantivischen als auch substantivischen Begriffes, z. B. der *engineer*, klein geschrieben.
- Steht ein Begriff am Satzanfang, wird der Anfangsbuchstabe groß geschrieben.
- In Bildern, Tabellen und Auflistungen wird in der Regel der Anfangsbuchstabe eines einzeln stehenden Begriffes groß geschrieben, bei Begriffen, die aus mehreren Worten bestehen wie beispielsweise *Design and build contract*, nur der des ersten Wortes.
- Bei Bezeichnungen von Institutionen, Regelwerken und rechtlich definierten Vertragsdokumenten werden die von diesen selbst bzw. in diesen verwendeten Schreibweisen übernommen, z. B. *ICE Conditions of Contract.* Dies gilt in analoger Weise für Namen und Begriffe, deren Schreibweise sich in einer bestimmten Form durchgesetzt hat, zum Beispiel *BOT = Build–Operate–Transfer*.
- Gelegentlich werden Begriffe im Widerspruch zu vorstehenden Regeln mit großem bzw. kleinem Anfangsbuchstaben geschrieben. In diesen Fällen ist die gängige Schreibweise in der fremdsprachigen Literatur übernommen worden.

2 Umfang, Struktur und Besonderheiten des Auslandsbaus

2.1 Statistischer Überblick

Der Auslandsbau besitzt für deutsche Ingenieurbüros und Bauunternehmen eine lange Tradition. Bedeutende Beispiele aus einer Vielzahl von Aufträgen sind:

- 1882 Amsterdamer Hauptbahnhof (Holzmann)
- 1899–1901 Getreidespeicher im Hafen von Genua (Hochtief)
- 1903–1917 die 1.200 km lange Bagdad-Bahn und 1905–1916 die 1.250 km lange Bahnlinie von Dar-es-Salam nach Kigoma im heutigen Tansania (Holzmann)
- 1909 Hafensilo in Buenos Aires (Wayss & Freytag)
- 1911–1916 Dock- und Hafenbau Puerto Militar in Argentinien (Dyckerhoff & Widmann)
- 1924–1928 der 4.400 m lange Teliu-Bahntunnel in Rumänien (Julius Berger)
- 1930–1934 Gründung der Straßen- und Eisenbahnbrücke über den kleinen Belt in Dänemark (Grün & Bilfinger)
- 1930–1934 der 50 km lange Albert-Kanal von Lüttich nach Antwerpen, der Auftragswert war doppelt so hoch wie die damalige Jahresbauleistung des ausführenden Bauunternehmens (Hochtief)

Der Umfang der im Ausland erbrachten Bauleistung war bereits damals für einige Bauunternehmen mit über 30 % des Jahresumsatzes nicht unerheblich. In ihrer grenzüberschreitenden Tätigkeit zweimal stark zurückgeworfen wurden die deutschen Bauunternehmen durch die beiden Weltkriege. Niederlassungen gingen verloren, langjährige Geschäftsbeziehungen wurden unterbrochen. Nur langsam fassten sie nach dem Ende des zweiten Weltkrieges im Ausland wieder festen Fuß. Bis Anfang der 1970er Jahre konnte die jährliche Auslandsbauleistung auf einige 100 Millionen Euro gesteigert werden.

Eine starke Ausweitung erfuhr der Auslandsbau deutscher Bauunternehmen in der zweiten Hälfte der 1970er Jahre als Folge der so genannten Ölkrise. Die *OPEC*-Staaten (*OPEC = Organization of the Petroleum Exporting Countries*) hatten den Ölpreis drastisch erhöht, sie verfügten damit über riesige Geldmengen, mit denen sie groß angelegte Baumaßnahmen, häufig Infrastrukturprojekte, finanzierten. Von dem Kuchen konnten sich deutsche Bauunternehmen mit gut 300 Aufträgen/Jahr im Gesamtwert von bis zu 6 Mrd. Euro/Jahr ein beachtliches Stück abschneiden. Wichtigste Auftraggeber waren die Staaten von Libyen im Westen bis Iran im Osten. Großaufträge im Einzelwert von dreistelligen Millionen-Euro-Beträgen waren in diesen Ländern keine Seltenheit. Die klassischen afrikanischen Entwicklungsländer sowie Asien und Europa spielten nur eine untergeordnete Rolle.

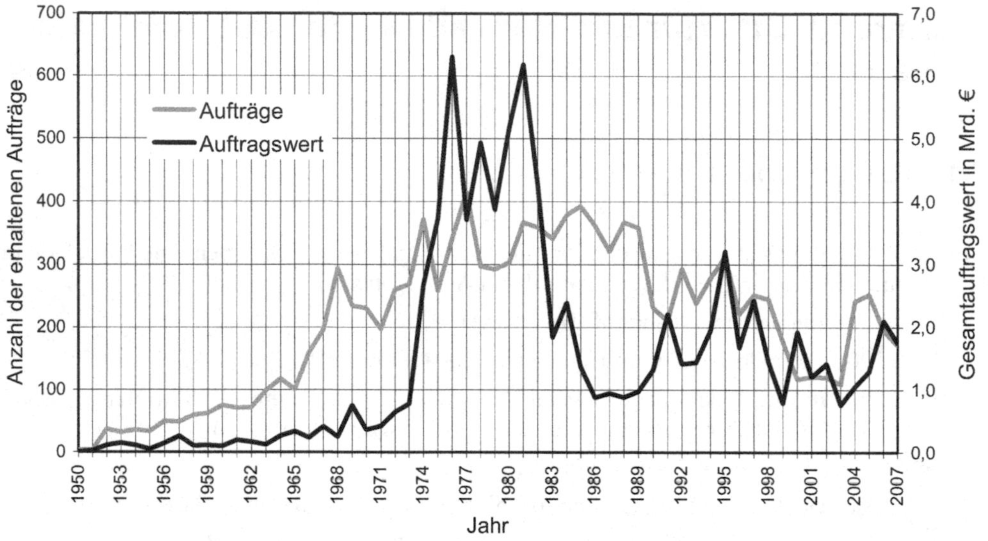

Bild 2.1: „Traditioneller" Auslandsbau (nach /I16/ und /I32/)

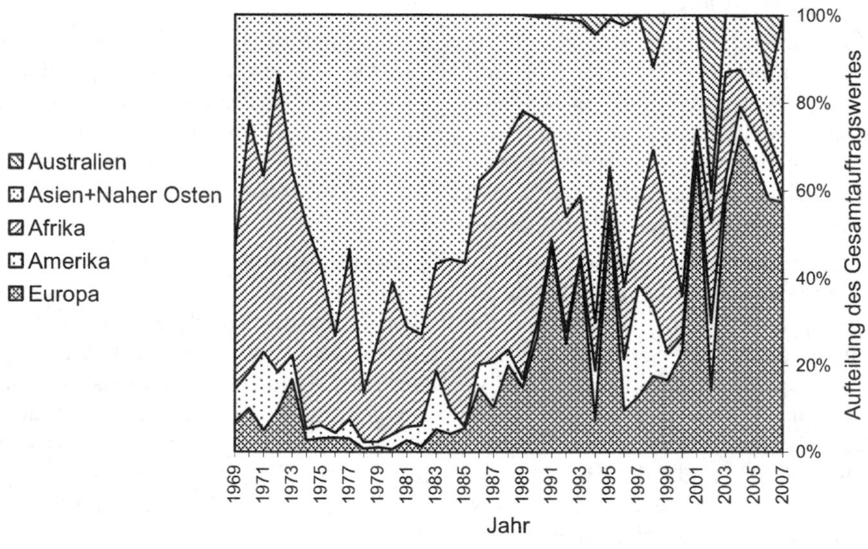

Bild 2.2: Geographische Verteilung des „traditionellen" Auslandsbaus (nach Auftragswerten) (nach /I16/ und /I32/)

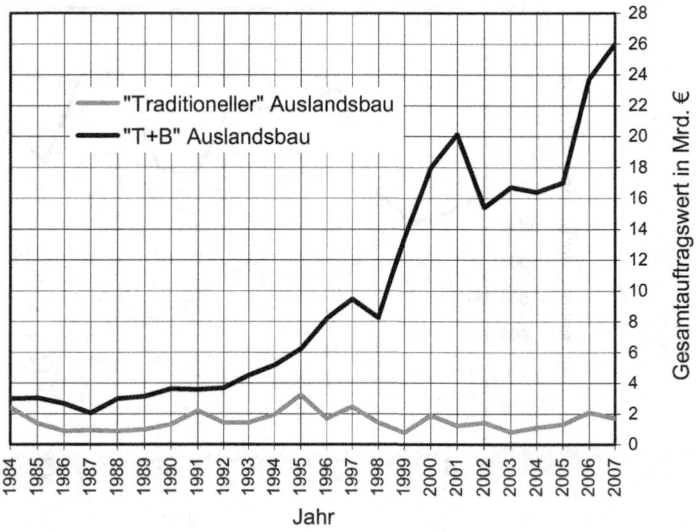

Bild 2.3: „Traditioneller“ und „T+B“ Auslandsbau (nach /I16/ und /I32/)

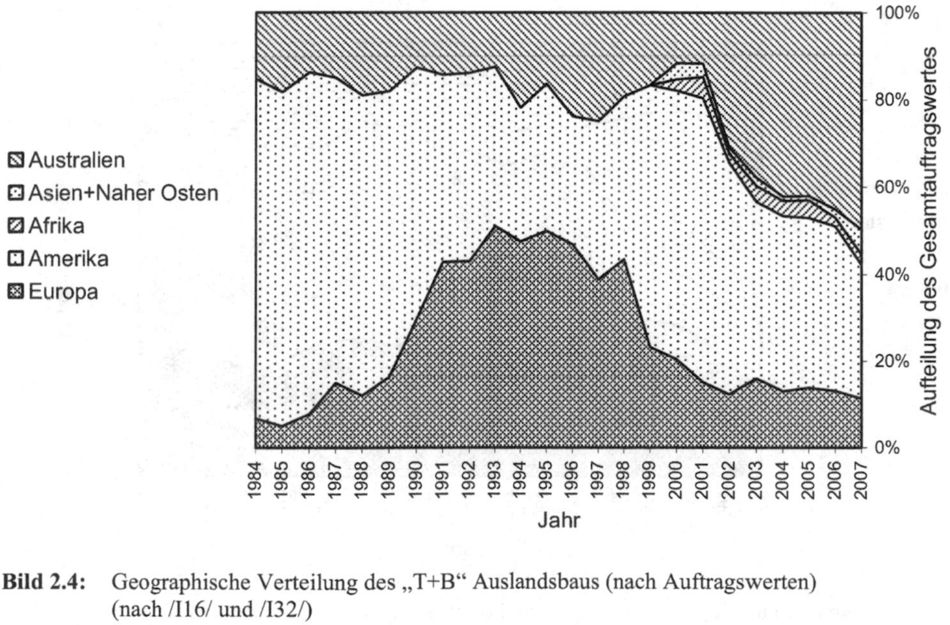

Bild 2.4: Geographische Verteilung des „T+B“ Auslandsbaus (nach Auftragswerten) (nach /I16/ und /I32/)

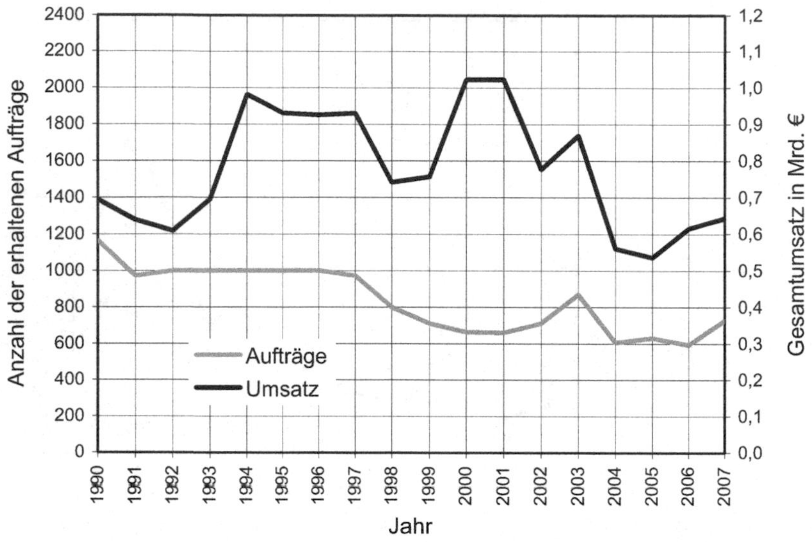

Bild 2.5: Export von Ingenieurdienstleistungen (nach /I42/)

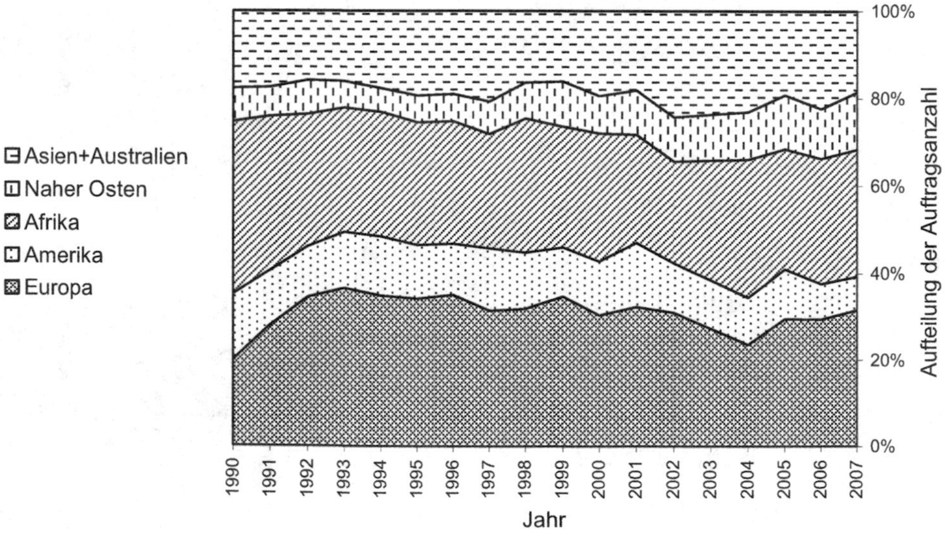

Bild 2.6: Geographische Verteilung der Ingenieurdienstleistungen (nach Auftragsanzahl) (nach /I42/)

Mitte der 1980er Jahre veränderte sich die Struktur des Auslandsbaus erneut. Auf Grund der in den Industriestaaten greifenden Energiesparmaßnahmen sanken die Öleinnahmen und einige *OPEC*-Staaten gerieten in ernsthafte Zahlungsschwierigkeiten. Als Folge brachen die Bauaufträge aus diesen Ländern ein. Zwar sank nicht so sehr die Anzahl, es kam aber mehr und mehr zu Aufträgen, die man nur wenige Jahre zuvor wegen ihrer geringen Größe nicht angenommen hätte. Die geographische Verteilung dieser Auslandsaktivitäten ist seitdem starken Schwankungen unterworfen (Bilder 2.1 und 2.2).

Gleichzeitig mit dem Rückgang des vorstehend beschriebenen „traditionellen“ Auslandsbaus entwickelten die Bauunternehmen ein zweites, heute dominantes Bein. Sie wurden zunehmend über Tochter- und Beteiligungsgesellschaften (=T+B) in Europa und in außereuropäischen Industrieländern tätig. Und damit entstand eine andere Art des Auslandsbaus: Während man beim „traditionellen“ Auslandsbau mit seinem gesamten „Wanderzirkus“ bestehend aus Personal, Gerät und Material in andere Länder geht, operiert man beim „T+B“ Auslandsbau als einheimisches Bauunternehmen vor Ort. Transferiert werden im Wesentlichen Finanzmittel und/oder Know-how und/oder Führungskräfte. Bevorzugte Länder für den „T+B“ Auslandsbau deutscher Bauunternehmen sind Australien, Nordamerika und Europa, beim „traditionellen“ Auslandsbau überwiegen die Entwicklungs- und Schwellenländer Osteuropas und des Nahen Ostens (Bilder 2.3 und 2.4).

Den „traditionell“ sowie über Tochter- und Beteiligungsgesellschaften zu erbringenden Bauleistungen der Bauunternehmen sind Ingenieurdienstleistungen hinzuzurechnen. Deutsche Ingenieurbüros und -unternehmen sind in Deutschland für das Ausland oder direkt vor Ort im Ausland als Planer, Entwerfer und Ausführungsüberwacher aktiv.

In den Bildern 2.5 und 2.6 werden die vom deutschen Verband unabhängig beratender Ingenieure und Consultants (=VUBIC) bei seinen etwa 320 Mitgliedsunternehmen (Stand 2008) erhobenen Zahlen wiedergegeben. Sie zeigen, dass der Export von Ingenieurdienstleistungen erstens gegenüber früheren Jahren gesunken ist und zweitens seit 2004 hinsichtlich der Anzahl der jährlich erhaltenen Neuaufträge und des jährlichen Gesamtumsatzes relativ konstant ist.

Geographische Schwerpunkte des Exports von Ingenieurdienstleistungen sind relativ konstant Europa, Afrika und Asien/Australien. Die Aktivitäten in Afrika und Asien sowie mit Abstrichen die in Mittel- und Südamerika und in Osteuropa sind der Entwicklungshilfe zuzuordnen. 2007 kam ein gutes Viertel aller Aufträge von privaten Auftraggebern, ein Viertel jeweils von öffentlichen Auftraggebern und der deutschen Entwicklungshilfe und ein knappes Viertel von der internationalen Entwicklungshilfe. Tätigkeitsfelder waren Wasserver- und -entsorgung (21 %), Umweltschutz (11 %), Verkehrswesen (9 %) gefolgt von Hochbau, Stadtplanung, Energiewirtschaft (jeweils 6 %) und Abfallentsorgung (5 %) /I42/.

Die in den Bildern 2.5 und 2.6 dargestellte Entwicklung des Dienstleistungsexports spiegelt aus mehreren Gründen den tatsächlichen Verlauf nur angenähert wieder: Erstens beruhen die Zahlen auf freiwilligen Angaben der VUBIC-Mitglieder. Zweitens enthalten die Zahlen vor dem Jahr 2000 die Auslandsaktivitäten lediglich eines der beiden VUBIC-Vorgängerverbände. Drittens sind die 2003er Zahlen wegen fehlender VUBIC-Angaben vom Buchautor geschätzt. Viertens schließlich geht das Leistungsspektrum der VUBIC-Mitglieder über den Baubereich hinaus. Die Zahlen enthalten daher auch baufremde Aufträge wie beispielsweise Beratungen öffentlicher Verwaltungen in Entwicklungs- und Schwellenländern sowie Leistungen im Bereich der Kommunikations- und Informationstechnologie.

Bezogen auf das gesamte inländische Bauvolumen der deutschen Bauwirtschaft stellt der Auslandsbau eine eher kleine Größe dar. 2007 wurden in Deutschland Ingenieurdienstleistungen und Bauleistungen im Gesamtwert von etwa 240 Mrd. Euro erbracht /D46/. Wird mangels statistischer Zahlen angenommen, dass der Wert der jährlich im Ausland erbrachten Bauleistung in etwa dem Wert der jährlich neu erteilten Bauaufträge entspricht, dann standen den 240 Mrd. Euro lediglich 0,64 Mrd. Euro auslandsbezogene Ingenieurdienstleistung sowie 1,75 Mrd. Euro im „traditionellen" und 26,0 Mrd. Euro im „T+B" Auslandsbau gegenüber. Werden diese Auslandsbauzahlen jedoch auf die Leistungserbringer, die beteiligten Ingenieur- und Bauunternehmen, bezogen, dann werden sie gewichtiger. Einige im Auslandsbau tätige Unternehmen erbringen derzeit weit mehr als die Hälfte ihres Umsatzes in diesem Geschäftsfeld.

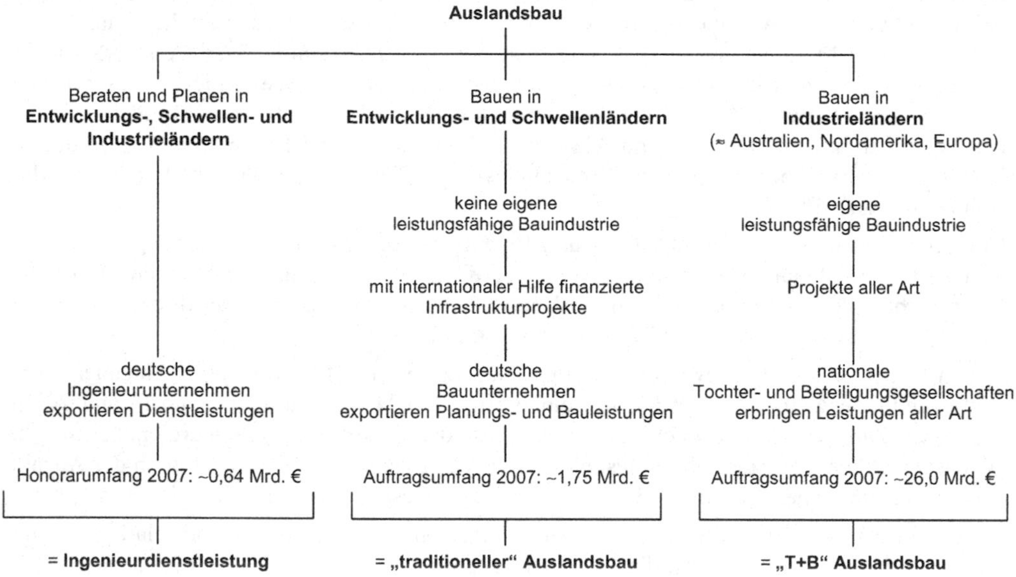

Bild 2.7: Tätigkeitsfelder des deutschen Auslandsbaus

Zusammenfassend ist festzustellen, dass es „den" Auslandsbau nicht gibt. Es gibt einen internationalen Baumarkt, auf dem deutsche Ingenieur- und Bauunternehmen in vielfältiger Weise aktiv sind (Bild 2.7). Die Aktivitäten unterscheiden sich

- in der Form der Leistungserbringung,
- im Leistungsumfang und
- in den länderspezifischen Randbedingungen.

Im Folgenden werden diese drei Faktoren erläutert.

2.2 Formen der Leistungserbringung

2.2.1 „Traditioneller" Auslandsbau

In der Vergangenheit waren die Auslandsaktivitäten deutscher Bauunternehmen in der Regel projektbezogen. Sie akquirierten und realisierten einzelne Großprojekte auf dem internationalen Markt und entwickelten im Laufe der Zeit die Fähigkeit, prinzipiell an jedem Punkt der Erde, große und komplexe Bauprojekte durchführen zu können.

Dieser so genannte „traditionelle" Auslandsbau basiert auf einem weitgehenden Export der für das Projekt erforderlichen Ressourcen. Bauplanerisches, bautechnisches und organisatorisches Know-how werden in Form von „Blaupausen" und Personal zur Baustelle entsandt. Dabei umfasst das Personal oftmals nicht nur die Führungskräfte, die Ingenieure, Kaufleute und Poliere, sondern sogar gewerbliche Arbeitnehmer. Zur Baustelle exportiert werden weiterhin die Geräte und meistens auch die qualitativ hochwertigeren Materialien. Salopp ausgedrückt: Bauunternehmen gehen für ein einzelnes Projekt mit einem mehr oder weniger großen Teil der benötigten Ressourcen, ihrem „Wanderzirkus", in das Gastland.

Angemerkt sei, dass man in Veröffentlichungen neben dem Begriff „traditioneller" Auslandsbau neuerdings auch der Begriff „direkter" Auslandsbau findet. Dieser Begriffswechsel ist durchaus nachvollziehbar, da auch der „T+B"-Auslandsbau inzwischen eine langjährige Tradition besitzt. Insgesamt überwiegt aber noch die Bezeichnung „traditionell". Sie wird deshalb in diesem Buch verwendet.

Der „traditionelle" Auslandsbau ist in der Regel mit den Ländern verbunden, in denen keine leistungsfähige inländische Bauwirtschaft existiert. Es sind dies die Entwicklungs- und Schwellenländer Afrikas, des Nahen und Mittleren Ostens, Südostasiens und Lateinamerikas sowie seit Anfang der 1990er Jahre die Länder Mittel- und Osteuropas. In ihnen kann die Nachfrage nach Planungs- und Bauleistungen entweder wegen fehlender Kapazitäten oder wegen fehlenden Know-how's durch inländische Anbieter nicht gedeckt werden. International ausgeschriebene Bauprojekte dieser Länder zeichnen sich durch ihre Größe und/oder ihr hohes technologisches Anspruchsniveau aus. Staudämme, Häfen und Flughäfen, Brücken und Tunnel sowie besonders aufwändige Hochbauprojekte sind kennzeichnend für dieses Marktsegment.

Für das deutsche Bauunternehmen bedeutet das Bauen im Ausland in Form des „traditionellen" Auslandsbaus zunächst nichts grundlegend Neues. Auch in Deutschland hat jede Baustelle ihre eigenen Randbedingungen. Im Auslandsbau jedoch kommen einige erschwerende Sachverhalte hinzu: Da ist die fremde Sprache im Gastland und häufig eine zweite fremde Sprache zwischen den am Projekt Beteiligten. Es sind die politischen, rechtlichen, wirtschaftlichen und administrativen Systeme des Gastlandes, in denen man sich schnell zurechtfinden muss, wenn man erfolgreich sein will. Man stößt auf andere Mentalitäten, andere ethische und religiöse Vorstellungen. Und nicht zuletzt können ungewohnte klimatische Verhältnisse das Leben erschweren /I17/,/I18/,/I20/,/I23/,/I39/.

Neben diesen Erschwernissen gibt es im „traditionellen“ Auslandsbau zwei zusätzliche Fragenkomplexe:

- Wie kann über weite Distanzen geführt werden?

  Zwischen dem Unternehmen in Deutschland und der Baustelle in einer fernen Ecke dieser Welt liegen in der Regel mehrere tausend Kilometer. Es ist eine Führungsstruktur zu installieren, die es einerseits der Bauleitung erlaubt, ihre örtlichen Kenntnisse optimal zu nutzen, und die es andererseits der Unternehmensleitung ermöglicht, einen schnellen und detaillierten Einblick in den aktuellen Stand der Baustelle zu nehmen.

- Wie ist die Baustellenversorgung, die Logistik, zu organisieren?

  Die zur Erbringung der Vertragsleistung erforderlichen Ressourcen Arbeitskräfte, Geräte und Materialien sind in vielen Fällen nicht oder nicht in ausreichender Menge und/oder Qualität im Gastland vorhanden. Es ist ein logistisches System aufzubauen, welches sicherstellt, dass die benötigten Produktionsfaktoren in der geforderten Qualität, in ausreichender Menge und zur richtigen Zeit auf der Baustelle bereitstehen.

Während der „traditionelle“ Auslandsbau bis in die 1980er Jahre hinein der Normalfall war, stellt er heute eher den Sonderfall dar. Die Projekte, die auf den Markt kommen, sind in der Regel technisch anspruchsvoll und damit sehr interessant, häufig sind sie aber auch mit einem hohen Risikoprofil verbunden.

2.2.2 „T+B“ Auslandsbau

Ab Mitte der 1980er Jahre bildete sich mehr und mehr ein neuer Auslandsbau heraus, das Bauen über ausländische Tochter- und Beteiligungsgesellschaften. Die im Ausland aktiven deutschen Bauunternehmen gründen in anderen Ländern eigene Tochterunternehmen und/oder beteiligen sich an bestehenden einheimischen Unternehmen. Sie treten somit im Gastland als einheimische Unternehmen mit einer mehr oder weniger großen Angebotspalette auf.

Der über Tochter- und Beteiligungsgesellschaften „eingekaufte“ Auslandsbau, der so genannte „T+B“ Auslandsbau, ist in der Regel mit den Ländern verbunden, die über eine eigene leistungsfähige inländische Bauwirtschaft verfügen. Es sind dies die Länder Europas und Nordamerikas sowie Australiens. Hinzu kommen immer mehr industriell aufstrebende Schwellenländer. Weltweite Kommunikation haben das bauplanerische, bautechnische und organisatorische Know-how für alle verfügbar gemacht. Die klassischen Exporteure von Planungs- und Bauleistungen verlieren mehr und mehr ihren Vorsprung.

Für deutsche Bauunternehmen beinhaltet das Bauen im Ausland in Form des „T+B“ Auslandsbaus in den meisten Fällen keine aktive Beteiligung an der produktiven Leistung. Die Tochter- und Beteiligungsgesellschaften besitzen größtenteils eigene Kompetenzen und können auch schwierige Projekte alleine realisieren. Nur bei komplizierten und risikoreichen Großprojekten wird unter Umständen auf die deutsche Mutter zurückgegriffen.

Der Einsatz deutscher Mitarbeiter vor Ort ist bei dieser Form des Auslandsbaus eher gering. In vielen Fällen stellt sich der „T+B“ Auslandsbau im Wesentlichen als eine Finanzbeteiligung dar, die strategisch zu planen, zu kontrollieren und zu verwalten ist. Ins Ausland entsandt werden deshalb häufig nur wenige Führungskräfte.

Dieser Sachverhalt darf aber nicht darüber wegtäuschen, dass auch der „T+B“ Auslandsbau sehr risikoreich sein kann. Schwierigkeiten deutscher Mütter mit ihren ausländischen Töchtern und Beteiligungen sind durchaus nicht selten. Eine fremde Sprache, anders geartete politische, rechtliche, wirtschaftliche und administrative Systeme sowie andere Mentalitäten erschweren oder verhindern oftmals ein direktes Übertragen deutscher Denk- und Vorgehensweisen. Und nicht zuletzt neigen manche Bauherren in manchen Länder dazu, die Vergabe an ausländische Unternehmen oder im ausländischen Besitz befindliche inländische Unternehmen zu erschweren /I17/,/I23/,/I39/.

2.2.3 Ingenieurdienstleistung

Parallel zum Auslandsbau der Bauunternehmen sind deutsche Ingenieurbüros und -unternehmen seit vielen Jahrzehnten an Baumaßnahmen außerhalb Deutschlands beteiligt. Oftmals waren sie die Vorhut der Bauunternehmen. Sie planten und entwarfen die Baumaßnahme und berieten den Bauherrn bei der Auftragsvergabe an Bauunternehmen. Bei der anschließenden Realisierung der Baumaßnahme waren sie die Mittler zwischen Bauherrn und Bauunternehmen. Dies galt insbesondere dann, wenn – wie in Entwicklungs- und Schwellenländern häufig der Fall – der Bauherr ein „baufachlicher Laie“ war.

Ingenieurdienstleistungen wurden und werden sowohl in Industrieländer als auch in Entwicklungs- und Schwellenländer exportiert. Dieser Export hat sich in den letzten Jahren gegenüber früher an zwei Stellen verändert:

Erstens wurden Planungs-/Entwurfsleistungen für das Ausland früher überwiegend in Deutschland erbracht und als „Blaupausen“ ins Ausland exportiert. Diese Vorgehensweise hat abgenommen. Deutsche Ingenieurunternehmen besitzen heute mehr als 500 Auslandsniederlassungen. Sie bringen damit ihre fachliche Kompetenz vor Ort, rücken näher an die Kunden heran, erlangen bessere Kenntnisse über lokale Strukturen und bekommen einen leichteren Zugang zu lokalen Märkten. Ihre Einbindung in die Vorbereitung und Durchführung von Baumaßnahmen ist direkter.

Zweitens erfolgte das Planen und Bauen im Ausland bisher meistens in der „klassischen“ Form: Der Bauherr beauftragte zunächst ein oder mehrere unabhängig beratende Ingenieurbüros mit der Planung. Nach Vorliegen der ausführungsreifen Planung beauftrage er, häufig beraten von einem unabhängigen Ingenieurbüro, ein oder mehrere Bauunternehmen. Deren Ausführung wurde im Auftrag des Bauherrn von einem unabhängig beratenden Ingenieurbüro überwacht. Diese klassische Aufgabenverteilung erfährt seit einigen Jahren Änderungen. Baumaßnahmen werden zunehmend als Pakete bestehend aus Planen und Bauen oder sogar aus Planen, Bauen und Betreiben vergeben. Bei derartigen Vergaben kauft der Paket-Auftragnehmer oftmals die Planungs-/ Entwurfsleistungen als Nachunternehmerleistung ein. Damit verliert das planende und entwerfende Ingenieurbüro einerseits seine direkte vertragliche Bindung und folglich auch den direkten Zugang zum Bauherrn. Andererseits wird es oftmals Teil eines Teams von Ingenieurbüros, Bauunternehmen, Anlagenbauern, Umweltfachleuten, Finanzierungsinstituten, Rechtsberatern und Bauwerksbetreibern, welches ein Projekt gemeinsam ganzheitlich zu entwickeln, zu optimieren und zu verantworten hat. Dem Ingenieurbüro wächst in diesem Team häufig eine über den ingenieurfachlichen Arbeitsbereich deutlich hinausgehende unternehmerische Aufgabe zu. Im Auslandsbau tätige Ingenieur-“Büros“ entwickeln sich zu Ingenieur-“Unternehmen“ /I36/.

2.3 Leistungsumfang

In der Vergangenheit gab es eine klare Aufgabenteilung:

- Ingenieurunternehmen erarbeiteten Durchführbarkeitsstudien, so genannte *Feasibility Studies*, und planten Projekte bis zur Ausführungsreife. Oftmals unterstützten sie auch die Bauherren bei deren Bemühungen, die Finanzierung durch nationale und internationale Institute sicherzustellen.
- Bauunternehmen übernahmen die ausführungsreife Planung und setzten sie um.

Diese Marktaufteilung hat sich verändert. Angestoßen durch den einerseits weltweit großen Bedarf an moderner Infrastruktur und den andererseits dafür auf Auftraggeberseite nur begrenzt zur Verfügung stehenden Mitteln wurden neue Realisierungsmodelle entwickelt. Private Investoren wurden eingeladen, sich an der Planung, dem Bau und Betrieb von Infrastrukturprojekten zu beteiligen.

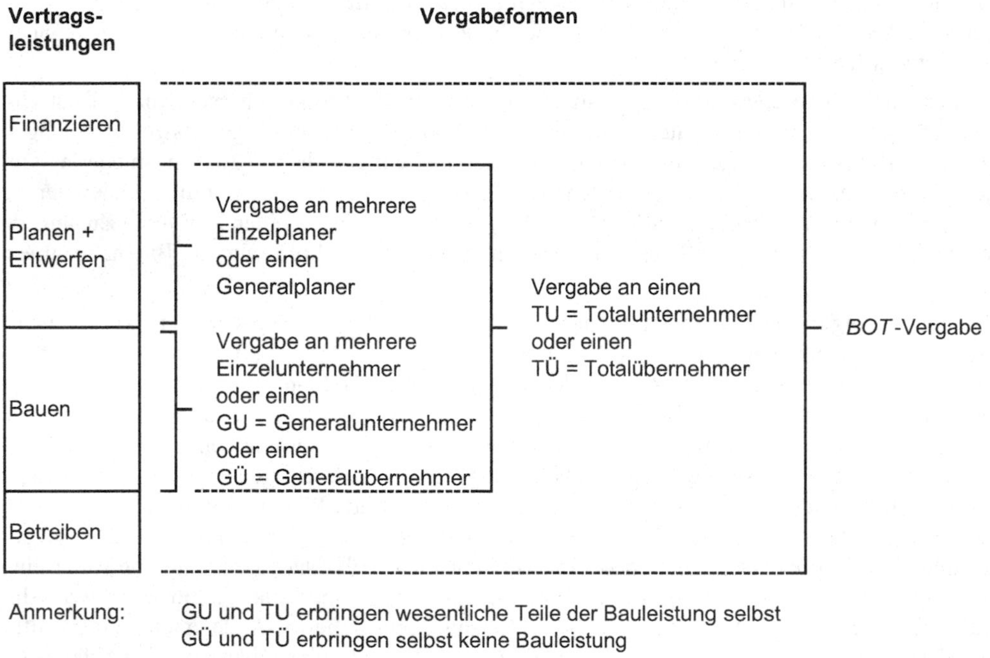

Bild 2.8: Leistungsumfang unterschiedlicher Vergabeformen

Von den großen deutschen Bauunternehmen wurde diese Einladung flächendeckend angenommen. Alle besitzen inzwischen Abteilungen und/oder entsprechende Tochterunternehmen, die auf dem Markt alle Abschnitte aus dem „Lebenslauf" eines Bauwerks anbieten. Im Extremfall beginnt die Leistung des Bauunternehmens mit der Idee, ein Problem durch Bauen zu lösen, und sie endet nach vielen Jahren oder Jahrzehnten mit dem Abriss des aus dieser Idee entstandenen Bauwerks.

Der Leistungsumfang von Auslandsaufträgen stellt sich somit heute als ein Parameter mit großer Spannweite dar. Es gibt weiterhin den reinen Planungsauftrag an ein Ingenieurunternehmen und es gibt weiterhin den reinen Bauauftrag an ein Bauunternehmen, letzterer häufig in Form eines Generalunter- oder Generalübernehmerauftrags für die schlüsselfertige Erstellung des Bauwerks. Daneben kommt es bei großen Auslandsprojekten zunehmend zu inhaltlich erweiterten Aufträgen: Planungs- und Bauleistung werden als ein gemeinsames Paket in so genannten Totalunter- oder Totalübernehmerverträgen vergeben. Und in noch weitergehenden *BOT*-Verträgen, in denen *BOT* für *Build-Operate-Transfer* steht, werden als Dienstleistung auch noch die Finanzierung und/oder das Betreiben des Bauwerks eingeschlossen (Bild 2.8).

Das verantwortliche Betreiben des Bauwerks verändert ganz grundlegend das Risiko des Bauunternehmens. In der Betreiberphase, die im Normalfall mindestens 10, häufig aber bis zu 30 Jahre dauert, können neben technischen Problemen gravierende betriebs- und volkswirtschaftliche Veränderungen bis hin zur Änderung der rechtlichen Rahmenbedingungen auftreten. Art und Umfang möglicher Probleme sind bei Vertragsbeginn oftmals nur schwer abzuschätzen.

Viele Auslandsaufträge besitzen demzufolge ein breites Risikospektrum. Erforderlich ist deshalb ein Risikomanagement, welches zunächst Risiken identifiziert, analysiert und bewertet und sodann unter Sicherheits- und Kostengesichtspunkten Strategien zur Risikovermeidung, -reduzierung, -verlagerung oder -selbstübernahme entwickelt. Der einfache Ansatz, alle Risiken durch Kalkulationsaufschläge preislich zu erfassen, ist sicherlich nicht sinnvoll. Er würde mit hoher Wahrscheinlichkeit zu einer Angebotssumme führen, die höher als die der Mitbewerber ist. Anzustreben ist eine Strategie, die zwar alle Risiken erfasst, jedoch nicht zu überzogenen Risikozuschlägen führt. Nach Erhalt eines Auftrages ist die Entwicklung der Risiken ständig zu überprüfen. Veränderungen der Risikowerte sind gezielt hinsichtlich ihrer Auswirkungen auf das Projektergebnis zu verfolgen /I38/.

2.4 Länderspezifische Randbedingungen

2.4.1 Natürlicher und künstlicher Rahmen

Jedes Land unterscheidet sich zumindest in Teilbereichen von anderen Ländern, es hat seine spezifischen natürlichen und künstlichen Randbedingungen. Geographie, Klima, Bevölkerungsstruktur, Religion, Politik, Wirtschaft und Recht eines Landes beeinflussen maßgeblich das Planen und Bauen der Ingenieur- und Bauunternehmen.

Aus den Randbedingungen resultieren Probleme und Risiken, die es zu minimieren gilt. So hat der Entwurf eines Bauwerks in einem afrikanischen Entwicklungsland nicht nur die üblichen Anforderungen zu erfüllen, er hat zusätzlich die extremen Witterungsbedingungen, die Besonderheiten des örtlichen Arbeitsmarktes und die logistischen Schwierigkeiten einer unter Umständen einsam gelegenen Baustelle zu berücksichtigen. Nicht selten liegen im „traditionellen" Auslandsbau die Ursachen für Ausführungsprobleme in einem nicht ortsgerechten Entwurf.

Bei der Ausführung selbst kommen als auslandstypische Problembereiche häufig das politische sowie das Inflations- und Wechselkursrisiko hinzu. Gerade der „traditionelle" Auslandsbau, der ja in der Regel den Einsatz eines hohen Betriebskapitals in dem jeweiligen Gastland erfordert, findet oftmals in politisch und wirtschaftlich nicht sehr stabilen Ländern statt.

2.4.2 Rechtlicher Rahmen

Die aus den geographischen, klimatischen, bevölkerungsstrukturellen, religiösen, politischen und wirtschaftlichen Randbedingungen resultieren Probleme und Risiken sind nicht nur zu minimieren, sie sind auch in einem möglichst ausgewogenen Verhältnis auf die am Bau Beteiligten zu verteilen. Dies geschieht in den rechtlichen Randbedingungen.

Der das Planen und Bauen unmittelbar betreffende Rechtsrahmen gliedert sich in den verschiedenen Ländern meistens in drei Bereiche: Ein technisches Regelwerk bestehend aus Normen und normenähnlichen Regeln, ein Recht, welches die Beziehungen zwischen dem Staat und den am Bau Beteiligten regelt, und ein Recht, welches die Beziehungen zwischen Bauherren, Ingenieurunternehmen und Bauunternehmen regelt. Übertragen auf Deutschland sind dies die DIN-Normen und weitere allgemein anerkannte Regeln der Technik, das zum öffentlichen Recht gehörende und aus mehreren Einzelgesetzen bestehende Bauordnungsrecht sowie das zum privaten Recht gehörende Vergabe- und Vertragsrecht nach BGB, VOB, VOL und VOF.

Aus der strukturellen Ähnlichkeit der rechtlichen Randbedingungen anderer Länder folgt nicht unbedingt eine inhaltliche Ähnlichkeit. So gibt es beispielsweise gravierende Unterschiede bei der Rolle des beratenden Ingenieurs. In den rund 700 Seiten umfassenden deutschen Mustervertragsbedingungen VOB Teil A, B und C kommt er nicht vor. Die VOB formuliert ein Vertragsverhältnis lediglich zwischen Bauherrn und Bauunternehmen. Ganz anders britische Mustervertragsbedingungen: Dort ist der beratende Ingenieur, der *engineer*, als kontrollierende und genehmigende Instanz zentral eingebunden. Britische Bauverträge „funktionieren“ nur mit seiner Hilfe.

Weit verbreitet ist die Unterscheidung in öffentliche und private Bauherrn. Dabei ist zu beachten, dass diese beiden Bauherrentypen nicht in allen Ländern identisch und eindeutig definiert werden. Es gibt deshalb häufig Listen der als „öffentlich“ klassifizierten Bauherren. In der Regel sind diesen Bauherren bestimmte Vergabeverfahren und Vertragsmuster zwingend vorgeschrieben. Private Bauherren dagegen sind in ihren Handlungsweisen meistens weniger eingeschränkt.

Allgemein ist festzustellen, dass das Vergabe- und Vertragswesen stark von der Verfassungs-, Verwaltungs- und Wirtschaftsordnung des jeweiligen Landes abhängt. Zentralistisch organisierte Staaten haben häufig sehr eng gefasste gesetzliche Regelungen, in föderalistisch organisierten Staaten dagegen existieren zum Teil nur Empfehlungen, die erst durch interne Verwaltungsakte Verbindlichkeit erlangen /D51/,/D52/,/D58/.

2.5 Sonderfall Europäischer Baumarkt

2.5.1 Entwicklung und Abgrenzung

Innerhalb des Auslandbaus nehmen die Staaten der Europäischen Union, der EU, eine Sonderstellung ein. In ihnen wurde für das Planen und Bauen ab einer gewissen Größenordnung eine Reihe rechtlicher Randbedingungen vereinheitlicht. Die in Bild 2.9 dargestellten 27 EU-Staaten stellen somit für größere Projekte einen in Teilbereichen einheitlich geregelten Markt dar.

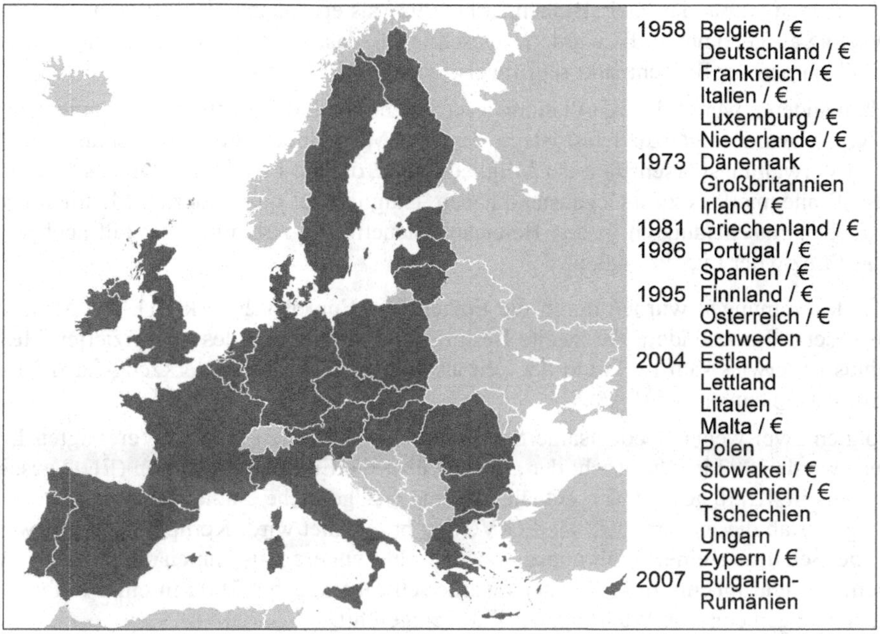

Bild 2.9: Europäische Union (€ = Länder mit Euro-Währung / Stand: Juni 2009)

Der Beginn der Vereinheitlichung, der „Harmonisierung“, liegt mehrere Jahrzehnte zurück (Bild 2.10). 1957 wurden durch Belgien, Deutschland, Frankreich, die Niederlande, Italien und Luxemburg die so genannten „Römischen Verträge“ unterzeichnet und mit Beginn des Jahres 1958 in Kraft gesetzt. Durch die Verträge wurden zunächst getrennt arbeitende Beratungs- und Beschlussorgane geschaffen. Diese wurden 1967 zusammengelegt und es entstand die Europäische Gemeinschaft, die EG.

Von den „Römischen Verträgen“ war der wohl wichtigste der „Vertrag zur Gründung der Europäischen Wirtschaftsgemeinschaft (EWG)“. Sein Ziel war die Errichtung eines so genannten Binnenmarktes, eines gemeinsamen Marktes ohne jegliche Beschränkungen zwischen den Mitgliedstaaten. Der Vertrag listete deshalb die in den vier Bereichen Waren-, Personen-, Dienstleistungs- und Kapitalverkehr abzubauenden Hindernisse konkret auf. Verwirklicht wurden die angestrebten „vier EG-Freiheiten“ in den folgenden Jahren aber nur in Teilbereichen.

Neue Impulse erhielt der europäische Gedanke Mitte der 1980er Jahre. Es wurde beschlossen, bis Ende 1992 den Europäischen Binnenmarkt zu verwirklichen, und es wurde die EG-Kommission, die EG-“Regierung“, beauftragt, hierzu ein detailliertes Programm zu erarbeiten. Dieser Verpflichtung kam die Kommission Mitte 1985 mit der Vorlage ihres „Weißbuchs“ zur Vollendung des Binnenmarktes nach. Es war ein mit einem präzisen Zeitplan versehener Katalog von 300 Rechtsakten, durch die bis 1992 alle bisher noch bestehenden innergemeinschaftlichen Schranken beseitigt werden sollten.

Um der politischen Willenserklärung den notwendigen Druck zu verleihen, wurden zwei flankierende Maßnahmen ergriffen:

- Zum einen wurde das Ziel „Binnenmarkt 1992“ als ergänzende Bestimmung in den EWG-Vertrag aufgenommen. Es wurde festgeschrieben, dass bis Ende 1992 durch entsprechende Maßnahmen der Binnenmarkt schrittweise zu verwirklichen ist.
- Zum anderen wurde das Entscheidungsverfahren innerhalb der EG beschleunigt. Im EWG-Vertrag wurde ergänzend festgelegt, dass die Maßnahmen zur Angleichung der Rechts- und Verwaltungsvorschriften der Mitgliedstaaten, die die Errichtung und das Funktionieren des Binnenmarktes zum Gegenstand haben, lediglich der qualifizierten Mehrheit bedürfen. Nur bei Entscheidungen in den Bereichen Steuern und Arbeitnehmer gilt auch weiterhin das Prinzip der Einstimmigkeit.

Beide Bestimmungen wurden durch die Einheitliche Europäische Akte (EEA) Mitte 1987 in Kraft gesetzt. Insbesondere die zweite Bestimmung, das Prinzip des qualifizierten Mehrheitsbeschlusses, erwies sich im Laufe der Zeit als äußerst wirksames Werkzeug für die Realisierung des „Binnenmarktes 1992“.

Es folgten zwei weitere bedeutsame Schritte auf dem Weg zu einem „Vereinigten Europa“: Erstens wurde 1992 in Maastricht der „Vertrag über die Europäische Union (EU)“ geschlossen und 1993 in Kraft gesetzt. Er enthält als eine maßgebliche Säule den erweiterten EWG-Vertrag, der ab diesen Zeitpunkt als EG-Vertrag bezeichnet wird. Kernpunkte der Erweiterung sind die Schaffung einer Währungsunion und eine engere Zusammenarbeit in der Außen-, Sicherheits- und Innenpolitik. Zweitens wurde seit Jahresbeginn 2002 in einer Reihe von EU-Staaten eine gemeinsame Währung, der Euro, eingeführt.

Ein weiterer, bisher aber noch nicht vollendeter Schritt wurde 2007 mit dem Vertrag von Lissabon eingeleitet. Mit ihm sollen die bestehenden Institutionen, Arbeitsmethoden und Abstimmungsregeln in der Europäischen Union reformiert werden. Der Vertrag tritt erst nach Ratifizierung durch alle 27 Mitgliedstaaten in Kraft. Dies ist bisher (Stand: Juni 2009) nicht geschehen.

Konkret realisiert wurde und wird die in den verschiedenen Verträgen mehr oder weniger abstrakt vereinbarte Harmonisierung im Wesentlichen über EG-Richtlinien. In ihnen werden Zielvorgaben für einen zu regelnden Bereich formuliert. Eine Richtlinie ist für die Mitgliedstaaten hinsichtlich dieser Zielvorgaben verbindlich, die Art und Weise ihrer Umsetzung überlässt sie jedoch dem einzelnen Staat.

1957 **Gründung der Europäischen Wirtschaftsgemeinschaft ("Römische Verträge")**

⇒ Ziel nach Artikel 3: Verwirklichung von vier "EG-Freiheiten"
- freier Warenverkehr
- freier Kapitalverkehr
- freier Dienstleistungsverkehr
- freier Personenverkehr

1971 **Erster Versuch der Liberalisierung des Europäischen Baumarktes**

⇒ Verabschiedung einer Richtlinie zur Koordinierung der Verfahren zur Vergabe öffentlicher Bauaufträge

⇒ Öffentliche Bauaufträge mit einem geschätzten Wert von mehr als 1 Mio. *ECU* (=*European Currency Unit* ≅ Euro) sind EG-weit bekannt zu machen und auszuschreiben

1985 **Beschluss, den Europäischen Binnenmarkt bis 1992 zu verwirklichen**

⇒ Auflistung von 300 Rechtsakten zur Verwirklichung der vier "EG-Freiheiten" (Weißbuch der EG-Kommission)

1987 **Einheitliche Europäische Akte**

⇒ Festschreibung des Ziels 31.12.1992 = Vollendung des EG-Binnenmarktes

⇒ Einführung des qualifizierten Mehrheitsbeschlusses mit dem Ziel, das bisherige Entscheidungsverfahren zu beschleunigen (Ausnahmen: Steuer- und Arbeitnehmerfragen)

1988 ÷1993 **Verabschiedung von diversen baurelevanten EG-Richtlinien**

1993 **Beginn des Europäischen Binnenmarktes und der Europäischen Union**

⇒ 01.01.1993 vereinheitlichter Europäischer Binnenmarkt, darin eingeschlossen der vereinheitliche Europäische Baumarkt

⇒ 01.11.1993 Beginn der Europäischen Union

2002 **Beginn der Währungsunion**

⇒ 01.01.2002 Einführung der Euro-Währung

ab 2004 **Grundlegende Überarbeitung der baurelevanten EG-Richtlinien**

2007 **Vertrag von Lissabon**

⇒ Reform von Institutionen, Arbeitsmethoden und Abstimmungsregeln (noch nicht in Kraft)

Bild 2.10: Entwicklung des Europäischen Binnenmarktes

EG-Richtlinien	Deutsche Regelwerke	Harmonisierungsbereiche
Bauproduktenrichtline 89/106/EWG vom 21.12.1988	**BauPG Bauproduktengesetz** vom 28.04.1998 **MBO Musterbauordnung 2002**	**Technische Regeln im Bauwesen**
Vergabekoordinierungsrichtlinie 2004/18/EG vom 31.03.2004 **Sektorenrichtlinie** 2004/17/EG vom 31.03.2004	**VOB 2006** **Vergabe- und Vertragsordnung für Bauleistungen, Teil A** vom 20.03.2006 **VOL 2006** **Verdingungsordnung für Leistungen, Teil A** vom 06.04.2006 **VOF 2006** **Verdingungsordnung für freiberufliche Leistungen** vom 16.03.2006	**Vergabe öffentlicher Bau-, Liefer- und Dienstleistungsaufträge**
Rechtsmittelrichtlinie (Überwachungsrichtlinie) 89/665/EWG vom 21.12.1989 **Sektoren-Rechtsmittelrichtlinie** (Sektoren-Überwachungsrichtlinie) 92/13/EWG vom 25.02.1992	**GWB** **Gesetz gegen Wettbewerbsbeschränkungen, Teil 4** vom 20.04.2009	
Richtlinie zur Änderung der Rechtsmittelrichtlinien 2007/66/EG vom 11.12.2007	bisher nicht umgesetzt	
Baustellenrichtlinie 92/57/EWG vom 24.06.1992	**BaustellV Baustellenverordnung** vom 10.06.1998	**Sicherheits- und Gesundheitsschutzvorschriften für Baustellen**

Bild 2.11: EG-Richtlinien–Deutsche Regelwerke–Harmonisierungsbereiche
Stand: Juni 2009
(Historische Entwicklung siehe /D01/,/D09/,/D10/,/D12/,/D13/,/D14/,/D30/)

Richtlinien dienen somit der Rechtsangleichung, nationales Recht wird durch sie nicht unmittelbar ersetzt. Sie verpflichten jedoch die Mitgliedstaaten, innerhalb einer Umsetzungsfrist die notwendigen Maßnahmen zur Verwirklichung der vorgegebenen Ziele in ihrem nationalen Rechtssystem durchzuführen.

Bei den Mitte der 1980er Jahre gefassten Beschlüssen hatten die damals 12 EG-Staaten speziell auch den Europäischen Baumarkt mit seinen damals 7,4 Millionen Beschäftigten und einem Wert von umgerechnet etwa 375 Milliarden Euro pro Jahr im Auge (2007: 27 Staaten mit 14 Mio. Beschäftigten und einem Wert von 1.475 Mrd. Euro/Jahr).

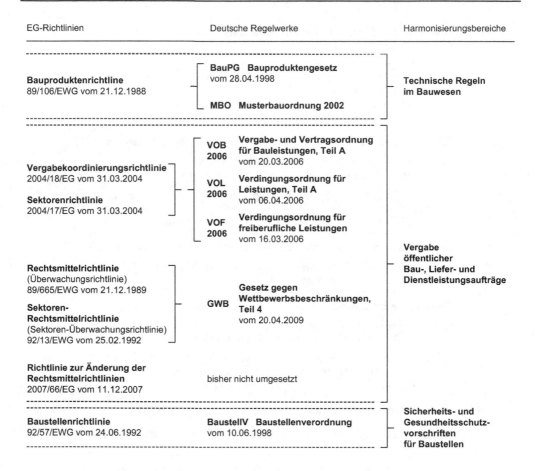

EG-Richtlinien	Deutsche Regelwerke	Harmonisierungsbereiche
Bauproduktenrichtlinie 89/106/EWG vom 21.12.1988	**BauPG Bauproduktengesetz** vom 28.04.1998 **MBO Musterbauordnung 2002**	**Technische Regeln im Bauwesen**
Vergabekoordinierungsrichtlinie 2004/18/EG vom 31.03.2004	**VOB 2009 Vergabe- und Vertragsordnung für Bauleistungen, Teil A** **VOL 2009 Vergabe- und Vertragsordnung für Lieferungen und Dienstleistungen, Teil A** **VOF 2009 Vergabeordnung für freiberufliche Dienstleistungen**	**Vergabe öffentlicher Bau-, Liefer- und Dienstleistungsaufträge**
Sektorenrichtlinie 2004/17/EG vom 31.03.2004	**SektVO Sektorenverordnung**	
Rechtsmittelrichtlinie (Überwachungsrichtlinie) 89/665/EWG vom 21.12.1989 **Sektoren-Rechtsmittelrichtlinie** (Sektoren-Überwachungsrichtlinie) 92/13/EWG vom 25.02.1992	**GWB Gesetz gegen Wettbewerbsbeschränkungen, Teil 4** vom 20.04.2009	
Richtlinie zur Änderung der Rechtsmittelrichtlinien 2007/66/EG vom 11.12.2007	bisher nicht umgesetzt	
Baustellenrichtlinie 92/57/EWG vom 24.06.1992	**BaustellV Baustellenverordnung** vom 10.06.1998	**Sicherheits- und Gesundheitsschutz-vorschriften für Baustellen**

Bild 2.12: EG-Richtlinien–Deutsche Regelwerke–Harmonisierungsbereiche Zukünftige Umsetzung–Diskussionsstand: Juni 2009

Da die öffentlichen Hände der Mitgliedstaaten als direkt Beteiligte, nämlich als Bauherren, in diesem Markt unmittelbar agieren, wurde hier eine Chance gesehen, die Vollendung des Binnenmarktes aktiv voranzutreiben. Zwar betrug der Anteil der öffentlichen Bauaufträge nur knapp 30 % des gesamten Bauvolumens (2007: unter 20 %), man hatte und hat aber die Hoffnung, dass die Veränderung dieses relativ homogenen Marktanteils auf Dauer auch die übrigen Bereiche des Europäischen Baumarktes beeinflussen wird. Es sei daran erinnert, dass auch die VOB zunächst nur als eine Verdingungsordnung für öffentliche Bauaufträge gedacht war, inzwischen aber die Mehrzahl aller Bauaufträge in Deutschland auf dieser oder einer daran angelehnten Grundlage abgewickelt wird.

In den Jahren 1988 bis 1993 wurde eine ganze Reihe von umfassenden baurelevanten EG-Richtlinien rechtsverbindlich verabschiedet. Ihre anschließende Umsetzung in die nationalen Rechtssysteme gestaltete sich teilweise sehr zäh, Umsetzungsfristen von durchschnittlich zwei bis drei Jahren wurden nicht selten erheblich überschritten.

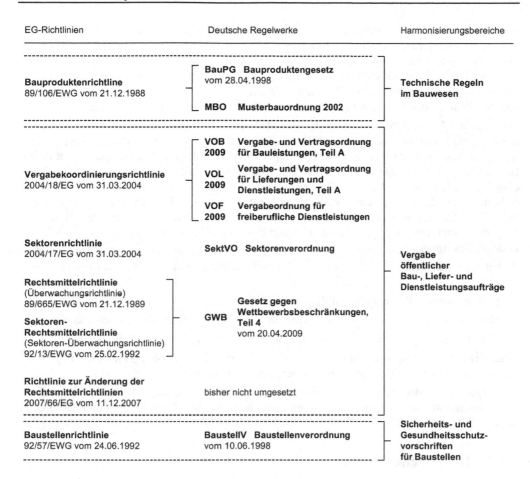

Die Richtlinien dieser „ersten Generation“ wurden in den Folgejahren in Details vielfach geändert, sie blieben aber als Ganzes bestehen. Seit 2004 erfolgen grundlegende Überarbeitungen, es entsteht eine „zweite Generation“ von Richtlinien. Mit Ausnahme des Bauproduktenbereichs sind die neuen Richtlinien rechtsverbindlich verabschiedet, sie wurden bis auf eine in deutsches Recht umgesetzt. Bild 2.11 fasst den momentanen Stand zusammen. Die Entwicklungsverläufe zu den aktuellen Fassungen sind im Literaturverzeichnis wiedergegeben.

Die in Bild 2.11 gezeigte Umsetzung der Vergabekoordinierungsrichtlinie und Sektorenrichtlinie wird mit hoher Wahrscheinlichkeit Ende 2009 Änderungen erfahren. Derzeit werden Entwürfe für eine VOB 2009, eine VOL 2009 und eine VOF 2009 (die beiden Letzten mit neuer Bezeichnung) beraten. Durch sie soll nur noch die Vergabekoordinierungsrichtlinie in ähnlicher Form wie bisher in deutsches Recht umgesetzt werden. Für die Umsetzung der Sektorenrichtlinie wird der Entwurf einer Verordnung beraten. In diesem Bereich soll die so genannte SektVO–Sektorenverordnung die bislang anzuwendende VOB und VOL ersetzen. Bild 2.12 zeigt die – nach gegenwärtigem Diskussionsstand – zukünftige Umsetzung der EG-Richtlinien in deutsches Recht.

Ziel der verschiedenen Richtlinien ist die Vereinheitlichung von drei Harmonisierungsbereichen:

- Harmonisierung der technischen Regeln im Bauwesen
- Harmonisierung der Vergabe öffentlicher Bau-, Liefer- und Dienstleistungsaufträge
- Harmonisierung der Sicherheits- und Gesundheitsschutzvorschriften für Baustellen

Eine Vereinheitlichung der nationalen Bau-, Liefer- und Dienstleistungsvertragsmuster wird immer wieder einmal diskutiert, wurde bisher aber nicht realisiert.

Im Folgenden werden die drei Harmonisierungs-Bereiche etwas detaillierter betrachtet. Aufgelistet und erläutert werden die wesentlichen Begriffe sowie die EG-Richtlinien und deren Umsetzung in Deutschland.

2.5.2 Technische Regeln

Bis in die 80er Jahre hinein war es das Ziel der EG-Kommission (heute: EU-Kommission), die in den Mitgliedstaaten existierenden unterschiedlichen technischen Regelwerke mit Hilfe von Richtlinien, die bereits alle technischen Festlegungen und damit weit mehr als nur grundlegende Zielvorgaben enthielten, zu vereinheitlichen. Da sich dieser Weg der Rechtsangleichung häufig als mühevoll und langwierig erwies, entschied sich die Kommission 1985 mit ihrer

> „Entschließung über eine Neue Konzeption
> auf dem Gebiet der technischen Harmonisierung und Normung“

für eine mehr Erfolg versprechende Vorgehensweise. Die „Neue Konzeption“, *the new approach*, besteht im Kern in einer neuen Aufgabenverteilung zwischen der Kommission und den europäischen Normungsorganisationen. In den Richtlinien „neuer Art“ werden von der Kommission nur noch die grundlegenden Kriterien für Sicherheit und Schutz des Gemeinwohls, z. B. Umweltschutz, festgelegt. Die technischen Einzelfestlegungen erfolgen durch vorzugsweise Europäische Normen, aber auch andere internationale bzw. europäisch harmonisierte technische Regeln. So kann beispielsweise bei Fehlen einer entsprechenden Europäischen Norm für eine Übergangszeit auf Listen mit nationalen Normen, die in einem Genehmigungsverfahren gegenseitig anerkannt werden, Bezug genommen werden.

Der Prozess der Harmonisierung der technischen und somit auch der bautechnischen Regeln vollzieht sich demnach auf zwei Ebenen: Politisch über die EU-Kommission in Form von EG-Richtlinien und technisch-wissenschaftlich über die Normungsorganisationen. Für den Baubereich sind das die in Brüssel ansässige europäische Normungsorganisation *CEN*, das *Comité Européen de Normalisation*, und deren Mitglieder. Dies sind die nationalen Normungsinstitutionen der Staaten der Europäischen Union sowie Islands, Norwegens und der Schweiz. Die nationalen Normungsinstitutionen sind auch Mitglieder der in Genf ansässigen internationalen Normungsorganisation *ISO*, der *International Organisation for Standardization*.

Die Ergebnisse der technisch-wissenschaftlichen Normung sind Dokumente unterschiedlicher Qualität und Verbindlichkeit:

- Europäische Normen
- Harmonisierungsdokumente
- Europäische Vornormen
- *CEN*-Berichte

EN–Europäische Norm

Europäische Normen sollen auf Dauer den Normalfall darstellen. Bei ihrer Erarbeitung wird unter dem Aspekt der Nutzung bereits bestehender Arbeitsergebnisse auch geprüft, ob bereits vorhandene internationale *ISO*-Normen unverändert in das europäische Normenwerk übernommen werden können.

Alle *CEN*-Mitglieder sind verpflichtet, einer mehrheitlich verabschiedeten Europäischen Norm innerhalb einer festgelegten Frist sachlich und redaktionell unverändert den Status einer nationalen Norm zu geben und alle ihr widersprechenden nationalen Normen zurückzuziehen. Lediglich eine Übersetzung in die Landessprache ist zulässig. Soll nicht alles gedruckt werden, dann kann die Übernahme auch in Form einer Anerkennungsnotiz erfolgen.

Normalerweise erhält die „europäisierte" nationale Norm die gleiche Bezeichnung wie die Europäische Norm, ergänzend vorangestellt wird lediglich eine länderspezifische Abkürzung. Die Bezeichnung der aus der EN 206 entstandenen deutschen Beton-Norm lautet somit DIN EN 206. Der „europäisierten" nationalen Norm kann ein erläuterndes Vorwort beigefügt werden. In ihm können beispielsweise wesentliche Änderungen gegenüber einer nationalen Vorgängernorm erläutert werden, zusätzliche Festlegungen zum Gegenstand der Norm sind dagegen nicht erlaubt.

Wird eine *ISO*-Norm in das europäische und weiter in das deutsche Normenwerk übernommen, dann lautet die Bezeichnung DIN EN ISO. Beispiele hierfür sind die Qualitätsmanagement-Normen DIN EN ISO 9000 und folgende.

Eine Besonderheit innerhalb der Europäischen Normen stellen die „Eurocodes für den Konstruktiven Ingenieurbau" dar. Es sind zehn Normen, durch die die technischen Spezifikationen für den Entwurf, die Berechnung und die Bemessung von Hoch- und Ingenieurbauten harmonisiert werden. Sie decken folgende Bereiche ab:

- Eurocode 0 = DIN EN 1990
  Grundlagen der Tragwerksplanung
- Eurocode 1 = DIN EN 1991
  Einwirkungen auf Tragwerke
- Eurocode 2 = DIN EN 1992
  Bemessung und Konstruktion von Stahlbeton- und Spannbetontragwerken

- Eurocode 3 = DIN EN 1993
  Bemessung und Konstruktion von Stahlbauten
- Eurocode 4 = DIN EN 1994
  Bemessung und Konstruktion von Verbundtragwerken aus Stahl und Beton
- Eurocode 5 = DIN EN 1995
  Bemessung und Konstruktion von Holzbauten
- Eurocode 6 = DIN EN 1996
  Bemessung und Konstruktion von Mauerwerksbauten
- Eurocode 7 = DIN EN 1997
  Entwurf, Berechnung und Bemessung in der Geotechnik
- Eurocode 8 = DIN EN 1998
  Auslegung von Bauwerken gegen Erdbeben
- Eurocode 9 = DIN EN 1999
  Bemessung und Konstruktion von Aluminiumtragwerken

Die ab den 1980er Jahren entstandenen Eurocodes (=EC) wurden in mehreren Schritten zunächst in Europäische Normen (=EN) und schließlich in „europäisierte" nationale Normen überführt. In Deutschland werden sie als „europäisierte" DIN-Normen (=DIN EN) veröffentlicht.

Untergliedert sind die zehn Eurocodes in insgesamt 58 Teile. Zusätzlich gibt es in jedem Staat Anhänge mit national festzulegenden Parametern, z. B. Teilsicherheitsbeiwerten, sowie zusätzlichen Erläuterungen und Anwendungshinweisen. Mit der Veröffentlichung aller 58 Teile ist bis etwa Ende 2009 zu rechnen. Als spätester Termin für das Zurückziehen der bisherigen nationalen Bemessungsnormen, in Deutschland sind das DIN 1045, DIN 1052 usw., ist vom *CEN* der 31.03.2010 vorgesehen.

HD–Harmonisierungsdokument

Kann in einem Regelungsbereich eine einheitliche Europäische Norm nicht erreicht werden, dann besteht die Möglichkeit, ein Harmonisierungsdokument zu erstellen. Ein solches Dokument ist hinsichtlich seiner Entstehung und seiner Aufgabe vergleichbar mit einer Europäischen Norm. Im Gegensatz zu ihr sind jedoch in ihm nationale Abweichungen möglich. Harmonisierungsdokumente sind sinnvoll, wenn identische nationale Normen unnötig oder unpraktisch sind oder wenn eine Einigung nur durch Zulassen nationaler Abweichungen zu erreichen ist. Sie müssen nicht redaktionell unverändert in nationale Normen überführt werden. Für die *CEN*-Mitglieder besteht lediglich die Verpflichtung, den Sachinhalt national zu übernehmen und widersprechende nationale Normen zurückzuziehen.

ENV–Europäische Vornorm

Sollen technische Regeln entwicklungsbegleitend oder vorausschauend veröffentlicht werden, dann ist dies mit Hilfe einer Vornorm möglich. Gedacht ist dieses Dokument vor allem für Normungsaufgaben auf innovativen Gebieten, bei denen bereits über die große Richtung, nicht aber über alle Details Einvernehmen besteht. Es wird der Versuch unternommen, etwas zu normen, von dem man nicht genau weiß, ob es unverändert Bestand haben wird.

Im Gegensatz zu Europäischen Normen und Harmonisierungsdokumenten verpflichten Europäische Vornormen die *CEN*-Mitglieder nicht, ihre entsprechenden nationalen Normen zurückzuziehen. Europäische Vornormen und nationale Normen können nebeneinander existieren. Vornormen werden vor allem dann für eine begrenzte Gültigkeitsdauer zur vorläufigen

Anwendung empfohlen, wenn in einem umfassenden Regelungsbereich nationale Normen ersetzt werden sollen.

CEN-Bericht

Die vom *CEN* erarbeiteten Berichte dienen zwar auch der Harmonisierung der technischen Regeln, sie haben aber keinen unmittelbaren Einfluss auf den Harmonisierungsprozess. Es sind Fachinformationen, die den *CEN*-Mitgliedern zur Verfügung gestellt werden. Eine Verpflichtung zur Übernahme oder zur Zurückziehung nationaler Normen oder Regelungen besteht nicht.

Dokumentart	Verpflichtung zur Übernahme ?	Verpflichtung zum Zurückziehen entgegenstehender nationaler Regeln ?
EN Europäische Norm	Ja, unveränderte Übernahme in die nationalen Normenwerke	Ja
HD Harmonisierungsdokument	Ja, Übernahme des Sachinhalts, Ergänzungen in den nationalen Normenwerken zulässig	Ja
ENV Europäische Vornorm	Ja, zeitlich begrenzte Übernahme in die nationalen Normenwerke, Empfehlung zur vorläufigen Anwendung	Nein
CEN-Bericht	Nein	Nein

Bild 2.13: Europäische Normungsdokumente

Europäische Normen, Harmonisierungsdokumente, Europäische Vornormen und *CEN*-Berichte prägen zunehmend die nationalen Regelwerke der europäischen Staaten. Bild 2.13 verdeutlicht die Verpflichtungen, die sich aus diesen vier Normungsdokumenten für die nationale Normungsarbeit der *CEN*-Mitgliedstaaten ergeben /D35/,/D50/.

Impulsgeber für die Harmonisierung bautechnischer Regelwerke war 1988 die so genannte

BPR–Bauproduktenrichtlinie /D01/.

Sie ist das zentrale Instrument für den freien Handelsaustausch von allen Produkten, die bei der Ausführung von Bauwerken des Hoch- und Tiefbaus dauerhaft eingebaut, zusammengefügt oder installiert werden. Dies sind geformte und ungeformte Baustoffe, einfache und zusammengesetzte Bauteile, Systeme, beispielsweise Heizungs-, Lüftungs- und Sanitäranlagen, sowie in gewissen Sonderfällen auch vorgefertigte Bauwerke als Ganzes, beispielsweise Garagen, Fertighäuser und Silos. Voraussetzung ist, dass das Bauprodukt Gegenstand des Handels ist.

Die Richtlinie definiert für Bauprodukte sechs wesentliche Anforderungsbereiche. Sie macht weitgehend abstrakte Angaben

- zur mechanischen Festigkeit und Standsicherheit,
- zum Brandschutz,
- zur Hygiene und Gesundheit sowie zum Umweltschutz,
- zur Nutzungssicherheit,
- zum Schallschutz sowie
- zur Energieeinsparung und zum Wärmeschutz.

Ein Bauprodukt ist dann EU-weit brauchbar, wenn das daraus gefertigte Bauwerk die Anforderungen der Richtlinie erfüllt.

In deutsches Recht umgesetzt wurde die Bauproduktenrichtlinie durch das 1992 neu geschaffene „Gesetz über das Inverkehrbringen von und den freien Warenverkehr mit Bauprodukten“, das BauPG–Bauproduktengesetz /D02/, und eine Novellierung der MBO–Musterbauordnung /D03/, der Vorlage für die Landesbauordnungen der Bundesländer. Im BauPG und in der MBO wurde konkretisiert, dass ein Bauprodukt dann als brauchbar gilt, wenn es Europäischen Normen oder europäisch harmonisierten Normen entspricht. Weicht ein Bauprodukt wesentlich von diesen Normen ab oder existieren keine Normen zu diesem Produkt, dann ist auch eine ETZ–Europäische Technische Zulassung möglich. Die Übereinstimmung eines Produktes mit den Normen oder der dem Hersteller erteilten Zulassung, die Konformität, wird durch das CE-Zeichen, genauer die CE-Konformitätskennzeichnung, bestätigt (Bild 2.14).

Das CE-Zeichen stellt eine Art EU-Passierschein dar. Damit gekennzeichnete Produkte dürfen von den Mitgliedstaaten weder im grenzüberschreitenden Warenverkehr noch beim Einbau in Bauwerke behindert werden. Sie müssen im gesamten Gebiet der Europäischen Union frei verkehren und für den vorgesehenen Zweck frei verwendet werden können. Dies gilt insbesondere auch dann, wenn während einer Übergangszeit in einem Mitgliedstaat europäische und nationale Regelungen nebeneinander existieren. Bewerber, die die Regelungen der Bauproduktenrichtlinie einhalten, dürfen nicht mit Hinweis auf nationale Regelungen zurückgewiesen werden.

Bauprodukte, für die keine europäischen Regelungen, jedoch deutsche Normen oder Zulassungen existieren, erhalten bei nachgewiesener Übereinstimmung mit diesen Regeln oder durch Zustimmung im Einzelfall das Ü-Zeichen, das Übereinstimmungszeichen (Bild 2.14).

Für Bauprodukte von untergeordneter Bedeutung, so genannte sonstige Bauprodukte, gilt, dass diese im Wesentlichen den anerkannten Regeln der Technik genügen müssen, ein Verwendbarkeits- oder Übereinstimmungsnachweis jedoch nicht verlangt wird.

EU-weite Konformitätskennzeichnung

deutsche Übereinstimmungskennzeichnung

Bild 2.14: Konformitäts-/Übereinstimmungskennzeichnung

Angemerkt sei, dass derzeit der Regelungsbereich der Bauproduktenrichtlinie überarbeitet wird. Erreicht werden sollen eine Vereinfachung der Vorschriften und eine Erhöhung der Glaubwürdigkeit der CE-Kennzeichnung. Bemerkenswert ist, dass im Rahmen der Überarbeitung die Bauproduktenrichtlinie durch eine „Verordnung des Europäischen Parlaments und des Rates zur Festlegung harmonisierter Bedingungen für die Vermarktung von Bauprodukten„ ersetzt werden soll. Bei einer Realisierung würde damit in diesem Regelungsbereich ein sehr viel direkteres Rechtsinstrument als bisher zum Einsatz kommen. Im Gegensatz zur Richtlinie, die die EU-Mitglieder erst in ihre nationalen Rechtssysteme umsetzen müssen, gilt eine Verordnung unmittelbar in allen EU-Mitgliedstaaten. Mit der Verabschiedung der Verordnung ist nicht vor Mitte 2011 zu rechnen /D40/,/D41/,/D59/,/D60/.

2.5.3 Vergabe- und Vertragswesen

Ein Ziel des früheren EWG- und heutigen EG-Vertrages ist die Verwirklichung des freien Dienstleistungsverkehrs. Hierunter werden gewerbliche, kaufmännische, handwerkliche und freiberufliche Tätigkeiten und somit auch Planungs- und Bauleistungen verstanden. Zur Verwirklichung des Zieles wurden Anfang der 1970er Jahre drei Richtlinien zur Harmonisierung des öffentlichen Auftragswesens erarbeitet. 1971 erschien die so genannte Liberalisierungsrichtlinie /D04/, in der der Grundsatz formuliert wurde, dass ein Unternehmen aus einem EG-Staat beim Zugang zu öffentlichen Bauaufträgen in einen anderen EG-Staat nicht behindert werden darf. Mit der ebenfalls 1971 erstmalig erlassenen so genannten Baukoordinierungsrichtlinie /D05/ sollte weiterhin eine Markttransparenz für öffentliche Bauaufträge ab 1 Mio. *ECU* (=*European Currency Unit* / 1 *ECU* ≈ 1 Euro) erreicht werden. Bauaufträge ab dieser Größe waren nicht nur national, sondern auch im Amtsblatt der Europäischen Gemeinschaften öffentlich auszuschreiben. 1976 schließlich wurden mit der so genannten Lieferkoordinierungsrichtlinie /D06/ Regeln für die Vergabe öffentlicher Lieferaufträge verbindlich festgelegt.

Der Erfolg der drei Richtlinien war äußerst mager. Öffentliche Auftraggeber aller EG-Staaten unterliefen sie oftmals, indem sie auf nationale Besonderheiten, spezielle Anforderungen und nationale Normen verwiesen.

Nachdem 1985 der Beschluss gefasst worden war, den Europäischen Binnenmarkt und damit auch den Europäischen Baumarkt bis zum Ende des Jahres 1992 zu verwirklichen, wurde das bis dahin faktisch nicht greifende europäische Vergaberecht einer gründlichen Reform unterzogen. Zwei Richtlinien wurden novelliert, zwei weitere wurden neu geschaffen. Sie deckten Auftragsinhalte und Auftraggeber in der folgenden Weise ab.

- LKR–Lieferkoordinierungsrichtlinie /D06/

  Als erstes wurde 1988 die seit 1976 geltende, für das Bauwesen aber nicht so im Zentrum stehende Lieferkoordinierungsrichtlinie geändert. Harmonisiert wurde damit die Vergabe von Kauf-, Leasing-, Miet-, Pacht- und Ratenkaufverträgen durch öffentliche Auftraggeber außerhalb der Bereiche Wasser-, Energie- und Verkehrsversorgung sowie Telekommunikation.

  In deutsches Recht umgesetzt wurde die Lieferkoordinierungsrichtlinie 1993 durch Erweiterung der seit 1936 existierenden VOL–Verdingungsordnung für Leistungen. Im Teil A wurde der Abschnitt 2 eingefügt.

- BKR–Baukoordinierungsrichtlinie /D05/

  Als zweites wurde 1989 die Vergabe öffentlicher Bauaufträge, die nicht in den Bereich der Wasser-, Energie- und Verkehrsversorgung sowie der Telekommunikation fallen, harmonisiert. Dieses geschah ebenfalls nicht über eine neue Richtlinie, sondern über die Änderung der seit 1971 geltenden Baukoordinierungsrichtlinie. Mit der Novellierung wurde nicht nur das Ziel verfolgt, das Unterlaufen der 71er Richtlinie zu erschweren, sondern es wurden zusätzliche Regelungen eingebracht, die weit über den Rahmen der alten Fassung hinausgingen.

  In deutsches Recht umgesetzt wurde die Baukoordinierungsrichtlinie 1990 durch Erweiterung der seit 1926 existierenden VOB–Vergabe- und Vertragsordnung für Bauleistungen. Im Teil A wurde der Abschnitt 2 eingefügt.

- SKR–Sektorenrichtlinie /D08/

  Als drittes wurde 1990 die Vergabe von Bau-, Liefer- und Dienstleistungsaufträgen in den zunächst ausgeschlossenen Bereichen (=Sektoren) Wasser-, Energie- und Verkehrsversorgung sowie Telekommunikation durch eine neue Richtlinie harmonisiert. Dieser Marktbereich ist dadurch gekennzeichnet, dass in verschiedenen Mitgliedstaaten häufig nicht nur öffentliche Auftraggeber, sondern auch private Unternehmen tätig sind. Diese übernehmen aufgrund besonderer oder ausschließlicher Rechte, so genannter „Konzessionen", die ihnen von den zuständigen Behörden gewährt werden, öffentliche Aufgaben. Als Beispiel sei die Wasserversorgung in weiten Bereichen Großbritanniens genannt.

  In deutsches Recht umgesetzt wurde die Sektorenrichtlinie durch die VOB und die VOL. Für Bauaufträge wurde 1992 in die VOB/A der Abschnitt 3 für öffentliche Bauherren und der Abschnitt 4 für private Bauherren eingefügt. In analoger Weise wurden für Liefer- und Dienstleistungsaufträge sowie vorab eindeutig und erschöpfend beschreibbare freiberufliche Leistungen 1993 in die VOL/A die Abschnitte 3 und 4 aufgenommen. Für freiberufliche Leistungen, die vorab nicht eindeutig und erschöpfend beschreibbar sind wie beispielsweise die Planungs- und Entwurfstätigkeit von Architekten und Bauingenieuren, erfolgte keine Umsetzung.

- DLR–Dienstleistungsrichtlinie /D07/

  Als viertes schließlich wurde 1992 die Vergabe von Dienstleistungsaufträgen öffentlicher Auftraggeber außerhalb der Bereiche Wasser-, Energie- und Verkehrsversorgung sowie Telekommunikation ebenfalls durch eine neue Richtlinie harmonisiert. Mit der Richtlinie wurden Dienstleistungen und freiberufliche Leistungen erfasst.

  In deutsches Recht umgesetzt wurde die Dienstleistungsrichtlinie durch die VOL und die VOF. Für Dienstleistungen sowie vorab eindeutig und erschöpfend beschreibbare freiberufliche Leistungen wurde 1993 in die VOL/A der Abschnitt 2 eingefügt. Freiberufliche

Leistungen, die vorab nicht eindeutig und erschöpfend beschreibbar sind, wurden durch die 1997 neu geschaffene VOF–Verdingungsordnung für freiberufliche Leistungen erfasst. Mit der VOF wurde in Deutschland erstmalig parallel zur VOB/A und VOL/A ein Regelwerk für die transparente und objektiv nachvollziehbare Vergabe von freiberuflichen Leistungen, im Baubereich von freiberuflichen Architekten- und Ingenieurleistungen, eingeführt. Bemerkenswert ist, dass als einzige Vergabeart das Verhandlungsverfahren in die VOF aufgenommen wurde.

Die vier zwischen 1988 und 1992 geschaffenen Richtlinien und die daraus abgeleiteten Regeln der VOB/A, VOL/A und VOF wurden in den folgenden Jahren in Details vielfach geändert.

2004 erfolgte wieder eine grundlegende Überarbeitung des europäischen Vergaberechts: Erstens wurden die „parallelen“ Lieferkoordinierungs-, Baukoordinierungs- und Dienstleistungsrichtlinien zusammengefasst. Zweitens wurde der Telekommunikationssektor aus der Sektorenrichtlinie herausgenommen, dafür die Postdienste eingeschlossen. Drittens wurden einige Inhalte geändert, so wurde beispielsweise ein neues Vergabeverfahren, der „Wettbewerbliche Dialog“, eingeführt.

Seit 2004 existieren somit nur noch zwei Vergaberichtlinien, die so genannte Vergabekoordinierungsrichtlinie, auch als Basisrichtlinie bezeichnet, und die „neue“ Sektorenrichtlinie. Flankiert werden die beiden Richtlinien von zwei bereits seit 1989 bzw. 1992 existierenden Rechtsmittelrichtlinien. Deren Aufgabe besteht darin, die Einhaltung der Vergaberichtlinien sicherzustellen.

Für das öffentliche Auftragswesen gelten somit derzeit insgesamt vier Richtlinien:

VKR–Vergabekoordinierungsrichtlinie /D09/

Die Richtlinie regelt die Vergabe öffentlicher Bau-, Liefer- und Dienstleistungsaufträge, die nicht in den Bereich der Wasser-, Energie- und Verkehrsversorgung sowie der Postdienste fallen.

Die sehr umfangreiche Richtlinie (127 Seiten) enthält unter anderem folgende Festlegungen:

- Öffentliche Auftraggeber sind der Staat, die Gebietskörperschaften, Einrichtungen des Öffentlichen Rechts und Verbände, die aus einer oder mehreren Körperschaften oder Einrichtungen des Öffentlichen Rechts bestehen. Anzuwenden ist die Richtlinie außerdem von Auftraggebern, die überwiegend, also zu mehr als 50 %, von staatlichen Stellen finanziert werden oder bei denen die Entscheidungen der Geschäftsleitung staatlichem Einfluss unterliegen. Zu diesen Auftraggebern gehören auch die Beteiligungs- und Tochterfirmen der öffentlichen Hand. Die Richtlinie enthält einen Anhang, in dem alle Auftraggeber nach VKR aufgelistet sind.
- Bauaufträge beinhalten die Ausführung bzw. die Planung und Ausführung von Bauvorhaben. Lieferaufträge betreffen den Kauf, das Leasing, die Miete, die Pacht und den Ratenkauf. Dienstleistungsaufträge enthalten die Leistungen, die weder Bau- noch Lieferleistungen sind.
- EU-weit auszuschreiben sind Aufträge, bei denen der geschätzte Auftragswert einen vorgegebenen Schwellenwert überschreitet. Der Schwellenwert gilt auch bei einer Aufspaltung in Lose, d. h., die Bestimmungen der Richtlinie sind auch anzuwenden, wenn die geschätzte Gesamtsumme der Einzelaufträge den Schwellenwert überschreitet. Es wird ausdrücklich darauf hingewiesen, dass eine Aufspaltung in der Absicht, die Anwendung der Richtlinie zu verhindern, nicht zulässig ist.

Für Bau-, Liefer- und Dienstleistungsaufträge gelten unterschiedliche Schwellenwerte. Sie sind alle zwei Jahre zu überprüfen und gegebenenfalls neu festzulegen. Seit 01.01.2008 beträgt der Schwellenwert für Bauaufträge 5.150.000 Euro, der für Liefer- und Dienstleistungsaufträge 206.000 Euro. Ist der Auftraggeber eine zentrale Regierungsbehörde, dann reduziert sich der Wert für Liefer- und Dienstleistungsaufträge in einigen Fällen auf 133.000 Euro /D11/.

- Für Aufträge oberhalb der Schwellenwerte werden vier Arten der Vergabe definiert: Das Offene Verfahren, das Nichtoffene Verfahren, das Verhandlungsverfahren sowie der Wettbewerbliche Dialog. Das letztgenannte Verfahren ist neu und soll bei besonders komplexen und noch nicht exakt beschreibbaren Aufträgen dem Auftraggeber und Auftragnehmer ermöglichen, einen Dialog über technische, rechtliche und finanzielle Lösungen zu führen. Welches Verfahren im konkreten Fall zulässig ist, hängt von verschiedenen Voraussetzungen ab.
- Für die Eignungsprüfung der Bauunternehmen, Lieferanten und Dienstleister können die Mitgliedstaaten der EU die so genannte Präqualifikation einführen. Verstanden werden hierunter Verfahren, in denen auftragsunabhängig, also im Vorfeld konkreter Aufträge, die Fachkunde, Leistungsfähigkeit und Zuverlässigkeit der Bewerber geprüft werden. Die Mitgliedstaaten können entweder amtliche Verzeichnisse zugelassener Bauunternehmen, Lieferanten und Dienstleister aufbauen oder Bauunternehmen, Lieferanten und Dienstleister durch öffentlich-rechtliche oder privatrechtliche Institutionen zertifizieren lassen.

SKR–Sektorenrichtlinie /D10/

Die Richtlinie regelt die Vergabe von Bau-, Liefer- und Dienstleistungsaufträgen im Bereich der Wasser-, Energie- und Verkehrsversorgung sowie der Postdienste.

Die sehr umfangreiche Richtlinie (113 Seiten) enthält unter anderem folgende Festlegungen:

- Zu unterscheiden sind öffentliche und nicht-öffentliche Auftraggeber. Zu den öffentlichen zählen die gleichen Institutionen wie in der Vergabekoordinierungsrichtlinie. Nicht-öffentliche sind Unternehmen, die in den vier Sektoren auf der Grundlage von Rechten, die ihnen von den zuständigen Behörden gewährt werden, Tätigkeiten ausüben. Die Sektorenrichtlinie enthält einen Anhang, in dem in allgemeiner Form öffentliche und nicht-öffentliche Auftraggeber nach SKR aufgelistet sind.
- Analog zur Vergabekoordinierungsrichtlinie sind Aufträge, bei denen der geschätzte Auftragswert bzw. die geschätzte Gesamtsumme der Einzelaufträge einen vorgegebenen Schwellenwert überschreitet, EU-weit auszuschreiben. Seit 01.01.2008 beträgt der Schwellenwert für Bauaufträge 5.150.000 Euro, der für Liefer- und Dienstleistungsaufträge 412.000 Euro /D11/.
- Für Aufträge oberhalb der Schwellenwerte werden drei Arten der Vergabe definiert: Das Offene Verfahren, das Nichtoffene Verfahren und das Verhandlungsverfahren. Der in der Vergabekoordinierungsrichtlinie vorgesehene Wettbewerbliche Dialog entfällt. Welches Verfahren im konkreten Fall zulässig ist, hängt von verschiedenen Voraussetzungen ab.
- Für öffentliche Auftraggeber entsprechen die Regelungen weitgehend der Vergabekoordinierungsrichtlinie. Für private Auftraggeber dagegen wurden deutlich verkürzte Regelungen formuliert, die aber dennoch ein Mindestmaß an fairen Wettbewerb, Transparenz und Kontrolle gewährleisten sollten.

In deutsches Recht umgesetzt wurden die Vergabekoordinierungsrichtlinie und der größte Teil der Sektorenrichtlinie durch die VOB 2006, die VOL 2006 und die VOF 2006. Dabei wurden hinsichtlich des Auftragsgegenstandes fünf Fälle unterschieden:

- Fall 1: Bauaufträge

  Gegenstand ist die Ausführung bzw. die Planung und Ausführung von Bauvorhaben.
- Fall 2: Lieferleistungen

  Gegenstand ist der Kauf, das Leasing, die Miete, die Pacht und der Ratenkauf einer Ware.
- Fall 3: Gewerbliche Dienstleistungen

  Als Beispiel sei die Gebäudereinigung genannt.
- Fall 4: Freiberufliche Leistungen, die vorab eindeutig und erschöpfend beschreibbar sind

  Als Beispiel sei die Baustoffprüfung durch einen Sachverständigen genannt. Seine Tätigkeit ist in der Regel aus Gründen der Vergleichbarkeit mit den Ergebnissen anderer Untersuchungen bis ins Detail vorbestimmt, ein Gestaltungsspielraum hinsichtlich der Vorgehensweise ist ihm kaum gegeben. Die zu erbringende Leistung ist somit eindeutig und erschöpfend beschreibbar.
- Fall 5: Freiberufliche Leistungen, die nicht eindeutig und erschöpfend beschreibbar sind

  Als Beispiel sei die Planungs- und Entwurfstätigkeit von Architekten und Bauingenieuren genannt. Ihre Aufgabe besteht im Konzipieren und Entwickeln von Problemlösungen. Dabei ist in der Regel das Problem beschreibbar, nicht eindeutig und erschöpfend beschreibbar ist aber der Weg zur Problemlösung, die intellektuelle Leistung.

Im Fall 1 gilt für Aufträge oberhalb des Schwellenwertes die

VOB 2006–Vergabe- und Vertragsordnung für Bauleistungen, Teil A /D15/:

- Abschnitt 2–Basisparagraphen + a-Paragraphen (=öffentlicher Auftraggeber nach VKR)
- Abschnitt 3–Basisparagraphen + b-Paragraphen (=öffentlicher Auftraggeber nach SKR)
- Abschnitt 4–SKR-Paragraphen (=nicht-öffentlicher Auftraggeber nach SKR)

In den Fällen 2, 3 und 4 gilt für Aufträge oberhalb der Schwellenwerte die

VOL 2006 –Verdingungsordnung für Leistungen, Teil A /D17/:

- Abschnitt 2–Basisparagraphen + a-Paragraphen (=öffentlicher Auftraggeber nach VKR)
- Abschnitt 3–Basisparagraphen + b-Paragraphen (=öffentlicher Auftraggeber nach SKR)
- Abschnitt 4–SKR-Paragraphen (=nicht-öffentlicher Auftraggeber nach SKR)

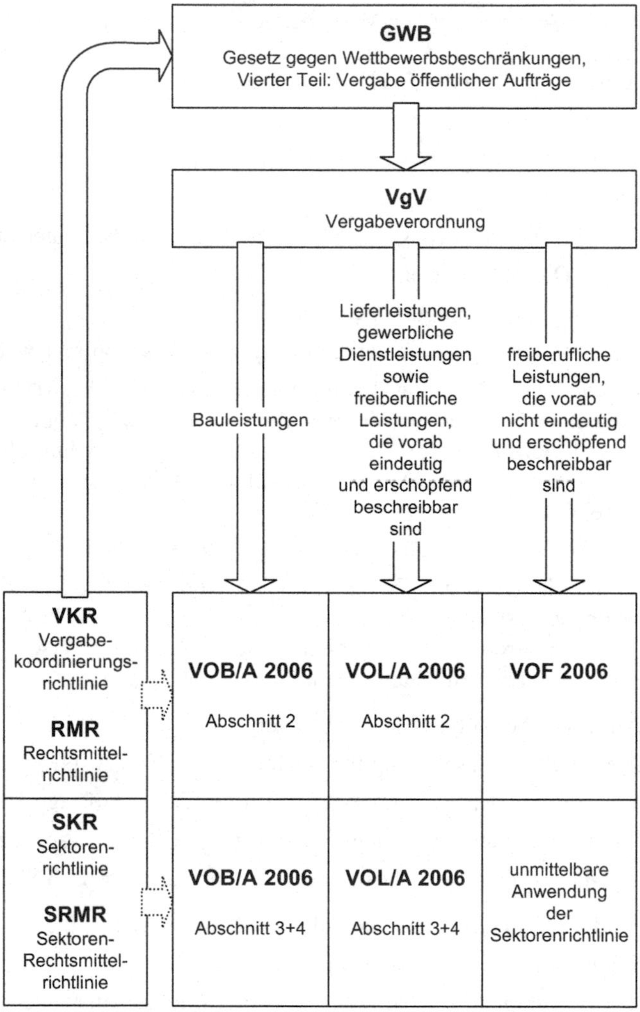

Bild 2.15: Vergabe öffentlicher Aufträge oberhalb der Schwellenwerte–EG-Richtlinien und deutsche Regelwerke–Stand: Juni 2009

Im Fall 5 ist bei Aufträgen oberhalb der Schwellenwerte zwischen Auftraggebern nach VKR und SKR zu unterscheiden. Für Auftraggeber nach VKR gilt

VOF 2006–Verdingungsordnung für freiberufliche Leistungen /D18/.

Für Auftraggeber nach SKR besteht eine Umsetzungslücke. Die Sektorenrichtlinie gilt deshalb für diese Aufträge unmittelbar.

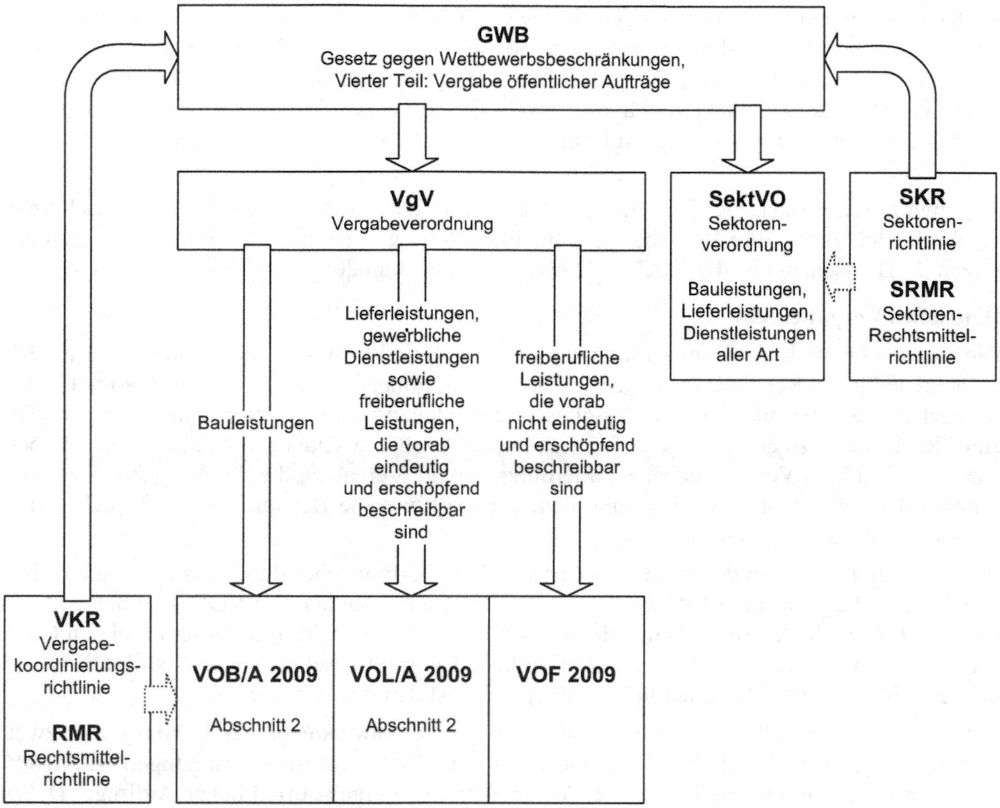

Bild 2.16: Vergabe öffentlicher Aufträge oberhalb der Schwellenwerte–
EG-Richtlinien und zukünftige deutsche Regelwerke–Diskussionsstand: Juni 2009

RMR–Rechtsmittelrichtlinie /D12/ und SRMR–Sektoren-Rechtsmittelrichtlinie /D13/

Da–wie anfangs des Kapitels beschrieben–die 1971/1976er Richtlinien weitgehend unbeachtet geblieben waren, wurden den nachfolgenden Richtlinien Kontrollinstrumente zur Seite gestellt.

Für die Lieferkoordinierungsrichtlinie (1988), die Baukoordinierungsrichtlinie (1989) und die Dienstleistungsrichtlinie (1992) war dies die 1989 geschaffene Rechtsmittelrichtlinie. Die auch als Überwachungsrichtlinie bezeichnete Richtlinie wurde seit ihrem Erscheinen mehrfach geändert.

Für die Sektorenrichtlinie (1990) war es die 1992 geschaffene und bisher nicht geänderte Sektoren-Rechtsmittelrichtlinie. Sie wird auch als Sektoren-Überwachungsrichtlinie bezeichnet.

Mit Hilfe beider Richtlinien soll die Einhaltung der Vergaberegelungen einen Mindeststandard an Rechtsschutz erhalten. Erreicht werden sollen eine effektive Nachprüfung der Vergabeentscheidungen, die Möglichkeit zu korrigierenden Eingriffen in den Vergabeablauf sowie ein Schadenersatz bei nachgewiesenem Rechtsverstoß.

In deutsches Recht umgesetzt wurden die beiden Rechtsmittelrichtlinien zunächst durch das 1993 verabschiedete Haushaltsgrundsätzegesetz und die 1994 eingeführte Vergabeverordnung und Nachprüfungsverordnung. 1998 erfolgte eine grundlegende Änderung. Heute werden beide Rechtsmittelrichtlinien durch das GWB–Gesetz gegen Wettbewerbsbeschränkungen, Vierter Teil: Vergabe öffentlicher Aufträge, Zweiter Abschnitt: Nachprüfungsverfahren, abgedeckt /D19/.

Angemerkt sei, dass Ende 2007 für beide Rechtsmittelrichtlinien eine Änderungsrichtlinie verabschiedet wurde. Ihre Vorgaben sind bis Ende 2009 in die nationalen Rechtssysteme umsetzen. In Deutschland ist dies noch nicht erfolgt (Stand: Juni 2009) /D14/.

Deutsches Vergaberecht

Die Vergabe- bzw. Verdingungsordnungen VOB, VOL und VOF sind nicht unmittelbar Recht, sie sind lediglich Regelwerke nichtstaatlicher Institutionen. So wird die VOB vom DVA–Deutschen Vergabe- und Vertragsausschuss für Bauleistungen erarbeitet. Um den Charakter einer Rechtsnorm zu erhalten, bedarf es eines normativen Anwendungsbefehls. Dieser ist über einen zweistufigen Verweis gegeben, allerdings nur für Vergaben, die der Vergabekoordinierungs- oder der Sektorenrichtlinie unterliegen. Für öffentliche Bauaufträge ergibt sich somit ein zweispuriges Vergaberecht.

Bei Aufträgen unterhalb der Schwellenwerte sind die Auftraggeber durch das Haushaltsrechts verpflichtet, die Abschnitte 1 der VOB/A und VOL/A anzuwenden. Die VOF ist außen vor, sie greift erst oberhalb der Schwellenwerte. VOB/A und VOL/A besitzen in diesem Fall den Charakter von Anweisungen, durch die der öffentliche Haushalt geschützt werden soll. Die Möglichkeit, Vergabeverstöße gerichtlich zu überprüfen, ist damit sehr begrenzt.

Bei Aufträgen oberhalb der Schwellenwerte erfolgt die Anwendungsverpflichtung über zwei Stufen. Ausgangspunkt ist das GWB–Gesetz gegen Wettbewerbsbeschränkungen. Es regelt seit 1998 in seinem vierten Teil in drei Abschnitten die Vergabe öffentlicher Aufträge /D19/. Der erste Abschnitt behandelt die Vergabe, der zweite Abschnitt die Nachprüfung (siehe Beschreibung der Rechtsmittelrichtlinen) und der dritte Teil sonstige Regelungen wie zum Beispiel Schadenersatz.

Innerhalb des ersten Abschnittes des GWB wird die Bundesregierung ermächtigt, die Vergabe durch eine Rechtsverordnung zu konkretisieren. Dies ist seit 2001 durch die VgV–Vergabeverordnung geschehen /D20/. In ihr wird in den § 4 bis § 7 die Anwendung von VOB, VOL und VOF vorgeschrieben. Alle drei Ordnungen erlangen dadurch den Charakter von Rechtsnormen, d. h., die in ihnen formulierten Rechte sind gerichtlich überprüfbar.

Insgesamt liegt für Vergaben oberhalb der Schwellenwerte eine kaskadenförmige Regelungsstruktur vor. Sie wird in Bild 2.15 dargestellt. Für die praktische Umsetzung des Vergaberechts existieren in verschiedenen Bundesländern detaillierte Leitfäden /D21/.

Die in Bild 2.15 gezeigte Regelungsstruktur wird mit hoher Wahrscheinlichkeit Ende 2009 Änderungen erfahren. Vorgesehen ist, erstens das deutsche Regelwerk insgesamt zu verschlanken und zweitens die bisher nicht umgesetzten Teile der Sektorenrichtlinie einzubinden. Es ist davon auszugehen, dass demnächst die VgV–Vergabeverordnung nur noch für Vergaben im Bereich der Vergabekoordinierungsrichtlinie gilt. Durch sie werden klassische öffentliche Auftraggeber auch weiterhin zur Anwendung von VOB, VOL und VOF verpflichtet. Entwürfe für eine VOB 2009 und eine VOL 2009, die im Teil A nur noch die Abschnitte 1 und 2 enthalten, sowie für eine VOF 2009 werden derzeit erarbeitet. Für Vergaben im Bereich der Sektorenrichtlinie dagegen, also im Bereich der Wasser-, Energie- und Verkehrsversorgung, wird eine neue SektVO–Sektorenverordnung beraten. Sie wird sowohl die VgV als auch die Abschnitte 3 und 4 der VOB/A und VOL/A ersetzen. Bild 2.16 zeigt die–nach gegenwärtigem Diskussionsstand–zukünftige Regelungsstruktur.

Abschließend sei noch einmal darauf hingewiesen: Alle vorgenannten Richtlinien und Regelungen haben die Harmonisierung der Vergabe öffentlicher Aufträge in den Mitgliedstaaten der Europäischen Union zum Inhalt, nicht jedoch die daraus resultierenden Verträge selbst. Bau-, Liefer- und Dienstleistungsverträge unterliegen weiterhin nationalen Regelungen.

2.5.4 Sicherheit und Gesundheitsschutz auf Baustellen

Arbeitnehmer auf zeitlich begrenzten und ortsveränderlichen Baustellen sind aufgrund des hohen Anteils an handwerklicher Tätigkeit bei gleichzeitig wechselnden und immer wieder sich ändernden Baukonstruktionen und Bauverfahren besonders großen Gefahren ausgesetzt. Durch die 1992 erlassene, so genannte

Baustellenrichtlinie /D30/

werden die am Bau Beteiligten zu einer stärkeren Zusammenarbeit im Bereich der Sicherheit und des Gesundheitsschutzes verpflichtet. Während aller Phasen einer Baumaßnahme, d. h. vom Beginn des Entwurfs des Bauwerks bis zum Abschluss der Baustelle, sind Sicherheits- und Gesundheitsschutzanforderungen zwingend zu berücksichtigen und zu koordinieren.

In deutsches Recht umgesetzt wurde die Baustellenrichtlinie durch die 1998 erlassene und auf alle öffentlichen und privaten Baumaßnahmen anzuwendende „Verordnung über Sicherheit und Gesundheitsschutz auf Baustellen", die BaustellV–Baustellenverordnung /D31/. In ihr wird als grundlegende Neuerung dem Bauherrn als Veranlasser des Bauvorhabens die oberste Verantwortung für das gesamte Bauvorhaben und damit auch für die Arbeitssicherheit und den Gesundheitsschutz zugewiesen. Er wird verpflichtet, unter anderem einen Sicherheits- und Gesundheitsschutzplan auszuarbeiten, die Einhaltung der Arbeitschutzvorschriften zu überwachen und die Tätigkeiten auf der Baustelle hinsichtlich des Arbeitsschutzes zu koordinieren. Dieser Verpflichtung kann der Bauherr prinzipiell selbst nachkommen. Er kann aber auch einen Spezialisten beauftragen oder seine Verpflichtung an einen Dritten, beispielsweise an seinen Architekten, weiterreichen. Reicht er seine Verpflichtung an einen Dritten weiter, dann hat dieser Dritte zwei Möglichkeiten: Er kann die Aufgabe selbst übernehmen oder einen Spezialisten beauftragen. Angemerkt sei, dass der Bauherr oder der Dritte durch die Beauftragung eines Spezialisten nicht von ihrer Verantwortung entbunden werden.

Die Baustellenverordnung umreist das Tätigkeitsfeld dieses Spezialisten: Der „Koordinator für Sicherheit und Gesundheitsschutz" oder „SiGe-Koordinator" oder „Baukoordinator" muss neben seiner baufachlichen Qualifikation über spezielle Kenntnisse und Erfahrungen auf dem Gebiet der Sicherheit und des Gesundheitsschutzes verfügen. Er kann ein Mitarbeiter des Bauherrn, z. B. der Mitarbeiter einer Baubehörde, ein unabhängiger Dritter, z. B. ein Beratender Ingenieur, oder ein Mitarbeiter des bauausführenden Unternehmens sein.

Zur Konkretisierung der relativ knapp gehaltenen Baustellenverordnung wurden mehrere „Regeln zum Arbeitsschutz auf Baustellen", so genannte RAB, erarbeitet und vom Bundesminister für Arbeit und Soziales bekanntgegeben. Sie stellen den Stand der Technik bezüglich Sicherheit und Gesundheitsschutz auf Baustellen dar. Bei Einhaltung der Regeln kann davon ausgegangen werden, dass die in der Baustellenverordnung formulierten Anforderungen erfüllt werden /D48/.

2.6 Besonderheiten im Überblick

Zusammenfassend ist festzustellen, dass sich der Auslandsbau technisch, rechtlich-strukturell, organisatorisch und risikomäßig deutlich vom deutschen Inlandsbau unterscheiden kann bzw. unterscheidet.

Bautechnisch ähnelt das Bauen im Ausland zwar oftmals dem in Deutschland, jedoch können und sollten Planungen und Entwürfe nicht immer unbedacht ins Ausland übertragen werden. Entwürfe, die in Deutschland den anerkannten Stand der Technik darstellen, können für andere Länder ungeeignet sein. So wurde beispielsweise vor einigen Jahren für eine Hafenbaustelle im arabischen Raum vom Tragwerksplaner eine Konstruktion gewählt, die etwa fünfzig 25 m lange Spannbetonträger einschloss. Für ein Bauobjekt in Europa oder Amerika war es eine gute konstruktive Lösung, nicht jedoch für die konkrete Baumaßnahme. Die Bauzeit war äußerst kurz, ein Fertigteilwerk mit Spannbett war im Umkreis von 1.000 km nicht zu finden, und der Bauherr verweigerte eine Änderung des Entwurfs mit dem Argument, er habe „internationalen Standard" gekauft. Gelöst wurde das Problem, indem die Träger in Europa produziert und per Schiff zur Baustelle gebracht wurden. Überspitzt ausgedrückt: Sand und Steine wurden nach Arabien exportiert!

Auch fertigungstechnisch können unterschiedliche Verfahren sinnvoll sein. So kann es in Billiglohnländern beispielsweise kostengünstiger sein, eine konventionelle, mit hohen Stundenansätzen verbundene Holzschalung statt einer der in Deutschland üblichen, auf kurze Ein- und Ausschalzeiten ausgelegten Systemschalungen einzusetzen. Oder bei der Verarbeitung und Nachbehandlung von Beton können wegen extremer klimatischer Verhältnisse besondere Techniken erforderlich sein.

Rechtlich-strukturelle Unterschiede treten regelmäßig sowohl beim Bauen in Industrieländern als auch beim Bauen in Entwicklungs- und Schwellenländern auf. Bauen ist zunächst einmal national, häufig sogar regional geprägt. Dies gilt selbst für den harmonisierten Europäischen Baumarkt, für den lediglich das Vergaberecht, nicht aber das Vertragsrecht harmonisiert wurde. Eine Baumaßnahme unterliegt deshalb normalerweise den nationalen und/oder regionalen Regelwerken des Gastlandes. Von diesem Grundsatz wird abgewichen, wenn die Baumaßnahme eine „internationale Ausprägung" besitzt, beispielsweise wegen einer internationalen Finanzierung oder wegen der Beauftragung einer internationalen Arbeitsgemeinschaft. In derartigen Fällen werden oft international gebräuchliche Regelwerke verwendet. Nationalen und internationalen Regelwerken ist gemeinsam, dass sie nicht deckungsgleich mit den deutschen Regelwerken sind. Dies gilt insbesondere für das rechtlich-strukturelle Beziehungsgefüge zwischen den an einer Baumaßnahme Beteiligten.

Eine organisatorische Besonderheit des „traditionellen" Auslandsbaus ist die Logistik, die Baustellenversorgung. Bei Baumaßnahmen in Entwicklungs- und Schwellenländern sind die zum Erbringen der Vertragsleistung erforderlichen Ressourcen Arbeitskräfte, Gerät und Material häufig nicht in der ausreichenden Quantität und/oder Qualität vor Ort vorhanden. Dieser Sachverhalt ist, wie vorstehend geschildertes Beispiel einer Hafenbaustelle verdeutlicht, bereits beim Entwurf zu berücksichtigen. Er hat aber vor allem bei der Bauausführung selbst eine Vielzahl von logistischen Dispositions-, Steuerungs- und Kontrollaufgaben zur Folge.

Bezüglich der Risiken schließlich erweist sich das Bauen im Ausland als deutlich vielfältiger. Baubetriebliche, geographische, wirtschaftliche und politische Risiken können insbesondere in Entwicklungs- und Schwellenländern stark anwachsen und deshalb besondere Absicherungsmaßnahmen erfordern.

Von den aufgelisteten Besonderheiten werden im Folgenden zunächst die rechtlich-strukturellen Randbedingungen des Auslandsbaus behandelt. In drei Kapiteln werden das Beziehungsgefüge zwischen den am Bau Beteiligten, die Verfahren zur Vergabe von Bauaufträgen und die Bauverträge selbst dargestellt. Dabei werden innerhalb der Kapitel

- der deutsche,
- der britisch-angloamerikanische,
- der internationale und
- der französische

Rechtskreis unterschieden.

Nicht betrachtet wird ein europäischer Rechtskreis, da dieser nur in Teilbereichen existiert. Insbesondere fehlt das zentrale Element, ein EU-Bauvertragsmuster.

Ebenfalls nicht betrachtet wird der islamische Rechtskreis. Grundlage des islamischen Rechts ist grundsätzlich der Koran. Da dieser jedoch kaum Regelungen zum Handels- und Wirtschaftsrecht enthält, haben sich in diesem Rechtsbereich in den verschiedenen arabischen Staaten in Abhängigkeit von der jeweiligen politischen Entwicklung unterschiedliche Rechtsvorstellungen entwickelt. Sie lassen eine vereinheitlichende Darstellung nicht zu.

Im Anschluss an die rechtlich-strukturellen Betrachtungen des gesamten Auslandsbaus werden in drei weiteren Kapiteln die Besonderheiten des „traditionellen" Auslandsbaus herausgestellt. Beschrieben werden die Logistik, die Risikoabsicherung durch Versicherungen und Bürgschaften sowie ein konkretes Projekt.

3 Beteiligte am Bau

3.1 Berufsbezeichnungen

3.1.1 Architekt und Ingenieur in Deutschland

Generell ist zwischen Berufsbezeichnungen und akademischen Graden zu unterscheiden:

Die Berufsbezeichnungen „Architekt“ und „Ingenieur“–und folglich auch „Bauingenieur“– sind in Deutschland gesetzlich geschützt. „Architekt“ und „Bauingenieur“ dürfen sich grundsätzlich nur Personen nennen, die ein Architektur- bzw. ein Bauingenieurstudium erfolgreich abgeschlossen und damit den akademischen Grad „Dipl.-Ing.“, üblicherweise ergänzt um den jeweiligen Hochschultyp und Studiengang, verliehen bekommen haben.

Während der Bauingenieurabsolvent mit der Verleihung des akademischen Grades auch das Recht zum Tragen der Berufsbezeichnungen „Ingenieur“ und „Bauingenieur“ erhält, darf sich der Architekturabsolvent zwar als „Dipl.-Ing.“, aber noch nicht sofort als „Architekt“ bezeichnen. Zur Führung der Berufsbezeichnung „Architekt“ ist zusätzlich der Eintrag in die Architektenliste der Architektenkammer erforderlich. Dieser Eintrag ist in der Regel frühestens zwei Jahre nach Abschluss des Studiums und einer ebenso langen einschlägigen Berufstätigkeit möglich.

Das teilweise vergleichbare Gegenstück zur „Architekten“-Qualifizierung ist bei den Bauingenieuren die Qualifizierung zum „Beratenden Ingenieur“. Zur Führung dieser gesetzlich geschützten Berufsbezeichnung ist der Eintrag in die Liste der Beratenden Ingenieure der Ingenieurkammer erforderlich. Dieser Eintrag ist in der Regel frühestens drei Jahre nach Abschluss des Studiums und einer ebenso langen einschlägigen Berufstätigkeit möglich. Voraussetzung ist weiterhin die freiberufliche und unabhängige Tätigkeit.

Für die Berufsausübung sowohl der Architekten als auch der Bauingenieure ist die so genannte Plan- oder Bauvorlageberechtigung von großer Bedeutung. Hierunter wird das Recht verstanden, Bauanträge zu unterschreiben und bei den zuständigen Behörden vorlegen zu dürfen. Architekten erhalten dieses Recht automatisch mit dem Eintrag in die Architektenliste. Bauingenieure müssen sich in eine bei der Ingenieurkammer geführte Liste der Planvorlageberechtigten eintragen lassen. Dies ist in der Regel frühestens drei Jahre nach Abschluss des Studiums und einer ebenso langen einschlägigen Berufstätigkeit möglich. Ein vorheriger oder gleichzeitiger Eintrag in die Liste der Beratenden Ingenieure ist nicht erforderlich.

Ein breit angelegtes und speziell auf die ersten Berufsjahre von Hochschulabsolventen der Fachrichtungen Architektur und Bauingenieurwesen ausgerichtetes Weiterbildungsangebot sowie verbindliche Regeln für den Nachweis zunehmender beruflicher Qualifikation existierten bisher nicht.

Die dieser Titelsystematik seit mehreren Jahrzehnten zugrundeliegenden Studienstrukturen erfahren derzeit einen tiefgehenden Wandel. 1999 beschlossen im italienischen Bologna 29 Staaten die Schaffung eines einheitlichen europäischen Hochschulrahmens. Er soll durch den so genannten Bologna-Prozess bis zum Jahr 2010 realisiert werden /D32/.

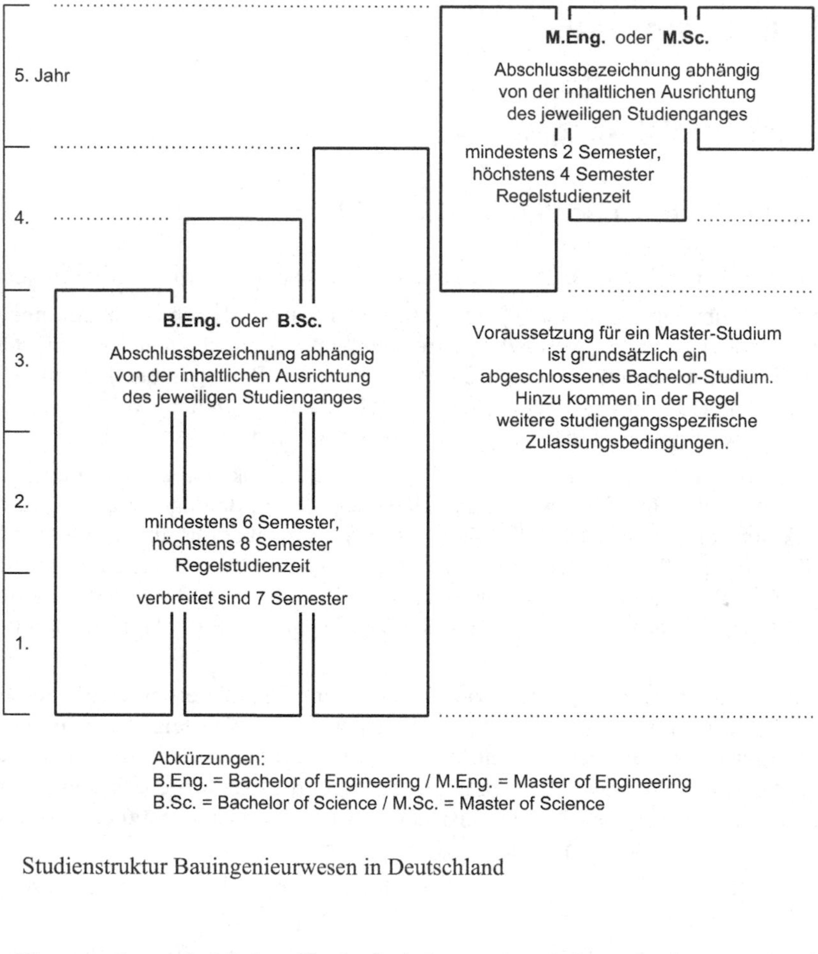

Abkürzungen:
B.Eng. = Bachelor of Engineering / M.Eng. = Master of Engineering
B.Sc. = Bachelor of Science / M.Sc. = Master of Science

Bild 3.1: Studienstruktur Bauingenieurwesen in Deutschland

Zentrales Element des einheitlichen Hochschulrahmens ist ein konsekutiver, zweistufiger Studienablauf, dessen Abschlüsse in Deutschland als „Bachelor“ und „Master“ bezeichnet werden (Bild 3.1). Studierende der Architektur und des Bauingenieurwesens werden zukünftig unabhängig vom besuchten Hochschultyp als erstes immer ein Bachelor-Studium mit mindestens 6 und höchstens 8 Semestern absolvieren. An dieses können sie sofort oder zu einem späteren Zeitpunkt ein Master-Studium mit mindestens 2 und höchstens 4 Semestern anschließen. Für das zweite Studium sind allerdings oftmals weitere von der jeweiligen Hochschule festgelegte Bedingungen zu erfüllen. So kann beispielsweise die Gesamtnote des Bachelor-Abschlusses ein Zulassungskriterium sein. Die bisherigen einstufigen Studiengänge mit den Abschlüssen Dipl.-Ing.(Univ) und Dipl.-Ing.(FH) werden in den nächsten Jahren auslaufen.

Mit den zweistuftigen Studiengängen lehnt sich das deutsche Architektur- und Bauingenieurstudium stark an die *undergraduate* und *postgraduate courses* angelsächsisch geprägter Studienstrukturen an.

Ausgelöst durch die Einführung des gestuften Studienablaufs erfährt die Architekten- und Bauingenieurausbildung in Deutschland weitere bedeutende Änderungen.

- Bachelor- und Master-Studiengänge werden sowohl von Universitäten als auch von Fachhochschulen angeboten. Bietet eine Hochschule einen Bachelor-Studiengang und einen inhaltlich darauf aufbauenden, so genannten konsekutiven Master-Studiengang an, dann darf die vorgesehene Gesamtstudienzeit der beiden Studiengänge höchstens 10 Semester betragen.
- Das angebotene Spektrum an Studiengängen wird breiter. Neben den klassischen Studiengängen Architektur und Bauingenieurwesen gibt es im Bachelor- und im Master-Bereich eine Vielzahl von benachbarten baunahen Studiengängen wie beispielsweise Wirtschaftsingenieurwesen (Bau), Immobilienprojektmanagement, Technisches Gebäudemanagement, Umweltingenieurwesen und Urbane Infrastrukturplanung. Insgesamt entwickelt sich an den Hochschulen oberhalb des Bachelor-Abschlusses ein breites Weiterbildungsangebot. Es enthält vollständige Master-Studiengänge und einzelne Weiterbildungsmodule. Die in der Regel berufsbegleitend studierbaren Weiterbildungsmodule können zum einen als begrenzte zertifizierte Fortbildung absolviert werden. Zum anderen besteht oftmals auch die Möglichkeit, durch gezieltes „Sammeln“ von Weiterbildungsmodulen einen akademischen Abschluss zu erwerben.
- Die individuellen Bachelor-Master-Studienverläufe müssen inhaltlich nicht „linear“ aufeinander aufbauen. Der Übergang zwischen Bachelor-Erststudium und Master-Zweitstudium ist vielmehr auch als Wechselebene zwischen unterschiedlichen Studienrichtungen angelegt. So ist beispielsweise vorstellbar, dass ein Studierender mit einem Bachelor-Abschluss in Bauingenieurwesen ein Master-Studium in Facility Management anschließt. Die Zulassung zum Master-Studium erfolgt nach Kriterien, die von der den Master-Studiengang anbietenden Hochschule festgelegt werden.
- Die deutschen akademischen Grade erhalten englischsprachige Bezeichnungen. Bei Bachelor-Studiengängen gibt es drei Abschlussgrade:

  B.Eng. = Bachelor of Engineering

  B.Sc. = Bachelor of Science

  B.A. = Bachelor of Arts (vereinzelt bei Architektur-Studiengängen)

  Bei Master-Studiengängen gibt es ebenfalls drei Abschlussgrade:

  M.Eng. = Master of Engineering

  M.Sc. = Master of Science

  M.A. = Master of Arts (vereinzelt bei Architektur-Studiengängen)

  Aus dem akademischen Grad ist nicht ablesbar, an welchem Hochschultyp und in welchem Fachgebiet er erworben wurde. Diese und weitere Informationen über Studieninhalte und Studienablauf enthält ein mehrseitiges so genanntes „Diploma Supplement“, welches der Absolvent zusätzlich zum Zeugnis und zur Bachelor- bzw. Master-Urkunde erhält.

  Im Gegensatz zum Dipl.-Ing.-Grad, der dem Namen vorangestellt wird, werden der Bachelor- und Master-Grad dem Namen nachgestellt.
- Jeder Bachelor- und Master-Studiengang muss alle fünf Jahre ein so genanntes Akkreditierungs- bzw. Reakkreditierungsverfahren durchlaufen. In ihm überprüfen externe unabhängige Akkreditierungsagenturen die fachlich-inhaltliche Qualität und die Studierbarkeit des Lehrangebots. Mit Hilfe dieser Verfahren, deren konkrete Durchführung in den Händen von Lehrenden anderer Hochschulen sowie Vertretern aus Industrie und Fachverbänden liegt, soll sichergestellt werden, dass die Absolventen eine berufsbefähigende Qualifikation besitzen.

Während in den Hochschulen der Wechsel von den Diplom-Studiengängen zu den Bachelor- und Master-Studiengängen sehr weit vorangeschritten ist, sind außerhalb der Hochschulen die Regeln für das Führen der gesetzlich geschützten Berufsbezeichnungen „Architekt" und „Ingenieur" durch Bachelor- und Master-Absolventen noch nicht endgültig festgelegt. Nach derzeitigem Diskussionsstand ist die Voraussetzung für den Eintrag in die Architektenliste und den damit verbundenen Erhalt der Planvorlageberechtigung ein Bachelor-Studium mit mindestens acht Semestern Regelstudienzeit. Bei den Bauingenieuren wird für den Eintrag in die Liste der Beratenden Ingenieure bzw. für den Eintrag in die Liste der Planvorlageberechtigten ein Bachelor-Studium mit mindestens sechs Semestern Regelstudienzeit gefordert. In einigen Bundesländern werden diese sechs Semester inhaltlich weiter spezifiziert.

3.1.2 *Architect* und *Engineer* in Großbritannien

Großbritannien unterscheidet sich von Deutschland in wesentlichen Punkten:

- Die Berufsbezeichnung *architect* ist geschützt, *engineer* dagegen nicht.
- Eine gesondert zu erwerbende Plan- oder Bauvorlageberechtigung gibt es nicht.
- Die Hochschulausbildung in den verschiedenen Fachgebieten wird maßgeblich mitbestimmt und ständig überprüft durch Berufsverbände. Eine Hochschule erhält nur mit Zustimmung der betroffenen Berufsverbände das Recht, einen akademischen Grad in *architecture* oder *civil engineering* zu vergeben.
- Der Absolvent einer Hochschule, der *graduate*, wird bei seinem Eintritt ins Berufsleben als ein „Lehrling", ein *junior*, eingestuft, der sich erst in einem zweiten, praktischen Lernabschnitt mit abschließender Prüfung durch den zuständigen Berufsverband zum vollwertigen *architect* bzw. *engineer* qualifiziert. Die Ausbildungen sind deutlich zweigeteilt: *A period of formal education to an accredited standard, followed by a period of training in practice.*

Der gesamte Ablauf der beruflichen Qualifizierung ist in Großbritannien und vielen angelsächsisch geprägten Ländern gekennzeichnet durch den starken Einfluss der Berufsverbände, der *institutions* (oder *associations* oder *federations*). In Großbritannien sind dies aus einer Vielzahl im Baubereich zum Beispiel:

- *RIBA Royal Institute of British Architects*
- *ICE Institution of Civil Engineers*
- *RICS Royal Institution of Chartered Surveyors*
- *IStructE Institution of Structural Engineers*

Grundlage einer beruflichen Tätigkeit als *architect* oder *engineer* ist in der Regel ein akademisches Studium. Von britischen Hochschulen wird für die Tätigkeitsfelder *architecture, building engineering, civil engineering* und *quantity surveying* traditionell eine breit gefächerte Palette von unterschiedlichen Studiengängen angeboten (Darstellung der Tätigkeitsfelder siehe Kapitel 3.3). Die Studiengänge können hinsichtlich ihres formalen Ablaufs von Hochschule zu Hochschule große Unterschiede aufweisen /G29/. Beispielhaft beschrieben wird im Folgenden eine weit verbreitete Struktur der *civil engineering*-Studiengänge (Bild 3.2).

Begonnen wird die akademische Berufsausbildung grundsätzlich mit einem *Bachelor*-Studium. Die so genannten *undergraduate courses* dauern in der Regel drei oder vier Jahre und enden mit einem *first degree*, dem *BEng = Bachelor of Engineering* oder *BSc = Bachelor of Science.* Dabei steht ursprünglich der *BEng* für einen mehr berufsbezogenen Abschluss, der *BSc* für einen mehr naturwissenschaftlich ausgerichteten Abschluss. Heute wird diese Einteilung aber nicht mehr konsequent durchgehalten. Da weiterhin seit einigen Jahren die Leistungsanforderungen in vielen Studiengängen angehoben wurden, vergeben die meisten Studiengänge, insbesondere die vierjährigen, einen höherwertigen *honours degree* in der Form *BEng(Hons)* oder *BSc(Hons)*.

Neben den *Bachelor*-Studiengängen gibt es vierjährige Studiengänge, die zum Abschluss *MEng = Master of Engineering* führen. Manche dieser Studiengänge vermitteln zusätzliches Ingenieurwissen, manche vermitteln zusätzlich zum Ingenieurwissen betriebswirtschaftliche Kenntnisse. Die *MEng*-Studiengänge sind oftmals verknüpft mit *Bachelor*-Studiengängen und gehören wie diese zu den *undergraduate courses*.

Nach erfolgreichem Abschluss eines *undergraduate courses* gibt es für den Absolventen, den *graduate*, ein breites Angebot an akademischen Weiterbildungsmöglichkeiten. Sie reichen vom Erwerb einer fachlich begrenzten Weiterbildungsbescheinigung, eines *diploma* oder *certificate*, bis hin zur Promotion. Betrachtet werden hier nur die so genannten *postgraduate courses*, die zum Erwerb weiterer akademischer Grade führen.

Erstens werden ein- bis zweijährige *Master*-Studiengänge angeboten, die mit dem „wissenschaftlichen" *MSc = Master of Science* abschließen.

Zweitens gibt es drei- bis vierjährige Doktorandenprogramme, die zum *PhD = Doctor of Philosophy* führen.

Drittens können *Master*-Studiengang und Doktorandenprogramm miteinander kombiniert werden. Einem einjährigen *Master*-Studium folgt eine dreijährige Promotionsphase. Der Absolvent erwirbt nacheinander den *MSc* und *PhD*.

Zur Qualitätssicherung werden alle *undergraduate* und *postgraduate courses* in einem sechsjährigen Rhythmus detailliert überprüft. Eine maßgebliche Rolle spielen dabei externe Prüfer, die aus den Reihen der jeweils betroffenen Berufsverbände kommen. Für die *civil engineering courses* ist dies die bereits 1818 gegründete *Institution of Civil Engineers*, die *ICE*. Sie übt über ihre Prüffunktion starken Einfluss auf die Inhalte und die Struktur der Studiengänge aus. Nur mit ihrer Zustimmung wird ein *course* akkreditiert und damit der zugehörige Abschlussgrad anerkannt.

Nach Abschluss des Studiums beginnt für den Absolventen in der Regel eine mehrjährige praktische Lernperiode, die wiederum vom jeweiligen Berufsverband fachlich strukturiert und kontrolliert wird. Erst nach erfolgreichem Durchlaufen wird er von seinen Fachkollegen als ein „vollwertiges Mitglied" seines Berufsstandes angesehen.

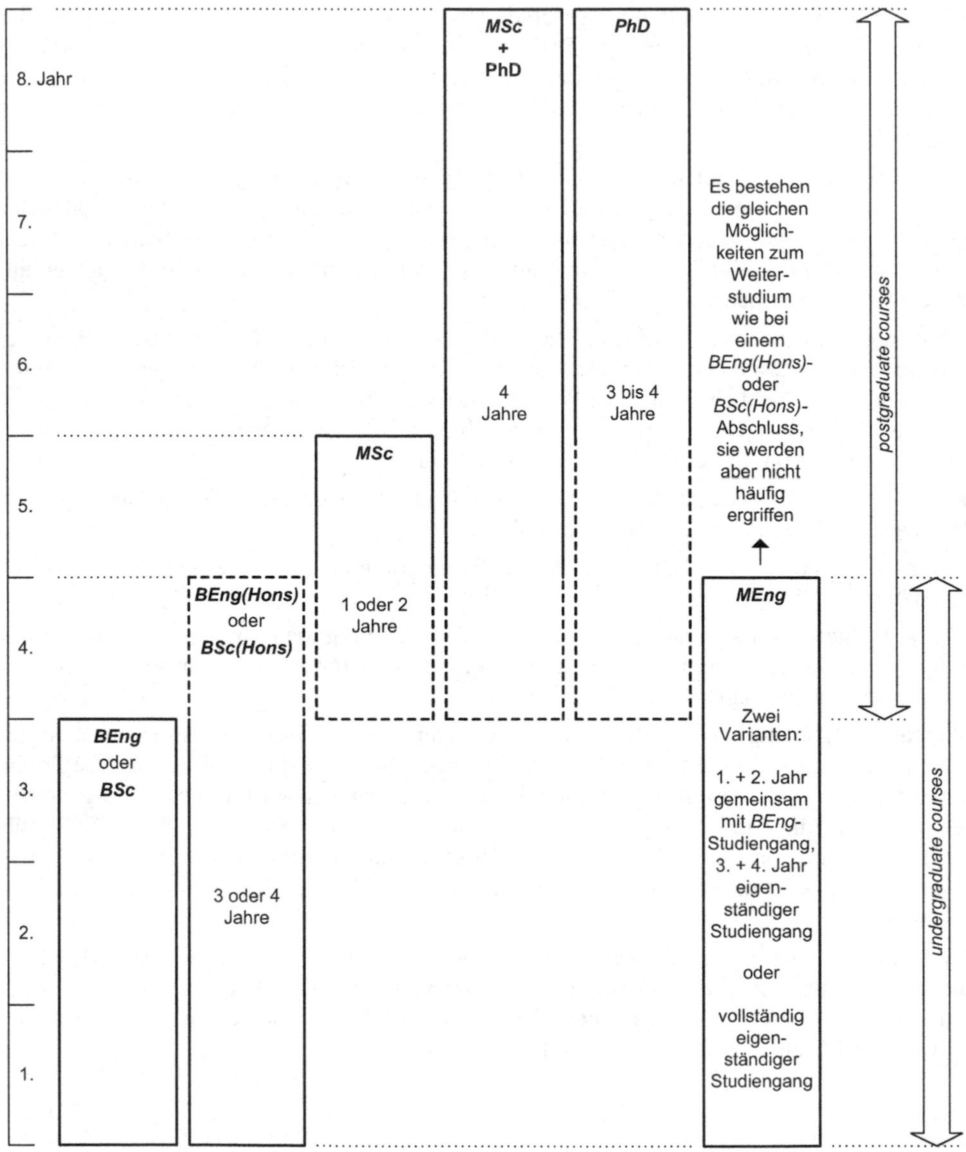

Abkürzungen:
BEng = Bachelor of Engineering / MEng = Master of Engineering
BSc = Bachelor of Science / MSc = Master of Science
PhD = Doctor of Philosophy (lateinisch: Philosophiae Doctor)
(Hons) = Honours

Bild 3.2: Studienstruktur *civil engineering* in Großbritannien
(Anmerkung: Es gibt eine Vielzahl von abweichenden Varianten!)

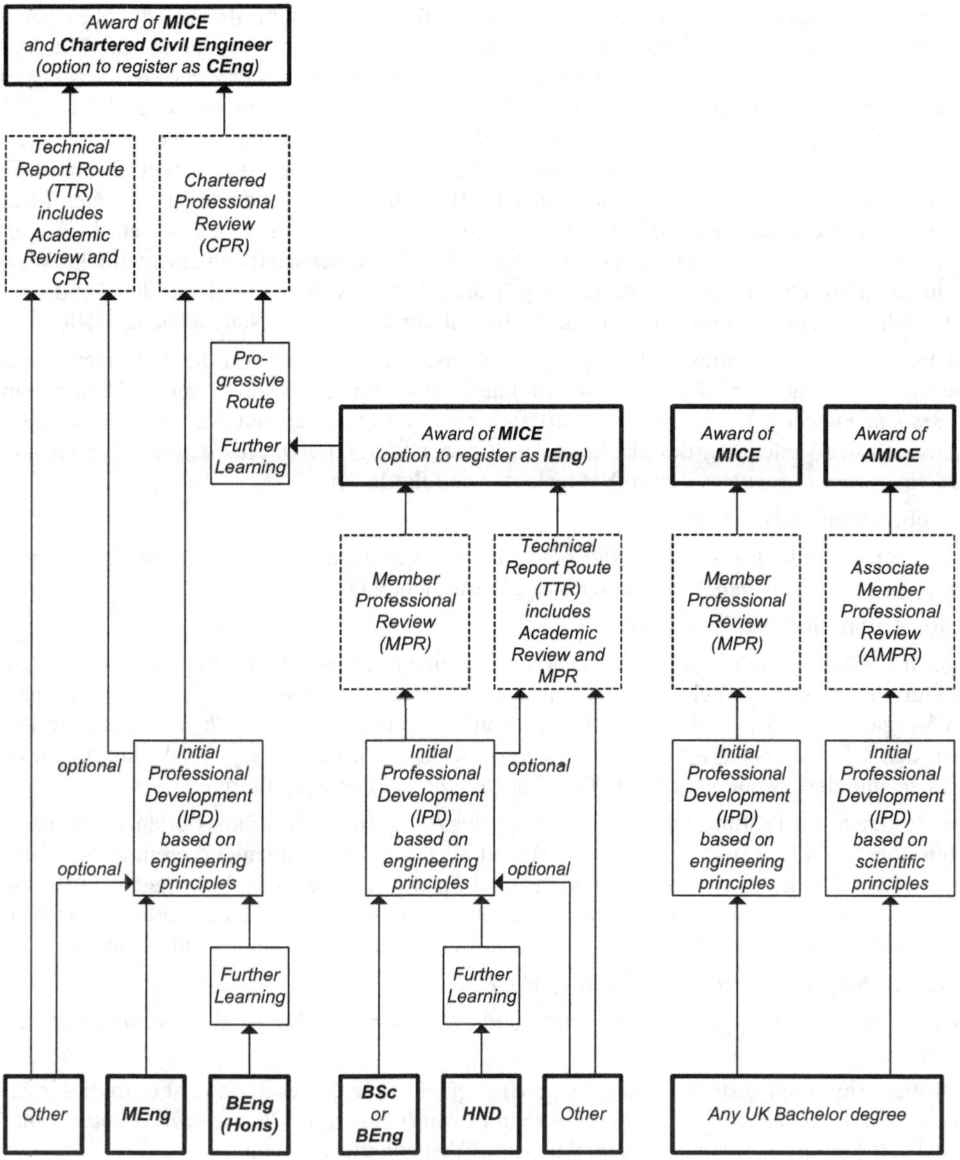

Abkürzungen:
HND = Higher National Diploma = Techniker
BEng = Bachelor of Engineering
BSc = Bachelor of Science
MEng = Master of Engineering

(Hons) = Honours
MICE = Member of the Institution of Civil Engineers
AMICE = Associate Member of the Institution of Civil Engineers
IEng = Incorporated Engineer
CEng = Chartered Engineer

Bild 3.3: Wege zur Mitgliedschaft in der *ICE Institution of Civil Engineers* (nach /G37/)

Wegen der Bedeutung der Berufsverbände sowohl für das Studium als auch für die spätere Weiterqualifizierung ist die Mitgliedschaft in ihnen weit verbreitet. Wer sich um die Mitgliedschaft bewirbt, wird aber nicht sofort ein Vollmitglied, ein *member*, sondern dazu muss er sich qualifizieren. Bild 3.3 zeigt die im Jahr 2005 neugefassten Qualifizierungswege bis zur Vollmitgliedschaft in der *ICE Institution of Civil Engineers* /G37/. Mitglied werden kann jede natürliche Person, die über Ingenieurwissen im Bereich *civil engineering* verfügt. Dabei ist der akademische Grad nicht von ausschlaggebender Bedeutung, es können sogar Personen Mitglied werden, die keinen akademischen Grad im Bereich *civil engineering* besitzen. In Abhängigkeit von der Eingangsqualifikation sind bis zur Vollmitgliedschaft unterschiedliche Wege zu durchlaufen. Die erreichte Stufe der Mitgliedschaft wird wie ein akademischer Grad unter Verwendung gesetzlich geschützter Qualifikationsabkürzungen dem Namen nachgestellt.

Ein Beispiel: Robert Smith studiert an einer Hochschule in einem von der *ICE* anerkannten *Bachelor*-Studiengang *civil engineering*. Im Laufe seines Studiums tritt er der *ICE* bei, er wird ein *student member*. Dieser Status ändert sich mit dem erfolgreichen Abschluss seines Studiums und der Verleihung des akademischen Grades *BEng(Hons)*. Aus dem *student member* wird ein *graduate member*, dessen Visitenkarte wie folgt lautet:

Robert Smith *BEng(Hons)*

Robert Smith studiert in einem *postgraduate course* weiter und promoviert. Damit ist er weiterhin ein *graduate member*, auf seiner Visitenkarte steht jetzt:

Robert Smith *BEng(Hons) PhD*

Danach verlässt er die Hochschule und arbeitet in einem Ingenieurbüro, bei einem *consultant*. Verläuft dort seine berufliche Entwicklung, sein *IPD = Initial Professional Development*, nach den Vorgaben der *ICE* und besteht Robert Smith am Ende eine von *ICE* durchgeführte Prüfung, den *CPR = Chartered Professional Review*, dann wird er erstens ein Vollmitglied, ein *member*, und darf zweitens den *ICE*-Titel *Chartered Civil Engineer* führen.

Das Bestehen der Prüfung und sein akkreditierter *BEng(Hons)*-Abschluss erlauben ihm weiterhin, die Aufnahme in das vom Dachverband aller britischen Ingenieurvereinigungen, dem *Engineering Council UK*, geführte Register qualifizierter *engineers* zu beantragen. Er tut dies und erhält mit einer Urkunde, einem *charter* oder *certificate*, das Recht verliehen, sich als *Chartered Engineer* zu bezeichnen /G33/. Seine Visitenkarte weist ihn nun wie folgt aus:

Robert Smith *BEng(Hons) PhD CEng MICE*

Dabei steht *CEng* für *Chartered Engineer* und *MICE* für *Member of the Institution of Civil Engineers*.

Ist Robert Smith mindestens 15 Jahre als *civil engineer* tätig gewesen und hat er in dieser Zeit herausragende Leistungen erbracht, dann kann er von *ICE* zum *FICE = Fellow of the Institution of Civil Engineers* ernannt werden. Auf seiner Visitenkarte steht nun:

Robert Smith *BEng(Hons) PhD CEng FICE*

Mit dem Ehrentitel *FICE* hat Robert Smith die höchste Stufe der Mitgliedschaft in seinem Berufsverband *ICE* erreicht.

Wie Bild 3.3 zeigt, gibt es neben dem geschilderten Qualifizierungsablauf eine ganze Reihe weiterer Wege und Titel. Beachtenswert ist, dass selbst bei akademischen Abschlüssen, die nicht dem Baubereich zuzuordnen sind, oder bei gänzlich fehlenden akademischen Abschlüssen über den Weg der praktischen Erfahrung hochrangige Mitgliedschaften erlangt werden können.

Personen mit einem akademischen Abschluss unterhalb eines *honours degree* können zunächst die *MICE*-Vollmitgliedschaft erwerben und sich zusätzlich als *IEng = Incorporated Engineer* vom *Engineering Council UK* registrieren lassen. Anschließend ist über eine weitere Qualifizierungsphase der Aufstieg bis zum *Chartered Engineer* möglich.

Personen mit Qualifikationen in Fachgebieten, die dem Baubereich benachbart sind, können *AMICE = Associate Member of the Institution of Civil Engineers* werden.

Laut einer britischen Schätzung streben etwa 40 % aller *civil engineers* das prinzipiell jedem zugängliche *certificate* eines *chartered engineer* an. Von diesen wiederum arbeitet etwa ein Drittel als freiberuflicher oder angestellter *consultant*, etwa ein Drittel bei *contractors* und etwa ein Drittel im *public sector*, im öffentlichen Dienst.

Die anderen, hier nicht weiter betrachteten baunahen *institutions* haben für ihre Mitglieder ähnliche Qualifizierungswege und entsprechende Qualifikationsabkürzungen. Gehört eine Person mehreren *institutions* an–dies ist häufiger der Fall -, dann werden alle erworbenen Qualifikationen dem Namen angehängt.

3.1.3 *Architecte* und *Ingénieur* in Frankreich

In Frankreich ist die Berufsbezeichnung *architecte* geschützt, *ingénieur* dagegen nicht.

Als *architecte* bezeichnen dürfen sich nur Personen, die in das vom *CNOA Conseil National de l'Ordre des Architectes*, der französischen Architektenkammer, geführte Architektenregister eingetragen sind. *Architectes* besitzen eine zentrale Bedeutung: Da in Frankreich Bauanträge für Gebäude mit mehr als 170 m^2 Nutzfläche von einem *architecte* unterschrieben werden müssen, liegt die Bauvorlageberechtigung weitgehend in ihren Händen.

Der Beruf des Ingenieurs ist in Frankreich traditionell nicht geregelt, die Berufsbezeichnung *ingénieur* kann grundsätzlich von jedem verwendet werden. Geschützt ist lediglich der Ingenieurtitel der *grandes écoles*.

Grundlage einer beruflichen Tätigkeit als *architecte* oder *ingénieur* ist in der Regel ein Studium. Betrachtet man das französische Hochschulsystem und die Studienstrukturen, dann erscheinen diese kompliziert. Erstens gibt es *grandes écoles* und *universités* sowie innerhalb der *universités* spezielle praxisorientierte Lehreinrichtungen, die *IUP = instituts universitaires professionnalisés*. Zweitens wurde bisher eine Vielzahl paralleler und aufeinander aufbauender Studiengänge und Studienabschlüsse angeboten. Im Rahmen des europaweiten Bologna-Prozesses erfolgt derzeit ein Wandel bei Studienstrukturen und Abschlüssen /F09/.

Das Studium der Architektur ist nur an *(grandes) écoles d'architecture*, den Architekturhochschulen, möglich. Es war bisher sechsjährig und wurde mit dem *Diplôme d'architecte DPLG* abgeschlossen. *DPLG* steht dabei für *Diplômé par le gouvernement*. Heute wird nach drei Studienjahren ein Bachelor-Grad, in Frankreich *Licence* genannt, mit der Bezeichnung *Diplôme d'études en architecture* und nach zwei weiteren Jahren ein *Master d'architecture* vergeben.

Das Studium des Bauingenieurwesens, im Hochschulbereich heißt das Fachgebiet *génie civil*, kann an allen drei Hochschultypen absolviert werden. Etwa die Hälfte aller französischen Ingenieure studiert an *(grandes) écoles d'ingénieur*, den Ingenieurhochschulen, die andere Hälfte an *universités* und *IUP*. Die bisherigen, mit den deutschen Diplomen nicht vergleichbaren *diplôme*-Abschlüsse werden heute im Wesentlichen durch drei Abschlüsse ersetzt:

- Nach 3 Jahren wird ein Bachelor-Grad mit der Bezeichnung *Licence* vergeben.
- Nach 5 Jahren wird
  bei einem mehr berufsorientierten Studium der *Master professionnel*
  (bisher *DESS* = *Diplôme d'études supérieures spécialisées*),
  bei einem mehr forschungsorientierten Studium der *Master recherche*
  (bisher *DEA* = *Diplôme d'études approfondies*)
  vergeben.

Die an einer *école d'ingénieur* ausgebildeten Ingenieure erhalten zusätzlich zum *Master* den gesetzlich geschützten Titel *Ingénieur diplômé*. Da sich die *école*-Absolventen in der Regel in keinem Fachgebiet spezialisiert haben, werden sie auch als *ingénieur généraliste* bezeichnet. Absolventen der *universités* haben sich meistens in einem Fachgebiet spezialisiert.

In der Vergangenheit gestaltete sich die internationale Anerkennung der vielfältigen französischen Hochschulabschlüsse oftmals schwierig. Dieses war insbesondere in angelsächsisch geprägten Ländern der Fall, da dort die Anerkennung in der Regel auf der Grundlage von Mitgliedschaften in Berufsverbänden erfolgt (siehe Kapitel 3.1.2). Seit 1998 können sich deshalb *ingénieurs* in das vom Verband der Ingenieure und Naturwissenschaftler, dem *CNISF Conseil National des Ingénieurs et des Scientifiques de France*, geführte Ingenieurregister, das *répertoire des ingénieurs*, eintragen lassen.

3.2 Deutsches Beziehungsgefüge

Das Tätigkeitsfeld „Bauen“ kann subjektbezogen und objektbezogen strukturiert werden.

Subjektbezogen sind die Personen und Institutionen zu unterscheiden, die Bauwerke oder Baumaßnahmen initiieren, finanzieren, planen und entwerfen, bauen, kontrollieren und genehmigen sowie schließlich nutzen. Es sind dies der Bauherr, Finanzier, Architekt/Beratende Ingenieur, Bauunternehmer, die Behörde und der Nutzer. In dieser Aufzählung und im Folgenden werden Architekt und Beratender Ingenieur vereinfachend zu einem Sammelbegriff zusammengefasst. In der Realität jedoch gibt es zwischen beiden häufig ein Abhängigkeitsverhältnis. So ist bei traditionell geplanten und gebauten Hochbauten oftmals der mit dem Bauherrn unmittelbar vertraglich verbundene Architekt der Sachwalter des Bauherrn und der Beratende Ingenieur ein vertraglich mit dem Architekten verbundener Erfüllungsgehilfe des Architekten. Bei anderen Baumaßnahmen wiederum, beispielsweise im Straßenbau oder bei vielen Industriebauten, kommt der Architekt nicht vor. Zwischen den aufgezählten Subjekten, den Beteiligten am Bau, bestehen vielfältige Beziehungen. Sie werden im Wesentlichen betrachtet.

Objektbezogen wird das Bauen im allgemeinen Sprachgebrauch häufig in Hochbau und Tiefbau aufgeteilt. Baustatistiker wiederum gliedern den Baumarkt oftmals in Wohnungsbau, Wirtschaftshochbau, Wirtschaftstiefbau, Öffentlichen Hochbau, Straßenbau und Sonstigen Tiefbau oder nach Art der Leistung in Ausbaugewerbe, Bauhauptgewerbe, Verarbeitendes Gewerbe, Planung (einschließlich Gebühren) und Sonstige Bauleistungen (Eigenleistungen und „Schwarzarbeit“). Das Bauen umfasst demnach sehr verschiedenartige Bauobjekte. Aus dieser Verschiedenartigkeit resultieren in Deutschland keine grundlegenden Unterschiede in den gegenseitigen Beziehungen der an einem Objekt Beteiligten. Wie spätere Betrachtungen zeigen werden, ist dies in anderen Ländern der Fall.

In Deutschland gilt für die gegenseitigen Beziehungen der an einem beliebigen Objekt Beteiligten grundsätzlich das im Bürgerlichen Gesetzbuch–§§ 241÷853 BGB–zusammengefasste

Recht der Schuldverhältnisse /D62/. Es enthält drei wesentliche Grundsätze, die Abschlussfreiheit, Gestaltungsfreiheit und Formfreiheit:

- Die Abschlussfreiheit gibt dem Einzelnen das Recht, sich frei zu entscheiden, ob er einen Vertrag abschließen will oder nicht.
- Die Gestaltungsfreiheit gibt den Vertragsparteien das Recht, den Inhalt des Vertrages beliebig zu bestimmen. Er darf allerdings nicht unerlaubt oder objektiv unmöglich sein oder gegen die guten Sitten verstoßen.
- Die Formfreiheit erlaubt, Schuldverträge mündlich, schriftlich oder durch schlüssiges, so genanntes konkludentes Verhalten abzuschließen.

Die Beteiligten am Bau können demnach ihre gegenseitigen Beziehungen grundsätzlich frei gestalten.

Wie ist die übliche Situation? Der Bauherr bestellt und bezahlt das Bauwerk und ist folglich der „Bestimmer“. Realisiert werden soll sein Bauwunsch von einem Bauunternehmer, der dazu aber vom Bauherrn, seinem Vertragspartner, genaue Angaben über das zu bauende Objekt benötigt. Dieser jedoch besitzt normalerweise keinen ausreichend fachlichen Sachverstand, um dieser Bauherrenpflicht nachzukommen. Er beauftragt deshalb einen bauvorlageberechtigten Architekten/Beratenden Ingenieur, zunächst seinen Bauwunsch zu konkretisieren und in verständliche Pläne und Berechnungen umzusetzen sowie anschließend die Ausführung durch den Bauunternehmer zu kontrollieren. Zur Realisierung des Bauwunsches bildet sich somit ein „Dreigestirn“, welches aber nicht losgelöst von allen Zwängen im Raum schwebt, sondern es wird durch genehmigende, kontrollierende und gegebenenfalls auch einschreitende Behörden am Abheben gehindert.

Zusammengehalten wird das „Dreigestirn“ durch Verträge: Bauherr und Architekt/Beratender Ingenieur sind durch einen Architekten- bzw. Ingenieurvertrag, Bauherr und Bauunternehmer durch einen Bauvertrag miteinander verbunden. Alle Verträge sind privatrechtliche Werkverträge, die grundsätzlich unter das Werkvertragsrecht des BGB fallen (Bild 3.4).

Da jedoch das BGB-Recht so allgemein gefasst ist, dass es auf alle denkbaren Werkverträge von der Erstellung einer Brücke bis zur Reinigung einer Hose angewandt werden kann, wurde unter Beteiligung des Bundes, der Länder und Gemeinden sowie verschiedener Wirtschaftszweige der DVA–Deutsche Vergabe- und Vertragsausschuss für Bauleistungen gebildet und mit der Erarbeitung und Weiterentwicklung von sachgerechten Vergabe- und Vertragsgrundsätzen beauftragt. Teilergebnis des dauerhaft bestehenden Auftrages ist ein in Abständen immer wieder aktualisiertes, bauspezifisches Vertragsmuster für die Ausführung von Bauleistungen, die VOB Teil B und C. Durch sie soll ein der Eigenart des Bauvertrages angepasster gerechter Ausgleich zwischen den Belangen des Bauherrn und des Bauunternehmers gewährleistet werden. In der Praxis orientiert sich die Rechtsprechung mehr und mehr an der VOB, wodurch sie einen „gesetzesähnlichen“ Charakter erhält. Öffentlichen Bauherren ist die Anwendung des VOB-Bauvertrages verbindlich vorgeschrieben, private Bauherren können ihn an Stelle eines BGB-Bauvertrages anwenden und tun dies auch in starkem Maße.

Die VOB regelt nur die Rechtsbeziehung zwischen Bauherrn und Bauunternehmer, nicht aber die zwischen Bauherrn und Architekten bzw. Beratendem Ingenieur. Für Planungsverträge gibt es keinen mit der VOB vergleichbaren Mustervertrag, Planungsverträge sind somit immer Werkverträge nach BGB (siehe Kapitel 3.6).

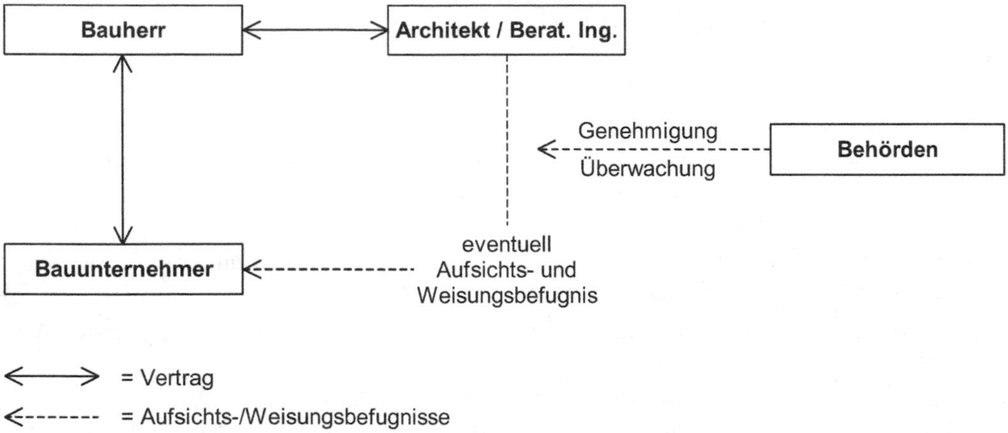

Bild 3.4: Deutsche Grundstruktur

Zusammenfassend ist festzuhalten, dass das Beziehungsgefüge Bauherr–Architekt/Beratender Ingenieur–Bauunternehmer in Deutschland sowohl bei einem privaten, als auch bei einem öffentlichen Bauherrn immer dem privaten Baurecht unterliegt. Wie noch gezeigt wird, ist dies außerhalb Deutschlands nicht immer der Fall.

Neben den beiden vertraglich geregelten Beziehungen gibt es während der hier im Zentrum der Betrachtung stehenden Bauausführung normalerweise noch eine weitere bedeutsame Beziehung, nämlich die zwischen Architekten/Beratendem Ingenieur und Bauunternehmer. Obwohl zwischen beiden keine vertragliche Verbindung besteht, läuft der Architekt/Beratende Ingenieur in vielen Fällen über die Baustelle und erteilt als „Bauherrenbauleiter" dem Bauunternehmer Weisungen. Es stellt sich somit die Frage, woraus der Architekt/Beratende Ingenieur seine Aufsichts- und Weisungsbefugnisse ableitet.

Da in Deutschland im Bauvertrag zwischen Bauherrn und Bauunternehmer üblicherweise nur die Rechtsbeziehungen zwischen Bauherrn und Bauunternehmer geregelt werden, erlangt der Architekt/Beratende Ingenieur hieraus keine Befugnisse. Nichts anderes gilt, wenn–wie oftmals der Fall–zwischen Bauherrn und Bauunternehmer der VOB-Muster-Bauvertrag vereinbart wird, weil auch dieser das Verhältnis Architekt/Beratender Ingenieur–Bauunternehmer nicht erfasst. In der gesamten VOB kommen die Begriffe „Architekt" und „Beratender Ingenieur" nicht vor.

Aufsichts- und Weisungsbefugnisse für den Architekten/Beratenden Ingenieur können sich somit–wenn überhaupt–nur aus seinem Vertragsverhältnis mit dem Bauherrn ableiten. Geregelt ist dieses oft in einem Vertrag, den der Berater im Laufe der Zeit individuell entwickelt hat und den er dem Bauherrn als „üblichen" Mustervertrag vorlegt. Erstaunlicherweise enthält ein solcher Vertrag häufig keine bzw. keine ausreichenden Regelungen bezüglich der Vollmachten des Bauherrenbauleiters.

Da demnach in den gängigen Musterverträgen die Bauherrenvertretung durch seinen Berater nicht ausreichend geregelt ist, sind zusätzliche Vollmachten empfehlenswert. In ihnen ist eindeutig festzulegen, in welchen Fällen der Architekt/Beratende Ingenieur im Namen des Bauherrn handeln darf. Beispiele hierfür sind

- die Vollmacht über die Beauftragung von Sonderfachleuten,
- die Vollmacht über die Vergabe von Zusatzaufträgen und
- die Vollmacht, Vertragstermine zu verschieben.

Die Kontroll- und Weisungsbefugnisse des Architekten/Beratenden Ingenieurs sind somit nicht allgemeingültig angebbar. Sie können bei einer Baustelle nahe „Null" liegen, bei einer anderen Baustelle nahezu unbeschränkt sein. Der Bauunternehmer als der Kontrollierte und Angewiesene sollte sich deshalb bei Auftragserteilung unbedingt Klarheit über den Umfang der dem Architekten/Beratenden Ingenieur vom Bauherrn erteilten Vollmacht verschaffen.

Wie nachfolgend gezeigt wird, liegt hier ein grundlegender Unterschied zu einigen ausländischen Musterverträgen. In ihnen werden die Aufsichts- und Weisungsbefugnisse des Architekten/Beratenden Ingenieurs detailliert beschrieben. Sie bilden den Dreh- und Angelpunkt des gesamten Beziehungsgefüges Bauherr–Architekt/Beratender Ingenieur–Bauunternehmer.

3.3 Britisch-angloamerikanisches Beziehungsgefüge

3.3.1 Grundsätzliches

Das Beziehungsgefüge der am Bau Beteiligten ist in Großbritannien und in den Vereinigten Staaten sehr ähnlich. Dabei ist diese Ähnlichkeit nicht nur rein sprachlicher Natur, auch inhaltlich sind die auf den beiden Baumärkten verwendeten Begriffe bis auf wenige Nuancen gleich /G34/. Ursache hierfür ist der Sachverhalt, dass in beiden Staaten historisch gewachsene, fallrechtlich ähnlich ausgebildete Rechtssysteme existieren.

Vor dem Hintergrund, dass weiterhin der „traditionelle" Auslandsbau, das Bauen in Entwicklungs- und Schwellenländern, durch britisch orientiertes Recht geprägt ist, wird im Folgenden nur das Beziehungsgefüge in Großbritannien betrachtet.

3.3.2 *Building works* und *civil engineering works*

Reist man durch Großbritannien und schaut sich dort eine Brückenbaustelle an, dann stellt man fest, dass dort ein Stahlbetonpfeiler genauso hergestellt wird, wie in Deutschland. Der Ablauf ist in beiden Ländern gleich, er unterscheidet sich nur sprachlich (Bild 3.5). Die in Deutschland praktizierte Fertigungstechnik ist sicherlich weitgehend auf Großbritannien und andere Länder übertragbar. Die Deutschen müssen nicht den Briten und die Briten müssen nicht den Deutschen beibringen, wie man baut.

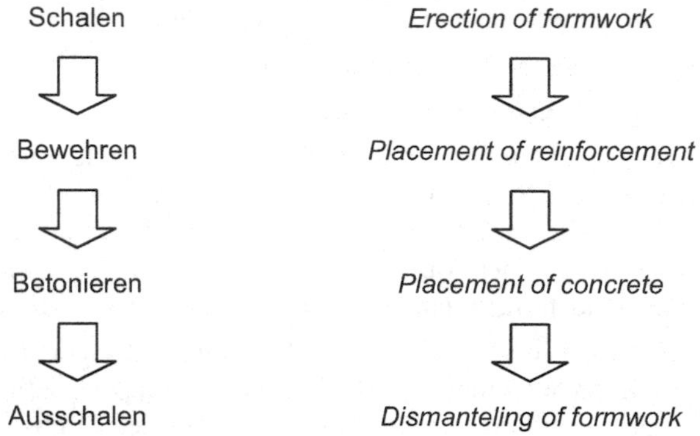

Bild 3.5: Stahlbetonarbeiten–*concrete works*

Kommt man nun, weil man so intensiv und interessiert in die Baugrube schaut, mit dem britischen Bauleiter ins Gespräch und erzählt ihm, dass man auch ein *civil engineer*, ein Bauingenieur, ist, dann ist sofort eine gewisse Seelenverwandtschaft da. Dauert das Gespräch dann etwas länger und erzählt man, dass man nicht nur bei Brückenbaustellen, sondern auch beim Bau einer Bank und einer Lagerhalle mitgewirkt hat, dann merkt man, dass der zunächst freundlich gesonnene britische Bauleiter zunehmend verunsichert wirkt. Was ist die Ursache?

Die Ursache liegt in der Tradition: Im allgemeinen Sprachgebrauch wird *civil engineer* mit Bauingenieur (für Hoch- und Tiefbau) und *civil engineering* mit Bauingenieurwesen übersetzt, und es wird stillschweigend davon ausgegangen, dass *civil engineers* in Großbritannien die gleichen Tätigkeiten wie Bauingenieure in Deutschland ausüben. Dies ist falsch!

In Großbritannien wird unter dem Oberbegriff *construction works* traditionell zwischen *building works* und *civil engineering works* unterschieden (Bild 3.6). *Building works* beinhalten die Erstellung von Gebäuden jeglicher Art, *civil engineering works* die Erstellung aller übrigen Bauwerke, beispielsweise Brücken, Tunnel und Straßen. Diese Differenzierung schlägt auf den gesamten Baubereich durch: An den Hochschulen gibt es *building departments* (sowie *departments of architecture*) und *civil engineering departments*, es gibt *building engineers* (*builders, architects*) und *civil engineers*, und es gibt *conditions of contract* für *building works* und *conditions of contract* für *civil engineering works*.

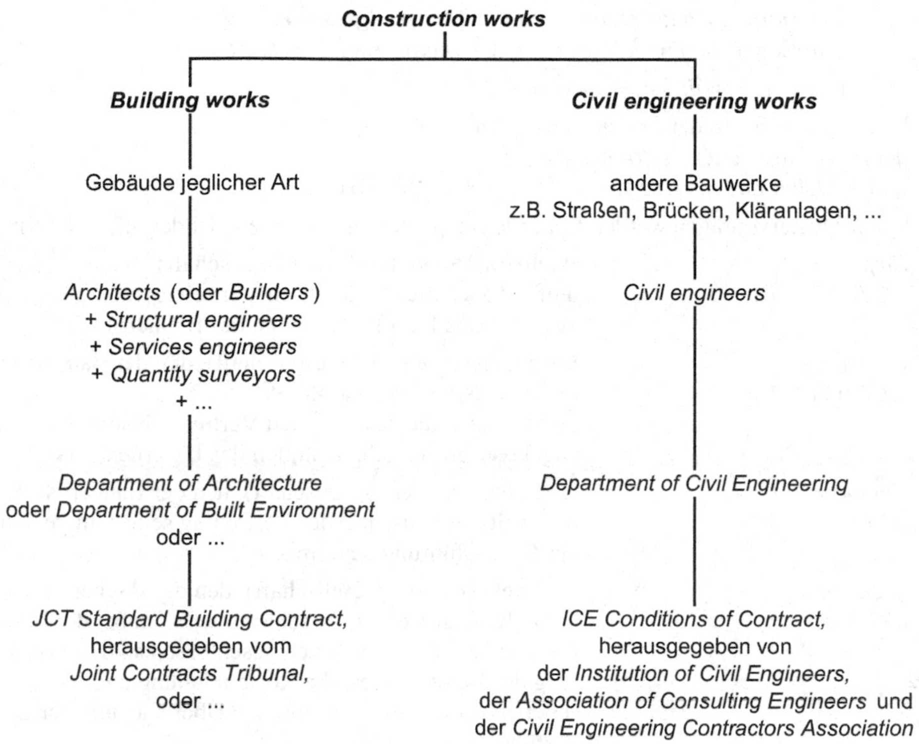

Bild 3.6: *Building works–civil engineering works*

3.3.3 Hauptbeteiligte

Die am Bau Beteiligten und deren gegenseitigen Beziehungen werden in Großbritannien in der Regel weitgehend im Vertrag zwischen Bauherrn und Bauunternehmer definiert. Der Bauvertrag unterliegt sowohl bei einem privaten als auch bei einem öffentlichen Bauherrn dem *common law*, dem „allgemeinen" Recht. Dieses existiert aber nicht wie in Deutschland in Form eines kodifizierten Rechts wie dem BGB, sondern es ist ein so genanntes Fallrecht: In einem Streitfall orientiert sich die Rechtsfindung an früheren richterlichen Entscheidungen in ähnlichen Fällen und nicht an niedergeschriebenen Rechtsnormen. Anzumerken ist, dass im Zuge der europäischen Rechtsangleichung auch in Großbritannien das geschriebene Recht, das so genannte Gesetzesrecht, an Bedeutung gewinnt.

Innerhalb des britischen Rechtssystems hat der Werkvertrag keine einheitliche Ausprägung erfahren, sondern es gibt eine ganze Reihe unterschiedlicher Musterverträge. Am weitesten verbreitet sind der

JCT Standard Building Contract,

herausgegeben vom *Joint Contracts Tribunal* (=*JCT*) /G10/,

und die

ICE Conditions of Contract and Forms of Tender, Agreement and Bond for Use in Connection with Works of Civil Engineering Construction,

abgekürzt *ICE Conditions of Contract,*

herausgegeben von der *Institution of Civil Engineers* (=*ICE*),
der *Association of Consulting Engineers*
und der *Civil Engineering Contractors Association* /G12/.

In diesen Musterverträgen werden folgende Hauptbeteiligte definiert (Bilder 3.7 und 3.8):

Employer (*JCT* und *ICE*)	= Bauherr (Person, Behörde, Gesellschaft), umfasst auch die persönlichen Vertreter, Nachfolger und zugelassenen Bevollmächtigten des Bauherrn.
Contractor (*JCT* und *ICE*)	= Unternehmer (Person, Gesellschaft), den der Bauherr mit der Bauausführung beauftragt, umfasst auch die persönlichen Vertreter, Nachfolger und zugelassenen Bevollmächtigten des Unternehmers.
Engineer (*ICE*)	= Ingenieur (Person, Gesellschaft), den der Bauherr ständig oder zeit-/fallweise mit der Vertretung seiner Interessen bei der Bauausführung beauftragt.
Architect (*JCT*)	= Architekt (Person, Gesellschaft), den der Bauherr mit der teilweisen Vertretung seiner Interessen bei der Bauausführung beauftragt. Nicht eingeschlossen sind die Gestaltung des Bauvertrages, die Kostenplanung und -überwachung und manchmal die Überwachung der Bauausführung.
Quantity surveyor (*JCT*)	= Vertrags- und Kostenberater (Person, Gesellschaft), den der Bauherr mit der Gestaltung des Bauvertrages sowie mit der Kostenplanung und -überwachung beauftragt.
Clerk of works (*JCT*)	= Bauüberwacher (Person, Gesellschaft), den der Bauherr mit der Überwachung der Bauausführung beauftragt. Die Einschaltung eines Bauüberwachers ist nicht zwingend vorgesehen

Im Gegensatz zur VOB, die nur den Bauherrn und den Bauunternehmer kennt, werden durch die britischen Musterverträge weitere Beteiligte eingebunden. Ihnen werden, obwohl sie nicht Vertragspartner sind, wesentliche Rechte und Pflichten zugeschrieben. Wegen der daraus resultierenden Bedeutung des Bauvertrages für das gesamte Beziehungsgefüge der am Bau Beteiligten wird der Bauvertrag auch als *main contract* bezeichnet.

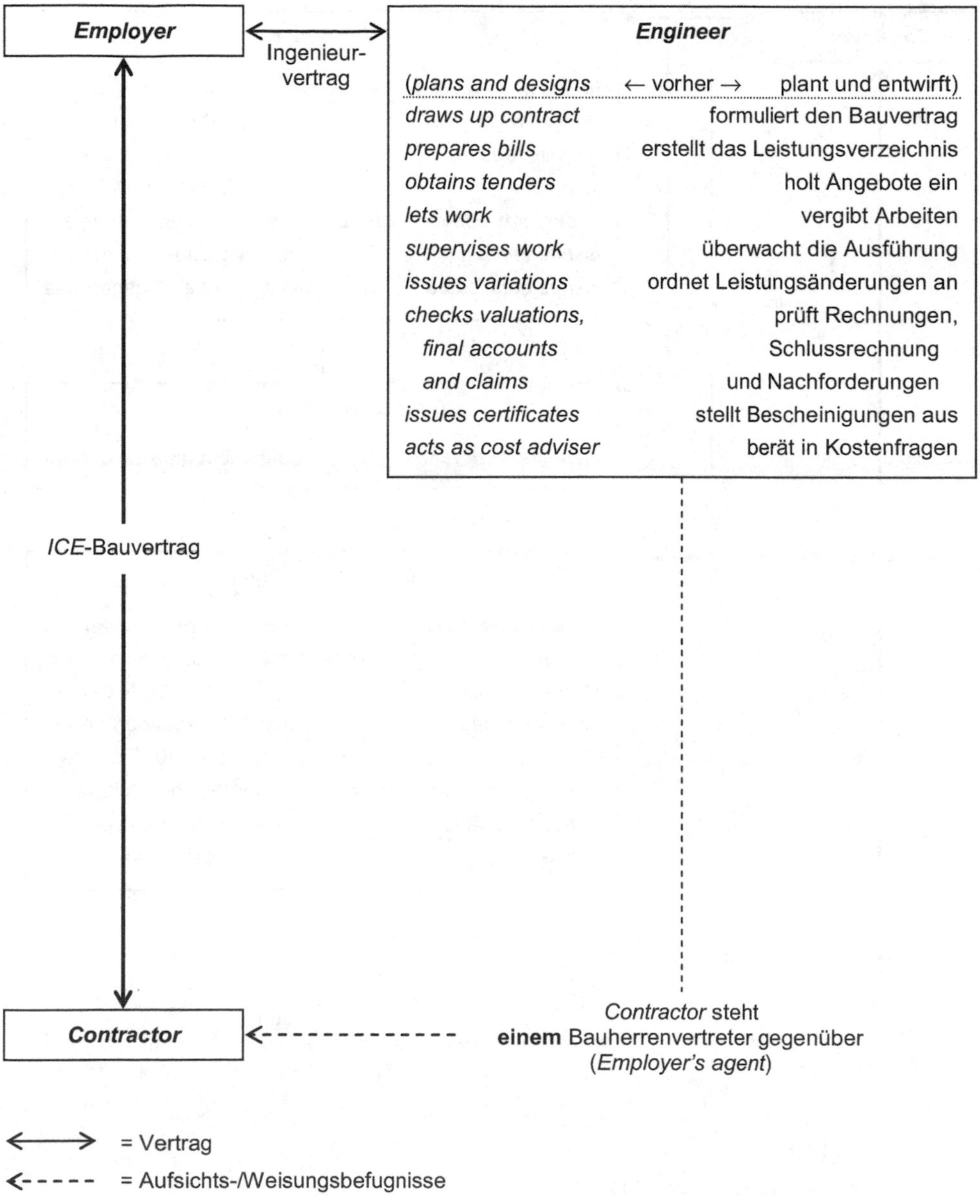

Bild 3.8: *ICE*-Beziehungsgefüge

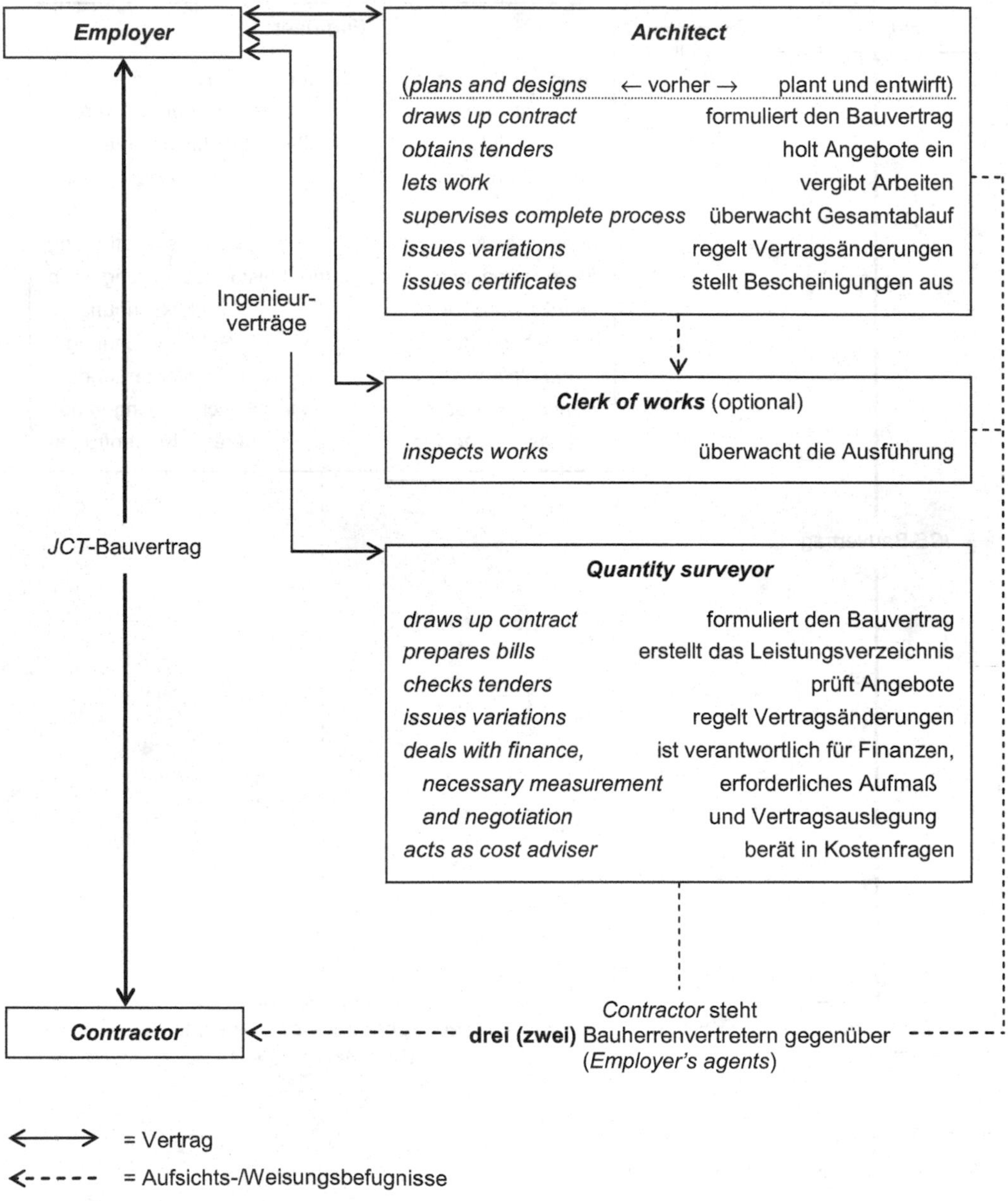

Bild 3.7: *JCT*-Beziehungsgefüge

Im Detail üben die Hauptbeteiligten nachstehend beschriebene Funktionen aus:

Employer

Der *employer* hat

- den Baugrund und die Finanzmittel bereitzustellen,
- die Zweckbestimmung des Bauwerks zu definieren, die Ansprüche an das Bauwerk zu formulieren und letztlich die Ausführungsunterlagen bereitzustellen,
- Verträge mit dem *contractor* und dem *engineer* bzw. dem *contractor*, dem *architect*, dem *quantity surveyor* und gegebenenfalls dem *clerk of works* zu schließen,
- seine Vertragspartner mit allen benötigten Informationen zu versorgen
- und schließlich das Bauwerk zu übernehmen.

Mit dem Abschluss des Bauvertrages delegiert der *employer* in erheblichem Umfang seine Rechte und Pflichten in der Bauausführungsphase:

- Bei Verwendung der *ICE Conditions of Contract* überträgt er die konkrete Wahrnehmung weitgehend einem *engineer*.
- Bei Verwendung des *JCT Standard Building Contracts* überträgt er die konkrete Wahrnehmung weitgehend einem *architect* und einem *quantity surveyor*, zusätzlich schaltet er manchmal einen *clerk of works* ein.

Anzumerken ist, dass in Großbritannien statt der Bezeichnung *employer* = Auftraggeber oftmals die Bezeichnungen *client* = Kunde und *purchaser* = Käufer verwendet werden. Diese Wortwahl lässt einen tendenziellen Unterschied im Verständnis des Bauherrenbegriffs erkennen.

In den Vereinigten Staaten wird der Bauherr oftmals als *owner* = Eigentümer bezeichnet /G34/.

Contractor

Aufgabe des *contractors* ist es, das Bauvorhaben in Einklang mit dem Vertrag, den Gesetzen und den lokalen Bestimmungen auszuführen. Er kann die Baumethode auswählen, er ist zu jeder Zeit für die Sicherheit auf der Baustelle und die Standsicherheit des Bauwerks sowie für vorhersehbare Risiken, nicht jedoch für Planungsfehler in den Ausführungsunterlagen verantwortlich.

Ein wesentlicher Unterschied gegenüber Deutschland besteht im Leistungsumfang des *contractors*. Während in Deutschland bisher die Fachlosvergabe, d. h. der Abschluss von parallelen, gewerkeabhängigen Bauverträgen, vorherrschte, stellte in Großbritannien die Vergabe an Generalunternehmer schon immer den Standard dar. Der *JCT Standard Building Contract* und die *ICE Conditions of Contract* berücksichtigen dies, allerdings mit einem Unterschied: Der *JCT*-Vertrag geht gedanklich von einem Generalübernehmer aus, der *ICE*-Vertrag dagegen orientiert sich an einem Generalunternehmer /G34/.

Engineer

Die für *civil engineering works* formulierten *ICE Conditions of Contract* enthalten als zentrale Person den *engineer*. Eine Vielzahl von Einzelbestimmungen wie

. . . the engineer shall decide . . .,

. . . in accordance with the engineer's instructions . . .,

. . . as determined by the engineer . . .,

... submit to the engineer for his acceptance ...,

... in the opinion of the engineer ...,

... as the engineer may consider necessary ...,

... to the satisfaction of the engineer ... und

... the engineer shall certify ...

weisen dem *engineer* diverse Rechte und Pflichten zu. Sie können zu zwei Aufgabenbereichen zusammengefasst werden:

- Erstens ist der *engineer* Bauherrenvertreter. Er organisiert die Bauvergabe und überwacht die Bauausführung. Dabei trifft er Planungs-/Entwurfsentscheidungen und ordnet Leistungsänderungen an. Die Aufgabe ähnelt der des Architekten oder Beratenden Ingenieurs in Deutschland, jedoch ist zu beachten, dass der *engineer* bei der Ausübung dieser Tätigkeiten wesentlich umfangreichere Entscheidungsbefugnisse besitzt als der deutsche Bauherrenvertreter.
- Zweitens hat er die Stellung eines neutralen *certifiers.* Er hat die Aufgabe, den Wert der ausgeführten Leistung festzustellen und durch *certificates* zu bescheinigen. Sie sind die Voraussetzung für die Zahlungsverpflichtung des Bauherrn. Der *engineer* stellt weiterhin das für die Abnahme und den Beginn der Mängelbeseitigungsfrist maßgebliche *certificate of substantial completion* (=Bescheinigung über die Fertigstellung des Bauwerks) und das *defects correction certificate* (=Bescheinigung über die Mängelfreiheit nach Ablauf der Mängelbeseitigungsfrist) aus. Letzteres *certificate* wird in anderen Verträgen auch als *maintenance certificate* oder *defects liability certificate* bezeichnet.

Der *engineer* steht also zwischen *employer* und *contractor* und beeinflusst mit seinem Verhalten maßgeblich die Vertragsabwicklung. Er besitzt eine Vielzahl von Rechten und Pflichten, die er auf der Grundlage des Vertrages mit professioneller Integrität und unparteiisch gegenüber beiden Vertragsparteien auszuüben bzw. zu erfüllen hat.

Als historischer Rückblick sei eingefügt, dass über viele Jahrzehnte die *ICE Conditions of Contract* dem *engineer* eine dritte Aufgabe zugewiesen hatten. Er war Schlichter zwischen *employer* und *contractor*, Streitigkeiten waren zunächst ihm vorzulegen. Erst wenn er innerhalb einer vorgegebenen Frist keine Entscheidung fällte oder eine Partei mit seiner Entscheidung nicht einverstanden war, konnte ein weitergehendes Streitbeilegungsverfahren eingeleitet werden. 2004 wurde diese Aufgabe herausgenommen. *Employer* und *contractor* müssen nun für den Streitfall einen Verfahrensablauf im Vertrag festlegen /G13/.

Die *ICE Conditions of Contract* /G12/ erfassen nur die Rechte und Pflichten des *engineers* während der Bauausführung. Sie gehen davon aus, dass vom *employer* fertige Ausführungsunterlagen bereitgestellt werden. Die Erstellung dieser Unterlagen erfolgt auf der Grundlage selbständiger Ingenieurverträge, so genannter *conditions of engagement* oder *services contracts*, durch Ingenieurbüros. Von diesen wird oft das „federführende" Büro später mit der Funktion des *engineers* beauftragt. Für den Fall, dass die Planung der Baumaßnahme und der Entwurf des Bauwerks vom *contractor* übernommen werden, existiert ein spezieller *ICE*-Mustervertrag /G14/.

Architect

Früher war der *architect* der Verantwortliche und Koordinator für die gesamte Baumaßnahme, heute ist jedoch, ähnlich wie in Deutschland, diese Aufgabenzuordnung oft nicht mehr gegeben. Klassische Tätigkeitsfelder wie Projektkoordination und -beratung sowie Bauüberwachung fallen mehr und mehr an andere Beteiligte wie Projektsteuerer, *quantity surveyor* und *clerk of works*.

Bei dem für *building works* formulierten *JCT*-Vertrag ist der *architect* der Bauherrenvertreter, der allerdings im Vergleich zum *engineer* des *ICE*-Vertrages nur ein eingeschränktes Tätigkeitsfeld abdeckt. Er überwacht die Bauausführung, trifft Planungs-/Entwurfsentscheidungen und ordnet Leistungsänderungen an. Seine Befugnisse in dieser Teilrolle gleichen denen des *engineers*. Bei der konkreten Ausübung der Überwachungsfunktion wird der *architect* oftmals von einem *clerk of works* unterstützt. Dieser wird vom *employer* beauftragt, arbeitet aber auf Weisung des *architects*.

Für das Vergabe- und Vertragswesen einschließlich aller Kostenfragen besitzt der *architect* in der Regel keine oder nur eine eingeschränkte Verantwortung. Der *JCT*-Vertrag sieht vor, dass der *employer* hierfür einen *quantity surveyor* einschaltet.

Auch der *JCT Standard Building Contract* /G10/ erfasst nur die Rechte und Pflichten des *architects* während der Bauausführung. Er geht davon aus, dass vom *employer* fertige Ausführungsunterlagen bereitgestellt werden. Die Erstellung dieser Unterlagen erfolgt auf der Grundlage selbständiger Verträge durch Architektur- und Ingenieurbüros. Das dabei „federführende" Architekturbüro wird der *employer* häufig später mit der Funktion des *architects* beauftragen. Für den Fall, dass die Planung der Baumaßnahme und der Entwurf des Bauwerks vom *contractor* übernommen werden, existiert ein spezieller *JCT*-Mustervertrag /G11/.

Quantity surveyor

Der *JCT Standard Building Contract* erfordert neben dem *architect* einen zweiten Bauherrenberater, den *quantity surveyor*. Die *ICE Conditions of Contract* sehen diesen nicht vor. In der Praxis findet man jedoch auch bei *civil engineering works* auf Seiten des Bauherrn häufig einen *quantity surveyor*, allerdings mit einem wesentlichen Unterschied: Bei *building works* ist er vertraglich mit dem *employer* verbunden, bei *civil engineering works* ist er Subunternehmer des *engineers*.

Die Berufsbezeichnung *quantity surveyor*, abgekürzt *QS*, knüpft an den englischen Ausdruck für das Leistungsverzeichnis, die *bill of quantities*, an und bedeutet wörtlich übersetzt Mengensachverständiger oder Mengenvermesser. Tatsächlich aber geht das Tätigkeitsfeld des *quantity surveyors* weit über die Mengenbetrachtung hinaus. Er ist der Spezialist für das Vergabe- und Vertragswesen sowie die Kosten.

Großbritannien ist das Ursprungsland des *quantity surveying*. Der Beruf entwickelte sich beim Wiederaufbau Londons nach dem „Großen Feuer" im Jahr 1666. Der erste Berufsverband der *quantity surveyors* wurde bereits 1785 gegründet. Heute gibt es in vielen angelsächsisch geprägten Ländern Hochschulen, an denen *quantity surveying* und weitere benachbarte Spezialisierungen wie zum Beispiel *building surveying* oder *planning and development surveying* angeboten werden. Dabei kann das Studienangebot nicht immer unmittelbar aus der Bezeichnungsweise der anbietenden Fachbereiche oder Fakultäten entnommen werden. So finden die Studiengänge beispielsweise häufig in einem *department of the built environment* statt. In Deutschland ist der Beruf des *quantity surveyors* relativ unbekannt, ein eigenständiges, in sich abgeschlossenes akademisches Angebot existiert nicht.

Das Tätigkeitsfeld *quantity surveying* erstreckt sich über das gesamte Leben eines Bauwerks und reicht in die Tätigkeitsbereiche nahezu aller am Bau Beteiligten hinein /G28/,/G30/.

Ganz am Anfang eines Bauprojektes steht die Idee, ein Problem, oftmals ein Mangelproblem, mit Hilfe einer Baumaßnahme zu lösen. In dieser Phase, in der einerseits für angedachte Lösungsalternativen häufig nur sehr grobe Angaben existieren, andererseits aber die wesentlichen kostenbeeinflussenden Entscheidungen getroffen werden, ist es die Aufgabe des *quantity surveyors*, dem *employer* möglichst genaue Informationen über die tatsächlich zu erwartenden Kosten zu geben. Diesen Kosten hat er den Nutzen der Baumaßnahme, beispielsweise die erzielbaren Mieteinnahmen eines Bürogebäudes oder den gesamtwirtschaftlichen Nutzen einer Umgehungsstraße, gegenüberzustellen. Im weiteren Verlauf des Planungs- und Entwurfsprozesses hat er die Kosten- und Nutzenermittlungen Schritt für Schritt zu detaillieren und zu aktualisieren. Ziel des *quantity surveyors* in der Planungs- und Entwurfsphase ist es, dem *employer* und dem *architect* die Kosten-Nutzen-Verhältnisse der Planungsalternativen aufzuzeigen. Dabei hat er sowohl die Investitions-, Betriebs- und Instandsetzungskosten als auch nichtmonetäre Nutzenaspekte, beispielsweise die verkehrliche Anbindung oder zu erwartende Lärmbelastung, zu berücksichtigen.

Entschließt sich der *employer*, die geplante Baumaßnahme zu realisieren, dann ist es die Aufgabe des *quantity surveyors*, zunächst die Vergabe der zu erbringenden Bauleistungen quantitativ-qualitativ und vertraglich vorzubereiten. Die quantitativ-qualitative Aufgabe besteht darin, erstens die Leistungsmengen zu ermitteln und im Leistungsverzeichnis, der *bill of quantities*, zusammenzustellen sowie zweitens die für die Ausführung maßgeblichen technischen Angaben, die *specifications*, zu erarbeiten. Die vertragliche Aufgabe besteht in der Formulierung des Vertrages, des *contracts*. Nach Erstellung der Verdingungsunterlagen unterstützt der *quantity surveyor* den *employer* bei der Festlegung und Durchführung des Vergabeverfahrens. Er prüft die eingehenden Angebote und berät den *employer* bei der Auswahl des wirtschaftlichen Angebots und bei eventuellen Vertragsverhandlungen. Am Ende der Vergabephase bereitet er den unterschriftsreifen Bauvertrag vor.

Während der Bauausführungsphase ist der *quantity surveyor* erstens ein Kostenkontrolleur. Er führt ständig Soll-Ist-Vergleiche durch, um die Übereinstimmung mit dem vorgegebenen Kostenrahmen zu überprüfen bzw. um Kostenüberschreitungen frühzeitig zu erkennen. Seine Kontrollen sollen gegebenenfalls ein frühzeitiges Gegensteuern ermöglichen. Zweitens prüft der *quantity surveyor* das Aufmaß, das *measurement*, die Abschlagsrechnungen, die *interim statements*, und die Schlussrechnung, das *final statement*, des *contractors*. Er achtet auf das Budget und die Zahlungsflüsse des *employers*. Drittens berät er den *employer* bei Änderungen, den *variations*, die während der Bauausführung auftreten. Dies tut er in der gleichen Weise wie in der ursprünglichen Vergabephase: Er ermittelt die Kosten und hilft bei der Vergabe der Nachträge oder neuer Aufträge. Viertens schließlich berät er den *employer* in allen sonstigen vertraglichen Angelegenheiten.

Nach Fertigstellung des Bauwerks unterstützt der *quantity surveyor* den jeweiligen Eigentümer in allen Fragen, die mit baulichen Betriebs- und Instandsetzungskosten sowie baulichen Vertragsfragen zusammenhängen. Sein Tätigkeitsfeld endet letztlich mit der Beratung beim Abbruch des vorhandenen Bauwerks und der Konzipierung eines Nachfolgebauwerks.

Eingebettet in die Tätigkeiten des *quantity surveyors* ist eine ständige Risikoanalyse. Er hat mögliche Risiken aufzuzeigen und abzuwägen. Ein erfahrener *quantity surveyor* wird beispielsweise die Gesamtkosten in risikoarme und risikoreiche Kosten aufspalten, um so bei seinen vorausschauenden Kostenermittlungen die Schwankungsbreite besser abschätzen zu können.

Quantity surveying nach britischem Verständnis ist ein insgesamt sehr breites Tätigkeitsfeld. In ihm haben sich deshalb im Laufe der Zeit Spezialrichtungen entwickelt. Diese orientieren sich beispielsweise an den Objekten, so gibt es den *building surveyor*, oder an den Planungs- und Bauphasen, so gibt es den *planning and development surveyor*. Es gibt den Kostenexperten, den *cost contoller*, und den Vertragsspezialisten, den *contract administrator*.

In den vorstehenden Betrachtungen wird der *quantity surveyor* in seiner ursprünglichen Funktion als Berater des *employers* beschrieben. In der Realität kommt er aber auch auf der Seite des *contractors* vor, und dies sogar wesentlich häufiger. Britische Schätzungen sagen, dass nur ein Drittel aller *quantity surveyor* für die Auftraggeberseite arbeitet. Die übrigen zwei Drittel dagegen arbeiten für die Auftragnehmerseite. Der bauunternehmensseitige *quantity surveyor* übernimmt Managementaufgaben:

- Er ist maßgeblich beteiligt an der Erstellung des Angebotes.
- Er überwacht während Bauausführung die Selbstkosten und die Geldflüsse des *contractors*.
- Er ermittelt die erbrachte Bauleistung und stellt die Abschlagsrechnungen sowie die Schlussrechnung auf.
- Er formuliert gegebenenfalls Nachträge.
- Er klärt vertragliche Probleme mit dem *employer* und anderen Vertragspartnern.

Insgesamt ähneln die Arbeitsweise und die Arbeitstechniken denen des *quantity surveyors* auf der Auftraggeberseite. Die Interessen allerdings können grundlegend unterschiedlich sein. Die Aufgabe des *QS* der Auftragnehmerseite kann beispielsweise darin bestehen, einen Nachtrag „durch zu bekommen", Ziel des *QS* der Auftraggeberseite dagegen kann sein, diesen Nachtrag als nicht gerechtfertigt abzulehnen.

Wie die Beschreibung zeigt, umfasst *quantity surveying* die Tätigkeiten, die ein wirtschaftliches Bauen sicherstellen sollen. Diese Tätigkeiten werden selbstverständlich auch in Deutschland ausgeübt, allerdings nicht durch einen nur dafür ausgebildeten Spezialisten. In Deutschland ist *quantity surveying* eingebettet in die Tätigkeitsfelder der Architekten und Beratenden Ingenieure sowie der Bauunternehmensingenieure. Alle beschriebenen Tätigkeiten finden sich dort wieder. Vereinzelte Versuche, auch in Deutschland ein eigenständiges Berufsbild *quantity surveying* zu installieren, sind bisher wenig erfolgreich verlaufen.

Clerk of works

Der *clerk of works* ist ein bei *building works* vorgesehener Bauüberwacher. Er wird vom *employer* beauftragt und ist mit diesem vertraglich verbunden, arbeitet aber auf Weisung des *architects*. Seine Aufgabe ist die Überwachung der Bauausführung auf Übereinstimmung mit der Baugenehmigung, den Ausführungsplänen, der Leistungsbeschreibung sowie den anerkannten Regeln der Technik. Alle diese Tätigkeiten gehören auch in Großbritannien ursprünglich in den Zuständigkeitsbereich des Architekten. Sie werden aber heute oftmals an einen *clerk of works* delegiert. Zwingend vorgesehen ist seine Einschaltung jedoch nicht.

3.3.4 Grundstruktur

Die Bilder 3.7 und 3.8 zeigen die bei *building works* = *JCT*-Beziehungsgefüge und *civil engineering works* = *ICE*-Beziehungsgefüge unterschiedliche Aufgabenverteilung zwischen den Hauptbeteiligten. Während bei *civil engineering works* der *employer* nur einen Berater, den *engineer*, mit der Vertretung seiner Interessen beauftragt, teilt er diese Vertretung bei *building works* auf mindestens zwei, manchmal sogar drei Berater auf, nämlich den *architect*, den *quantity surveyor* und gelegentlich den *clerk of works*. Die dabei entstehenden Tätigkeitsgebiete sind in der Regel nicht überschneidungsfrei. *Architect*, *quantity surveyor* und gegebenenfalls *clerk of works* müssen folglich eng zusammenarbeiten. Während diese Zusammenarbeit früher meistens vom *architect* gesteuert wurde, übernimmt heute häufiger der *quantity surveyor* die Führungsrolle.

Die Gegenüberstellung der beiden Bilder verdeutlicht, dass die Summe der Beratungsfelder im Wesentlichen gleich ist, sie wird bei *building works* nur aufgeteilt. Fasst man vereinfachend die zwei bzw. drei Berater zu einem Beratungsteam zusammen, dann ergibt sich sowohl für *building works* als auch für *civil engineering works* und somit für *construction works* insgesamt eine Grundstruktur (Bild 3.9), die dem Beziehungsgefüge im Deutschland ähnelt (siehe Bild 3.4). Diese Ähnlichkeit ist aber nur formal, inhaltlich gibt es grundlegende Unterschiede. Es sind dies die nicht nur eventuell, sondern standardmäßig festgelegten, weit umfangreicheren Aufsichts- und Weisungsbefugnisse der Bauherrenberater gegenüber den ausführenden Unternehmen.

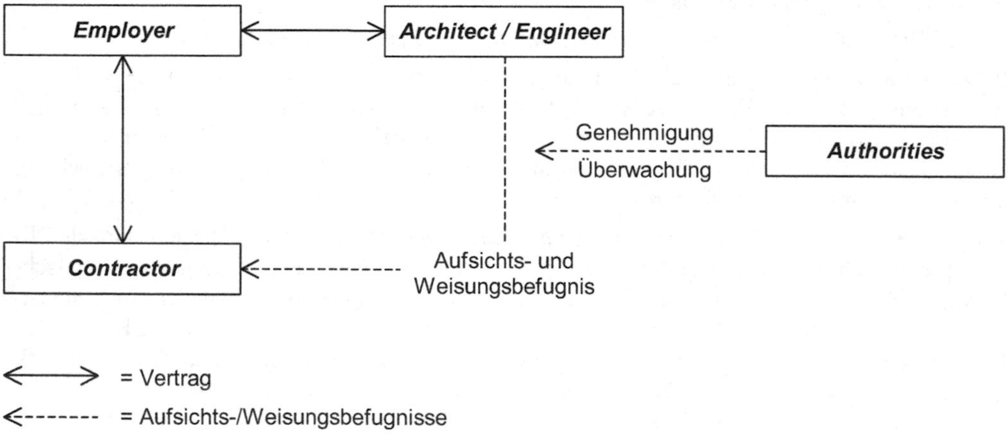

Bild 3.9: Britische Grundstruktur

Angemerkt sei, dass seit der 1990er Krise in der britischen Bauwirtschaft diese traditionelle Grundstruktur mit ihren herausgehobenen Aufsichts- und Weisungsbefugnissen der Bauherrenberater aufgeweicht wird. Es wurden, beispielsweise in Form des *NEC Engineering and Construction Contracts*, Vertragsstrukturen entwickelt, die statt des *engineers* traditioneller Art einen Berater ähnlich dem Beratenden Ingenieur in Deutschland enthalten /G16/.

Die Genehmigung und Überwachung der Baumaßnahme obliegt den kommunalen Planungsbehörden, den *local planning authorities*. Sie erteilen die Baugenehmigung, das *building regulations approval* /D57/.

3.3.5 Erweiterte Strukturen

Die dargestellte Grundstruktur ist zu erweitern. Erstens sind einige Hauptbeteiligte als Personen zu konkretisieren, zweitens sind weitere Beteiligte zu definieren.

Erweiterte *JCT*-Struktur

Im *JCT Standard Building Contract* werden die Hauptbeteiligten *employer*, *architect*, *quantity surveyor*, *clerk of works* und *contractor* in der Form „Person oder Gesellschaft" genannt. Es werden somit nicht nur Personen, sondern Funktionen definiert. Diese werden bei manchen Baumaßnahmen tatsächlich von den namentlich benannten Hauptbeteiligten persönlich wahrgenommen, bei vielen Projekten jedoch werden die Funktionen ganz oder teilweise an Mitarbeiter delegiert. Von diesen werden in den *JCT-Conditions* der Bauherrenvertreter und der Bauleiter des Bauunternehmens gesondert aufgeführt.

Der Grundstruktur sind weiterhin Fachingenieure und Subunternehmer hinzuzufügen. Insgesamt ergeben sich folgende Erweiterungen:

Employer's representative	=	Bevollmächtigter des *employers*.
Consultant	=	Fachingenieur (Person, Gesellschaft), der dem *architect* zuarbeitet, z. B. Geotechniker, Tragwerksplaner und Elektroingenieur. Der *consultant* wird in den *JCT-Conditions* nicht erwähnt.
Person-in-charge	=	örtlicher Bauleiter des *contractors*. Diese Bezeichnung stellt eine sprachliche Besonderheit der *JCT-Conditions* dar.
Domestic subcontractor und *Domestic supplier*	=	vom *contractor* (=Auftragnehmer des Bauherrn) ausgewählter und beauftragter Subunternehmer für die Ausführung von Arbeiten, die Lieferung von Material oder die Erbringung von Dienstleistungen. Die Genehmigung des *architects* ist erforderlich.
Nominated subcontractor und *Nominated supplier*	=	vom *employer* und/oder *architect* ausgewählter, jedoch vom *contractor* (=Auftragnehmer des Bauherrn) beauftragter Subunternehmer für die Ausführung von Arbeiten, die Lieferung von Material oder die Erbringung von Dienstleistungen. In bestimmten Fällen kann der *contractor* den ausgewählten *subcontractor* bzw. *supplier* ablehnen. Der *nominated subcontractor* wird in den *JCT-Conditions* nicht erwähnt, *JCT* stellt aber einen eigenständigen *nominated subcontract* zur Verfügung.
Labour only subcontractor	=	vom *contractor* (=Auftragnehmer des Bauherrn) ausgewählter und beauftragter Subunternehmer, der nur Arbeitskräfte stellt. Dieser *subcontractor* wird nicht in den *JCT-conditions* selbst, sondern nur in *JCT*-Kommentaren und dort als Unterform des *domestic subcontractors* aufgeführt.

Direct labour = vom *employer* angestellte und bezahlte Arbeitskräfte. Diese in der Praxis vorkommende besondere Form des *subcontractings* /G27/ ist in den *JCT-Conditions* nicht explizit aufgeführt.

Bild 3.10 zeigt die erweiterte Struktur der Bauausführungsphase auf der Grundlage eines klassischen, d. h. nur die Vergabe der Bauleistung beinhaltenden *JCT*-Vertrages /G10/. Im Falle eines die Planungsleistung mit einschließenden *JCT*-Vertrages /G11/ ergibt sich eine anders geartete Struktur.

Zu beachten ist die rechtliche und fachliche Einbindung der *consultants*, beispielsweise des Geotechnikers = *geotechnical engineers* oder des Tragwerksplaners = *structural engineers* oder der Ingenieure für den technischen Ausbau (Heizungs-/Lüftungs-, Elektro-, Sanitäranlagen) = *services engineers* (*mechanical*, *electrical*, *sanitation*). Sie sind einerseits in der Regel vertraglich mit dem *employer* verbunden, hängen andererseits aber mit ihrer zu erbringenden Beratungsleistung direkt am *architect*.

Formal gleicht die erweiterte Struktur einer auch in Deutschland verbreiteten Vergabepraxis, nämlich der Vergabe der Bauüberwachung an den Architekten sowie verschiedene Fachingenieure und der Vergabe der gesamten Bauausführung an einen Generalunternehmer oder Generalübernehmer.

Erweiterte *ICE*-Struktur

Auch in den *ICE Conditions of Contract* werden die drei Hauptbeteiligten *employer*, *engineer* und *contractor* als „Person, Behörde oder Gesellschaft" bzw. „Person oder Gesellschaft" und damit als Funktionen genannt. Analog zum *JCT*-Vertrag werden diese Funktionen bei vielen Projekten ganz oder teilweise an Mitarbeiter delegiert. In den *ICE Conditions of Contract* werden deshalb für alle drei Hauptbeteiligten *representatives* definiert.

Ebenfalls in analoger Weise sind der Grundstruktur Fachingenieure und Subunternehmer hinzuzufügen. Somit ergeben sich folgende Erweiterungen:

Employer's representative = Bevollmächtigter des *employers*.

Engineer's representative = Bevollmächtigter des *engineers*. Er hat begrenzte Weisungsbefugnis, die ihm von Fall zu Fall vom *engineer* übertragen wird. Sein Name ist dem *contractor* schriftlich mitzuteilen.

Resident engineer = örtlicher Bauleiter des *engineers* (=Bauherrenbauleiter). Sein Name ist dem *contractor* schriftlich mitzuteilen. Die Bezeichnung *resident engineer* für den *engineer's representative* auf der Baustelle wird in den *ICE-Conditions* nicht verwendet, sie ist aber dennoch weit verbreitet.

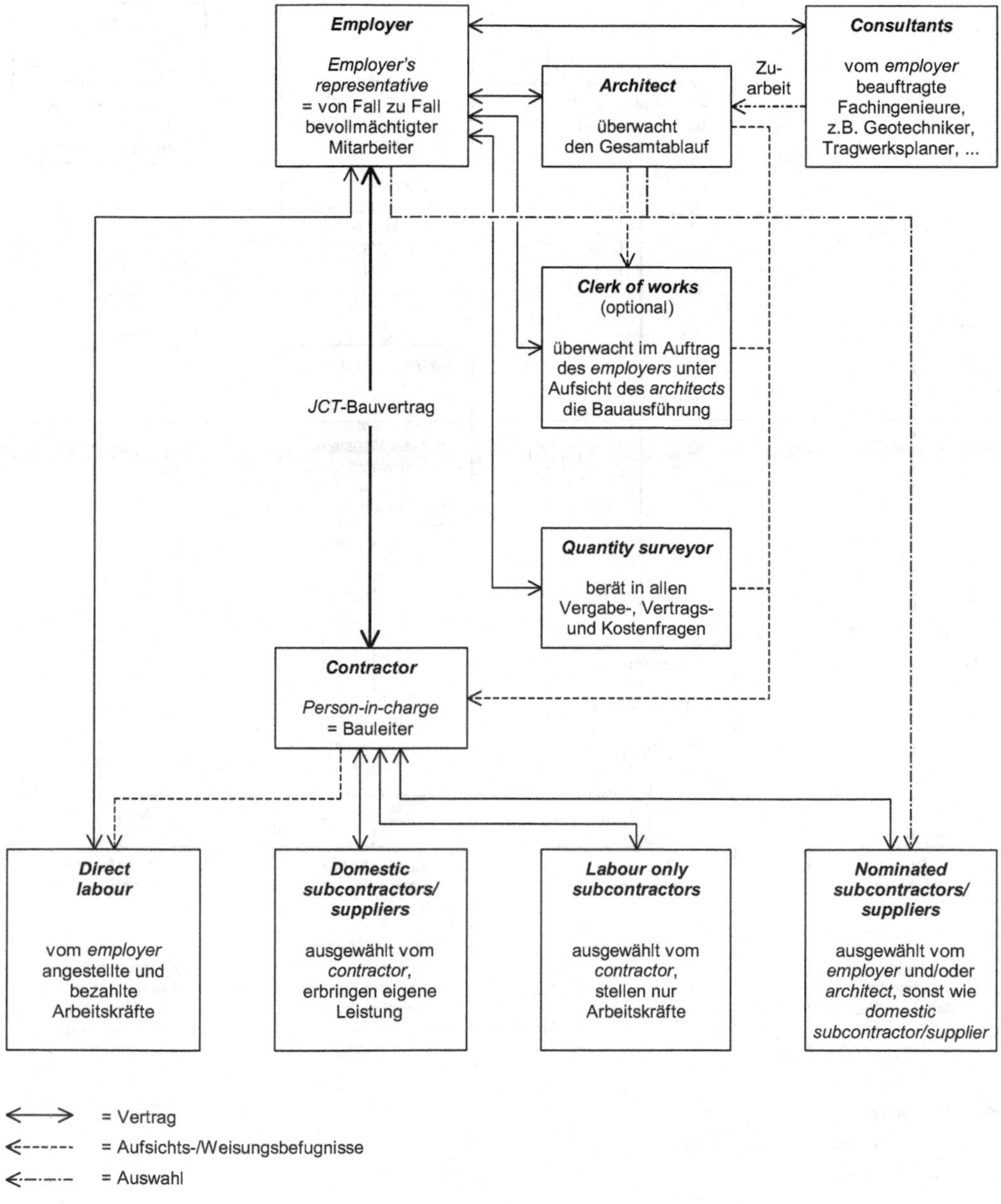

Bild 3.10: Erweiterte Struktur auf der Grundlage der *JCT-Contracts*

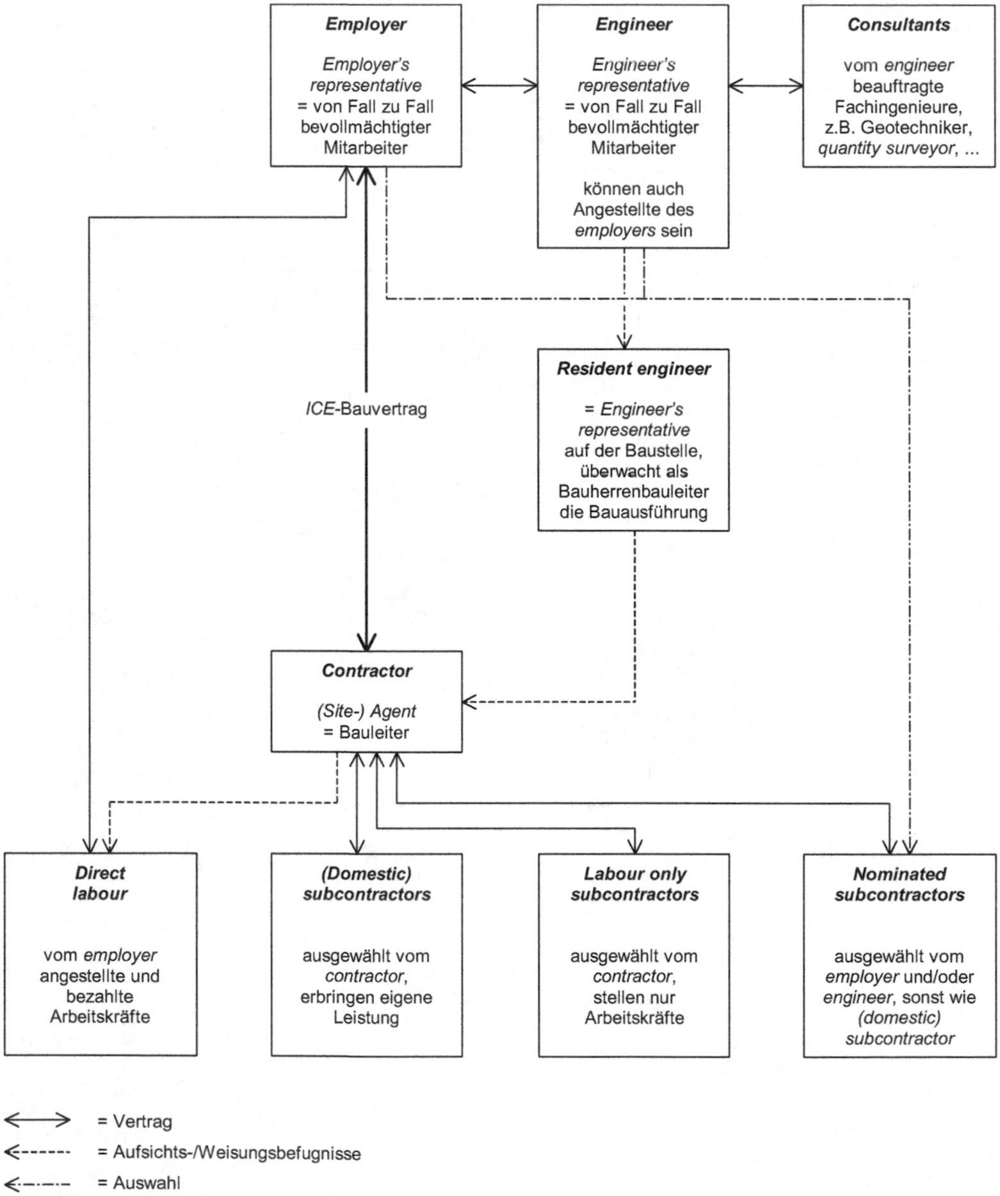

Bild 3.11: Erweiterte Struktur auf der Grundlage des *ICE-Contracts*

Consultant	=	Fachingenieur (Person, Gesellschaft), der dem *engineer* zuarbeitet, z. B. Geotechniker, *quantity surveyor* und Elektroingenieur. Der *consultant* wird in den *ICE-Conditions* nicht erwähnt.
(Site-) Agent	=	örtlicher Bauleiter des *contractors*. Die Ernennung kann nur mit Genehmigung des *engineers* erfolgen.
(Domestic) subcontractor	=	vom *contractor* (=Auftragnehmer des Bauherrn) ausgewählter und beauftragter Subunternehmer für die Ausführung von Arbeiten, die Lieferung von Material oder die Erbringung von Dienstleistungen. Die Genehmigung des *engineers* ist erforderlich. Zur Abgrenzung gegenüber dem *nominated subcontractor* werden häufig die in den *ICE-Conditions* nicht vorkommenden Bezeichnungen *non-nominated subcontractor* oder *domestic subcontractor* verwendet.
Nominated subcontractor	=	vom *employer* und/oder *engineer* ausgewählter, jedoch vom *contractor* (=Auftragnehmer des Bauherrn) beauftragter Subunternehmer für die Ausführung von Arbeiten, die Lieferung von Material oder die Erbringung von Dienstleistungen. In bestimmten Fällen kann der *contractor* den ausgewählten *subcontractor* ablehnen.
Labour only subcontractor	=	vom *contractor* (=Auftragnehmer des Bauherrn) ausgewählter und beauftragter Subunternehmer, der nur Arbeitskräfte stellt. Die Genehmigung des *engineers* ist nicht erforderlich
Direct labour	=	vom *employer* angestellte und bezahlte Arbeitskräfte. Diese in der Praxis vorkommende besondere Form des *subcontractings* /G27/ ist in den *ICE-Conditions* nicht explizit aufgeführt.

Bild 3.11 zeigt die erweiterte Struktur der Bauausführungsphase auf der Grundlage eines klassischen, d. h. nur die Vergabe der Bauleistung beinhaltenden *ICE*-Vertrages /G12/. Im Falle eines die Planungsleistung mit einschließenden *ICE*-Vertrages /G14/ ergibt sich eine anders geartete Struktur.

Bezüglich der *consultants* ist anzumerken, dass diese meistens vom *engineer* beauftragt werden, sie können aber auch wie bei der *JCT*-Struktur vertraglich mit dem *employer* verbunden sein. In derartigen Fällen wird üblicherweise festgelegt, dass sie in fachlichen Fragen den Weisungen des *engineers* unterliegen.

Formal ähnelt die erweiterte Struktur einer auch in Deutschland praktizierten Vergabeform, nämlich der Vergabe der Bauüberwachung an einen Projektsteuerer und der Vergabe der gesamten Bauausführung an einen Generalunternehmer oder Generalübernehmer. Einschränkend ist jedoch festzustellen, dass der deutsche Projektsteuerer häufig deutlich weniger Rechte und Pflichten besitzt als der britische *engineer*.

Nominated Subcontractor

Eine britische Besonderheit stellt der vom *employer* und/oder *architect* bzw. *engineer* ausgewählte, vertraglich aber mit dem *contractor* verbundene *nominated subcontractor* und *nominated supplier* dar. Anstelle von *nominated* werden beide neuerdings auch als *named* bezeichnet. Im Folgenden wird nur der *nominated subcontractor* beschrieben, alle Aussagen treffen aber in gleicher Weise auch auf den *nominated supplier* zu.

Bei umfangreicheren Baumaßnahmen tritt in der Regel der Fall ein, dass ein Bauunternehmen einen Teil der übernommenen Vertragsleistung von einem anderen Unternehmen ausführen lässt. Das vom Bauherrn ursprünglich beauftragte Unternehmen, der *contractor*, schließt deshalb mit einem Sub- oder Nachunternehmer, dem *subcontractor*, einen Bauvertrag über einen Teil der ursprünglichen Leistung. Da bei dieser Weitergabe keine vertragliche Bindung zwischen *employer* und *subcontractor* entsteht, ist der *contracter* gegenüber dem *employer* für die Leistung des *subcontractors* verantwortlich und haftet für diese. Das daraus resultierende Risiko wird der *contractor* in seiner Angebotskalkulation berücksichtigen.

Der *JCT*- und der *ICE-Contract* enthalten nun die Möglichkeit, dass der *employer* und/oder der *architect* bzw. *engineer* einen *subcontractor* auswählen, also nominieren, mit dem dann der *contractor* einen Vertrag schließen muss (Bild 3.12). Nach Vertragsabschluss wird dieser *nominated subcontracter* rechtlich wie ein vom *contractor* selbst ausgesuchter *subcontractor* behandelt, d. h., der *contracter* ist gegenüber dem *employer* für die Leistung des *nominated subcontractors* verantwortlich und haftet für diese.

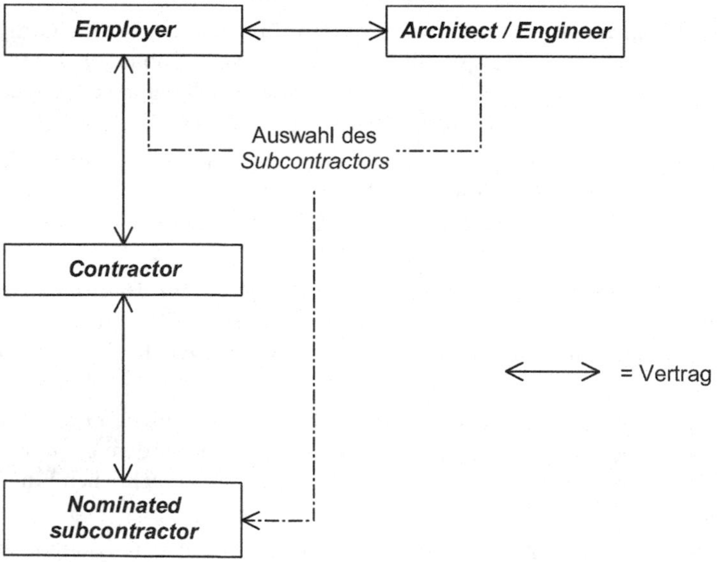

Bild 3.12: *Nominated subcontractor*

Zu erklären ist der *nominated subcontracter* erstens durch die in Großbritannien traditionell stärker verbreitete Vergabe an Generalunternehmer und Generalübernehmer. Beide haben aus der Sicht des Bauherrn den Nachteil, dass er auf die Auswahl der Nachunternehmer und Lieferanten und damit auf einen erheblichen Teil der am Bau beteiligten Unternehmen keinen Einfluss hat. Aus der Sicht des Bauherrn kann eine solche Einflussnahme jedoch in Hinblick auf die Qualitätsanforderungen und die Preisgestaltung von Interesse sein. Eine zweite Erklärung kann aus der traditionellen Rolle des *architects* und des *engineers* als unabhängige, nur das Wohl der Baumaßnahme im Auge habende Berater abgeleitet werden. *Architect* und *engineer* können auf diese Weise bestimmte Bauverfahren und -materialien vorschreiben. Sie können dann, wenn sie auch mit der Planung des Projektes beauftragt sind, bereits in dieser Phase das Know-how von Spezialunternehmen heranziehen und verbindlich einbinden. Und sie können Teile der Vergabe auf einen Zeitpunkt nach Vertragsabschluss mit einem Generalunternehmer oder -übernehmer verschieben.

Das Verfahren der *nomination* schafft auf der Seite des *employers* und *architects* bzw. *engineers* Entscheidungsbefugnisse ohne rechtliche Bindungen, auf der Seite des *contractors* rechtliche Bindungen ohne Mitwirkung bei der Entscheidungsfindung. Die Ablehnung eines *nominated subcontractors* durch den *contractor* ist möglich, aber schwierig. Die *nomination* widerspricht somit dem deutschen Verständnis von der Entstehung eines Bauvertrages. Nach diesem muss derjenige, der ein Risiko übernimmt, die Möglichkeit haben, dieses vorher kalkulatorisch zu berücksichtigen /I21/.

3.4 Internationales Beziehungsgefüge

3.4.1 Grundsätzliches

Es ist davon auszugehen, dass sich beim Vergleich zweier Länder bezüglich der Beteiligten am Bau und deren Rechte und Pflichten zumindest in Nuancen Unterschiede feststellen lassen. Ein einheitliches internationales Beziehungsgefüge gibt es somit nicht.

Als internationales Beziehungsgefüge wird im Folgenden die übliche Struktur der Zusammenarbeit im „traditionellen" Auslandsbau verstanden. „Traditionell" bedeutet dabei: Ein deutsches Bauunternehmen exportiert, eventuell unter Einschluss der Planungsleistung und der Finanzierung, eine Bauleistung in ein Entwicklungs- oder Schwellenland (siehe Kapitel 2.2.1).

3.4.2 Beteiligte und Struktur

Das internationale Beziehungsgefüge ähnelt stark dem in Kapitel 3.3 beschriebenen *ICE*-Beziehungsgefüge. Ursache hierfür sind die im „traditionellen" Auslandsbau meistens verwendeten

FIDIC Conditions of Contract /I01/.

Dieser von der *Fédération Internationale des Ingénieurs-Conseils* (=*FIDIC*) herausgegebene Mustervertrag ist ursprünglich aus dem britischen *ICE*-Vertrag entstanden. Ihm liegen folglich die traditionellen Denkweisen der britischen *civil engineering works* zugrunde, und er enthielt deshalb zunächst ebenfalls den an zentraler Stelle positionierten *engineer* mit den drei Funktionen:

- Vertreten des *employers*
- Ausstellen der *certificates*
- Schlichten von Streitigkeiten zwischen *employer* und *contractor*

Wie 2004 beim *ICE*-Vertrag wurde bereits 1999 bei der Neufassung der *FIDIC*-Bedingungen diese starke Position aufgeweicht. Die Streitschlichtung wurde einem unabhängigen Gremium übertragen, die beiden anderen Funktionen blieben bestehen. Das internationale *FIDIC*-Beziehungsgefüge entspricht somit dem in Bild 3.8 dargestellten britischen *ICE*-Beziehungsgefüge.

Die *FIDIC Conditions of Contract* /I01/ erfassen nur die Rechte und Pflichten des *engineers* während der Bauausführung. Sie gehen davon aus, dass vom *employer* fertige Ausführungsunterlagen bereitgestellt werden. Die Erstellung dieser Unterlagen erfolgt auf der Grundlage selbständiger Verträge durch Architektur- und/oder Ingenieurbüros. Von diesen wird oft das „federführende" Büro später mit der Funktion des *engineers* beauftragt. Für den Fall, dass die Planung der Baumaßnahme und der Entwurf des Bauwerks vom *contractor* übernommen werden, existieren zwei spezielle *FIDIC*-Musterverträge /I02/,/I03/.

Nur mit zwei bedeutenden Änderungen übertragbar auf das internationale Geschehen ist die erweiterte *ICE*-Struktur (siehe Bild 3.11). Erstens entfallen zwei *subcontractors*, zweitens ist auf der Bauherrenebene der Finanzier hinzuzufügen.

Der *FIDIC*-Bauvertrag kennt nur zwei Arten von Subunternehmern, den *subcontractor* und den *nominated subcontractor*. Während der *nominated subcontractor* detaillierter erläutert wird, ist dies für den *subcontractor* nicht der Fall. Aus dem in der *FIDIC*-Klausel 4.4 formulierten Verbot „*The contractor shall not subcontract the whole of the works.*" ergibt sich lediglich im Umkehrschluss, dass der *contractor* zumindest einen Teil des übernommenen Auftrages an *subcontractors* weitervergeben darf /I37/. Die Begriffe *domestic subcontractor*, *labour only subcontractor* und *direct labour* kommen nicht vor.

Da bei Baumaßnahmen in Entwicklungs- und Schwellenländern Bauherr und Finanzier häufig nicht identisch sind, ist für diese Fälle der erweiterten Struktur die finanzierende Institution hinzuzufügen. *Financier* und *employer* sind durch einen Finanzierungsvertrag miteinander verbunden. In diesem wird oftmals festgelegt, dass die Vergütung des *contractors* auf direktem Weg vom *financier* zum *contractor* fließt.

Bild 3.13 zeigt die erweiterte Struktur der Bauausführungsphase auf der Grundlage eines klassischen, d. h. nur die Vergabe der Bauleistung beinhaltenden *FIDIC*-Vertrages. Im Falle der die Planungsleistung mit einschließenden *FIDIC*-Verträge ergeben sich anders geartete Strukturen.

Analog zur *ICE*-Struktur ist bezüglich der *consultants* anzumerken, dass diese meistens vom *engineer* beauftragt werden, sie können aber auch wie bei der *JCT*-Struktur vertraglich mit dem *employer* verbunden sein. In derartigen Fällen wird üblicherweise festgelegt, dass sie in fachlichen Fragen den Weisungen des *engineers* unterliegen.

Ebenfalls analog zur *ICE*-Struktur ähnelt die *FIDIC*-Struktur formal einer auch in Deutschland verbreiteten Vorgehensweise: Die Bauüberwachung wird an einen Projektsteuerer und die gesamte Bauausführung an einen Generalunternehmer oder Generalübernehmer vergeben. Einschränkend ist jedoch wieder festzustellen, dass der deutsche Projektsteuerer häufig deutlich weniger Rechte und Pflichten besitzt als der internationale *engineer*.

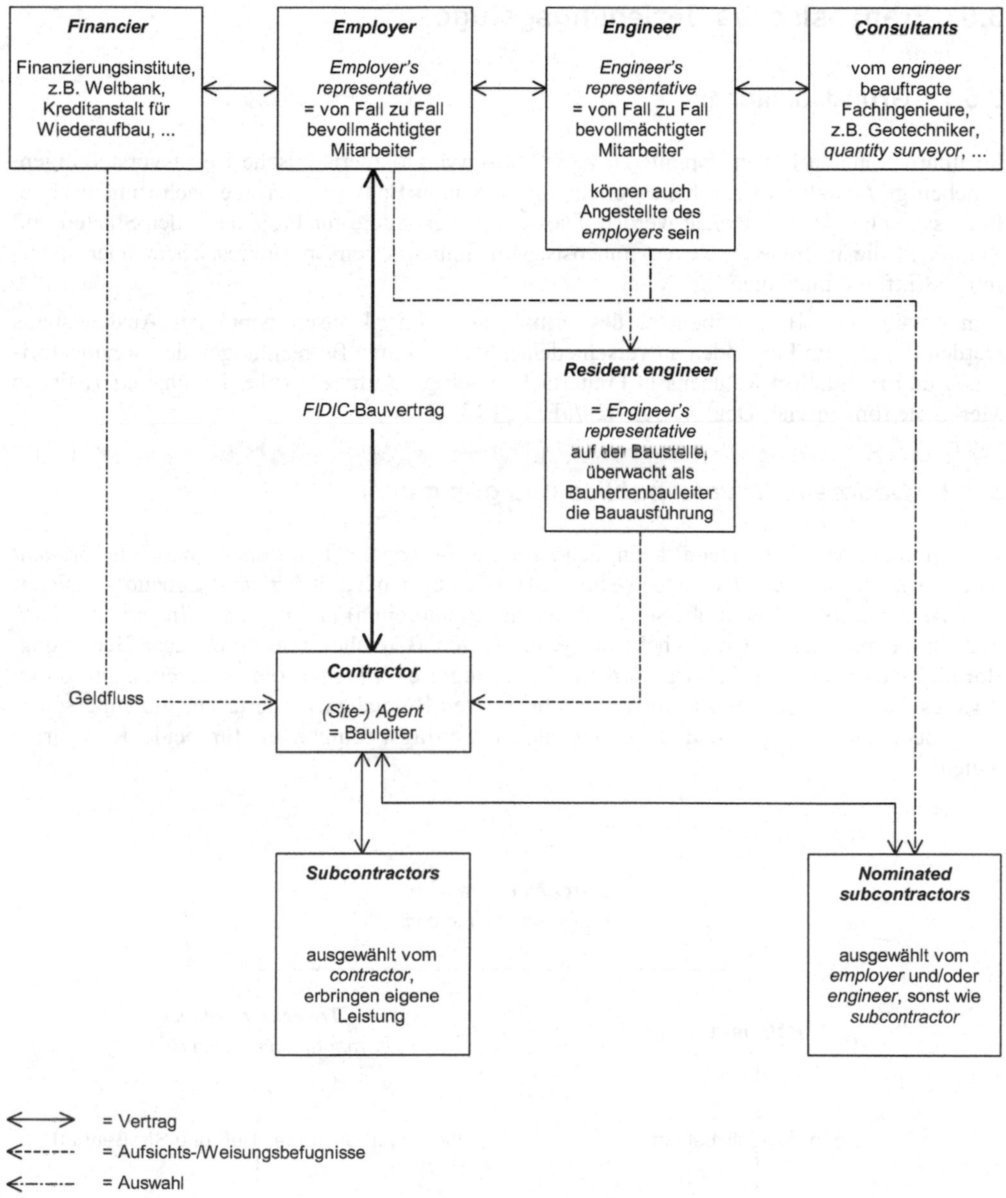

Bild 3.13: Erweiterte Struktur auf der Grundlage des *FIDIC-Contracts*

3.5 Französisches Beziehungsgefüge

3.5.1 Grundsätzliches

Im internationalen Bauen dominieren zwar britisch-angloamerikanische Rechtsvorstellungen, daneben gibt es aber in beachtenswertem Umfang auch Bauvorhaben, die nach romanischem Rechtsverständnis abgewickelt werden. Dies gilt insbesondere für Projekte in den Staaten und Regionen, die in früheren Zeiten französischem, italienischem, portugiesischem oder spanischem Einfluss unterlagen.

Den detaillierten Beschreibungen des britisch-angloamerikanisch geprägten Auslandsbaus werden deshalb im Folgenden an verschiedenen Stellen kurze Betrachtungen des organisatorischen und rechtlichen Rahmens in Frankreich angefügt. Aufgezeigt werden charakteristische Merkmale romanischer Denkweisen /I24/,/F11/,/F13/.

3.5.2 *Bâtiment, travaux publics* und *génie civil*

In Frankreich wird bei Bauaufträgen, den *marchés de travaux*, traditionell zwischen *bâtiment* und *travaux publics* unterschieden (Bild 3.14). Hierbei beinhaltet *bâtiment* Gebäude jeglicher Art, *travaux publics* (exakt übersetzt: öffentliche Bauarbeiten) umfassen den Ingenieur-, Tief- und Straßenbau. Diese Unterscheidung ist in einigen Bereichen von erheblicher Bedeutung. Beispielsweise müssen bei Bauwerken der Kategorie *bâtiment* die Mängelrisiken durch Zwangsversicherungen abgedeckt werden. In anderen Bereichen wiederum ist die Unterscheidung bedeutungslos. So sind die Allgemeinen Vertragsbedingungen für beide Kategorien gleich.

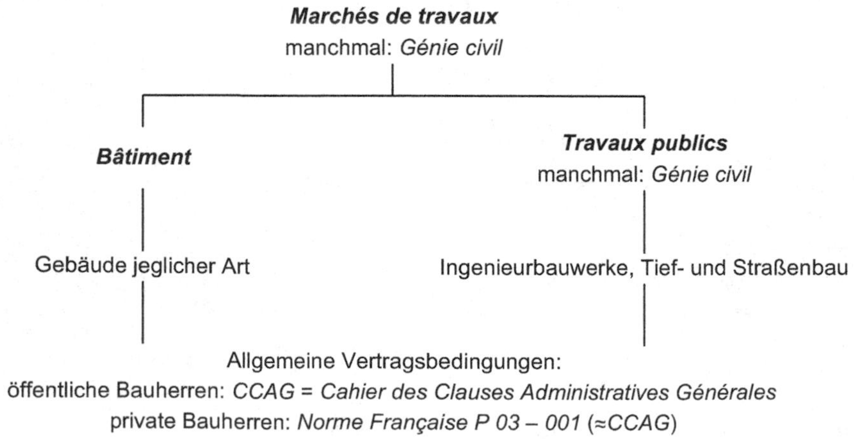

Bild 3.14: *Bâtiment–travaux publics–génie civil*

Die französische Sprache kennt einen weiteren, jedoch nicht streng abgegrenzten Begriff, nämlich *génie civil*. Hierunter wird manchmal alles verstanden, was mit dem Erstellen von Bauwerken zusammenhängt, manchmal aber auch nur der Ingenieur-, Tief- und Straßenbau, also die *travaux publics*. Verwendet wird der Begriff vor allem im Hochschulbereich zur Kennzeichnung des Fachbereichs Bauingenieurwesen, des *département génie civil*.

3.5.3 Hauptbeteiligte und Grundstruktur

Während sowohl in Deutschland als auch in Großbritannien Bauverträge grundsätzlich dem Privatrecht unterliegen, ist dies im romanischen Rechtskreis häufig nicht der Fall. In Frankreich unterliegt nur der Bauvertrag eines privaten Bauherrn dem *droit privé*, dem privaten Recht. Dem Bauvertrag eines öffentlichen Bauherrn dagegen liegt das zum öffentlichen Recht gehörende *droit administratif*, das Verwaltungsrecht, zugrunde.

Öffentlichen Bauherren sind durch Gesetz, durch *décret*, die Allgemeinen Vertragsbedingungen verbindlich vorgeschrieben. Sie sind zusammengefasst im

> *Cahier des clauses administratives générales applicables aux marchés publics de travaux* = Heft der Allgemeinen Verwaltungsbestimmungen anwendbar auf öffentliche Bauaufträge,
>
> abgekürzt *CCAG Marchés public de travaux* oder *CCAG Travaux* oder nur *CCAG* /F03/.

Hierbei ist zu beachten, dass für das gesamte öffentliche Beschaffungswesen nicht nur dieses *CCAG* existiert. Ähnlich wie in Deutschland mit der VOB, VOL und VOF gibt es auch in Frankreich für die Bereiche Bau-, Liefer- und Dienstleistungen spezielle *CCAG*.

Private Bauherren unterliegen keinem Gesetz, sie besitzen grundsätzlich Vertragsfreiheit. Diese wird faktisch jedoch eingeschränkt, da für die Allgemeinen Vertragsbedingungen die

> *Norme Française P 03–001* /F05/

als Gewohnheitsrecht gilt. Ihr Inhalt besteht im Wesentlichen aus einem auf Hochbauarbeiten zugeschnittenen *CCAG*.

In den Allgemeinen Vertragsbedingungen werden folgende Hauptbeteiligte definiert:

Maître de l'ouvrage	=	Bauherr (natürliche oder juristische Person), umfasst auch die persönlichen Vertreter, Nachfolger und Bevollmächtigten. Juristische Personen haben für die konkrete Vertretung eine natürliche Person, die *personne responsable du marché*, zu benennen.
Entrepreneur	=	Unternehmer (natürliche oder juristische Person), den der Bauherr mit der teilweisen oder gesamten Bauausführung beauftragt hat. Juristische Personen haben für die konkrete Vertretung eine natürliche Person zu benennen.
Maître d'oeuvre	=	Berater (natürliche oder juristische Person), den der Bauherr ständig oder zeit-/fallweise mit der Koordination, Kontrolle und Abnahme der Bauarbeiten beauftragt. Juristische Personen haben für die konkrete Vertretung eine natürliche Person zu benennen.

Im Gegensatz zur VOB, die nur den Bauherrn und den Bauunternehmer kennt, enthält das französische *CCAG* zusätzlich einen vom Bauherrn finanziell abhängigen, hinsichtlich seiner Tätigkeit jedoch weitgehend unabhängigen Bauleiter.

Die drei Hauptbeteiligten wirken wie folgt zusammen:

Der *maître de l'ouvrage* hat das Baugrundstück und die Finanzmittel bereitzustellen sowie die Nutzungsanforderungen an das Bauwerk, das *programme*, zu formulieren. Grundsätzlich hat er weiterhin den Bauantrag einzureichen. Ist aber bei einem Gebäude die Nutzfläche größer als 170 m^2, dann ist der Bauantrag von einem im französischen Architektenregister eingetragenen *architecte* zu unterzeichnen (siehe Kapitel 3.1.3).

Für die Ausführung der Baumaßnahme schließt der *maître de l'ouvrage* mit einem oder mehreren *entrepreneurs* Bauverträge, so genannte *contrats*. Ein solcher *contrat* kann nicht in jedem Fall mit einem deutschen Bauvertrag gleichgesetzt werden, denn in ihm wird oft lediglich das Leistungsergebnis, nicht aber der Weg dorthin festgelegt. Der französische Bauherr ist traditionell am „Endprodukt" interessiert, nicht aber an der Art und Weise seiner Herstellung.

Für die Organisation und Überwachung der Ausführung schaltet der *maître de l'ouvrage* in der Regel einen *maître d'oeuvre*, einen Bauherrenbauleiter, ein. Es kann dies der Architekt oder Ingenieur, der die Planung und den Entwurf der Baumaßnahme erbracht hat, oder aber auch ein von diesen unabhängiger Projektsteuerer sein. Beachtenswert ist der häufig sehr weitreichende Auftrag. Nicht selten überträgt der *maître de l'ouvrage* dem *maître d'oeuvre* die alleinige Weisungsbefugnis in allen Ausführungsfragen. Er verzichtet auf die Möglichkeit, sich in den Ablauf der Arbeiten selbst einzumischen. Der *maître d'oeuvre* ist allerdings verpflichtet, den *maître de l'ouvrage* über mögliche Risiken, die sich im Ablauf der Arbeiten ergeben, zu unterrichten.

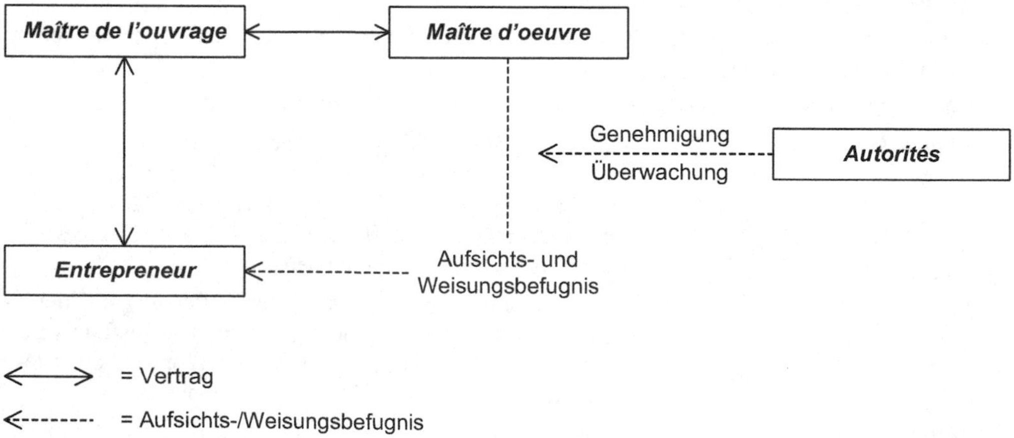

Bild 3.15: Französische Grundstruktur

Obwohl also der *contrat* zwischen *maître de l'ouvrage* und *entrepreneur* geschlossen wird, sind nach der Unterzeichnung des Vertrages häufig nur noch der *entrepreneur* und der *maître d'oeuvre* die Gesprächspartner. Lediglich in Ausnahmefällen, wenn beispielsweise das vertraglich fixierte Leistungsergebnis betroffen ist, können *entrepreneur* und *maître de l'ouvrage* direkt miteinander sprechen.

Sowohl für Baumaßnahmen der Kategorie *bâtiment* als auch für solche der Kategorie *travaux publics* ergibt sich somit die in Bild 3.15 dargestellte Grundstruktur. Sie ähnelt äußerlich dem Beziehungsgefüge in Deutschland (siehe Bild 3.4), unterscheidet sich inhaltlich aber von dieser. Der Unterschied besteht in der starken Stellung des französischen Bauherrenbauleiters, des *maître d'oeuvre*. Während der Bauherr in Deutschland häufig auch in die Ausführung eingreift, bleibt der *maître de l'ouvrage* in Frankreich in dieser Phase im Allgemeinen außen vor. Als Folge existiert eine wesentlich engere Bindung zwischen dem *maître d'oeuvre* und dem *entrepreneur*.

Die Genehmigung und Überwachung der Baumaßnahme obliegt den Bürgermeisterämtern und Präfekturen. Dabei sind drei Fälle zu unterscheiden: Manche Bauwerke sind genehmigungsfrei, manche sind lediglich durch eine *déclaration préalable* anzuzeigen, und für manche schließlich muss eine Genehmigung, eine *permis de construire*, beantragt werden. Welcher Fall zutrifft hängt ab von Größe, Wichtigkeit und Art des Bauwerks /I24/,/D57/.

3.5.4 Erweiterte Struktur

Die dargestellte Grundstruktur ist zu erweitern. Erstens ist zwischen kleinen und großen Baumaßnahmen und zweitens zwischen privaten und öffentlichen Bauherren zu unterscheiden.

Bei kleineren, häufig genehmigungsfreien Baumaßnahmen ist der *maître d'oeuvre* in der Regel das Architekturbüro, das *bureau d'architecte*, welches zunächst die Architekten-/Entwurfspläne, die *plans d'architecte*, erstellt und dann später die Bauherrenbauleitung wahrnimmt. Die statischen Berechnungen und die Ausführungspläne, die *plans d'execution*, werden entweder vom *entrepreneur* selbst oder als vom *entrepreneur* in Auftrag gegebene Subunternehmerleistung von einem *BET = bureau d'études techniques* oder einer *ingénierie* erbracht. In Bild 3.16 sind diese beiden Fälle als Alternative A und B gekennzeichnet.

Bei größeren Bauvorhaben, bei denen eine Baugenehmigung, die *permis de construire*, erforderlich ist, ist der *maître d'oeuvre* in der Regel ein *bureau d'études techniques*. Es ist sowohl für alle Architekten- und Ingenieurleistungen einschließlich der Beantragung der Baugenehmigung als auch für die Bauherrenbauleitung verantwortlich. Da der Bauantrag von einem im französischen Architektenregister eingetragenen *architecte* zu unterzeichnen ist, haben die *bureau d'études techniques* normalerweise auch Mitarbeiter mit dieser Qualifikation. In Bild 3.16 ist dieser Fall als Alternative C gekennzeichnet.

Mit der Unterschrift unter den Bauantrag verpflichtet sich der Antragsteller, die anerkannten Regeln der Technik, die *règles de construction*, einzuhalten. Ob dies auch tatsächlich geschieht, ist grundsätzlich von den Bürgermeisterämtern und Präfekturen zu kontrollieren. Ihre Mitarbeiter können zu jedem Zeitpunkt die Baustelle betreten und alle technischen Unterlagen einsehen, und dies sogar bis zu zwei Jahre nach Abschluss der Arbeiten.

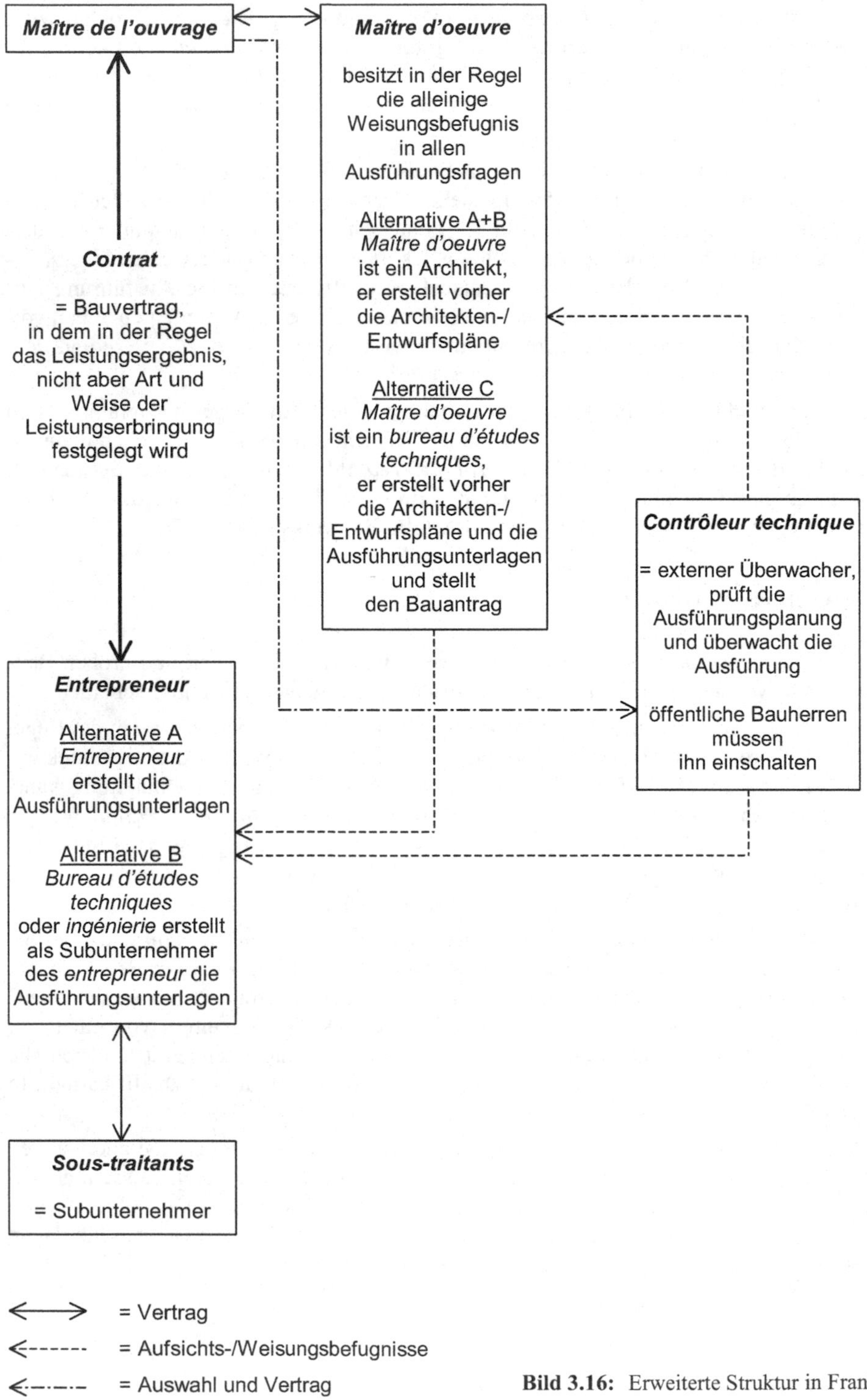

Bild 3.16: Erweiterte Struktur in Frankreich

Konkret wahrgenommen wird diese Aufgabe häufig aber nicht von den Bürgermeisterämtern und Präfekturen selbst, sondern von privatwirtschaftlichen Unternehmen, die noch dazu vom *maître de l'ouvrage* beauftragt werden. Die von einem solchen Unternehmen, einem *bureau de contrôle*, übernommene Funktion des *contrôleur technique* beinhaltet die Prüfung der Ausführungsunterlagen und die Überwachung der Ausführung. Sie ähnelt damit der des deutschen Prüfingenieurs. Bekannte *bureaux de contrôle* sind SOCOTEC /F06/ und VERITAS /F07/. Beide haben über ganz Frankreich verteilt ein dichtes Netz von Niederlassungen.

Ein öffentlicher Bauherr, ein *maître de l'ouvrage public*, ist immer verpflichtet, einen *contrôleur technique* einzuschalten. Für einen privaten Bauherrn, einen *maître de l'ouvrage privé*, besteht eine solche Verpflichtung nicht. Dennoch beauftragt auch er häufig, insbesondere bei größeren Baumaßnahmen, einen *contrôleur technique*.

Der Grund hierfür ist eine französische Besonderheit, nämlich die zehnjährige Mängelhaftung, die *garantie décennale*, für Bauwerke im weitesten Sinne /I24/,/F12/,/F13/. Da es in Frankreich nie ein öffentliches Bauordnungsrecht gegeben hat, wurde bereits 1804 als Kompensation diese zehnjährige Garantie eingeführt. Sie galt zunächst nur für Architekten und Bauunternehmen, wurde dann aber 1978 wegen der starken Zunahme von Bauschäden vor allem im privaten Wohnungsbau auch auf Ingenieurbüros und Bauträger sowie Verkäufer von zum Verkauf errichteten Gebäuden ausgedehnt. Zentraler Gedanke ist der Verbraucherschutz. Es wird grundsätzlich davon ausgegangen, dass der Bauherr ein bautechnischer Laie ist und deshalb ihn die Bauexperten auf mögliche Material- und Ausführungsrisiken hinweisen müssen. Die *décennale* ist zwingend und kann nicht vertraglich ausgeschlossen werden.

Bei Bauwerken der Kategorie *bâtiment*, bei Gebäuden, sind alle Beteiligten mit Ausnahme der öffentlichen Bauherren verpflichtet, die zehnjährigen Mängelrisiken durch Versicherungen abzudecken. Hierfür existiert ein zweiteiliges Versicherungssystem (Bild 3.17).

- Die *polices d'assurance de responsabilité* sind die Pflichtversicherungen der planenden und ausführenden Unternehmen, also des Architekten, der Beratenden Ingenieure, Bauunternehmen und Bauträger. Sie schützen diese vor den Mängelansprüchen, die sich während der *décennale* ergeben. Abgedeckt sind auch die Leistungen von Subunternehmern, den *sous-traitants*.
- Die *police d'assurance de dommages* ist die Pflichtversicherung des Bauherrn. Sie sichert erstens vor der Abnahme die vom Bauherrn zu tragenden Beschädigungen am Bauwerk ab und reguliert zweitens nach der Abnahme die innerhalb der *décennale* auftretenden Schäden. In diesem zweiten Fall ist sie eine Vorauszahlungsversicherung, die im Schadensfall zunächst den Bauherrn entschädigt und dann anschließend auf die Versicherung des für den Schaden verantwortlichen Unternehmens zurückgreift. Bei einem Verkauf des Bauwerks geht die Versicherung auf den neuen Eigentümer über.

Die Kosten für diese Versicherungen sind beachtlich. Sie können für die Unternehmen etwa 2,0 % und für den Bauherrn etwa 0,5 % der Auftragssumme betragen. Wird jedoch zur Überwachung der Baumaßnahme ein *contrôleur technique* eingesetzt, dann wird von einer geringeren Wahrscheinlichkeit des Auftretens von Bauschäden ausgegangen mit der Folge, dass sich die Versicherungsprämien verringern.

zehnjährige Gewährleistung

Garantie décennale

(für alle Bauwerke zwingend, nicht vertraglich ausschließbar)

⇩

Bauwerke der Kategorie

Bâtiment

⇩

Risikoabsicherung durch zweiteiliges Pflichtversicherungssystem

⇩	⇩
Bauherr	Architekt/Ingenieur/Bauunternehmer/Verkäufer
Polices d'assurance de dommages	***Polices d'assurance de responsabilité***
⇧	⇧

Kostenreduzierung durch Einschalten eines

Contrôleur technique

(Pflicht für öffentliche Bauherren)

Bild 3.17: *Décennale* und ihre Absicherung

Zusammenfassend ist festzustellen, dass die erweiterte Struktur Frankreichs geprägt ist durch die starke Betonung des Verbraucherschutzgedankens. Auffällige Merkmale sind der langfristig und breit angelegte Versicherungsschutz des Bauherrn gegen Baumängel sowie die intensive Überwachung des Planungs- und Bauprozesses. Hierbei fällt weiterhin auf, dass die grundsätzlich öffentliche Kontrollfunktion weitgehend von privatwirtschaftlichen Unternehmen ausgeübt wird.

3.6 Architekten- und Ingenieurverträge

Die bisherige Beschreibung der Beteiligten am Bau hat gezeigt, dass im deutschen, britisch-angloamerikanischen, internationalen und französischen Rechtskreis die Grundstruktur ein Dreigestirn bestehend aus Bauherrn, Architekt/Beratenden Ingenieur und Bauunternehmer ist. Von dieser Grundstruktur werden in den nachfolgenden Kapiteln 4 bis 8 im Wesentlichen die den Bauherrn und Bauunternehmer betreffenden Bereiche betrachtet. Schwerpunkte sind die Verfahren der Auftragsvergabe an Bauunternehmen, der Bauvertrag zwischen Bauherrn und Bauunternehmen sowie der „traditionelle" Auslandsbau von Bauunternehmen.

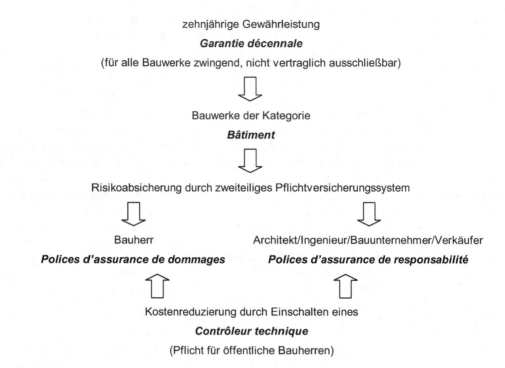

In diesem Unterkapitel wird als kurzer Einschub das Verhältnis zwischen Bauherrn und Architekt/Beratenden Ingenieur beschrieben (Bild 3.18). Es ist in den betrachteten Rechtskreisen

deutlich weniger geregelt als das Verhältnis Bauherr–Bauunternehmer. Der Vertrag zwischen einem nicht-öffentlichen Bauherrn und einem Architekten bzw. Beratenden Ingenieur und der Weg dorthin sind von beiden frei gestaltbar. Für öffentliche Bauherren bestehen normalerweise verbindliche Regeln für die Vergabeverfahren, für den Vertrag selbst existieren aber nur unverbindliche Musterverträge.

Den Beschreibungen der Rechtskreise sei vorausgeschickt, dass erstens der Sonderfall „Auslobung von Planungswettbewerben“ nicht betrachtet wird. Zweitens werden verschiedene Verfahren für die Vergabe freiberuflicher Planungs- und Entwurfsleistungen namentlich erwähnt, inhaltlich aber nicht weiter erläutert. Die genannten Verfahren sind identisch mit denen für die Vergabe von Bauaufträgen. Bezüglich der Inhalte wird deshalb auf das Kapitel 4 verwiesen. Die deutschen Verfahren werden in Kapitel 4.2, die britischen und internationalen in den Kapiteln 4.3 und 4.4 und die französischen in Kapitel 4.5 beschrieben.

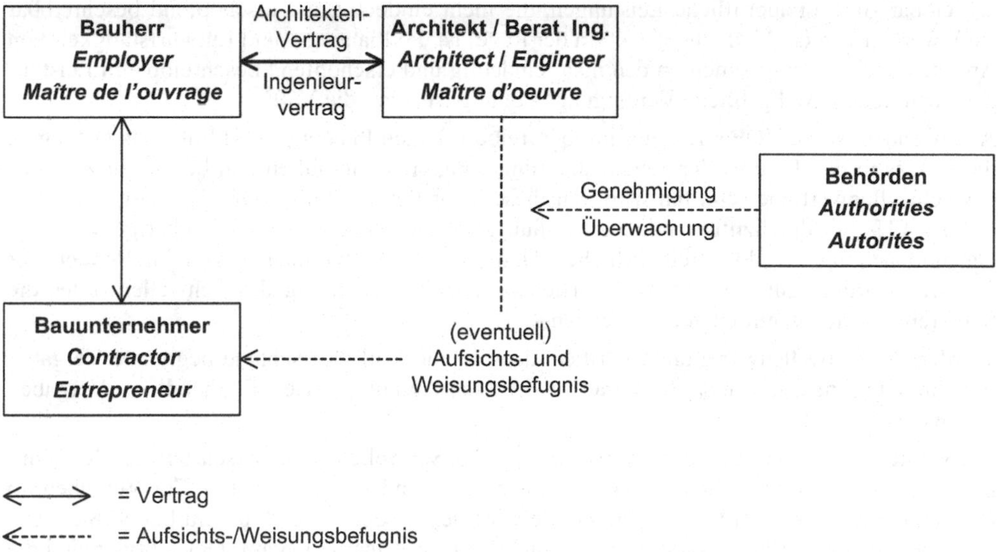

Bild 3.18: Architekten- und Ingenieurverträge

In den EU-Staaten haben öffentliche und ihnen gleichgestellte Bauherren bei der Vergabe freiberuflicher Planungs- und Entwurfsleistungen die Vergabekoordinierungsrichtlinie und die Sektorenrichtlinie zu beachten (siehe Kapitel 2.5.3). In ihnen werden in Abhängigkeit von verschiedenen Kriterien so genannte Schwellenwerte definiert. Liegt die zu erwartende Gesamtvergütung eines zu vergebenden Planungs- und Entwurfsauftrages unterhalb des zugehörigen Schwellenwertes, dann können nationale Vergabeverfahren angewendet werden. Liegt sie oberhalb, dann ist ein europaweites Vergabeverfahren nach vereinheitlichten Regeln durchzuführen.

Die Schwellenwerte werden alle zwei Jahre überprüft und gegebenenfalls neu festgelegt (letzte Überprüfung: 01.01.2008). Für freiberufliche Planungs- und Entwurfsleistungen, die in den Bereich der Vergabekoordinierungsrichtlinie fallen, beträgt der Wert 206.000 Euro. Ist der

Auftraggeber eine zentrale Regierungsbehörde, dann beträgt er in einigen Fällen nur 133.000 Euro. Für freiberufliche Planungs- und Entwurfsleistungen, die in den Bereich der Sektorenrichtlinie, also in die Bereiche Wasser-, Energie- und Verkehrsversorgung sowie Postdienste fallen, beträgt der Wert 412.000 Euro /D11/. Angemerkt sei, dass die Ermittlung der Gesamtvergütung im konkreten Fall problematisch sein kann /D44/.

Deutschland

Die Vergabe freiberuflicher Leistungen durch öffentliche Auftraggeber oder durch nicht-öffentliche Auftraggeber, die auf der Grundlage von Konzessionen öffentliche Aufgaben wahrnehmen, erfolgt nach zwei Verdingungsordnungen:

- VOL–Verdingungsordnung für Leistungen /D17/
- VOF–Verdingungsordnung für freiberufliche Leistungen /D18/

Wie in Kapitel 2.5.3 detailliert beschrieben, erfasst die VOL Lieferleistungen, gewerbliche Dienstleistungen sowie freiberufliche Leistungen, die vorab eindeutig und erschöpfend beschreibbar sind. Freiberufliche Leistungen, die nicht eindeutig und erschöpfend beschreibbar sind, werden von der VOF abgedeckt. In der Regel ist die Planungs- und Entwurfstätigkeit von Architekten und Bauingenieuren den nicht eindeutig und erschöpfend beschreibbaren Leistungen zuzuordnen. Maßgebliche Verdingungsordnung ist somit die VOF.

Anzuwenden ist die VOF allerdings nur bei freiberuflichen Planungs- und Entwurfsleistungen, die erstens in den Bereich der Vergabekoordinierungsrichtlinie fallen und bei denen zweitens der Schwellenwert überschritten wird. Für diese Vergaben sieht die VOF als einziges Verfahren das EU-weit durchzuführende Verhandlungsverfahren mit oder ohne vorherige Vergabebekanntmachung vor. Für freiberufliche Planungs- und Entwurfsleistungen im Bereich der Sektorenrichtlinie gilt die VOF nicht. Hier ist bei Überschreitung des Schwellenwertes die Sektorenrichtlinie unmittelbar anzuwenden.

Werden die Schwellenwerte unterschritten, dann können auf Deutschland begrenzte Vergabeverfahren–Öffentliche und Beschränkte Ausschreibung sowie Freihändige Vergabe–angewendet werden.

Die vorstehend für den Fall der Überschreitung des Schwellenwertes beschriebenen Regelungen werden mit hoher Wahrscheinlichkeit Ende 2009 Änderungen erfahren. Für Vergaben im Bereich der Vergabekoordinierungsrichtlinie wird derzeit eine VOF 2009 erarbeitet. Sie weist gegenüber der bisherigen Fassung keine grundlegenden Änderungen auf. Gewichtiger sind die Änderungen bei Vergaben im Bereich der Sektorenrichtlinie. Hier wird eine neuartige SektVO–Sektorenverordnung die Vergabe von Aufträgen aller Art regeln. Sie wird auch die bei der Vergabe von freiberuflichen Planungs- und Entwurfsleistungen bisher bestehende Regelungslücke schließen. Möglich sind das Offene Verfahren, das Nichtoffene Verfahren und das Verhandlungsverfahren.

Ein wesentliches Vergabekriterium ist die Vergütung der freiberuflichen Leistung. Die Ermittlung des Architekten- oder Bauingenieurhonorars erfolgt auf der Grundlage einer Preisverordnung, der HOAI–Honorarordnung für Architekten und Ingenieure /D23/. Unter Berücksichtigung der Parameter Leistungsbild, Leistungsphase, Honorarzone und Anrechenbare Kosten sind Mindest- und Höchstsätze für die Vergütung ermittelbar. Zwischen ihnen muss die Angebotssumme liegen. Angebote von Architekten und Bauingenieuren unterliegen somit in erster Linie einem Leistungswettbewerb. Erst in zweiter Linie erfolgt ein Preiswettbewerb. Er findet nur in dem durch die Mindest- und Höchstsätze festgelegten Honorarrahmen statt.

Am Ende des Vergabeverfahrens steht ein Architekten- bzw. Ingenieurvertrag. Er ist ein Werkvertrag nach dem BGB. In ihm werden die Rechte und Pflichten des Bauherrn und des Architekten bzw. Beratenden Ingenieurs definiert. Der Vertrag sollte mindestens folgende Inhalte aufweisen:

- Auftraggeber und Auftragnehmer sowie gegebenenfalls deren Vertreter
- Gegenstand des Vertrages
- Grundlagen des Vertrages
- Leistungen des Auftragnehmers und des Auftraggebers
- Termine und Fristen
- Vergütung und Zahlungsweise
- Haftpflichtversicherung des Auftragnehmers

Beinhalten die Leistungen des Auftragnehmers die Leistungsphase „Bauüberwachung", dann sind die dazu formulierten Rechte und Pflichten des Bauherrenberaters dem Bauunternehmen zur Kenntnis zu bringen. Wie in Kapitel 3.2 bis 3.5 verdeutlicht wurde, besteht hier ein grundlegender Unterschied zu anderen Rechtskreisen. Während in angelsächsisch geprägten Rechtskreisen die Rechte und Pflichten des Bauherrenberaters gegenüber dem Bauunternehmen detailliert im Bauvertrag formuliert werden, geschieht dies im VOB-Vertrag nicht. In Deutschland kann somit der Fall eintreten, dass im Architekten- bzw. Ingenieurvertrag die Rechte und Pflichten des Bauherrenberaters gegenüber dem Bauunternehmen detailliert festgelegt werden, diese Festlegungen aber dem Bauunternehmen im Detail nicht bekannt sind.

Während die Abwicklung öffentlicher Bauaufträge zwingend nach der VOB/B zu erfolgen hat, gibt es für freiberufliche Architekten- und Ingenieurleistungen keinen verbindlichen Vertrag. Es gibt aber Musterverträge wie beispielsweise die von der Bundesvereinigung der kommunalen Spitzenverbände herausgegebenen Architekten- und Ingenieurverträge für öffentliche Bauvorhaben /D22/.

Angemerkt sei, dass den Verträgen und der daraus folgenden Leistungserbringung oftmals unterschiedliche Beziehungsstrukturen zugrunde liegen. Einerseits sind in der Regel sowohl der Architekt als auch die Beratenden Ingenieure direkt mit dem Bauherrn vertraglich verbunden. Andererseits müssen diese Bauherrenberater normalerweise trotz fehlender vertraglicher Bindung untereinander ihre Leistungen intensiv aufeinander abstimmen. Es ist deshalb sinnvoll, einem der Berater die Koordination zu übertragen. Besteht beispielsweise die Baumaßnahme aus einem Gebäude, dann übernimmt oft der Architekt diese Aufgabe. Dreht es sich um ein Ingenieurbauwerk, dann wird sie üblicherweise dem „wichtigsten" Beratenden Ingenieur übertragen. Bei vielen, insbesondere größeren Projekten beauftragt der Bauherr damit häufig auch einen Spezialisten, einen Projektsteuerer.

Großbritannien

Beteiligte am Bau sind der *employer* = Bauherr, der *architect/engineer* = Bauherrenberater und der *contractor* = Bauunternehmer. In dieser Grundstruktur steht der Begriff *architect/engineer* für das gesamte Beraterteam, er schließt den *quantity surveyor*, den *clerk of works* und die *consultants* ein (siehe Kapitel 3.3.4). Im Vergabe- und Vertragswesens wird das Beraterteam auch als *professional services team* bezeichnet.

Die Vergabe freiberuflicher Leistungen (=*services*) durch öffentliche Auftraggeber oder durch nicht-öffentliche Auftraggeber, die öffentliche Aufgaben wahrnehmen, erfolgt auf der Grundlage zweier Verordnungen:

- *The Public Contracts Regulations 2006* /G04/

  Mit der Verordnung wird die Vergabekoordinierungsrichtlinie in britisches Recht umgesetzt. Sie deckt folglich Vergaben ab, die nicht in den Bereich der Wasser-, Energie- und Verkehrsversorgung sowie der Postdienste fallen.

- *The Utilities Contracts Regulations 2006* /G05/

  Mit der Verordnung wird die Sektorenrichtlinie in britisches Recht umgesetzt. Sie deckt folglich Vergaben im Bereich der Wasser-, Energie- und Verkehrsversorgung sowie der Postdienste ab. In der Verordnung werden die öffentlichen und nicht-öffentlichen Auftraggeber aufgelistet, sie werden als *utilities* bezeichnet.

Beide *regulations* beziehen sich auf Vergaben oberhalb der Schwellenwerte. Sie sehen hierfür grundsätzlich das Verhandlungsverfahren = *negotiated procedure* vor. Aus den verwendeten Formulierungen ... *a contracting authority may use* ... bzw. ... *a utility may seek offers* ... ist allerdings zu schließen, dass auch das Offene Verfahren = *open procedure*, das Nichtoffene Verfahren = *restricted procedure* und der Wettbewerbliche Dialog = *competitive dialogue procedure* möglich sind. Das letzte Verfahren ist in den *Utilities Contracts Regulations 2006* nicht enthalten. Alle Verfahren sind EU-weit durchzuführen.

Für Vergaben unterhalb der Schwellenwerte können auf Großbritannien begrenzte Vergabeverfahren angewendet werden.

Ein wesentliches Vergabekriterium ist wiederum die Vergütung. Da 1985 eine bis dahin gültige Gebührenordnung für Architekten- und Ingenieurleistungen abgeschafft wurde, ist heute die Vergütung frei vereinbar. Angebote von *architects* und *engineers* unterliegen folglich sowohl einem Leistungs- als auch einem Preiswettbewerb. Üblicherweise wird als Vergütung ein Prozentsatz von der Bausumme vereinbart.

Am Ende des Vergabeverfahrens steht der *public services contract* zwischen *employer* und *architect* bzw. *engineer*. Deren Aufgabengebiete werden vom *RIBA Royal Institute of British Architects* in einem *plan of works* in insgesamt elf *stages* gegliedert /G24/,/W01/. Sie sind in etwa vergleichbar mit den neun Leistungsphasen der HOAI.

Für den Vertrag selbst existieren auch in Großbritannien Musterverträge, deren Anwendung aber nicht verbindlich ist. Als Beispiele seien das *Standard Agreement for the Appointment of an Architect* des *RIBA Royal Institute of British Architects* /G23/ und der *NEC3 Professional Services Contract* der *ICE Institution of Civil Engineers* /G25/ genannt.

International /I24/,/I29/

In nahezu allen Staaten existieren für die Vergabe öffentlicher Aufträge verbindliche Regeln. Hinzu kommen bei der Vergabe von Planungs- und Entwurfsleistungen an Architekten und Bauingenieure oftmals berufsspezifische Regelungen. Die Rahmenbedingungen für die Ausübung des Architekten- und Bauingenieurberufs können von Staat zu Staat sehr unterschiedlich sein. So ist im Ausland der Beruf des Architekten häufig geschützt und/oder es bestehen Zulassungsbeschränkungen, für den Beruf des Bauingenieurs ist dies seltener der Fall. Zu berücksichtigen ist weiterhin das manchmal andere Berufsverständnis der Architekten und Bauingenieure. Im angelsächsisch geprägten Ausland verstehen sie sich häufig als unabhängige Mittler zwischen Bauherrn und Bauunternehmen.

Anhaltspunkte für die im internationalen Bereich und insbesondere im Bereich der Entwicklungs- und Schwellenländer übliche Vergabepraxis ergeben sich aus einer Anleitung der Weltbank, den *Guidelines: Selection and employment of consultants by World Bank Borrowers* = Leitfaden: Auswahl und Beauftragung von Consultants durch Kreditnehmer der Weltbank. Der

Begriff *consultants* ist darin sehr weit gefasst und schließt Architekten und Ingenieure ein. Im Leitfaden wird auf von der Weltbank empfohlene Muster-Ingenieurverträge verwiesen /I14/.

Einen Muster-Ingenieurvertrag hat auch die Internationale Vereinigung Beratender Ingenieure, die *FIDIC Federation Internationale des Ingenieurs-Conseils* entwickelt. 2006 wurde in 4. Auflage das *Client/Consultant Model Services Agreement*, das *white book*, veröffentlicht /I09/. Es liegt auch in deutscher Übersetzung vor /I29/. Das Vertragswerk eignet sich vor allem für die Kombination mit den später beschriebenen *FIDIC*-Bauverträgen, dem *red book* für normale Bauaufträge und dem *yellow book* für die schlüsselfertige bzw. gebrauchsfertige Erstellung von Bauwerken (siehe Kapitel 5.2.4). Bei der Kombination ist darauf zu achten, dass der Vertrag Bauherr–Bauherrenberater und der Vertrag Bauherr–Bauunternehmer übereinstimmende Regelungen enthält. Dieses ist nicht automatisch gegeben.

Das *white book* wird weltweit verwendet. Es gliedert sich in acht *clauses*:

- *General Provisions* = Allgemeine Bestimmungen
- *Client* = Bauherr
- *Consultant* = Berater
- *Commencement, Completion, Variation and Termination* = Beginn, Fertigstellung, Änderung und Kündigung
- *Payment* = Vergütung
- *Liabilities* = Verpflichtungen
- *Insurance* = Versicherung
- *Disputes and Arbitration* = Streitigkeiten und Schiedsverfahren

Hinzu kommen *Particular Conditions* = Besondere Bedingungen. In ihnen müssen Bauherr und Bauherrenberater unter anderem das Recht, welchem der Vertrag unterliegen soll, und die Vertragssprache festlegen. Weiterhin ist das Leistungsbild des Beraters abzugrenzen. Hilfreich hierfür kann ein von der *FIDIC* herausgegebener *White Book Guide* sein. Er beschreibt die verschiedenen Projektphasen und gibt Hinweise zu den zu vereinbarenden Leistungsbildern /I10/.

Frankreich

Beteiligte am Bau sind der *maître de l'ouvrage* = Bauherr, der *maître de l'ouevre* = Bauherrenberater und der *entrepreneur* = Bauunternehmer.

Die Vergabe freiberuflicher Leistungen (=*services d'architecture, services d'ingénierie*) durch öffentliche Auftraggeber oder durch nicht-öffentliche Auftraggeber, die öffentliche Aufgaben wahrnehmen, erfolgt auf der Grundlage des *Code des marchés publics* /F01/,/F02/. Mit dieser Vorschrift werden die Vergabekoordinierungsrichtlinie und die Sektorenrichtlinie in französisches Recht umgesetzt.

Für Vergaben oberhalb der Schwellenwerte ist grundsätzlich das Offene Verfahren = *appel d'offre* vorgesehen, möglich ist aber auch das Verhandlungsverfahren = *procédure négociée* und der Wettbewerbliche Dialog = *dialogue compétitif*. Alle Verfahren sind EU-weit durchzuführen.

Für Vergaben unterhalb der Schwellenwerte sind ebenfalls die vorstehend genannten Verfahren vorgesehen, sie können aber auf Frankreich begrenzt werden. Weiterhin kann ein nur in Frankreich definiertes Verfahren, das so genannte Angepasste Verfahren = *procédure adaptée*, gewählt werden. Es ist kein gesetzlich geregeltes Verfahren, die Prinzipien des *Code des marchés publics* sind aber einzuhalten.

Die Vergütung des *maître de l'ouevre* ist frei vereinbar. Angebote von *architectes* und *ingénieurs* unterliegen folglich sowohl einem Leistungs- als auch einem Preiswettbewerb.

Für den Vertrag selbst existieren auch in Frankreich Musterverträge, deren Anwendung aber nicht verbindlich ist. Beispiele können beim *CNOA Conseil National de l'Ordre des Architectes*, der französischen Architektenkammer, abgerufen werden /F08/.

4 Verfahren zur Vergabe von Bauleistungen

4.1 Grundsätzliches

Der Begriff „Vergabe“–früher „Verdingung“–beinhaltet nicht nur die Auftragserteilung, sondern den gesamten „Einkauf“ der Bauleistung. Er umfasst die fünf großen „A“, nämlich die

- Ausschreibung, die
- Angebote liefert, von denen eines zum
- Auftrag wird. Dieser endet mit der
- Abnahme und der
- Abrechnung.

In Folgenden wird der erste Teil dieses Ablaufs betrachtet. Aufgezeigt werden Verfahren, die das Einholen von Angeboten und das Erteilen des Auftrages, den Zuschlag, formalisieren und nachvollziehbar machen. Es wird beschrieben, wie Bauherr und Bauunternehmer zueinander finden.

4.2 Vergabe in Deutschland

Bei der Vergabe einer Bauleistung ist grundsätzlich zwischen öffentlichen und privaten Bauherren zu unterscheiden. Öffentliche und diesen gleichgestellte Bauherren unterliegen einer verbindlichen Vergabevorschrift, der VOB Teil A. Sie ist wegen ihrer Einbettung in das öffentliche Vergaberecht durch die Bundes- und Landesgesetzgebung unmittelbar geltendes, öffentliche Auftraggeber bindendes Recht (siehe Kapitel 2.5.3). Für private Bauherren gilt dieses nicht. Es liegt völlig in deren Belieben, ob sie bei der Vergabe von Bauaufträgen die VOB/A anwenden oder nicht. In der Praxis allerdings orientieren sich viele an der VOB/A, sie schließen aber einzelne Regelungen aus, z. B. häufig das in § 24 formulierte Verbot der Preisverhandlung. Die Vorgehensweisen der VOB/A stellen somit einen im öffentlichen und privaten Bereich weit verbreiteten Standard dar.

Die VOB/A 2006 gliedert sich in vier parallele Abschnitte:

- Abschnitt 1 Basisparagraphen
- Abschnitt 2 Basisparagraphen mit zusätzlichen Bestimmungen nach der EG-Vergabekoordinierungsrichtlinie (=Basisparagraphen + a-Paragraphen)
- Abschnitt 3 Basisparagraphen mit zusätzlichen Bestimmungen nach der EG-Sektorenrichtlinie (=Basisparagraphen + b-Paragraphen)
- Abschnitt 4 Vergabebestimmungen nach der EG-Sektorenrichtlinie (=SKR-Paragraphen)

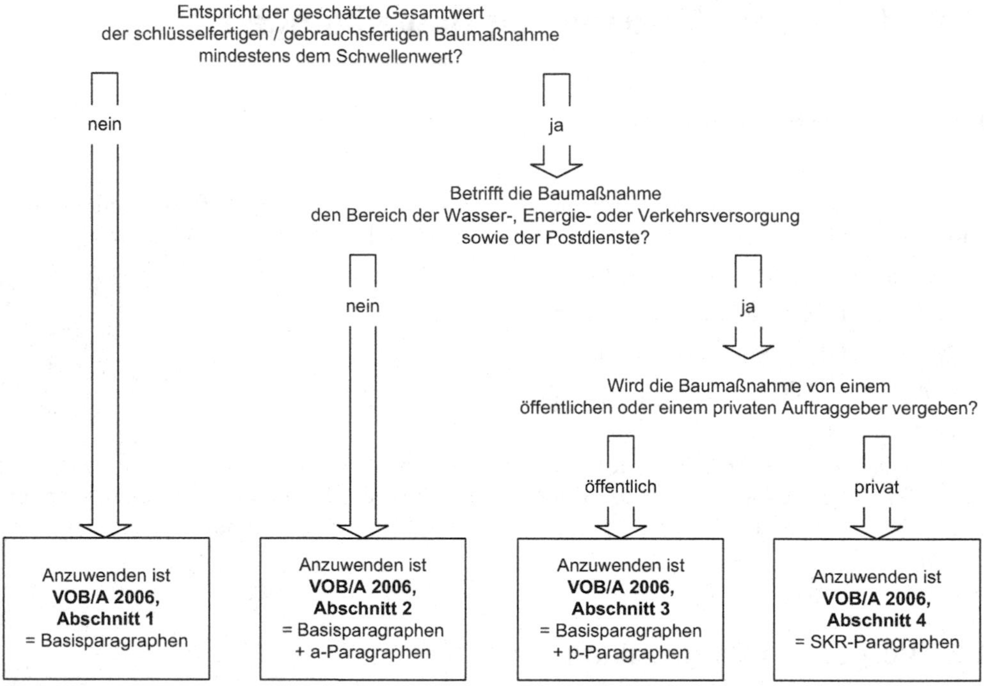

Bild 4.1: Auswahl des maßgeblichen VOB/A-Abschnittes–Stand: Juni 2009

Welcher der vier Abschnitte im konkreten Vergabefall anzuwenden ist, hängt von drei Faktoren ab (Bild 4.1): Erstens vom geschätzten Gesamtwert der Baumaßnahme, also dem Wert des schlüsselfertigen bzw. gebrauchsfertigen Bauwerks. Liegt dieser über dem EU-weit festgelegten Schwellenwert (seit 01.01.2008: 5,15 Mio. Euro), dann ist zweitens der Bereich, in dem die Baumaßnahme durchgeführt werden soll, zu berücksichtigen. Fällt die Baumaßnahme unter die Sektorenrichtlinie, ist schließlich drittens der Bauherrentyp zu klären.

Der dargestellte Ablauf wird mit hoher Wahrscheinlichkeit Ende 2009 Änderungen erfahren. Für Vergaben nach der Sektorenrichtlinie, also im Bereich der Wasser-, Energie- und Verkehrsversorgung, wird derzeit eine SektVO–Sektorenverordnung beraten. Sie soll sowohl die Abschnitte 3 und 4 der VOB/A 2006 als auch für diesen Bereich die vorgeschaltete VgV–Vergabeverordnung ersetzen. Eine Trennung in öffentliche und private Auftraggeber ist nicht mehr vorgesehen. Neben der SektVO wird eine verschlankte VOB/A 2009 stehen. Bild 4.2 zeigt den–nach gegenwärtigem Diskussionsstand–zukünftigen Ablauf zur Auswahl des maßgeblichen Regelwerks. Angemerkt sei, dass die europäische Sektorenrichtlinie den Bereich der Postdienste einschließt, die deutsche Sektorenverordnung dagegen nicht. Der deutsche Gesetzgeber geht davon aus, dass mit Auslaufen des gesetzlichen Briefmonopols in Deutschland kein Unternehmen mehr existieren wird, welches die in der Richtlinie formulierten Voraussetzungen eines Auftraggebers im Postbereich erfüllt.

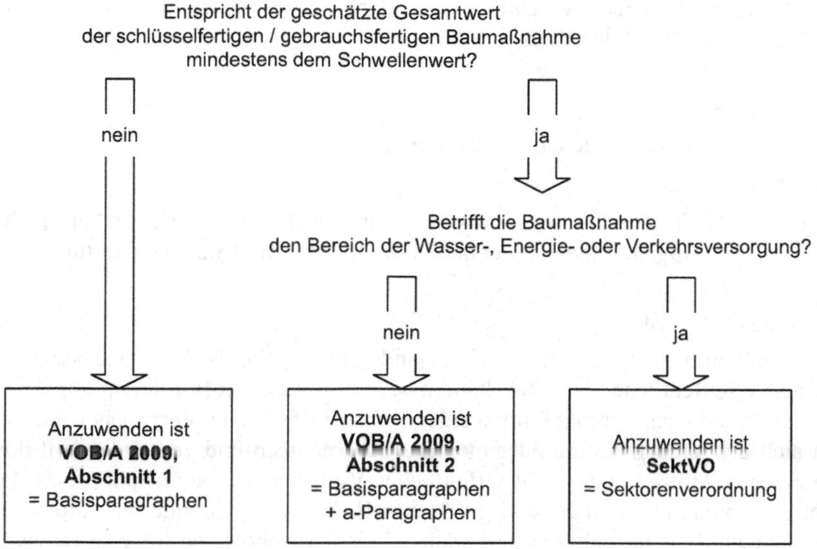

Bild 4.2: Zukünftige Auswahl der maßgeblichen Vergabevorschrift–Diskussionsstand: Juni 2009

Bei den bevorstehenden Änderungen wird zwar die Zahl der zu unterscheidenden Anwendungsbereiche reduziert, die innerhalb der Anwendungsbereiche vorgesehenen Vergabeverfahren bleiben aber gleich.

Für auf Deutschland beschränkte Vergaben werden in den Abschnitten 1 der VOB/A 2006 und VOB/A 2009 drei Arten der Vergabe definiert (Bild 4.3):

- Öffentliche Ausschreibung

  Durch eine öffentliche Aufforderung, in der Regel durch eine Bekanntmachung in einer Zeitung, wird eine unbeschränkte Zahl von Unternehmen zur Abgabe eines Angebotes aufgefordert. Den Auftrag, den Zuschlag, erhalten soll das wirtschaftlichste Angebot.

- Beschränkte Ausschreibung

  Zur Abgabe eines Angebotes wird nur eine beschränkte Zahl von Unternehmen, in der Regel drei bis acht fachkundige, leistungsfähige und zuverlässige Bewerber, aufgefordert. Den Zuschlag erhalten soll das wirtschaftlichste Angebot. Zur Auswahl der Bewerber kann ein Öffentlicher Teilnahmewettbewerb vorgeschaltet werden.

- Freihändige Vergabe

  Ein oder mehrere Unternehmen werden wettbewerbsfrei, aber unter sinngemäßer Anwendung der VOB/A zur Abgabe eines Angebotes aufgefordert.

Für EU-weit durchzuführende Vergaben nach der VKR–Vergabekoordinierungsrichtlinie werden in den Abschnitten 2 der VOB/A 2006 und VOB/A 2009 vier Arten der Vergabe definiert (Bild 4.3):

- Offenes Verfahren

  Dieses entspricht der Öffentlichen Ausschreibung.
- Nichtoffenes Verfahren

  Dieses entspricht der Beschränkten Ausschreibung nach einem Öffentlichen Teilnahmewettbewerb. Zur Abgabe eines Angebotes aufzufordern sind mindestens fünf Unternehmen.
- Verhandlungsverfahren

  Dieses Verfahren tritt an die Stelle der Freihändigen Vergabe. Es kann mit oder ohne eine vorgeschaltete Öffentliche Vergabebekanntmachung mit der Aufforderung zur Abgabe eines Teilnahmeantrages durchgeführt werden. Ohne Öffentliche Vergabebekanntmachung wendet sich der Bauherr an ein oder mehrere Unternehmen und verhandelt mit ihm bzw. ihnen über den Auftragsinhalt. Mit Öffentlicher Vergabebekanntmachung muss der Bauherr bei einer hinreichenden Anzahl geeigneter Bewerber mit mindestens drei Unternehmen verhandeln. Um die Zahl der zu verhandelnden Angebote schrittweise zu verringern, kann der Bauherr das Verfahren in verschiedene aufeinander folgende Phasen aufteilen.
- Wettbewerblicher Dialog

  Dieses Verfahren soll bei besonders komplexen und noch nicht exakt beschreibbaren Baumaßnahmen dem Bauherrn und dem Bewerber ermöglichen, einen Dialog über technische, rechtliche und finanzielle Lösungen zu führen. Bei einer hinreichenden Anzahl geeigneter Bewerber muss der Dialog mit mindestens drei Unternehmen geführt werden. Um die Zahl der Bewerber schrittweise zu verringern, kann der Bauherr das Verfahren in verschiedene aufeinander folgende Phasen aufteilen.

Für EU-weit durchzuführende Vergaben nach der SKR–Sektorenrichtlinie werden in den Abschnitten 3 und 4 der VOB/A 2006 und in der SektVO ebenfalls das Offene Verfahren, Nichtoffene Verfahren und Verhandlungsverfahren definiert. Zu beachten ist, dass die drei sowohl für VKR- als auch SKR-Vergaben genannten Verfahren trotz identischer Bezeichnungen in einzelnen Bestimmungen unterschiedlich sind. So werden für die Verfahren im SKR-Bereich keine Bewerber-Mindestzahlen genannt. Das vierte Verfahren, der Wettbewerbliche Dialog, ist für SKR-Vergaben nicht vorgesehen.

Sowohl bei nationalen als auch bei EU-weiten Vergabeverfahren hat der öffentliche Bauherr die Fachkunde, Leistungsfähigkeit und Zuverlässigkeit der Bewerber zu prüfen. In Deutschland erfolgte diese Eignungsprüfung bis 2006 auftragsbezogen, d. h., die Eignung war bei jeder Vergabe grundsätzlich neu nachzuweisen. Als Alternative dazu wurde mit Einführung der VOB 2006 die Möglichkeit zu einem vorgelagerten, auftragsunabhängigen Nachweis eröffnet. Bauunternehmen können nun ihre Eignung für unterschiedliche Leistungsbereiche gegenüber einer zugelassenen Präqualifizierungsstelle nachweisen. Bestätigt deren Prüfung die Richtigkeit der Nachweise, gilt das Unternehmen fortan als qualifiziert und wird für einen festgelegten Zeitraum in einer Liste registriert. Die für die Aufnahme in die Liste erforderlichen Nachweise sind in vorgegebenen Abständen zu aktualisieren. Angemerkt sei, dass das Instrument der Präqualifikation in Deutschland nur sehr zögerlich Fuß fasst.

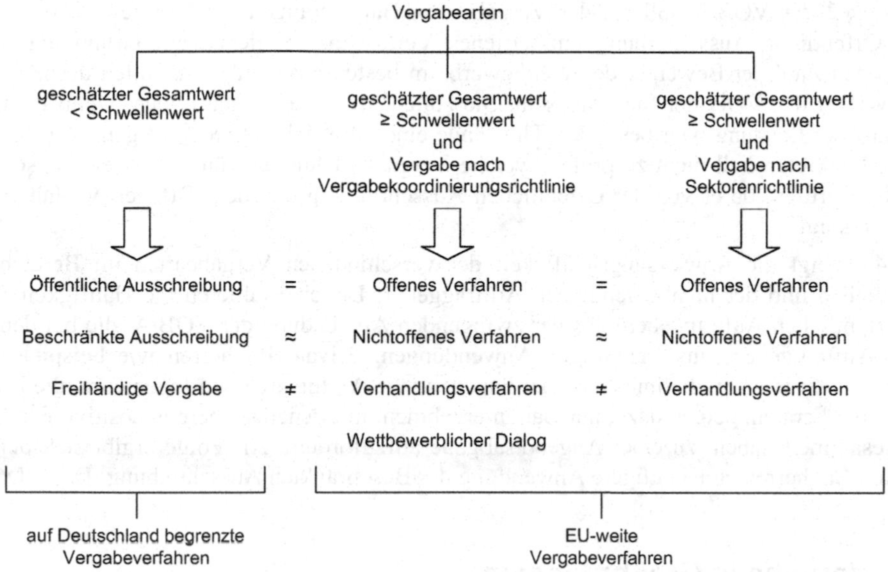

Bild 4.3: Vergabearten

Vergabeart		öffentlicher Bauherr	nicht-öffentlicher Bauherr
Öffentliche Ausschreibung / Offenes Verfahren	unbeschränkte Bewerberzahl	häufig = Normalfall	selten
Beschränkte Ausschreibung / Nichtoffenes Verfahren	beschränkte Bewerberzahl	selten	häufig = Normalfall
Freihändige Vergabe / Verhandlungs-verfahren	im Extremfall nur ein Bewerber	sehr selten	selten
Wettbewerblicher Dialog	im Extremfall nur ein Bewerber	sehr selten	selten

Bild 4.4: Häufigkeiten der Vergabearten

Gemäß § 2 der VOB/A soll bei der Vergabe von Bauleistungen der Wettbewerb die Regel sein. Öffentliche Ausschreibung und Offenes Verfahren, bei denen auf Grund der unbeschränkten Zahl der Bewerber der Wettbewerb am besten ausgeprägt ist, sollen deshalb nach dem Willen der VOB der Standard sein. Sie sollen immer dann stattfinden, wenn nicht die Eigenart der Leistung oder besondere Umstände eine Abweichung rechtfertigen. Der Bauherr hat im konkreten Fall nicht zu prüfen, welche Vergabeart für ihn wünschenswert ist, sondern er hat zu prüfen, ob er von der Öffentlichen Ausschreibung und dem Offenen Verfahren abweichen kann.

Bild 4.4 zeigt die Anwendungshäufigkeit der verschiedenen Vergabearten im Bereich der öffentlichen und der nicht-öffentlichen Auftraggeber. Dabei resultieren die Häufigkeiten bei den öffentlichen Auftraggebern aus der zwingenden Anwendung der VOB/A, die bei den privaten Auftraggebern aus freiwilligen Anwendungen. Private Bauherren wie beispielsweise Industrieunternehmen, die immer wieder bauen, sowie Architekten und Ingenieure, die private Bauherren beraten, neigen dazu, nur Bauunternehmen, mit denen sie bereits positive Erfahrungen gesammelt haben, zu einer Angebotsabgabe aufzufordern. Als Folge ergibt sich bei den privaten Bauherren eine häufigere Anwendung der Beschränkten Ausschreibung /D55/,/D62/.

4.3 Vergabe in Großbritannien

4.3.1 Rechtlicher Rahmen

Das öffentliche Vergabewesen in Großbritannien hat sich über einen langen Zeitraum entwickelt, ohne dabei speziellen Rechtsvorschriften unterworfen gewesen zu sein /G35/. Erst 1972 wurde der Grundsatz gesetzlich geregelt, dass der Vergabe öffentlicher Aufträge eine Ausschreibung vorauszugehen hat. Diese Regelung bezog sich aber nur auf die Auftragsvergabe durch Behörden unterhalb der Regierungsebene, so genannte *local authorities*. Auf Regierungsebene selbst gilt zwar, allerdings nur als ungeschriebenes Recht, bereits seit Beginn des 20. Jahrhunderts der Grundsatz der Ausschreibung, verbindliche Vorschriften zur Regelung der Vergabe öffentlicher Bauaufträge durch Regierungsorgane wurden aber erst mit der Umsetzung der EG-Richtlinien ab 1988 geschaffen.

Die erste ausführliche Kodifizierung im Bereich des öffentlichen Auftragswesens in Großbritannien war der *Local Government Act 1988*. Die Zielsetzung des Gesetzes liegt darin, die Vergabe öffentlicher Aufträge durch lokale Behörden soweit wie möglich dem Wettbewerb auszusetzen. Für lokale und zentrale Behörden gleichermaßen verbindlich wurden seit 1991 vom Finanzministerium weitere Verordnungen, sogenannte *regulations*, erlassen. Derzeit gültig sind:

- *The Public Contracts Regulations 2006* /G04/

  Mit der Verordnung wird die Vergabekoordinierungsrichtlinie in britisches Recht umgesetzt. Sie deckt folglich Vergaben ab, die nicht in den Bereich der Wasser-, Energie- und Verkehrsversorgung sowie der Postdienste fallen.

- *The Utilities Contracts Regulations 2006* /G05/

  Mit der Verordnung wird die Sektorenrichtlinie in britisches Recht umgesetzt. Sie deckt folglich Vergaben im Bereich der Wasser-, Energie- und Verkehrsversorgung sowie der Postdienste ab. In der Verordnung werden die öffentlichen und nicht-öffentlichen Auftraggeber aufgelistet, sie werden als *utilities* bezeichnet.

Beide Verordnungen zwingen die Auftraggeber zur Beachtung zahlreicher detaillierter Regeln. Wegen der drohenden externen Kontrolle der Vergabeentscheidungen durch Gerichte werden sie in den meisten Fällen peinlich genau beachtet.

Zu beachten ist, dass die Rechtsbasis in Großbritannien nicht flächendeckend gleich ist. England, Wales, Schottland und Nordirland besitzen in Teilbereichen durchaus unterschiedliche Regelungen. Im Folgenden werden nur die übereinstimmenden Grundzüge beschrieben.

Nicht-öffentliche Auftraggeber unterliegen einerseits wie in Deutschland keinen verbindlichen Vergabevorschriften, andererseits aber gibt es mehrere fast „halbamtliche" Empfehlungen.

4.3.2 Vergabearten

Welche Verfahrensvorschrift öffentliche und diesen gleichgestellte Bauherren anzuwenden haben, hängt von zwei Faktoren ab: Erstens vom geschätzten Gesamtwert der Baumaßnahme, also vom Wert des schlüsselfertigen bzw. gebrauchsfertigen Bauwerks. Liegt dieser über dem EU-weit festgelegten Schwellenwert (seit 01.01.2008: 5,15 Mio. Euro), dann ist zweitens der Bereich, in dem die Baumaßnahme durchgeführt werden soll, von Bedeutung.

Zu unterscheiden sind drei Fälle:

- geschätzter Gesamtwert < Schwellenwert

  Die Vergabe erfolgt nach dem *Local Government Planning and Land Act 1980* /G01/ sowie dem *Local Government Act 1988* /G02/ und ist auf Großbritannien begrenzt.

- geschätzter Gesamtwert ≥ Schwellenwert und Baumaßnahme im Bereich der Vergabekoordinierungsrichtlinie

  Die Vergabe erfolgt EU-weit nach *The Public Contracts Regulations 2006* /G04/.

- geschätzter Gesamtwert ≥ Schwellenwert und Baumaßnahme im Bereich der Sektorenrichtlinie

  Die Vergabe erfolgt EU-weit nach *The Utilities Contracts Regulations 2006* /G05/.

Neben den verbindlichen Vorschriften für die öffentliche Hand existieren mehrere von Ingenieur- und Unternehmensvereinigungen erarbeitete, jedoch nicht verbindliche Anleitungen für den privaten Bauherrn. Im Bereich der *civil engineering works* ist dies vor allem die *ICE*-nahe Empfehlung

Tendering for Civil Engineering Contracts
recommended for use with the ICE Conditions of Contract in the United Kingdom /G07/.

Im Bereich der *building works* sind es zwei *JCT*-nahe Empfehlungen, der

Code of Procedure for Single Stage Selective Tendering /G08/

und der

Code of Procedure for Two Stage Selective Tendering /G09/.

Die drei Empfehlungen finden bei privaten Bauherren eine breite Beachtung.

Für auf Großbritannien beschränkte Vergaben definieren die staatlichen Vorschriften und die nicht-staatlichen Empfehlungen drei Arten der Vergabe:

- *Open tendering*
- *Selective tendering*
- *Negotiated tendering*

Für EU-weit durchzuführende Vergaben definieren die *The Public Contracts Regulations 2006* vier und die *The Utilities Contracts Regulations 2006* drei Arten der Vergabe:

- *Open procedure*
- *Restricted procedure*
- *Negotiated procedure*
- *Competitive dialogue procedure* (nur *The Public Contracts Regulations 2006*)

SURREY COUNTY COUNCIL

Standing List of Contractors

Surrey County Council maintain the following Standing Lists of Contractors which require revision every two years. The main categories are shown below, and a detailed list showing financial bandings and sub-divisions will be sent with each application form:

1 Roadworks
2 Structural Works
3 Calcined Bauxite Surface Dressing
4 Landscaping to Highway and similar works
5 Design and Fabrication of Footbridges
6 Concrete Repairs and Grouting
7 Topographical surveys
8 Traffic signs - supply and erected
9 Road markings
10 Traffic signals - installation and maintenance
11 Slot cutting
12 Crash barriers - supply, erection and repair (QA Contractors only)
13 TV surveys of sewers

All contractors currently on a select list must apply for inclusion on this occasion, as well as any new contractors, to:

Director of Highways and Transportation
Highways and Transportation Department
County Hall
Kingston upon Thames
Surrey
KT1 2DY
(Attn: Mr P Simmonds)

All successful applicants will be informed
Closing date for initial applications: 31 March 1994

Bild 4.5: Ausschreibung zur Erstellung einer *standing list* (nach: *Construction News*–03.03.1994)

Die vorgenannten nationalen und EU-weiten Vergabeverfahren entsprechen in ihren Abläufen zwar weitgehend den deutschen Verfahren, hinsichtlich ihrer Anwendungshäufigkeiten jedoch gibt es erhebliche Unterschiede (Bild 4.6).

- *Open tendering* und *open procedure* sind mit der Öffentlichen Ausschreibung und dem Offenen Verfahren in Deutschland vergleichbar.

  Bemerkenswert ist, dass im Gegensatz zu Deutschland, wo für öffentliche Auftraggeber die Öffentliche Ausschreibung als Normalverfahren vorgesehen ist, das *open tendering* bzw.

die *open procedure* in Großbritannien nur selten angewandt wird. Im Wesentlichen ist dies nur bei europaweit auszuschreibenden Baumaßnahmen der Fall.

- *Selective tendering* und *restricted procedure* sind mit der Beschränkten Ausschreibung und dem Nichtoffenen Verfahren in Deutschland vergleichbar.

  Die *Public Contracts Regulations 2006* schreiben für den Regelfall mindestens 5 Bieter vor, die *Utilities Contracts Regulations 2006* geben keine Mindestzahl an und die übrigen Regelwerke nennen 4 bis 8 Bieter. Für deren Auswahl gibt es zwei Wege. Der erste, nicht so häufig gewählte verläuft wie in Deutschland: Der Ausschreibung wird ein Teilnahmewettbewerb vorgeschaltet, das Ergebnis ist eine *ad hoc list* von qualifizierten Bauunternehmen. Der zweite, wesentlich häufiger gewählte Weg beginnt früher und ist anfangs unabhängig von einer konkreten Ausschreibung: Der Bauherr und/oder sein Berater erstellen aufgrund früher durchgeführter Baumaßnahmen oder eines projektunabhängigen Auswahlverfahrens zunächst eine *approved* oder *standing list*, eine Liste von qualifizierten Bauunternehmen. Steht irgendwann eine konkrete Baumaßnahme an, dann wählen sie aus dieser Liste eine Anzahl von Bietern aus. Bild 4.5 zeigt eine Zeitungsannonce, in der ein solches Auswahlverfahren bekannt gemacht wird. Das Auswahlverfahren über eine *approved* oder *standing list* entspricht der Präqualifikation in Deutschland mit der Einschränkung, dass die Liste der geeigneten Unternehmen nicht von einer externen Präqualifizierungsstelle, sondern vom Bauherrn selbst erstellt wird.

  Die Veröffentlichung derartiger Annoncen hat in den letzten Jahren stark abgenommen. Heute erfolgt der Teilnahmeaufruf normalerweise auf den Internetseiten der öffentlichen Auftraggeber. Viele verzichten auch auf die Erstellung einer eigenen *standing list*, sondern nutzen die Listen externer Präqualifizierungsstellen /G22/.

  Bei Baumaßnahmen, die nicht EU-weit auszuschreiben sind, ist das *selective tendering* das Normalverfahren.

- *Negotiated tendering* und *negotiated procedure* sind mit der Freihändigen Vergabe und dem Verhandlungsverfahren in Deutschland vergleichbar.

  Aufgeführt ist die *negotiated procedure* nur in den EU-orientierten *Public Contracts Regulations 2006* und *Utilities Contracts Regulations 2006*. Die übrigen Regelwerke sehen eine derartige Vorgehensweise nicht vor. Tatsächlich wird aber auch außerhalb der Anwendungsbereiche der beiden *regulations* insbesondere durch private Auftraggeber ein *negotiated tendering* praktiziert.

  In einer *negotiated procedure* nach den *Public Contracts Regulations 2006* muss bei einer hinreichenden Anzahl geeigneter Bewerber mit mindestens drei Bauunternehmen verhandelt werden. Die *Utilities Contracts Regulations 2006* geben keine Mindestzahl an. Zulässig ist diese Art der Vergabe nur in begründeten Sonderfällen.

- *Competitive dialogue procedure* ist mit dem Wettbewerblichen Dialog in Deutschland vergleichbar.

  Aufgeführt ist diese Art der Vergabe nur in den *Public Contracts Regulations 2006*. Der Dialog muss bei einer hinreichenden Anzahl geeigneter Bewerber mit mindestens drei Bauunternehmen geführt werden.

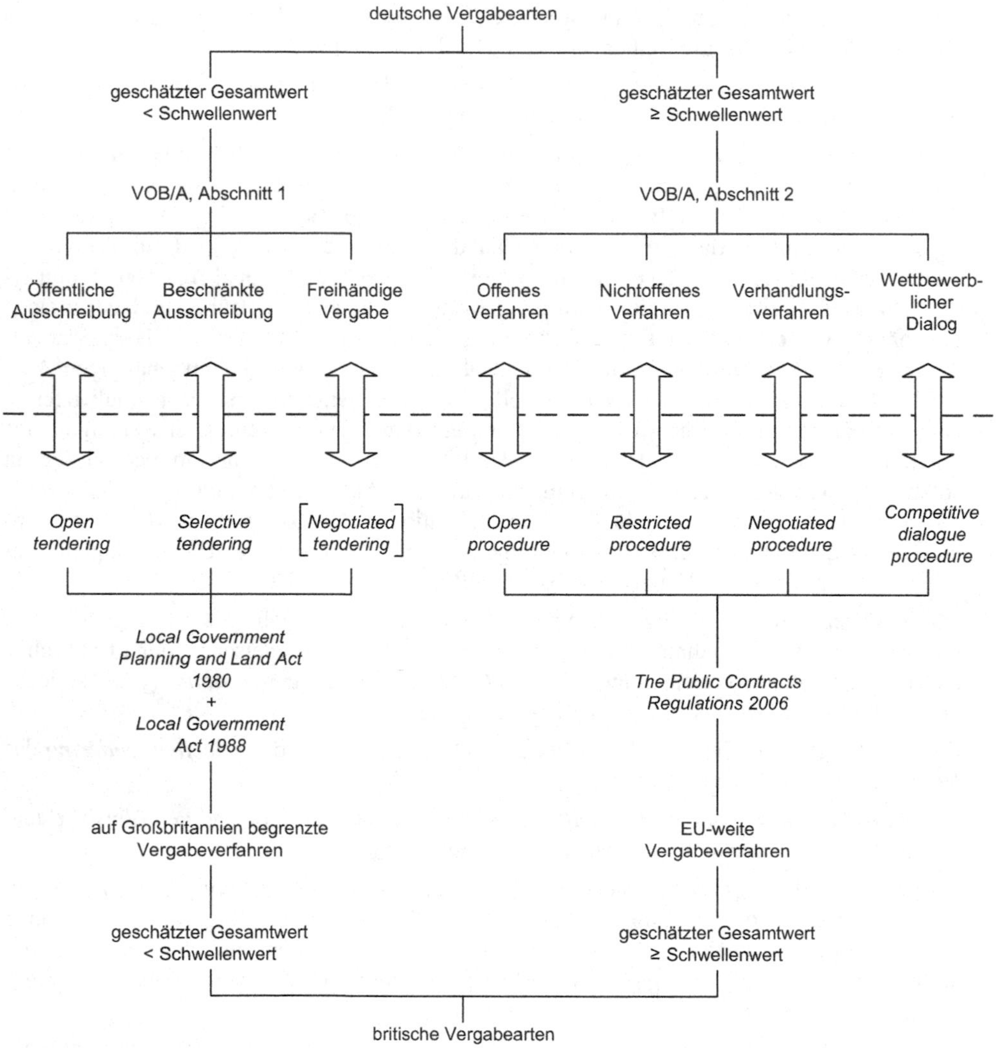

Bild 4.6: Gegenüberstellung der deutschen und britischen Vergabearten

Bei Vergaben, die nicht den EG-Richtlinien unterliegen, können sowohl das *open* als auch das *selective tendering* als *single stage tendering* oder als *two stage tendering* durchgeführt werden. Beim *single stage tendering* gleicht der Ablauf der Vorgehensweise in Deutschland. *Two stage tendering* dagegen meint einen zweistufigen, in Deutschland nicht vorgesehenen Ablauf: Im Rahmen eines *open* oder *selective tendering* wird zunächst ein Bieter ausgewählt. Mit ihm werden anschließend weitere technische und preisliche Verhandlungen geführt. *Two stage tendering* wird vor allem dann als sinnvoll angesehen, wenn sich die Planungs- und die Bauphase eine längere Zeit überschneiden und/oder wenn das Bauunternehmen in die Planung und den Entwurf des Bauwerks eingebunden werden soll. In diesen Fällen können die zur Angebotsabgabe aufgeforderten Bauunternehmen wegen des noch fehlenden ausführungsreifen Entwurfs zum Zeitpunkt der Auswahl noch keine endgültige Preiskalkulation erstellen.

Beim Vergleich des Vergabeverhaltens in Deutschland und Großbritannien fällt vor allem die ausgeprägte Bevorzugung des *selective tendering* auf. Während in Deutschland zumindest für öffentliche Auftraggeber die Öffentliche Ausschreibung als Normalfall vorgesehen ist und sich somit die Bewerber im Prinzip bei jeder Ausschreibung sowohl fachlich als auch preislich qualifizieren müssen, ist dies in Großbritannien nicht der Fall. Durch das *selective tendering* in Verbindung mit einer *standing list* findet bei der konkreten Ausschreibung einer Baumaßnahme meistens nur noch ein Preiswettbewerb statt.

Die Vorgehensweise britischer Bauherren und deren Berater ist traditionell geprägt durch folgenden Denkansatz /D45/:

- Das *selective tendering* ist die geeignete Vergabeart.
- Das Vergabeverfahren ist zügiger, wenn der Bauherr und/oder sein Berater zunächst unabhängig von konkreten Ausschreibungen eine „Vorratsliste" qualifizierter Bauunternehmen erstellen, aus der er bzw. sie dann im konkreten Ausschreibungsfall einige auswählen und zur Angebotsabgabe auffordern.
- Nach Ausschluss wettbewerbsverzerrender Angebote wird dem wirtschaftlichsten Bieter der Zuschlag erteilt. Dies ist bei öffentlichen Auftraggebern in der Regel ohne weitere Preisverhandlungen der Billigstbieter. Bei nicht-öffentlichen Auftraggebern ergibt sich der wirtschaftlichste Bieter eventuell erst nach weitergehenden Preisverhandlungen mit einem oder mehreren „interessanten" Bietern.

4.4 Vergabe internationaler Projekte

4.4.1 Rechtlicher Rahmen

In der Regel unterliegt in jedem Staat die Vergabe öffentlicher Bauaufträge nationalen Vergaberegeln genau dieses Staates. Es gibt kein internationales Vergaberecht.

Ist dieser Staat jedoch ein Entwicklungs- oder Schwellenland und wird das Bauvorhaben von internationalen Finanzierungsinstitutionen, beispielsweise von der Weltbank oder der deutschen Kreditanstalt für Wiederaufbau (=KfW), mitfinanziert, dann verlangen diese Institutionen regelmäßig ein Mitspracherecht bei der Ausgestaltung des Vergabeverfahrens. Dabei orientieren sie sich oftmals an einem von der *FIDIC Fédèration Internationale des Ingénieurs-Conseils* ausgearbeiteten Ablauf. Diese

FIDIC Tendering Procedure /I08/

ist nicht als internationales Recht einzustufen, sie ist lediglich der Vorschlag einer Ingenieurvereinigung, der international als sinnvoll angesehen wird. Eine rechtliche Verbindlichkeit, wie sie beispielsweise die VOB/A für den deutschen öffentlichen Bauherrn besitzt, ist nicht gegeben.

Im folgenden Kapitel werden die im „traditionellen" Auslandsbau vorkommenden Vergabearten sowie ein weit verbreiteter, an der *FIDIC Tendering Procedure* orientierter Vergabeablauf beschrieben.

4.4.2 Vergabearten und Vergabeablauf

Auch im internationalen Bereich werden drei Vergabearten praktiziert (Bild 4.7). Sie entsprechen weitgehend den in den Ländern der Europäischen Union für Aufträge oberhalb des Schwellenwertes formulierten Vergabearten:

- *International competitive bidding* = Internationaler Bieterwettbewerb

  Diese Art ist dem deutschen Offenen Verfahren vergleichbar.
- *Limited competitive bidding* = Beschränkter Bieterwettbewerb

  Diese Art ist dem deutschen Nichtoffenen Verfahren vergleichbar.
- *Negotiation approach* = Verhandlungs-"annäherung"

  Diese Art ist dem deutschen Verhandlungsverfahren vergleichbar, allerdings mit einer wesentlichen Besonderheit: Während das deutsche Verfahren in der Regel mindestens drei Bieter voraussetzt, werden im international Bereich durchaus weniger Bieter aufgefordert.

Angemerkt sei, dass für die drei Vergabearten auch die britischen Begriffe *open tendering/open procedure*, *selective tendering/restricted procedure* und *negotiated tendering/negotiated procedure* geläufig sind.

Anwendung finden vor allem die beiden Bieterwettbewerbe. Die Vergabe auf der Grundlage eines *negotiation approachs* ist dagegen eher selten, da diese wettbewerbsarme Vergabeart häufig nach dem nationalen Recht des jeweiligen Staates oder den Statuten der Finanzierungsinstitute nicht zulässig ist /I37/.

Von den beiden Bieterwettbewerben wiederum wird das *limited competitive bidding* bevorzugt. Der Grund hierfür liegt in dem vorgeschalteten Teilnahmewettbewerb. Bei international ausgeschriebenen Bauprojekten sind dem Bauherrn und seinen Beratern die anbietenden Bauunternehmen und damit deren Qualifikation für die zu erbringende Bauleistung nicht immer bekannt. Sie sind deshalb zunächst an einem Nachweis der Qualifikation der Bieter interessiert. Genau diese wird im ersten Schritt des Verfahrens, im Teilnahmewettbewerb, detailliert überprüft.

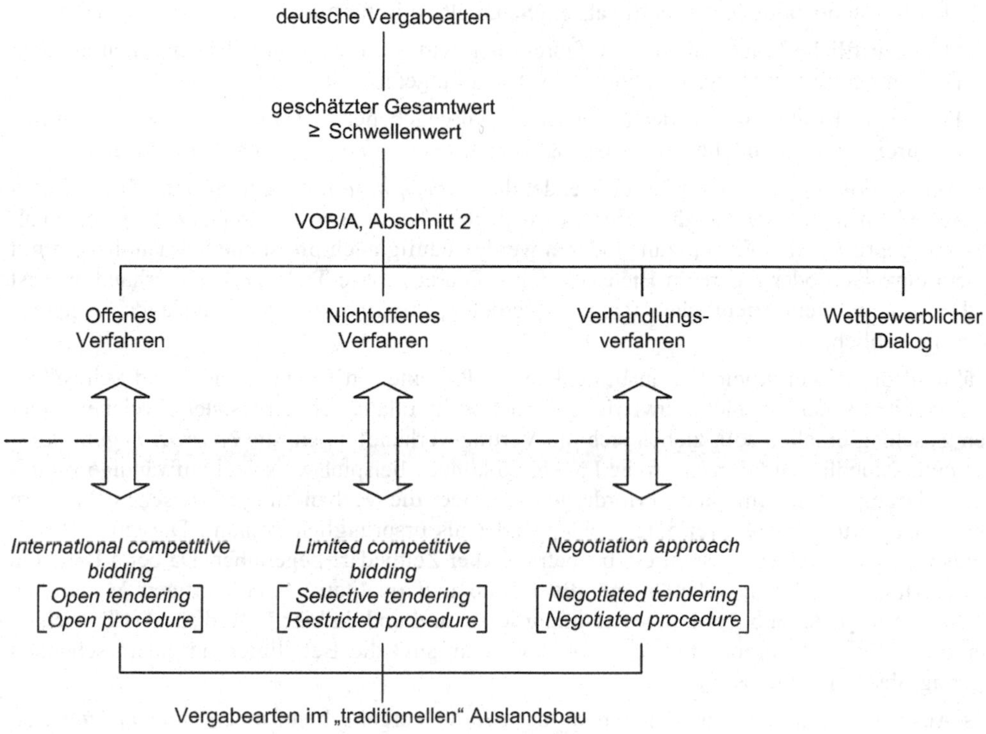

Bild 4.7: Gegenüberstellung der deutschen und internationalen Vergabearten

Den gesamten dreiphasigen Ablauf des *limited competitive bidding* zeigt Bild 4.8.

In der *pre-tender phase*, der Vor-Angebotsphase, werden zunächst Bauunternehmen aufgefordert, ihr Interesse zu bekunden sowie ihre fachliche und wirtschaftliche Qualifikation für die mehr oder weniger detailliert beschriebene Baumaßnahme in einem Teilnahmewettbewerb, der *prequalification*, nachzuweisen. Das Ergebnis des Wettbewerbs besteht in einer *short list*, in der nach *FIDIC* bis zu sieben als geeignet eingestufte Baufirmen aufgelistet werden. Nur diese Unternehmen werden anschließend zur Abgabe eines preislichen Angebotes aufgefordert. Das Verfahren der *prequalification* entspricht dem Teilnahmewettbewerb in der VOB/A.

Die *tender phase*, die Angebotsphase, beginnt mit dem *letter of invitation to tender* an die qualifizierten Bauunternehmen. Zusammen mit dem Brief erhalten die Unternehmen die Vergabeunterlagen, die *enquiry documents*. Da es sich bei internationalen Vergaben in der Regel größere Projekte, häufig schlüssel- oder gebrauchsfertige Bauwerke in Entwicklungs- und Schwellenländern, handelt, treten bei der anschließenden Angebotserstellung mit hoher Wahrscheinlichkeit bei allen Bietern Fragen von grundlegender Bedeutung auf. Internationale Vergabeverfahren sehen deshalb oftmals einen oder mehrere der drei folgenden Wege zur Beantwortung von Fragen vor:

- Den Baustellenbesuch, der häufig als ein Sammeltermin für alle Bieter organisiert wird.
- Das schriftliche Frage-Antwort-Verfahren, bei dem die Frage eines Bieters allen anderen Bietern einschließlich der zugehörigen Antwort mitgeteilt wird.
- Die Bieter-Konferenz, bei der bis zu einem vorgegebenen Termin alle Fragen schriftlich einzureichen sind und die Beantwortung dann auf einem Treffen aller Bieter erfolgt.

Mit *submission* und *opening of tenders* endet die *tender phase* im engeren Sinne. Im weiteren Sinne jedoch dauert sie an. Zum einen wird in der *evalution of tenders* der Angebotsinhalt geklärt, geprüft und bewertet, zum anderen werden häufig auch preisliche Verhandlungen mit einem einzelnen oder mehreren Bietern geführt. Dieser zweite Teil, die Preisverhandlung, ist in Deutschland dem öffentlichen Bauherrn verboten, im „traditionellen" Auslandsbau jedoch ist er fast üblich.

Während dieser Zeit kommt es insbesondere bei Projekten in Entwicklungs- und Schwellenländern nicht selten zu einer Schwierigkeit: Auch wenn relativ schnell feststeht, welcher Bieter den Zuschlag erhalten soll, ziehen sich die Vertragsverhandlungen, die *contract negotiations*, aus unterschiedlichen Gründen in die Länge. So können beispielsweise zeitaufwändige technische Klärungen mit dem Bieter erforderlich sein oder die Verhandlungen zwischen Bauherrn und Finanzierungsinstitut verlaufen schleppender als ursprünglich geplant. Diesem verhandlungsbedingten Zeitverlust steht ein baubetrieblicher Zeitbedarf gegenüber. Da beim Bauen in Entwicklungs- und Schwellenländern die Geräte und qualitativ höherwertigen Materialien meistens von außerhalb des Landes zu importieren sind und da hierfür und für das Einrichten der Baustelle oft mehrere Monate benötigt werden, sind die Beteiligten an einem schnellen Vertragsabschluss interessiert.

Als Ausweg aus diesem Dilemma enthält der *FIDIC*-Vergabeablauf einen *letter of intent.* Ist sich der Bauherr grundsätzlich im Klaren, welchen Bieter er beauftragen will, dann kann er dies dem betreffenden Bieter in einem *letter of intent* beispielsweise in der folgenden Weise mitteilen.

We intend to place the above specified contract with yourselves.
In the meantime please proceed with the mobilization of
site installation up to a value not exceeding 3 Mio. US-Dollar.
This letter does not constitute a valid acceptance.

Mit diesem Brief endet die *tender phase* und beginnt die *contract phase*: Es entsteht in begrenztem Umfang ein Vertragsverhältnis, denn das Bauunternehmen hat mit der Baustelleneinrichtung zu beginnen und der Bauherr übernimmt die daraus entstehenden Kosten bis zu einer Höhe von 3 Mio. US-Dollar. Der Bauherr verpflichtet sich mit diesem Schreiben jedoch noch nicht, die ausgeschriebene Baumaßnahme später an das Bauunternehmen zu vergeben.

Angemerkt sei, dass erfahrungsgemäß nicht jeder *letter of intent* tatsächlich zu einem Auftrag führt. Und da die Ursache dafür häufig die fehlende Finanzierung ist, ist in solchen Fällen sogar die Erstattung der dem Bauunternehmen entstandenen Kosten trotz des vertraglichen Rechtsanspruchs oftmals schwierig.

Nach Abschluss aller noch ausstehenden Vertragsverhandlungen kommt es zum endgültigen Auftrag. Dabei gibt es zwei Wege: Der erste Weg besteht darin, dass der Bauherr dem Bauunternehmen einen *letter of acceptance*, manchmal auch als *letter of award* bezeichnet, schickt. In ihm teilt er mit, dass er das ursprüngliche Angebot des Bauunternehmens und die in den Vertragsverhandlungen getroffenen Vereinbarungen akzeptiert. Der zweite Weg besteht in der gemeinsamen Erstellung einer Vertragsurkunde, eines *contract agreements.*

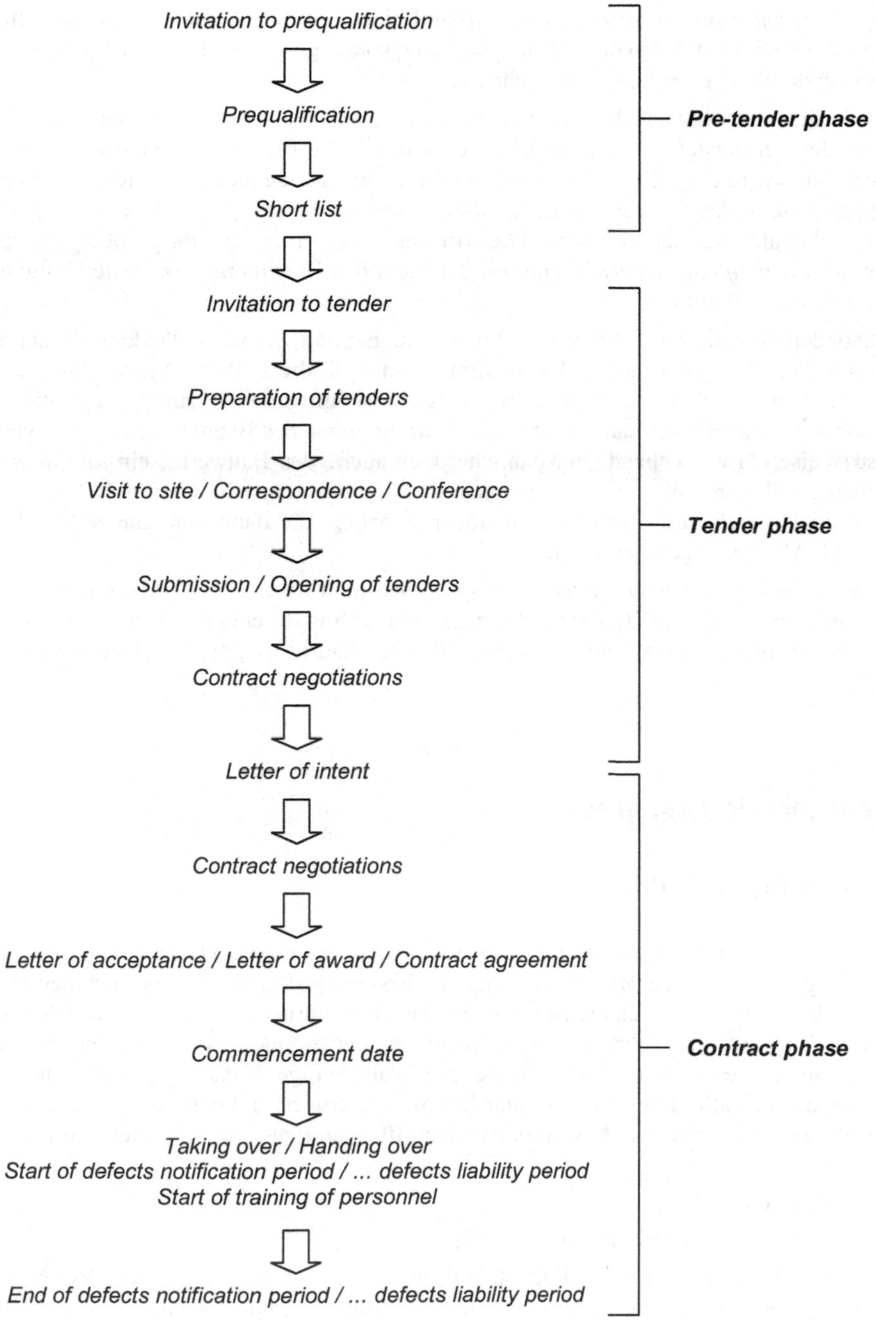

Bild 4.8: Vergabeablauf bei international ausgeschriebenen Projekten

Letter of acceptance und *contract agreement* sind eigentlich je für sich ausreichend. In der Praxis wird jedoch häufig sowohl der *letter of acceptance* geschrieben als auch ein *contract agreement* erstellt und gemeinsam unterschrieben.

Die Ausführung der Baumaßnahme beginnt mit dem *commencement date* und endet nach Fertigstellung der Vertragsleistung mit der Übernahme durch den Bauherrn, mit *employer's taking over*. Sprachlich wird der letzte Schritt manchmal auch in entgegengesetzter Richtung, nämlich als Übergabe durch das Bauunternehmen, gesehen und als *handing over* bezeichnet. Mit der Übernahme beginnt aus der Sicht des Bauherrn die meistens nur einjährige Mängelanzeigefrist, die *defects notification period*, und aus der Sicht des Bauunternehmens die Haftung für Mängel, die *defects liability*.

Eine Besonderheit von Bauaufträgen in Entwicklungs- und Schwellenländern ist der Einschluss von Ausbildungsleistungen. Es ist oftmals sinnvoll, die späteren Nutzer des meistens schlüssel- bzw. gebrauchsfertig erstellten Bauwerks hinsichtlich der Nutzung zu trainieren. Ein solches *training of personnel* kann durchaus auch im Interesse des Bauunternehmens liegen, da auf diese Weise ein weitgehend „gewöhnlicher Gebrauch" des Bauwerks, ein *fair wear and tear*, sichergestellt wird. Wird ein *training* nicht durchgeführt, entstehen in der Zeit der *defects liability* oftmals durch unsachgemäßen Gebrauch Schäden, die dann vom Bauherrn fälschlicherweise als Mängel angesehen werden.

Die vorstehende Beschreibung umfasst alle möglichen Schritte einer *FIDIC*-orientierten Vergabe. Sie müssen im konkreten Vergabefall nicht immer alle durchlaufen werden. *Prequalification, letter of intent* und *training of personnel* treten häufig auf, sind aber nicht zwingend erforderlich.

4.5 Vergabe in Frankreich

4.5.1 Rechtlicher Rahmen

Rechtsgrundlage für die Vergabe öffentlicher Aufträge ist das Gesetz über die Vergabe öffentlicher Aufträge, der *Code des marchés publics*. In diesem 1964 erstmalig erschienenen Gesetz wurden die bis dahin existierenden zahlreichen Einzelvorschriften rechtssystematisch zusammengefasst. Im Laufe der Jahre wurde es mehrfach, insbesondere wegen der europäischen Harmonisierung, überarbeitet. 2001 erfolgte eine vollständige Neustrukturierung und Verschlankung, die sich allerdings als nicht sehr lebensfähig erwies. In kurzen Abständen erschienen deshalb eine Vielzahl von Ausführungsvorschriften und zwei weitere Neubearbeitungen /I24/.

Die aktuelle Fassung des

Code des marchés publics, abgekürzt *CMP*,

wurde 2006 in Kraft gesetzt /F01/,/F02/. Die insgesamt 177 Artikel regeln die Vergabe von Bauaufträgen = *marché publics de travaux*, Lieferaufträgen = *marché publics de fournitures* und Dienstleistungsaufträgen = *marché publics de services*. Mit dem Gesetz werden die Vergabekoordinierungsrichtlinie und die Sektorenrichtlinie in französisches Recht umgesetzt.

Für private Auftraggeber gibt es wie in Deutschland keine verbindlichen Vergabevorschriften. Sie orientieren sich aber nicht selten an den Vorschriften der öffentlichen Hand.

4.5.2 Vergabearten

Welches Vergabeverfahren öffentliche und ihnen gleichgestellte Bauherren anzuwenden haben, hängt von zwei Faktoren ab: Erstens vom Typ des Auftraggebers, zweitens vom geschätzten Gesamtwert der Baumaßnahme, also vom Wert des schlüsselfertigen bzw. gebrauchsfertigen Bauwerks.

Zu unterscheiden sind drei Typen von Auftraggebern:

- „Klassische" öffentliche Bauherren

- *L'Etat*	=	Ministerien und ihre Außenstellen
- *Collectivités territoriales*	=	regionale Gebietskörperschaften (Regionen, *Départements*, Kommunen)
- *Etablissements publics*	=	öffentliche Einrichtungen (z. B. Universitäten)

  Dieser Auftraggeber-Typ hat unabhängig vom Gesamtwert den *CMP* immer anzuwenden. Dabei hat er zwei Fälle zu unterscheiden. Liegt der geschätzte Gesamtwert unter dem EU-weit festgelegten Schwellenwert (seit 01.01.2008: 5,15 Mio. Euro), dann kann erstens die Vergabe auf Frankreich begrenzt werden, zweitens sind grundsätzlich alle fünf im *CMP* definierten Vergabeverfahren anwendbar. Liegt der geschätzte Gesamtwert über dem Schwellenwert, dann ist eine EU-weite Vergabe nach einem der vier dafür im *CMP* vorgesehenen Verfahren durchzuführen.

- öffentliche Bauherren, die industriell und kommerziell tätig sind

  Dieser Auftraggeber-Typ umfasst verschiedene Staatsbetriebe, die *entreprises publics*. Sie fallen wegen ihrer industriellen und kommerziellen Tätigkeit einerseits nicht unter das französische Vergaberecht, müssen andererseits aber den europäischen Richtlinien Folge leisten. Der Stromversorger *EDF* und die Bahngesellschaft *SNCF* sind Beispiele für diesen Typ.

- Bauherren, die im Bereich der Wasser-, Energie- und Verkehrsversorgung sowie der Postdienste tätig sind

  Dieser Auftraggeber-Typ hat den *CMP* nur anzuwenden, wenn der geschätzte Gesamtwert über dem Schwellenwert liegt. Er hat dann eine EU-weite Vergabe nach einem der vier dafür im *CMP* vorgesehenen Verfahren durchzuführen. Unterhalb des Schwellenwertes unterliegt er keinen staatlichen Regelungen.

Der *Code des marchés publics* definiert für Bauaufträge fünf Vergabearten (Bild 4.9):

- *Procédure adaptée* = angepasstes Verfahren

  Diese Art ist ein nur in Frankreich anwendbares Verfahren. Bei ihm bestimmt der Bauherr den Ablauf und die Modalitäten des Verfahrens selbst. Er hat dabei die allgemeinen Grundsätze „Freier Zugang zur öffentlichen Auftragsvergabe", „Gleichbehandlung zwischen den Bewerbern", „Transparenz des Verfahrens" und „Zuschlag auf das wirtschaftlichste Angebot" zu beachten. Ein Gegenstück zu diesem Verfahren gibt es in Deutschland nicht.

- *Appel d'offre ouvert* = Offene Aufforderung zur Angebotsabgabe

  Diese Art ist mit dem deutschen Offenen Verfahren vergleichbar.

- *Appel d'offre restreint* = Beschränkte Aufforderung zur Angebotsabgabe

  Diese Art ist mit dem deutschen Nichtoffenen Verfahren vergleichbar.

- *Procédure négociée* = Verhandlungsverfahren

  Diese Art ist mit dem deutschen Verhandlungsverfahren vergleichbar.
- *Dialogue compétitif* = Wettbewerblicher Dialog

  Diese Art ist mit dem deutschen Wettbewerblichen Dialog vergleichbar.

Die vier letztgenannten Verfahren sind sowohl für auf Frankreich begrenzte als auch für EU-weite Vergaben definiert. Im Gegensatz zu Deutschland und Großbritannien gibt es für Vergaben unterhalb und oberhalb des Schwellenwertes keine unterschiedlichen Verfahren.

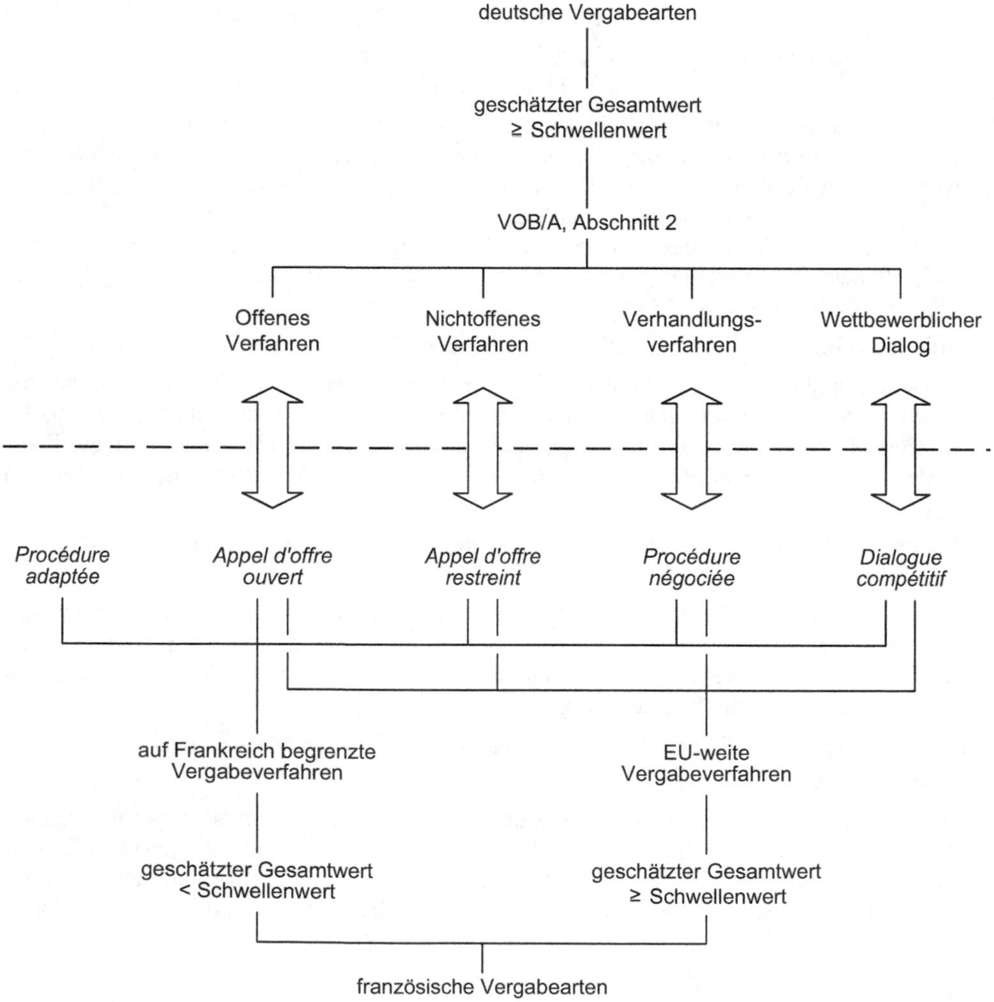

Bild 4.9: Gegenüberstellung der deutschen und französischen Vergabearten

Bevorzugtes Vergabeverfahren sollte der *appel d'offre ouvert* sein. Bei ihm und bei allen anderen Verfahren mit mehr als einem Bieter ist der Zuschlag dem wirtschaftlich vorteilhaftesten Angebot, dem *l'offre économiquement la plus avantageuse*, zu erteilen.

Ist die Vergabe auf Frankreich begrenzt, dann finden allerdings häufiger die wettbewerbsärmeren Verfahren Anwendung. Ursache hierfür dürfte der Sachverhalt sein, dass das Instrument der Präqualifikation in Frankreich eine lange Tradition besitzt. Beispielsweise werden im Hochbaubereich bereits seit 1949 Bauunternehmen von der *OPQCB Organisme Professionnel de Qualification et de Classification du Bâtiment et des activités annexes'* (=Berufsverband zur Qualifizierung und Klassifikation im Bauwesen und zugeordneten Leistungen) in technischer und wirtschaftlicher Hinsicht beurteilt. Obwohl öffentlichen Auftraggebern das Qualifikationszertifikat der *OPQCB* als Eignungsnachweis des Bieters empfohlen wird, reicht es bei größeren Auftragssummen nicht immer aus. Auch von vorqualifizierten Bauunternehmen werden im konkreten Angebotsfall gelegentlich zusätzliche Nachweise, beispielsweise über die Ausführung von Arbeiten ähnlicher Größenordnung, verlangt.

Es sei darauf hingewiesen, dass das Fehlen des Qualifikationszertifikats kein Ausschlusskriterium ist. Öffentliche Bauaufträge dürfen grundsätzlich auch an Bauunternehmen vergeben werden, die kein Qualifikationszertifikat der *OPQCB* besitzen. In der Praxis geschieht dies jedoch eher selten. An öffentlichen Bauaufträgen interessierte Unternehmen sollten daher das Zertifikat beantragen.

5 Bauverträge

5.1 Bauvertragsparameter

5.1.1 Grundsätzliches

Der Bauvertrag regelt die rechtlichen Beziehungen zwischen Bauherrn und Bauunternehmen. Er steht im Zentrum der Baumaßnahme, da in ihm die vom Bauunternehmen zu erbringende Leistung und die dafür vom Bauherrn zu zahlende Vergütung sowie eine Vielzahl weiterer Rechte und Pflichten definiert werden.

Bei einer konkreten Bauvergabe wird die Ausprägung des Bauvertrages bestimmt durch eine Reihe unterschiedlich bedeutsamer Parameter. Für den hier betrachteten Auslandsbau sind hervorzuheben:

- Auftraggeber-Typ
  In Deutschland und in vielen anderen Staaten unterliegen öffentliche und nicht-öffentliche Auftraggeber bei der Gestaltung des Bauvertrages unterschiedlichen Regelungen.
- Leistungsumfang
  Statt einer reinen Bauleistung werden beim Bauen im Ausland oftmals weit darüber hinausgehende Leistungspakete vereinbart.
- Auftragnehmer-Einsatzform
  Projekte des „traditionellen“ Auslandsbaus sind oftmals Großprojekte, die von Arbeitsgemeinschaften oder Konsortien durchgeführt werden.
- Vergütungsform
  In manchen Staaten existieren vielfältigere Formen der Vergütung als in Deutschland.
- Preisgleitung
  Das Bauen im Ausland unterliegt neben den örtlichen Kostenänderungen auch zwischenstaatlichen Wechselkursrisiken.
- Streitbeilegung
  Bei Konflikten wird im Ausland wesentlich häufiger als in Deutschland auf Verfahren zur außergerichtlichen Streitbeilegung zurückgegriffen.

Diese sechs Parameter werden im Folgenden detailliert beschrieben. Für jeden werden zunächst die möglichen Ausprägungen in Deutschland aufgezeigt und sodann die britischen bzw. britisch-angloamerikanischen, internationalen und französischen Besonderheiten ergänzt. Abschließend werden die Parameter in einem „Vertragsstern“ zusammengefasst.

5.1.2 Parameter: Auftraggeber-Typ

Deutschland–Großbritannien–International–Frankreich

In den meisten Staaten sind hinsichtlich der Bauvertraggestaltung zwei Auftraggeber-Typen zu unterscheiden:

- Öffentliche Auftraggeber / *public client* / *maître de l'ouvrage public*

  Hierzu zählen in der Regel nicht nur die staatlichen und lokalen Behörden, sondern auch solche Auftraggeber, die überwiegend mit öffentlichen Mitteln arbeiten oder bei denen die öffentliche Hand einen beherrschenden Einfluss ausübt.

- Nicht-öffentliche Auftraggeber / *private client* / *maître de l'ouvrage privé*

  Hierzu zählen sowohl der Privatmann, der sein Einfamilienhaus bauen lässt, als auch erwerbswirtschaftlich orientierte Unternehmen, wie zum Beispiel eine Wohnungsbaugesellschaft, eine Versicherung oder ein Industrieunternehmen. Dieser Auftraggeber-Typ wird auch als privater und/oder privatwirtschaftlicher Auftraggeber bezeichnet.

Zum englischen Sprachgebrauch sei angemerkt, dass im Allgemeinen der Begriff *client*, in vertraglichen Formulierungen aber der Begriff *employer* vorherrscht.

Da bei manchem Auftraggeber die Zuordnung zu einem der beiden Typen nicht direkt erkennbar ist, existieren in vielen Staaten Listen der öffentlichen und ihnen gleichgestellten Auftraggeber.

Bedeutsam ist der Auftraggeber-Typ für das in Kapitel 4 beschriebene Vergabeverfahren und für den im Folgenden beschriebenen Bauvertrag. Wie in Deutschland unterliegen in den meisten Ländern öffentliche Auftraggeber bei der Vergabe und der Gestaltung des Bauvertrages besonderen Vorschriften. Nicht-öffentliche Auftraggeber dagegen müssen diese Vorschriften regelmäßig nicht befolgen. In der Praxis allerdings orientieren sie sich bei ihrem Vorgehen häufig an den Spielregeln der öffentlichen Auftraggeber.

In Ländern des romanischen Rechtskreises ist der Auftraggeber-Typ oftmals von noch sehr viel weitergehender Bedeutung: Während Bauverträge im deutschen und britisch-angloamerikanischen Rechtskreis grundsätzlich dem privaten Recht unterliegen, ist dies in Frankreich nur bei privaten Auftraggebern der Fall. Bauverträge öffentlicher Auftraggeber dagegen fallen unter das zum öffentlichen Recht gehörende Verwaltungsrecht.

5.1.3 Parameter: Leistungsumfang

Deutschland /D53/,/D62/,/G34/

In früheren Zeiten war in Deutschland das in Bild 5.1 dargestellte Vertragsgefüge der Normalfall: Der Bauherr beauftragt einen Architekten und/oder Ingenieure mit der Planung und dem Entwurf sowie mehrere Bauunternehmer mit der Ausführung der verschiedenen Gewerke. In der Regel schließt er weiterhin mit einer Bank einen Finanzierungsvertrag. Die spätere Nutzung des Bauwerks organisiert er selbst.

Dieses klassische Gefüge ist dadurch gekennzeichnet, dass der Bauherr mehrere Fachplaner und mehrere Bauunternehmen beauftragt. Er hat somit eine Vielzahl von Einzelverträgen, aus denen sich für ihn eine Reihe von Mitwirkungspflichten ergeben. Zur Wahrnehmung dieser Pflichten schaltet er oftmals die Planer ein. Er überträgt ihnen Aufsichts- und Weisungsbefugnisse, die allerdings von Fall zu Fall im Umfang sehr unterschiedlich sein können (siehe Kapitel 3.2).

Da nun einerseits eine zunehmende Zahl an Bauherren ihre eigenen Mitwirkungspflichten minimieren will und andererseits nicht wenige Bauunternehmen einen größeren Anteil am Produkt „Bauwerk“ und damit an der gesamten Wertschöpfungskette anstreben, hat in den letzten Jahrzehnten die Vergabe umfassenderer Leistungspakete stark zugenommen.

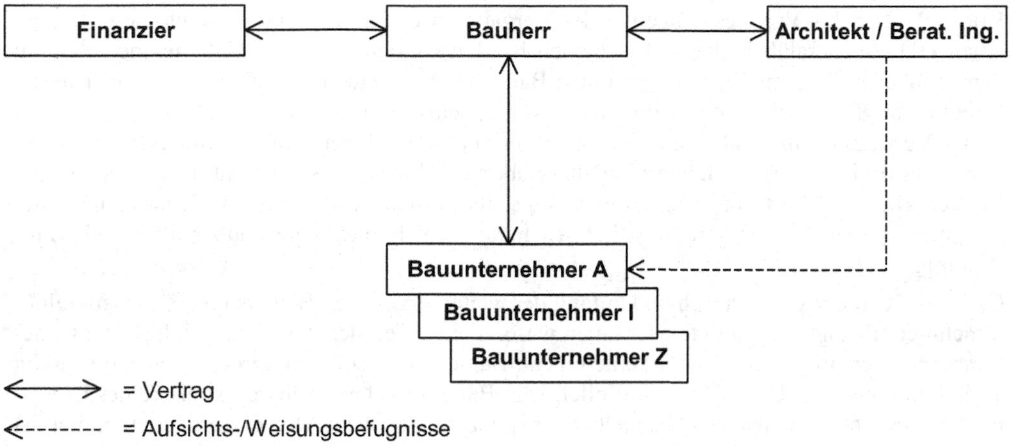

Bild 5.1: Klassische Einzelvergabe

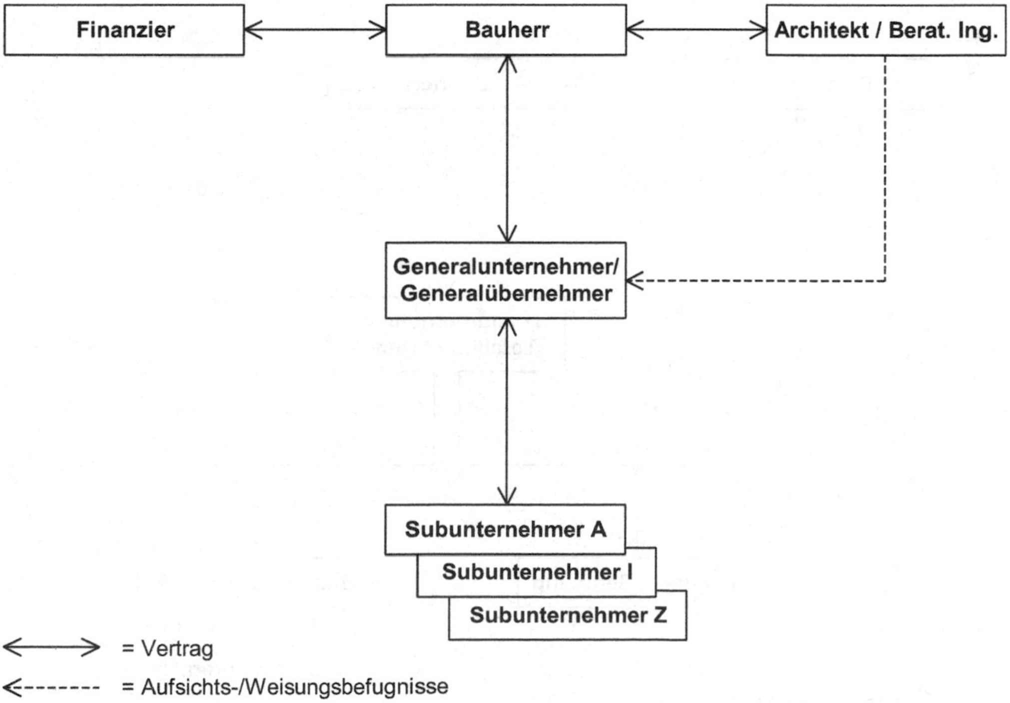

Bild 5.2: Vergabe an einen Generalunternehmer oder Generalübernehmer

Bild 5.2 zeigt das Vertragsgefüge bei der Vergabe an einen GU = Generalunternehmer oder einen GÜ = Generalübernehmer. Bei beiden handelt es sich um einen Unternehmer, der mit dem Bauherrn die Erstellung des gesamten Bauwerks vertraglich vereinbart. Da er aber in der Regel nicht alle Arbeiten, das heißt alle Gewerke, selbst erbringen kann, vergibt er einen Teil seiner Vertragsleistung auf eigene Rechnung an Subunternehmer. Eine unmittelbare Vertragsbeziehung zwischen dem Bauherrn und den Subunternehmern entsteht nicht. Der GU bzw. GÜ ist weiterhin für die technische, ökonomische, terminliche und rechtliche Koordination der gesamten Bauausführung verantwortlich. Er haftet dem Bauherrn gegenüber für die Gesamtleistung.

GU und GÜ unterscheiden sich im Umfang der weitervergebenen Bauleistung. Der Generalunternehmer erbringt die gesamte oder einen wesentlichen Teil der Bauleistung selbst, der Generalübernehmer hingegen erbringt keine eigene Bauleistung, sondern vergibt diese vollständig an Subunternehmer. Der GÜ muss folglich kein Bauunternehmer sein, er ist ein reiner Dienstleister, der mit Bauleistungen handelt. Überspitzt ausgedrückt: Der Generalunternehmer ist fertigungsorientiert, der Generalübernehmer ist handelsorientiert.

Noch umfangreicher wird das Leistungspaket bei der Vergabe an einen TU = Totalunternehmer oder TÜ = Totalübernehmer. Wie Bild 5.3 zeigt, übernehmen beide zusätzlich zu allen Bauleistungen auch alle Planungsleistungen. TU und TÜ unterscheiden sich ebenfalls im Umfang der weitervergebenen Bauleistung. Der Totalunternehmer erbringt die gesamte oder einen wesentlichen Teil der Bauleistung selbst, der Totalübernehmer dagegen erbringt keine eigene

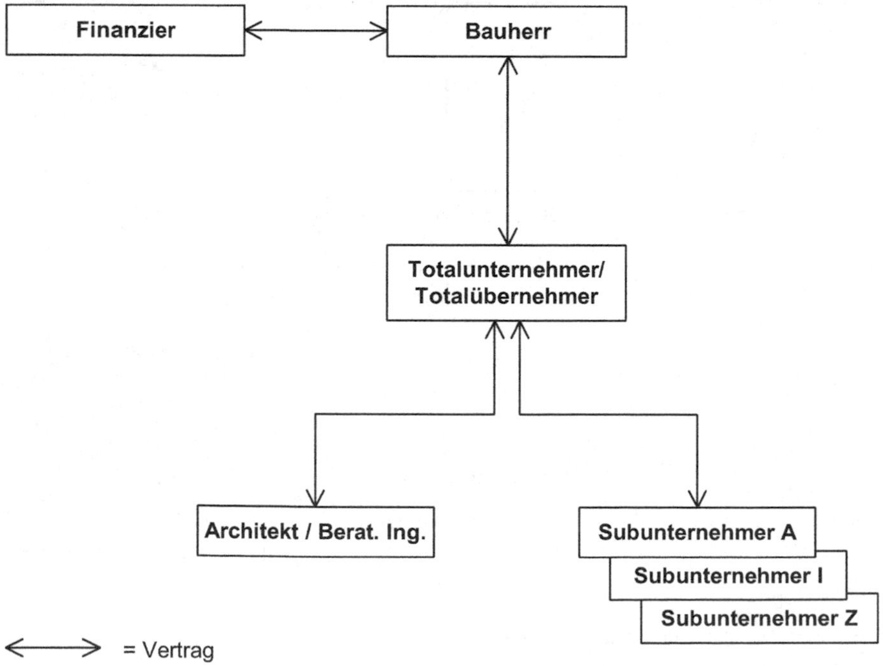

Bild 5.3: Vergabe an einen Totalunternehmer oder Totalübernehmer

Bauleistung, sondern vergibt diese vollständig an Subunternehmer. Kein Unterschied besteht bei der Planungsleistung. Sie wird vom TU und TÜ selbst erbracht oder ganz oder teilweise an Dritte vergeben.

Hingewiesen sei auf zwei sprachliche Ungenauigkeiten:

Erstens ist der Begriff Subunternehmer nicht VOB-konform, diese verwendet den Begriff Nachunternehmer. Der Begriff Subunternehmer wird hier trotzdem gewählt, da er der im Auslandsbau gängigen Bezeichnung *subcontracter* ähnelt.

Zweitens werden „im täglichen Leben" die vier Begriffe Generalunternehmer/-übernehmer und Totalunternehmer/-übernehmer häufig nicht definitionsgemäß verwendet. Oftmals wird die Bezeichnung Generalunternehmer undifferenziert für alle über die Einzelvergabe hinausgehenden Leistungspakete genommen. Sie wird manchmal ergänzt durch Attribute, beispielsweise planender Generalunternehmer für den Totalunternehmer.

Von der Einzelvergabe bis zur Vergabe an einen Totalübernehmer beinhaltet der Bauvertrag die Erbringung einer technischen Leistung. Dieses klassische technische Tätigkeitsfeld des Bauunternehmers erfährt seit einigen Jahren eine Erweiterung einerseits in das Vorfeld des Planens und Bauens und andererseits in die Nutzung des Bauwerks. Komplizierte, risikoreiche Projekte mit hohen technischen Ansprüchen und großem Finanzierungsbedarf werden zunehmend in Form von Betreibermodellen vergeben.

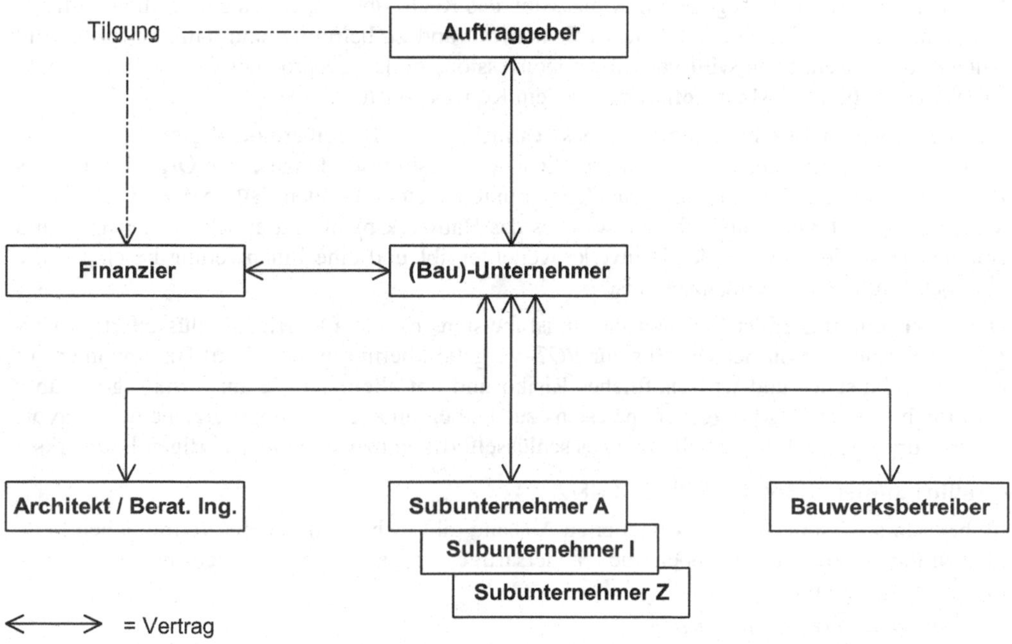

Bild 5.4: Beispiel einer *BOT*-Vergabe

Die Grundidee dieser Modelle besteht darin, dass der Bauherr nicht mehr die „klassischen“ Leistungspakete getrennt an verschiedene Unternehmer vergibt, sondern er beauftragt einen einzelnen Unternehmer, einen Bauunternehmer oder einen anderen Unternehmer, mit der Erbringung eines „ganzheitlichen“ Leistungspakets. Es kann das gesamte Leistungsspektrum von der Ideenfindung über die Finanzierung bis zum Umbau- oder Abbruch umfassen. Bezüglich des Bauens verschieben sich damit bei den Beteiligten die Aufgaben: Der Bauherr wird zu einem Auftraggeber im weitesten Sinne. Er vergibt einen umfassenden Auftrag, der unter anderem auch eine Baumaßnahme einschließt. Demzufolge übernimmt der Auftragnehmer, der (Bau)-Unternehmer, die Bauherrenrolle.

Derartige Modelle werden auch als *Build-Operate-Transfer*-Modelle oder kürzer als *BOT*-Modelle bezeichnet. Der Begriff *Build* umfasst dabei die Planungs- und Bauleistung, der Begriff *Operate* beinhaltet das Betreiben des fertig gestellten Bauwerks und der Begriff *Transfer* steht indirekt für die Finanzierung der Baumaßnahme. Ein *BOT*-Vertrag beinhaltet beispielsweise den Bau einer Straßenbrücke über den Rhein und die langfristige Finanzierung dieser Baumaßnahme durch das (Bau)-Unternehmen. Mit Ablauf der Finanzierung, beispielsweise nach 25 Jahren, geht dann die Brücke in den Besitz des Staates über, sie wird transferiert. Für die Rückzahlung, die Refinanzierung, gibt es prinzipiell zwei Wege: Entweder zahlt der Staat selbst zurück, beispielsweise durch 25 gleiche Jahresraten, oder die Rückzahlung erfolgt durch die Nutzer der Brücke in Form von Mautzahlungen an das (Bau)-Unternehmen.

Betreiberprojekte werden sowohl von nicht-öffentlichen als auch von öffentlichen Bauherren vergeben. Vereinbaren ein öffentlicher Bauherr und ein privater Unternehmer ein Betreiberprojekt, dann wird diese Vorgehensweise außerdem als *PPP = Private Public Partnership*– neuerdings auch als ÖPP = Öffentlich Private Partnerschaft–bezeichnet. Wird dem privaten Unternehmer über eine so genannte Konzession das Recht übertragen, eine öffentliche Infrastrukturanlage zu planen, zu erstellen, zu finanzieren und zu betreiben und dafür Entgelte vom Nutzer zu erheben, dann wird von einem Konzessionsmodell gesprochen. Die oben erwähnte Brücke ist im Fall der Maut-Refinanzierung ein Konzessionsmodell.

Aus vorstehender Beschreibung folgt, dass es nicht „das“ Betreibermodell gibt. Es gibt eine Vielzahl von Modellen, die sich hinsichtlich des Leistungsumfanges, der Organisation des Betreibens und der Finanzierung grundlegend unterscheiden können. Bild 5.4 zeigt die *BOT*-Vergabe an ein (Bau)-Unternehmen, welches das Bauwerk plant und erstellt oder planen und erstellen lässt, den Betrieb des Bauwerks weitervergibt und eine Finanzierung beschafft, die über den Bauherrn zu refinanzieren ist.

Die Vergabe umfassender Leistungspakete ist meistens mit dem Begriff „schlüsselfertige Vergabe“ verbunden. Von der GU- bis zur *BOT*-Vergabe übernimmt der (Bau)-Unternehmer auf eigenes technisches und wirtschaftliches Risiko und bei alleiniger Verantwortung gegenüber dem Bauherrn bzw. Auftraggeber spätestens zu Baubeginn alle Leistungsbereiche des Bauvorhabens. Er verspricht die Erstellung eines schlüsselfertigen bzw. gebrauchsfertigen Bauwerks.

Großbritannien /G34/,/G38/,/G45/,/G48/

Im britisch-angloamerikanisch orientierten Ausland gibt es hinsichtlich des vertraglichen Leistungsumfangs gleichartige, aber auch andersartige Vergabeformen. Unterschieden werden meistens vier Gruppen:

– *Traditional procured contracts*

  Diese Gruppe umfasst sowohl die klassische Vergabe, bei der Planung und Entwurf an mehrere Einzel- oder Fachplaner und die Ausführung der einzelnen Gewerke an mehrere Einzelunternehmen vergeben werden, als auch die Vergabe an Generalunternehmer und

Generalübernehmer. Anzumerken ist, dass in Großbritannien die klassische, gewerkeweise Vergabe, die Vergabe in *work sections*, eher selten ist. Normalerweise werden die Bauleistungen an einen *main contractor*, häufig auch nur als *contractor* bezeichnet, vergeben, der wiederum Teile der Arbeiten an *subcontractors* weitervergibt. Der *main contractor* kann ein Generalunternehmer oder ein Generalübernehmer sein.

– *Design and build contracts / Design and construct contracts / Package deal*

  Diese Gruppe beinhaltet die Vergabe an Totalunternehmer und Totalübernehmer, die beide ebenfalls undifferenziert als *main contractor* oder nur *contractor* bezeichnet werden. Anzumerken sind zwei Punkte: Erstens werden Baumaßnahmen dieser Gruppe häufig auch als *turnkey projects* = schlüsselfertige Projekte bezeichnet. Zweitens gehört manchmal, insbesondere bei Verwendung des Begriffs *turnkey projects*, auch die gesamte Projektfinanzierung zum Leistungsumfang des *main contractors*.

– *BOT contracts*

  Diese Gruppe entspricht den deutschen *BOT*-Vergaben. Es gibt ebenfalls eine Vielzahl von Varianten wie beispielsweise

  - *BOOT = Build–Own–Operate–Transfer*,
  - *DBO = Design–Build–Operate* und
  - *DBFO = Design–Build–Finance–Operate.*

  In Großbritannien und den USA gibt es besonders im Verkehrsbereich derartige Vergaben schon länger. Seit etwa 1980 nehmen *BOT*-Vergaben in allen Baubereichen stetig zu.

– *Management-type contracts*

  Diese Gruppe bestehend aus dem *construction management*, abgekürzt *CM*, und dem *management contracting*, abgekürzt *MC*, stellt eine britisch-angloamerikanische Besonderheit dar.

  Bild 5.5 zeigt das *construction management.* Es wird manchmal auch als *agency construction management* oder in Deutsch als Baumanagement mit Ingenieurvertrag bezeichnet.

  Der Grundgedanke dieser Vergabeform besteht darin, einerseits die traditionelle Trennung in Planung und Entwurf sowie Bauausführung beizubehalten, andererseits aber diese Bereiche zu koordinieren. Der Bauherr hat direkte Vertragsverhältnisse mit einem oder mehreren *consultants*, einem oder mehreren *contractors* und zusätzlich einem *construction manager*. Dessen Aufgabe ist die Koordination von Planung, Entwurf und Ausführung. *Construction manager* und *consultants* besitzen gegenüber den *contractors*, der *construction manager* zusätzlich auch gegenüber den *consultants* Aufsichts- und Weisungsbefugnisse, die jedoch begrenzt sind und nicht an die Befugnisse eines *engineers* herankommen. Das Vertragsverhältnis zwischen Bauherrn und *construction manager* beginnt oft bereits in einer sehr frühen Projektphase, beispielsweise mit der Vorplanung, und endet in der Regel erst mit Fertigstellung des Bauwerks.

  Der Ursprung dieser Vergabeform liegt in den USA, wo der Anteil der auf diese Weise durchgeführten Projekte im allgemeinen Wohnungsbau bei etwa 40 % liegt. Auch in Großbritannien nimmt diese Form der Vergabe stark zu. In beiden Bauwirtschaften haben sich Unternehmen auf die Tätigkeit des *construction managements* spezialisiert.

  Auf den ersten Blick gleicht der *construction manager* dem deutschen Projektsteuerer. Tatsächlich ist dies aber nur eingeschränkt der Fall, denn normalerweise besitzt der Projektsteuerer deutlich weniger Befugnisse als der *construction manager*. Festzustellen ist jedoch, dass sich führende deutsche Projektsteuerer in Richtung des *construction managers* entwickeln.

Wie die Beschreibung zeigt, ist der *construction management contract* eigentlich kein Bauvertrag. Er wird aber dennoch im britisch-angloamerikanischen Rechtskreis meistens in unmittelbarer Nachbarschaft zu den Bauverträgen gesehen.

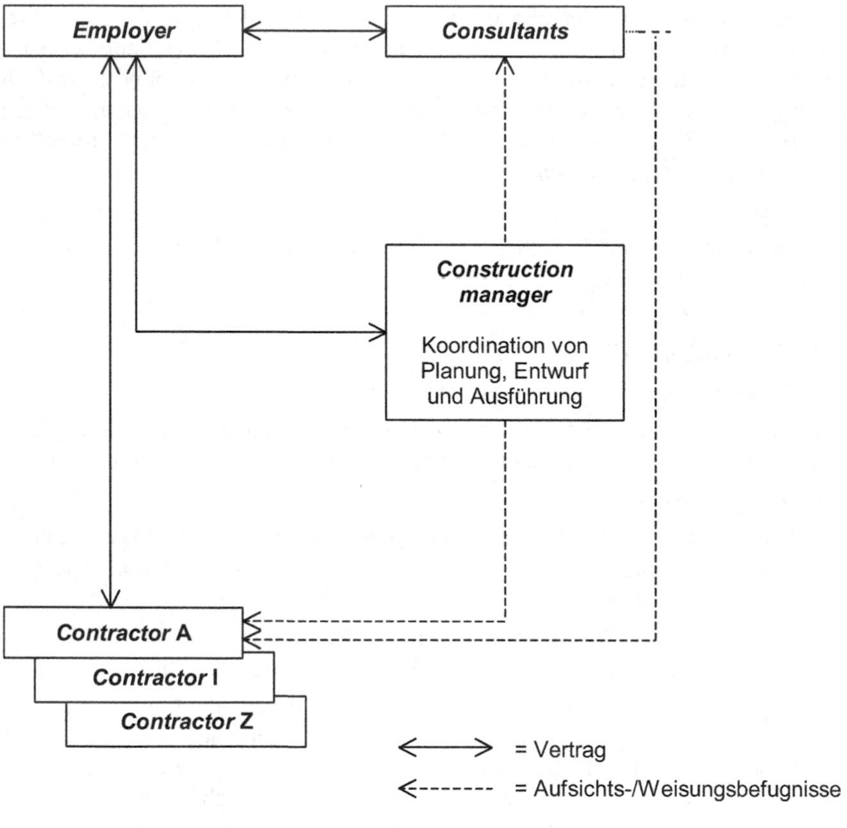

Bild 5.5: *Construction management*

Bild 5.6 zeigt das *management contracting*. Es wird manchmal auch als *at-risk construction management* oder in Deutsch als Baumanagement mit Bauvertrag bezeichnet.

Der Grundgedanke dieser Vergabeform besteht darin, die Anzahl der Vertragsverhältnisse für den Bauherrn zu verringern. Der Bauherr hat Vertragsverhältnisse mit einem oder mehreren *consultants* und einem *management contractor*. Der *management contractor* erhält zu einem sehr frühen Zeitpunkt den Auftrag für die Bauausführung und arbeitet bereits in der Planungs- und Entwurfsphase eng mit den *consultants* zusammen. Später auf der Baustelle erbringt er keine eigene Bauleistung, sondern vergibt diese vollständig an *(works-) contractors*. Er selbst stellt lediglich die Oberbauleitung und manchmal eine Baustellengrundausstattung.

Interessant ist ein manchmal gewählter Weg der Honorierung des *management contractors*. Die *(works-) contractors* stellen ihre Rechnung an den *management contractor*. Dieser addiert zunächst die Kosten für sein Baustellenpersonal sowie gegebenenfalls für die Baustellengrundausstattung und anschließend einen Prozentsatz, die *management fees*, für seine Managementleistung

Der ursprünglich aus den USA stammende *management contractor* weist starke Parallelen zum deutschen Generalübernehmer auf. Im Wesentlichen unterscheidet er sich von diesem nur durch die sehr frühe Einbindung in den Planungs- und Entwurfsprozess. Sie verschafft ihm eine deutlich mächtigere Position als dem deutschen Generalübernehmer.

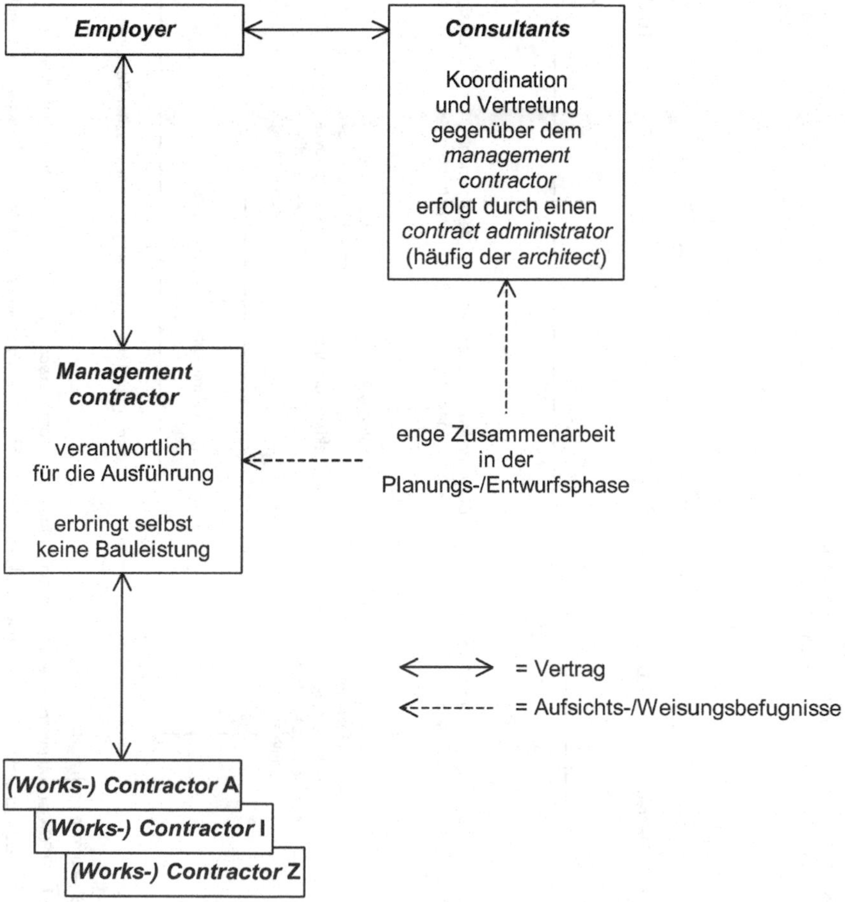

Bild 5.6: *Management contracting*

Die vorstehende Beschreibung der Leistungsumfänge deutscher und britisch-angloamerikanischer Vergabeformen ist in Bild 5.7 schematisch zusammengefasst.

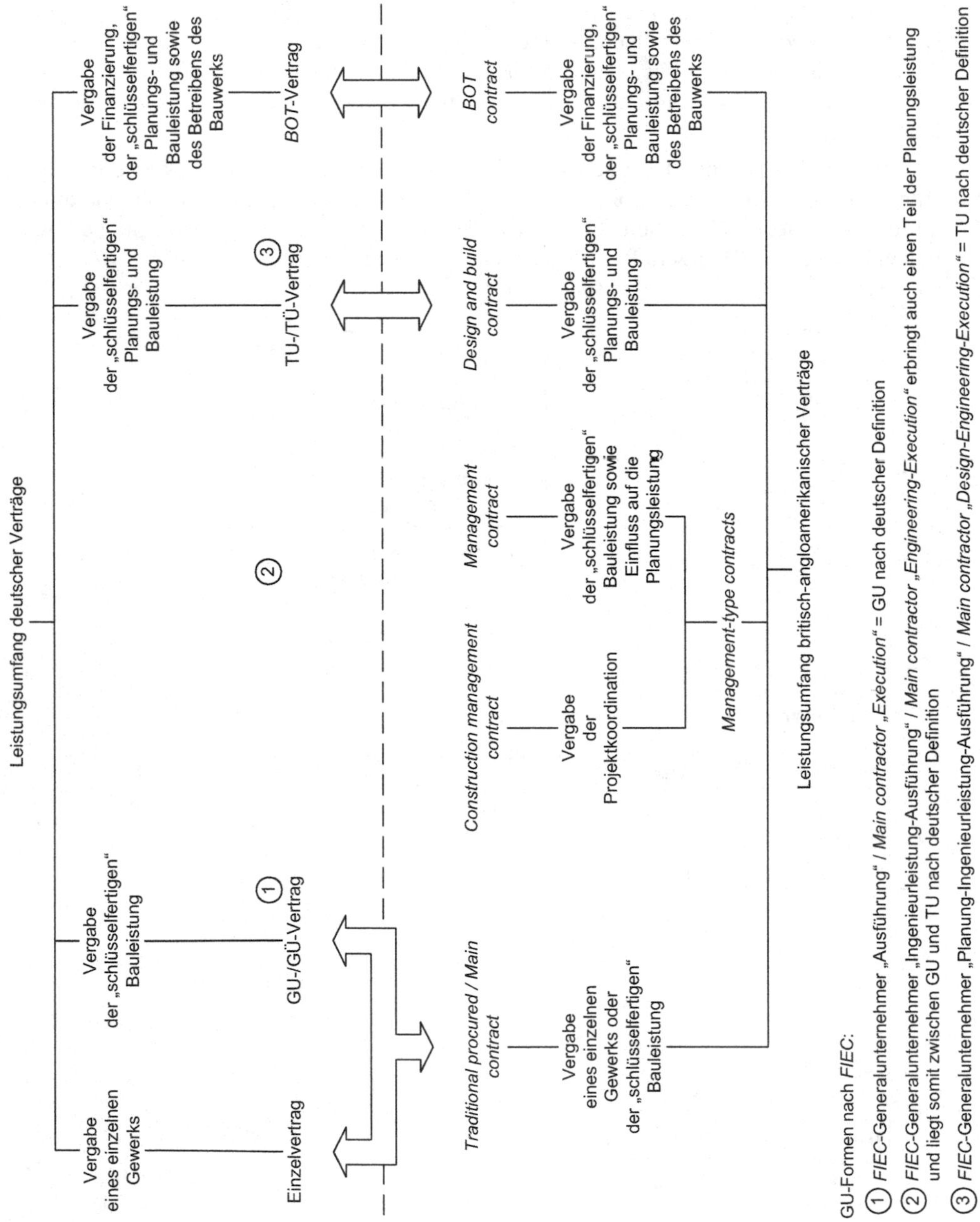

Bild 5.7: Gegenüberstellung der Leistungsumfänge deutscher, britisch-angloamerikanischer und internationaler Bauverträge

International /D42/

Im „traditionellen“ Auslandsbau ist die Vergabe von umfassenden Leistungspaketen an einen „Generalunternehmer“ der Normalfall. Dabei ist jedoch zu beachten, dass dieser Generalunternehmer nicht unbedingt identisch mit dem Generalunternehmer nach deutscher Definition ist.

Der Verband der europäischen Bauwirtschaft, die *FIEC = Fédération de l'Industrie Européenne de la Construction*, definiert in Abhängigkeit vom Leistungsumfang drei Typen von Generalunternehmern:

- Generalunternehmer „Ausführung“

  Dieser erbringt nur eine Bauleistung. Er ist somit dem Generalunternehmer deutscher Definition gleichzusetzen.
- Generalunternehmer „Ingenieurleistung–Ausführung“

  Dieser erbringt neben der Bauleistung zumindest auch einen Teil der Ausführungsplanung. Er liegt somit zwischen dem Generalunternehmer und Totalunternehmer deutscher Definition.
- Generalunternehmer „Planung–Ingenieurleistung–Ausführung“

  Dieser erbringt die Planungs- und die Bauleistung. Er ist somit dem Totalunternehmer deutscher Definition gleichzusetzen.

Von den drei Typen ist im „traditionellen“ Auslandsbau der Generalunternehmer „Ingenieurleistung–Ausführung“ am weitesten verbreitet.

Bild 5.7 zeigt die Einordnung der drei *FIEC*-Generalunternehmer in die deutsche und britisch-angloamerikanische Systematik.

Frankreich /D37/,/F13/

Hinsichtlich des vertraglichen Leistungsumfangs gibt es in Frankreich das gleiche Spektrum an Vergabeformen wie in Deutschland. Es reicht von der Einzelvergabe, bei der abgegrenzte Teilleistungen = *lots séparés* getrennt an mehrere *entrepreneurs* vergeben werden, bis hin zur Vergabe umfassender Leistungspakete. Aus diesem Spektrum ist die Vergabe an Generalunternehmer/-übernehmer und Totalunternehmer/-übernehmer, an so genannte *entreprises générales*, traditionell weit verbreitet. Wie in Kapitel 3.5.3 beschrieben, interessieren sich viele französische Bauherren nicht so sehr für die Bauausführung, sondern lediglich für das fertige Endprodukt. Anzumerken ist, dass vermutlich wegen des häufigen Auftretens von Subunternehmern, von *sous-traitants*, das französische Recht für diese einen ausgeprägten Schutz vorsieht.

5.1.4 Parameter: Auftragnehmer-Einsatzform

Deutschland

Im Normalfall ist der Auftragnehmer ein rechtlich eigenständiges Unternehmen, beispielsweise die TIEFHOCH Bau-AG. Sie übernimmt als Einzelunternehmer den Auftrag und erbringt die darin festgeschriebene Leistung vollständig selbst oder vergibt sie teilweise oder ganz an Subunternehmer. Dabei ist sie auch bei einer Weitervergabe weiterhin für die technische, ökonomische, terminliche und rechtliche Koordination der Bauausführung verantwortlich. Sie haftet dem Bauherrn gegenüber für die gesamte Vertragsleistung.

An die Stelle eines einzelnen Bauunternehmens als Auftragnehmer treten insbesondere bei Großbaustellen häufig Gemeinschaften von Unternehmen. Sinnvoll kann dies aus unterschiedlichen Gründen sein /D43/:

- Der Umfang der Baumaßnahme überschreitet die verfügbare Kapazität eines Unternehmens.
- Eine kontinuierliche Auslastung der Kapazitäten ist eher durch mehrere „mittelgroße" Baustellenbeteiligungen als durch wenige Großbaustellen zu erreichen.
- Die hohen Anlaufkosten einer Großbaustelle führen zu einer erheblichen finanziellen Belastung und damit unter Umständen zu einem Liquiditätsengpass.
- Ein Risikoausgleich ist eher bei mittleren Risiken mehrerer „mittelgroßer" Baustellenbeteiligungen als bei hohen Risiken weniger Großbaustellen wahrscheinlich.
- Der Bauherr möchte örtliche Unternehmen, die nicht über eine ausreichende Kapazität und/oder Fachkompetenz zur alleinigen, eigenverantwortlichen Durchführung verfügen, an der Baumaßnahme beteiligen.

Bei einer gemeinschaftlichen Vergabe beauftragt der Bauherr einen Zusammenschluss von mindestens zwei Unternehmen. Für den Zusammenschluss existieren zwei Formen: Die Arbeitsgemeinschaft und das Konsortium.

- ARGE = Arbeitsgemeinschaft (Bild 5.8)

  Eine Arbeitsgemeinschaft entsteht durch die temporäre, in der Regel auf eine einzelne Baumaßnahme begrenzte Kooperation zweier oder mehrerer gleichartiger Unternehmen. Mit gleichartig ist dabei gemeint, dass die Unternehmen hinsichtlich ihrer Leistungsangebote gleich sind. Die zu einer ARGE sich zusammenschließenden Unternehmen sind beispielsweise Bauunternehmen, die das Tätigkeitsfeld des Bauhauptgewerbes abdecken.

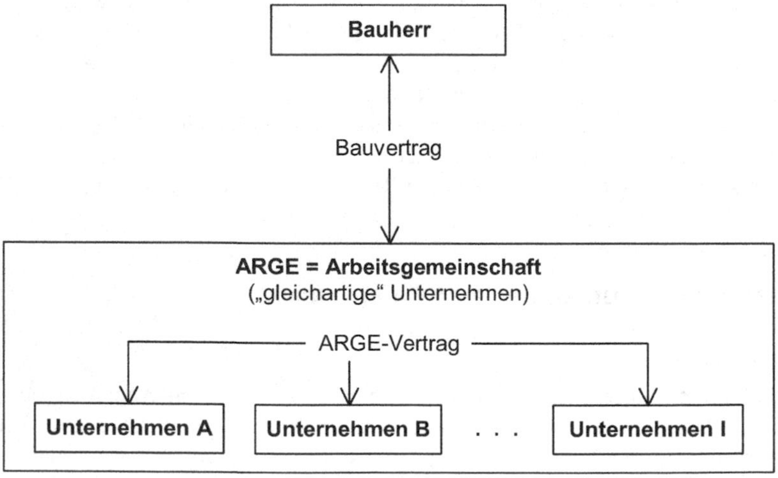

Bild 5.8: Arbeitsgemeinschaft

Bei Bildung einer ARGE bringt jeder Partner auf der Grundlage eines projektspezifischen Gesellschaftsvertrages einen Teil der für die Baumaßnahme benötigten Ressourcen Mitarbeiter, Gerät und Finanzmittel in das neue Unternehmen ein. Dieses erbringt anschließend die Vertragsleistung. Dabei wird im Prinzip nicht berücksichtigt, ob eine Teilleistung beispielsweise von einem Mitarbeiter des Unternehmens A oder B erbracht wird. Nach Abwicklung der Baumaßnahme ergibt sich für die ARGE ein finanzielles Gesamtergebnis, ein Gewinn oder Verlust, der dann entsprechend dem Gesellschaftsvertrag auf die Partner verteilt wird.

Die Arbeitsgemeinschaft besitzt ein äußeres und ein inneres Rechtsverhältnis. Im Außenverhältnis treten die ARGE-Partner dem Bauherrn als eine Einheit gegenüber. Dabei sichern sie ihm zu, dass jeder Partner für das Erbringen der vollen Vertragsleistung gesamtschuldnerisch haftet. Das Innenverhältnis zwischen den Partnern ist grundsätzlich frei gestaltbar, jedoch kann die „äußere" gesamtschuldnerische Haftung eines Partners nicht ausgeschlossen werden.

- **Konsortium** (Bild 5.9)

  Ein Konsortium entsteht durch die temporäre, in der Regel auf eine einzelne Baumaßnahme begrenzte Kooperation zweier oder mehrerer verschiedenartiger Unternehmen. Mit verschiedenartig ist dabei gemeint, dass die Unternehmen hinsichtlich ihrer Leistungsangebote verschieden sind. Beispielsweise schließen sich für den Bau eines Kraftwerks ein Bauunternehmen, welches das Stahlbetontragwerk erstellt, und ein Anlagenbauer, der in dieses Tragwerk die Anlagen hineinhängt, zusammen.

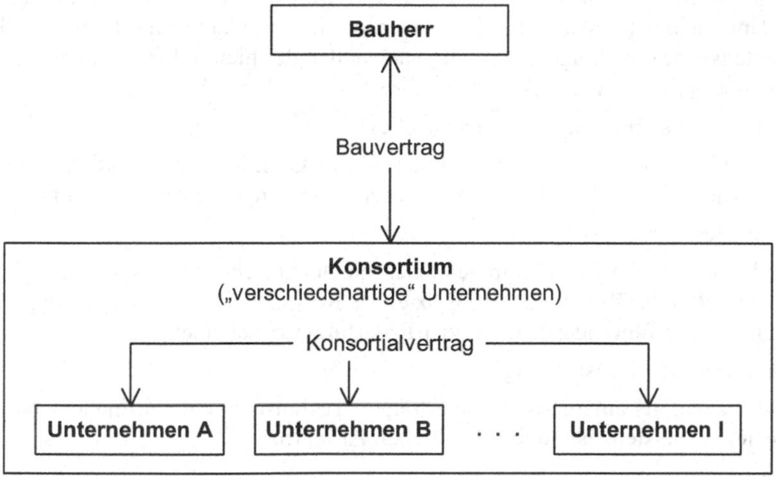

Bild 5.9: Konsortium

Bei Bildung eines Konsortiums teilen die Partner die gesamte Vertragsleistung entsprechend der benötigten Fachkompetenz intern in Fachlose auf. Jeder Partner übernimmt ein oder mehrere Fachlose und führt diese mit eigenen Mitarbeitern, Geräten und Finanzmitteln auf eigene Rechnung und Gefahr aus. Dafür erhält er anschließend den entsprechenden Anteil aus der vertraglichen Auftragsvergütung. Bei einem Konsortium ergibt sich folglich nach Abwicklung der Baumaßnahme für jeden Konsortial-Partner ein eigenständiges Ergebnis. Es kann der Fall eintreten, dass Partner A mit einem Gewinn, Partner B dagegen mit einem Verlust abschließt.

Auch das Konsortium besitzt rechtlich ein Außen- und ein Innenverhältnis. Beide gleichen denen der ARGE: Im Außenverhältnis treten die Konsortial-Partner dem Bauherrn als eine Einheit gegenüber. Dabei sichern sie ihm zu, dass jeder Partner für das Erbringen der vollständigen Vertragsleistung gesamtschuldnerisch haftet. Das Innenverhältnis ist analog zur ARGE frei gestaltbar.

In der Realität kann sich bei Ausfall eines Konsortial-Partners das Erbringen seines Leistungsteiles durch die übrigen Partner als schwierig erweisen. Wegen der unterschiedlichen Fachkompetenz kann die Leistung des ausgefallenen Partners oft nicht von einem anderen Partner erbracht werden. Die Haftung gegenüber dem Bauherrn wird in derartigen Fällen auf eine finanzielle Haftung hinauslaufen.

Der grundlegende Unterschied der beiden Zusammenschlussformen besteht in der Zuordnung der Vertragsleistung zu den Partnern. Bei der ARGE wird diese im Prinzip nicht aufgeteilt, die Partner arbeiten gleichzeitig und hochgradig miteinander verknüpft, sozusagen auf gleicher Ebene. Die ARGE wird deshalb gelegentlich auch als horizontale ARGE bezeichnet. Beim Konsortium dagegen teilen die Partner die Vertragsleistung untereinander auf. Da sie dabei häufig aufeinander folgende Leistungspakete abgrenzen, wird das Konsortium auch als vertikale ARGE bezeichnet.

ARGE und Konsortium sind temporäre Kooperationen von mindestens zwei sonst konkurrierenden Unternehmen. Diese treten nun, meistens begrenzt auf ein Projekt, dem Bauherrn gegenüber als ein einheitliches Unternehmen auf. Damit dieses vernünftig funktioniert, müssen die beteiligten Unternehmen erstens ihre durchaus nicht immer identischen Interessen koordinieren und zweitens eine eindeutige Vertretung nach außen definieren. Eingerichtet werden hierzu vier Unternehmensorgane (Bild 5.10):

- Gesellschafterversammlung (=Aufsichtsstelle)

  In ihr sind alle Partner vertreten. Sie ist das oberste Gremium der ARGE bzw. des Konsortiums und zuständig für Fragen grundsätzlicher Bedeutung und wirtschaftlicher Tragweite.

- technische Geschäftsführung

  Diese wird einem Partner übertragen. Der die technische Geschäftsführung ausübende Partner vertritt in der Regel die ARGE bzw. das Konsortium auch nach außen, er wird deshalb auch als federführender Partner oder Federführer bezeichnet.

- kaufmännische Geschäftsführung

  Diese wird ebenfalls einem Partner übertragen. Technische und kaufmännische Geschäftsführung liegen meistens bei unterschiedlichen Partnern.

- Bauleitung

  Sie ist auf der Baustelle für die Durchführung der Baumaßnahme nach Weisung der technischen und kaufmännischen Geschäftsführung verantwortlich. In der Regel wird der Bauleiter vom Federführer, der kaufmännische Leiter, der so genannte „erste" Kaufmann, vom kaufmännisch geschäftsführenden Unternehmen gestellt.

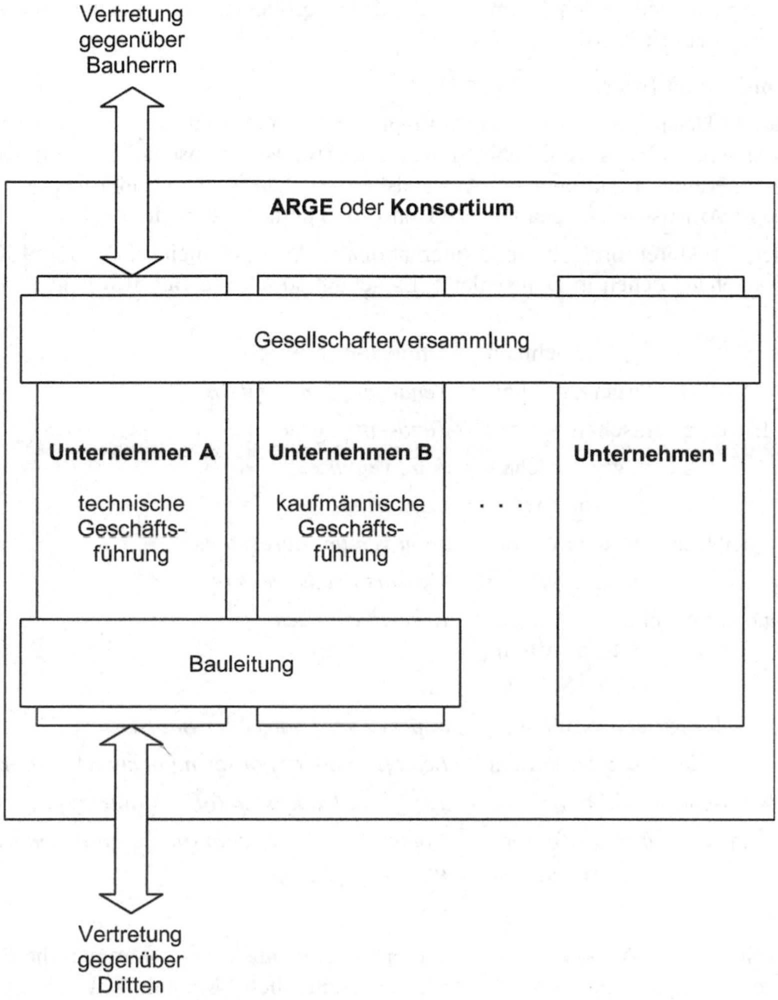

Bild 5.10: Organe der Arbeitsgemeinschaft und des Konsortiums

Unternehmensrechtlich ist sowohl die ARGE als auch das Konsortium eine „Gesellschaft des bürgerlichen Rechts“ nach §§ 705 ff BGB, verkürzt oft als BGB-Gesellschaft bezeichnet. Sie beginnt häufig bereits in der Angebotsphase in Form einer Bietergemeinschaft, die dann bei Auftragserteilung in eine ARGE bzw. ein Konsortium überführt wird, und sie endet üblicherweise mit Ablauf der Verjährungsfrist für Mängelansprüche.

Zur Regelung des Innenverhältnisses zwischen den ARGE-Partnern existiert ein von den deutschen Bauunternehmensverbänden herausgegebener ARGE-Mustervertrag /D26/. Ein damit vergleichbarer Konsortial-Mustervertrag liegt nicht vor. Konsortialverträge werden fast ausschließlich auf der Grundlage praxiserprobter Regelungen in den Rechtsabteilungen der beteiligten Unternehmen projektbezogen ausgehandelt und formuliert. Da üblicherweise in ihnen nicht-öffentliche Schiedsgerichte vereinbart werden, erblicken die Verträge nur selten das Licht der Öffentlichkeit /D54/.

Großbritannien und International

Auch außerhalb Deutschlands kann der Auftragnehmer ein einzelnes, rechtlich eigenständiges und nur für sich handelndes Unternehmen oder eine Arbeitsgemeinschaft bzw. ein Konsortium sein. Insbesondere im „traditionellen" Auslandsbau, der häufig aus Großprojekten besteht, ist die Vergabe an Arbeitsgemeinschaften und Konsortien keine Seltenheit.

Die formalen Strukturen britischer und internationaler Arbeitsgemeinschaften und Konsortien gleichen weitgehend denen in Deutschland. Es genügt somit, die Begriffe gegenüber zu stellen:

Einzelunternehmen	*Individual contractor*
Bietergemeinschaft	*Tendering combination*
Bietergemeinschaftsvertrag	*Tendering agreement*
Arbeitsgemeinschaft	*Joint venture*
Konsortium	*Consortium*
Arbeitsgemeinschaftsvertrag	*Joint venture agreement*
Konsortialvertrag	*Consortium agreement*
Organe der Arbeitsgemeinschaft bzw. des Konsortiums	*Executive bodies*
Gesellschafter	*Party*
Gesellschafterversammlung	*Supervisory board* oder *Board*
federführender Partner	*Lead firm* oder *Sponsering party* oder *Sponsor*
technische Geschäftsführung	*Technical leadership (of the joint venture)*
kaufmännische Geschäftsführung	*Commercial leadership (of the joint venture)*
Bauleitung	*Site management*

Problematisch kann im Ausland eine „kulturelle" Ungleichheit sein. Kommen die Partner aus verschiedenen Ländern, dann stoßen häufig unterschiedliche Mentalitäten und Denkweisen aufeinander. Hieraus können große Schwierigkeiten in der Zusammenarbeit entstehen /I19/.

Anzumerken ist, dass erstens in manchen Staaten nicht zwischen Arbeitsgemeinschaften und Konsortien unterschieden wird und zweitens die Begriffe *joint venture* und *consortium* ähnlich wie in Deutschland die Begriffe Arbeitsgemeinschaft und Konsortium nicht immer ihrer Definition entsprechend verwendet werden. *Joint ventures* werden nicht selten fälschlicherweise als *consortium* bezeichnet und umgekehrt. Im konkreten Fall einer geplanten temporären Unternehmenskooperation sind deshalb insbesondere bei einer grenzüberschreitenden Zusammenarbeit zunächst die Begriffe inhaltlich klarzustellen /D54/.

Frankreich /I24/,/F10/

In Frankreich gibt es ebenfalls zwei Formen temporärer Auftragnehmer-Zusammenschlüsse: Die solidarischen Arbeitsgemeinschaften = *les entrepreneurs groupés solidaires* und die verbundenen Arbeitsgemeinschaften = *les entrepreneurs groupés conjoints*.

Bei der solidarischen Arbeitsgemeinschaft haftet jeder Partner dem Bauherrn gegenüber gesamtschuldnerisch. Sie bietet sich an, wenn die gesamte Vertragsleistung nicht sinnvoll in abgegrenzte, von den einzelnen Partnern eigenverantwortlich zu erbringende Teilleistungen aufgespalten werden kann. Die solidarische Arbeitsgemeinschaft entspricht der deutschen ARGE.

Bei der verbundenen Arbeitsgemeinschaft übernimmt nur einer der Partner, der *mandataire*, gegenüber dem Bauherrn die gesamtschuldnerische Haftung. Die übrigen Partner haften lediglich für die von ihnen ausgeführten Leistungen. Sie bietet sich an, wenn die gesamte Vertragsleistung in Teilleistungen aufgespalten werden kann, die von den einzelnen Partnern eigenverantwortlich und weitgehend unabhängig voneinander erbracht werden können. Die verbundene Arbeitsgemeinschaft ähnelt in ihrer inneren Struktur, nicht jedoch in der äußeren Haftung, dem deutschen Konsortium.

5.1.5 Parameter: Vergütungsform

Deutschland /D43/,/D62/
Entsprechend VOB/A § 5 und VOB/B § 2 sind hinsichtlich der Vergütung vier Formen zu unterscheiden:

- Einheitspreisvertrag

  Maßgeblicher Vertragsbestandteil sind die Einheitspreise der im Leistungsverzeichnis mengenmäßig nicht immer exakt bezifferten Teilleistungen. Das Bauunternehmen erhält diese Einheitspreise multipliziert mit den tatsächlich ausgeführten Mengen der Teilleistungen vergütet. Der genaue Vergütungsbetrag steht somit erst nach Abwicklung der gesamten Baumaßnahme und der Durchführung eines detaillierten Aufmasses fest. Die der Auftragserteilung zugrunde gelegte Auftragssumme ist also nur vorläufig, sie kann am Ende höher oder niedriger ausfallen. Das Risiko der aus Mengenmehrungen oder -minderungen resultierenden Mehr- oder Minderkosten liegt beim Bauherrn.

- Pauschalvertrag

  Maßgeblicher Vertragsbestandteil ist die ursprüngliche Auftragssumme. Das Bauunternehmen erhält diese unabhängig davon, ob die tatsächlich ausgeführten Mengen der vertraglich vereinbarten Teilleistungen den ursprünglich vorgesehenen Mengen entsprechen. Ein Aufmaß nach Abwicklung der Baumaßnahme ist folglich überflüssig. Kommt es zu Mengenmehrungen oder -minderungen, dann liegt das Risiko der daraus resultierenden Mehr- oder Minderkosten grundsätzlich beim Bauunternehmen, es sei denn, es sind zusätzliche Leistungen, die in der ursprünglichen Leistungsbeschreibung nicht enthalten waren. Pauschalverträge bieten sich somit nur dann an, „wenn die Leistung nach Ausführungsart und Umfang genau bestimmt ist und mit einer Änderung bei der Ausführung nicht zu rechnen ist" (VOB/A § 5 Nr. 1).

  Innerhalb des Pauschalvertrages werden zwei Formen unterschieden: Der Detail-Pauschalvertrag und der Global-Pauschalvertrag. Beim Detail-Pauschalvertrag wird die zu erbringende Leistung wie bei einem Einheitspreisvertrag in einem Leistungsverzeichnis beschrieben. Der Global-Pauschalvertrag enthält kein detailliertes Leistungsverzeichnis, sondern lediglich eine funktionale Leistungsbeschreibung, aus der letztlich alle Leistungen abzuleiten sind, die zur Erstellung des funktionsgerechten Bauwerks gehören.

- Stundenlohnvertrag

  Bauherr und Bauunternehmen vereinbaren Stundenlohnabrechnungspreise sowie Abrechnungspreise für die benötigten Geräte und Materialien. Während der Abwicklung der

Baumaßnahme wird der Lohn-, Geräte- und Materialaufwand festgehalten. Dieser Aufwand, nicht jedoch die erbrachte Leistung, wird dem Bauunternehmen vergütet. Nach VOB/A § 5 Nr. 2 dürfen Bauleistungen geringeren Umfangs, die überwiegend Lohnkosten verursachen, im Stundenlohn vergeben werden.

– Selbstkostenerstattungsvertrag

  Bauherr und Bauunternehmen vereinbaren, dass das Bauunternehmen seine gesamten nachgewiesenen Kosten zuzüglich eines angemessenen Zuschlags für nicht nachweisbare Kosten sowie Wagnis und Gewinn vergütet erhält. Der Selbstkostenerstattungsvertrag bietet dem Bauunternehmen keinen Anreiz zur kostengünstigen Abwicklung der Baumaßnahme. Er ist deshalb nach VOB/A § 5 Nr. 3 nur ausnahmsweise anzuwenden, wenn Bauleistungen größeren Umfangs vor der Vergabe nicht eindeutig und erschöpfend für die Preisermittlung beschrieben werden können. Ein typisches Beispiel hierfür sind Aufräumungsarbeiten nach einer Naturkatastrophe.

Einheitspreisvertrag und Pauschalvertrag werden unter dem Oberbegriff „Leistungsverträge" zusammengefasst. Bei ihnen wird dem Bauunternehmen die Leistung, das Ergebnis, nicht aber der dafür getätigte Aufwand vergütet.

Stundenlohnvertrag und Selbstkostenerstattungsvertrag werden unter dem Oberbegriff „Aufwandsverträge" zusammengefasst. Bei ihnen wird dem Bauunternehmen der Aufwand vergütet. Für den Bauherrn ergibt sich hieraus ein unübersehbares Risiko, da er in der Regel nicht weiß, welcher Aufwand für die Erbringung der Leistung erforderlich sein wird.

Großbritannien und International /G34/,/G38/,/G39/

Im britisch-angloamerikanisch orientierten Ausland werden hinsichtlich der Vergütung ebenfalls die beiden Hauptgruppen Leistungsverträge = *price based contracts* und Aufwandsverträge = *cost based contracts* unterschieden. Während die *price based contracts* deckungsgleich mit den deutschen Leistungsverträgen sind, gibt es innerhalb der *cost based contracts* Vertragsformen, die keinem deutschen Aufwandsvertrag zugeordnet werden können.

Die *price based contracts* sind:

– *Bill of quantities contract* oder auch *unit rates contract*

  Dieser mit unterschiedlichen Namen bezeichnete Vertrag ist dem deutschen Einheitspreisvertrag gleichzusetzen. Grundlage ist ein mit vorläufigen Mengen versehenes Leistungsverzeichnis, die *bill of quantities*, in das das anbietende Bauunternehmen die Einheitspreise, die *unit rates*, für die einzelnen Leistungspositionen einzusetzen hat. Der *bill of quantities contract* bzw. *unit rates contract* ist der in Großbritannien am weitesten verbreitete Vertragstyp.

– *Lump sum contract*

  Der Vertrag entspricht dem deutschen Pauschalvertrag. Unterschieden wird ebenfalls in Detail-Pauschalvertrag = *lump sum contact with bill of quantities* und Global-Pauschalvertrag = *lump sum contact with schedule of works*. Dabei ist mit *schedule of works* eine Art funktionale Leistungsbeschreibung gemeint.

Die Beschreibung der Leistung in einer *bill of quantities* und das spätere Aufmaß der tatsächlich ausgeführten Mengen erfolgen normalerweise mit Hilfe standardisierter Texte und Abrechnungsbestimmungen. Am weitesten verbreitet sind zwei Regelwerke:

– Für *building works* die

  SMM7 Standard Method of Measurement of Building Works /G18/

und für *civil engineering works* die

CESMM3 Civil Engineering Standard Method of Measurement /G20/.

Die Struktur britisch-angloamerikanischer Leistungsbeschreibungen sowie der Aufbau und die Anwendung der *SMM7* werden in Kapitel 5.4 dargestellt.

Bei den *cost based contracts* sind drei Vertragstypen zu unterscheiden:

– *Schedule of rates contract*

  Der Vertrag entspricht dem deutschen Stundenlohnvertrag. Grundlage ist eine dem Leistungsverzeichnis ähnelnde Liste, eine *schedule*, welche die zu erbringenden Leistungen ohne Mengenangabe enthält. Für diese Leistungen werden Einheitspreise = *unit rates* vereinbart. Dabei gibt es hinsichtlich der Festlegung der *rates* zwei Varianten: Bei der ersten Variante erstellen der Bauherr und/oder der *engineer* eine *schedule* und geben in dieser für die aufgelisteten Leistungen *rates* vor. Diese Vorgaben haben sodann die anbietenden Bauunternehmen prozentual zu verringern oder zu erhöhen. Bei der zweiten Variante preisen die Bauunternehmen die *schedule* ohne Vorgaben.

– *Cost reimbursement contract* oder auch *cost plus fee contract*

  Dieser mit unterschiedlichen Namen bezeichnete Vertrag ist dem deutschen Selbstkostenerstattungsvertrag gleichzusetzen. Dem Bauunternehmen werden alle tatsächlich entstandenen und nachgewiesenen Lohn-, Geräte-, Material- und Sonstigen Kosten, seine *costs*, erstattet = *reimbursed.* Darüber hinaus erhält es für seine nicht nachweisbaren allgemeinen Geschäftskosten sowie für Wagnis und Gewinn einen vertraglich vereinbarten Zuschlag, nach britischem Verständnis ein Honorar = *fee.* Für der Festlegung des Zuschlags gibt es drei Varianten:

  - Beim *cost plus percentage contract* wird als Zuschlag ein fester Prozentsatz der zu erstattenden tatsächlichen Kosten vereinbart.
  - Beim *cost plus fixed fee contract* wird als Zuschlag eine Pauschale vereinbart.
  - Beim *cost plus fluctuating fee contract* wird als Zuschlag ein Prozentsatz vereinbart, der in Abhängigkeit von den insgesamt zu erstattenden tatsächlichen Kosten variiert. Bei Anstieg der tatsächlichen Kosten verringert sich der Prozentsatz und umgekehrt. Der Unterschied zum nachfolgend beschriebenen *target contract* besteht darin, dass beim *cost plus fluctuating fee contract* keine Begrenzung der tatsächlichen Kosten vereinbart wird.

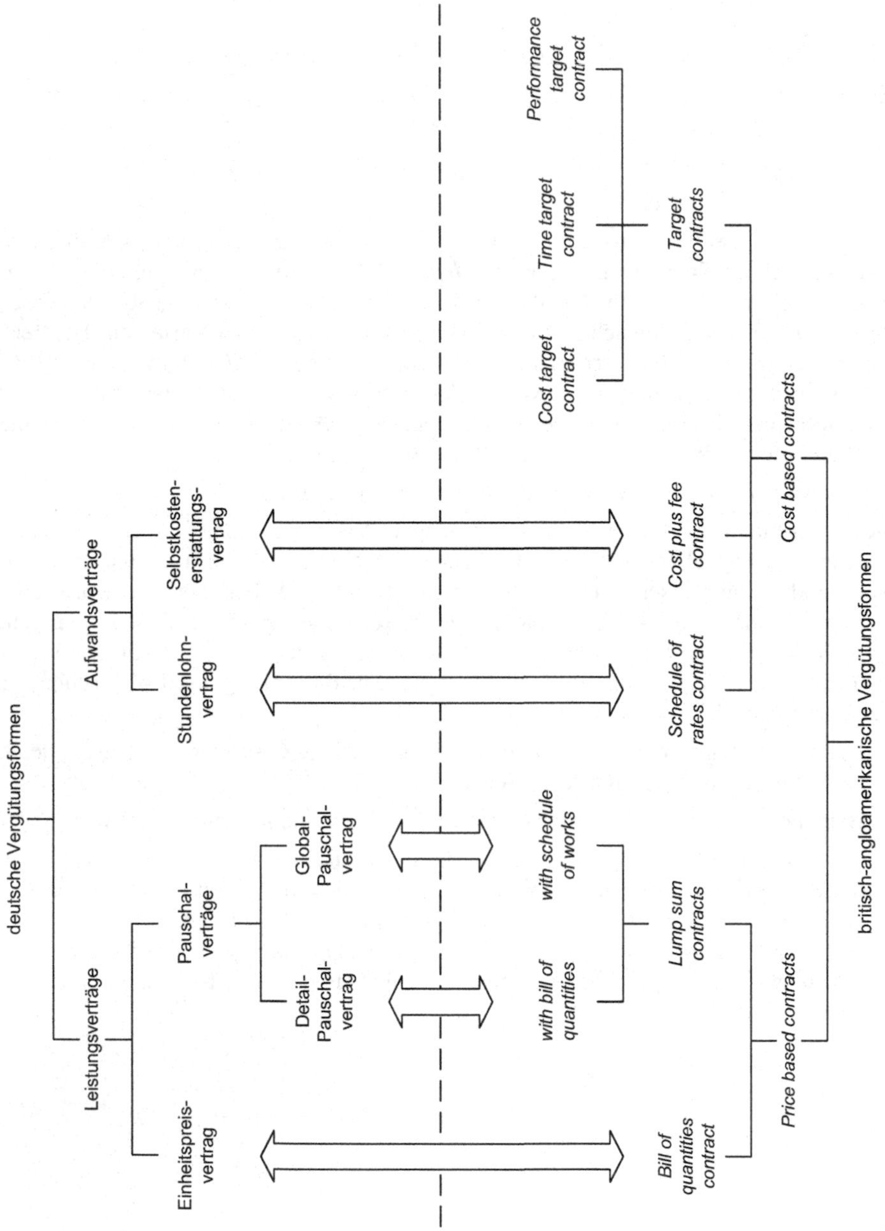

Bild 5.11: Gegenüberstellung der deutschen und britisch-angloamerikanischen Vergütungsformen

– *Target contract*

Zu dieser aus dem britisch-angloamerikanischen Bereich stammenden und dort bereits weit verbreiteten Vergütungsform existiert in Deutschland kein VOB-definiertes Gegenstück.

Den bisher beschriebenen deutschen und britisch-angloamerikanischen Vertragsformen liegt der Gedanke zugrunde, dass das Nichterfüllen vertraglicher Vereinbarungen zu Strafen oder Schadenersatzansprüchen führt. Diese Vertragsphilosophie hat sich in das Bewusstsein der Beteiligten tief eingeprägt: Ein Bauunternehmen, das an der Ausführung seiner Leistung unverschuldet behindert wird, wird wegen fehlender Anreize für eine andere Handlungsweise oftmals nicht bestrebt sein, die Behinderung zu minimieren. Es wird vielmehr versuchen, aus der Behinderung einen größtmöglichen monetären Vorteil zu ziehen.

Ganz anders die Philosophie beim *target contract*: Ein solcher Vertrag bietet dem Bauunternehmen einen positiven Anreiz in Form einer zusätzlichen Vergütung, wenn es vertraglich vereinbarte Ziele = *targets*, beispielsweise die Bausumme, unterschreitet.

Ein *target contract* ist im Kern ein *cost reimbursement contract / cost plus fee contract*, ein Selbstkostenerstattungsvertrag. Dem Bauunternehmen werden tatsächlich entstandene und nachgewiesene Lohn-, Geräte-, Material- und Sonstige Kosten erstattet. Darüber hinaus erhält es für seine nicht nachweisbaren allgemeinen Geschäftskosten sowie für Wagnis und Gewinn einen vertraglich vereinbarten Zuschlag. Die Besonderheit des *target contract* besteht nun darin, dass die Vergütung der tatsächlich entstandenen Kosten begrenzt wird und/oder der Zuschlag variabel ist.

In Abhängigkeit von den vereinbarten Zielen sind drei Gruppen und daraus abgeleitet drei Arten von *target contracts* zu unterscheiden:

- *Cost target contract* = Reduzierung der Kosten

  Vereinbartes Ziel ist ein Maximalbetrag für die tatsächlich entstehenden Kosten. Wird dieser Maximalbetrag exakt erreicht oder überschritten, dann erhält das Bauunternehmen den Maximalbetrag sowie den vereinbarten Zuschlag. Unterschreiten jedoch die tatsächlich entstandenen Kosten den Maximalbetrag, dann werden dem Bauunternehmen einerseits zwar nur seine tatsächlich entstandenen Kosten vergütet, andererseits aber erhöht sich der Zuschlag. Da sich hieraus für das Bauunternehmen in der Regel insgesamt Vorteile ergeben, wird dieses zu einer Optimierung des Projektes motiviert.

  In Großbritannien und den USA sowie zunehmend auch in Deutschland wird diese Vertragsform häufig mit einem *construction management* oder einem *management contracting* verbunden. Die entstehende kombinierte Vertragsform wird im amerikanischen und internationalen Sprachgebrauch als *GMP* = *Guaranteed Maximum Price* und in Deutschland als GMP = Garantierter Maximalpreis bezeichnet.

- *Time target contract* = Reduzierung der Abwicklungsdauer

  Vereinbartes Ziel ist die Bauzeit. Sind der vereinbarte und der tatsächliche Fertigstellungstermin identisch, erhält das Bauunternehmen die tatsächlich entstandenen Kosten sowie den vereinbarten Zuschlag vergütet. Wird der vereinbarte Fertigstellungstermin unterschritten, werden dem Bauunternehmen die tatsächlich entstandenen Kosten sowie ein erhöhter Zuschlag bezahlt. Bei Überschreitung des vereinbarten Fertigstellungstermins bekommt das Bauunternehmen zwar die tatsächlich entstandenen Kosten, jedoch einen verminderten Zuschlag vergütet.

Interessant ist ein solcher Vertrag insbesondere im Industrie- und Anlagenbau. Dort entstehen durch eine vorzeitige Fertigstellung oftmals erhebliche Vorteile auf Seiten des Bauherrn.

- *Performance target contract* = Optimierung anderer Ziele

  Neben Kosten und Zeit können speziell im Anlagenbau auch andere Ziele bedeutsam sein. Als Beispiele seien die Betriebs- und Instandsetzungskosten sowie spätere Rückbaukosten genannt. Die vertragliche Einbindung von Anreizen zur Optimierung dieser Ziele ist schwierig und in jedem Einzelfall projektspezifisch zu gestalten.

Abschließend ist festzustellen, dass sowohl in Großbritannien als auch in den USA *cost reimbursement contracts / cost plus fee contracts* und *target contracts* häufiger vorkommen als in Deutschland Selbstkostenerstattungsverträge. Ursache hierfür ist die dort weit verbreitete Ansicht, dass es für den Bauherrn auf längere Sicht wirtschaftlicher ist, für Leistungen zu zahlen, die tatsächlich anfallen, als für Leistungen zu zahlen, die hätten anfallen können.

Die vorstehende Beschreibung der deutschen und britisch-angloamerikanischen Vergütungsformen ist in Bild 5.11 schematisch zusammengefasst.

Frankreich /F10/,/I24/

Hinsichtlich der Vergütung gleichen die Vertragsformen in Frankreich denen in Deutschland. Das *CCAG Marchés public de travaux* definiert in *article 11* den Einheitspreis = *prix unitaire*, den Pauschalpreis = *prix forfaitaire*, die Stundenlohnvergütung = *travaux en régie*, und die Selbstkostenerstattung = *rémunération en dépenses contrôlées*.

Bemerkenswert ist, dass in Frankreich häufig der Pauschalpreisvertrag Anwendung findet. Ursache hierfür ist die in Kapitel 3.5.3 bereits erwähnte Haltung des Bauherrn der Baumaßnahme gegenüber. Sein Interesse konzentriert sich oftmals auf das mängelfreie Endprodukt und folglich auf einen fixierten Endpreis.

5.1.6 Parameter: Preisgleitung

Deutschland

Zwischen dem Abschluss eines Bauvertrages und dem Erbringen der darin vereinbarten Leistung liegt bei großen Baumaßnahmen in der Regel ein längerer Zeitraum. Befindet sich die Baustelle in Deutschland, dann können sich in dieser Zeit die Lohn- und Materialkosten des Bauunternehmens erheblich verändern, ohne dass das Bauunternehmen selbst darauf einen Einfluss hat. Typische Beispiele sind die tariflichen Lohnerhöhungen und die Energiekosten.

Zur Berücksichtigung derartiger Kostenänderungen können nach VOB/A § 15 im Bauvertrag Regeln für eine angemessene Änderung der ursprünglich vorgesehenen Vergütung des Bauunternehmens vereinbart werden. Umgesetzt wird diese vertragliche Möglichkeit durch so genannte Preisgleitklauseln (oder Gleitpreisklauseln oder Gleitklauseln) zur zahlenmäßigen Ermittlung der Vergütungsänderungen. Ein Bauvertrag, der eine Preisgleitklausel enthält, ist ein Gleitpreisvertrag, ein Vertrag ohne derartige Regelung ist ein Festpreisvertrag.

Üblicherweise werden vier Arten von Preisgleitklauseln unterschieden:

– Lohngleitklausel

  Berücksichtigt werden nur Lohnkostenänderungen, die gesetzlich oder tariflich begründet sind. Für diese wird–insbesondere bei öffentlichen Bauherren–in der Regel die so genannte Pfennigklausel vereinbart. Das anbietende Bauunternehmen legt in seinem Angebot in

Form eines Änderungssatzes fest, um wie viel Promille sich die Vergütung einer zum Zeitpunkt der Lohnkostenänderung noch nicht erbrachten Leistung ändert, wenn sich der maßgebliche Lohn um einen Pfennig pro Stunde verändert. Mit Hilfe des Änderungssatzes wird später gegebenenfalls der absolute Änderungsbetrag für die noch nicht erbrachte Leistung, die Restleistung, ermittelt. Da der Änderungssatz im Prinzip währungsunabhängig ist, kann die Pfennigklausel in allen Währungen formuliert werden. Wird der Euro zugrunde gelegt, dann lautet die Gleichung zur Ermittlung des absoluten Änderungsbetrages wie folgt:

$$\underset{[€]}{\text{Änderungsbetrag } \Delta} = \underset{[‰/\text{Cent}]}{\text{Änderungssatz}} \cdot \underset{[\text{Cent}]}{\begin{matrix}\text{tarifliche}\\ \text{Lohnerhöhung}\end{matrix}} \cdot \underset{[€]}{\begin{matrix}\text{Restleistung}\\ \text{laut Vertrag}\end{matrix}}$$

Liegt der Betrag über einem festgelegten Mindestbetrag, der Bagatellgrenze, dann erhält das Unternehmen den Änderungsbetrag vermindert um eine von ihm zu tragende Selbstbeteiligung.

Bezüglich der Details dieser Berechnung wird auf die Kostenermittlungsliteratur, beispielsweise auf /D49/ und /D64/, verwiesen.

- Stoffpreisgleitklausel

  Berücksichtigt werden nur Materialien, die im besonderen Maße Preisänderungen ausgesetzt sind und die bei der Erbringung der Vertragsleistung wertmäßig einen hohen Anteil besitzen. Der Änderungsbetrag ist die Differenz zwischen den tatsächlichen und den im Vertrag vereinbarten Stoffkosten.

- Umsatzsteuergleitklausel

  Mit dieser auch als Steuergleitklausel bezeichneten Preisgleitklausel wird festgelegt, dass das Bauunternehmen vom Bauherrn immer den Umsatzsteuersatz erhält, den es selbst an das Finanzamt abführen muss.

- Indexklausel

  Ist eine klare Abgrenzung von Kostenfaktoren wie bei den Lohn- und Stoffpreisgleitklauseln nicht oder nur schwer möglich, dann vereinbaren nicht-öffentliche Bauherren auch indexabhängige Preisgleitklauseln. Dabei wird vorzugsweise der amtlich ermittelte Baupreisindex herangezogen. Der absolute Änderungsbetrag ermittelt sich wie folgt:

$$\text{Änderungsfaktor} = f_I = \frac{\text{Index zum Zeitpunkt der Leistungserbringung}}{\text{Index zum Zeitpunkt der Angebotserstellung}} - 1$$

$$\underset{[€]}{\text{Änderungsbetrag } \Delta_I} = \underset{[-]}{f_I} \cdot \underset{[€]}{\text{Leistung laut Vertrag}}$$

Im Rahmen der Vertragsfreiheit können Preisgleitklauseln grundsätzlich bei jedem Bauvertrag vereinbart werden. Öffentliche Bauherren jedoch dürfen dies nur, wenn zwischen Angebotsabgabe und Fertigstellung der Baumaßnahme mehr als 10 Monate, in Ausnahmefällen mehr als 6 Monate, liegen. Eingeschlossen in einen Gleitpreisvertrag werden normalerweise nicht alle vier Preisgleitklauseln. Vereinbart wird oftmals nur eine Lohngleitklausel.

Großbritannien und International

Baustellen im Ausland unterliegen grundsätzlich den gleichen kostenverändernden Einflüssen wie Baustellen in Deutschland, die Einflüsse sind häufig sogar deutlich stärker ausgeprägt. So besitzen Länder des „traditionellen" Auslandsbaus, die Entwicklungs- und Schwellenländer, oftmals hohe Inflationsraten und damit hohe Preissteigerungsraten im Bereich der Löhne und Materialien.

Zu diesen Kostenänderungen können beim Bauen im Ausland zwei weitere finanzielle Einflüsse kommen. Erstens sind in Entwicklungs- und Schwellenländern die Landeswährungen oftmals „weich“. Zweitens sind häufig mehrere Währungen zu berücksichtigen. Unter dem Parameter Preisgleitung sind somit im Extremfall drei Einflüsse zu erfassen: Kostenänderungen, „weiche“ Landeswährung und Wechselkursschwankungen.

Kostenänderungen:

Zur Berücksichtigung von Kostenänderungen werden im Ausland ebenfalls Gleitklauseln vereinbart. Anwendung finden in der Regel indexorientierte Gleitklauseln ähnlich der deutschen Indexklausel. Ein Bauvertrag, der eine Gleitklausel enthält, wird als *fluctuating price contract* bezeichnet, ein Vertrag ohne derartige Regelung ist ein *firm price contract*.

Der Aufbau einer solchen indexorientierten Gleitklausel sei beispielhaft an einem Tiefbauprojekt in einem Entwicklungsland erläutert. Dabei wird zur besseren Veranschaulichung eine stark aufgeschlüsselte Klausel gewählt. Denkbar ist natürlich auch eine Klausel, die lediglich einen allgemeinen Baupreisindex oder einen Lohn- und einen Materialindex enthält.

Folgende Vorgaben sollen Eingang in die Gleitklausel finden:

- Das Bauunternehmen erhält sofort nach Vertragsunterzeichnung 15 % der Auftragssumme als Vorauszahlung. Mit diesem Betrag sollen die Kosten der Baustelleneinrichtung abgegolten werden.
- Mit den verbleibenden 85 % der Auftragssumme soll die vertragliche Bauleistung bezahlt werden. Diese wiederum setzt sich laut Angabe des Bauunternehmens aus folgenden Kostenanteilen zusammen:

Lohn	= 35 %
Zement	= 12 %
Zuschlagstoffe	= 6 %
Baustahl	= 10 %
Holz	= 8 %
Bruchsteine	= 8 %
Treibstoff	= 6 %
$\sum$	= 85 %

- Die Anpassung der Vergütung erfolgt ab den 30. Tag vor Submissionstermin in Abständen von drei Monaten. Der zu Beginn eines 3-Monate-Zeitraums ermittelte Änderungsfaktor wird auf die Rechnungen dieser drei Monate angewendet.

Ausgehend von diesen Vorgaben wird folgende *fluctuation formula* oder *escalation formula* zur Ermittlung des Änderungsfaktors f, des *fluctuation factors* oder *escalation factors*, formuliert:

$$f = 0{,}35\,\frac{L}{L_O} + 0{,}12\,\frac{C}{C_O} + 0{,}06\,\frac{A}{A_O} + 0{,}10\,\frac{S}{S_O} + 0{,}08\,\frac{T}{T_O} + 0{,}08\,\frac{R}{R_O} + 0{,}06\,\frac{P}{P_O} - 0{,}85$$

Hierin bedeuten:

	Kosten 30 Tage vor Submissionstermin	Kosten zum Zeitpunkt der Leistungserbringung
- Lohn / *Labour* = Mindestlohn der örtlichen Baubehörde	L_O	L
- Zement / *Cement* = Kaufpreis von 100 t Portland Zement	C_O	C
- Zuschlagstoffe / *Aggregates* = Kaufpreis von 100 m^3 Sand + 200 m^3 Kies	A_O	A
- Baustahl / *Steel* = Kaufpreis von 70 t Ø 25 mm + 30 t Ø 12 mm	S_O	S
- Holz / *Timber* = Kaufpreis von 10 m^3 Kanthölzer 10/10 cm	T_O	T
- Bruchsteine / *Rock* = Kaufpreis von 100 m^3 Korallensteine	R_O	R
- Treibstoff / *Petrol* = Kaufpreis von 1.000 l Benzin + 4.000 l Diesel	P_O	P

Bei den Materialpreisen ist zusätzlich jeweils ein konkreter Lieferant angegeben.

Der Änderungsfaktor f wird beginnend 30 Tage vor Submissionstermin alle drei Monate berechnet und anschließend den nächsten drei Monatsrechnungen des Bauunternehmens zugrunde gelegt. Ergibt sich beispielsweise am Beginn des 13. Folgemonats ein Änderungsfaktor von

$$f = 0{,}0545 = 5{,}45\ \%$$

und besitzt die im 14. Folgemonat erbrachte Leistung laut Vertrag einen Wert von

1.400.000 [€],

dann erhält das Bauunternehmen

$$1.400.000\,[€] + 0{,}0545 \cdot 1.400.000\,[€] = 1.476.300\,[€].$$

Vorstehendes Beispiel vermittelt auf den ersten Blick den Eindruck, dass die Anwendung einer solchen indexorientierten Gleitklausel problemlos möglich ist. In der Praxis ist das insbesondere in Entwicklungs- und Schwellenländern häufig jedoch nicht der Fall. Es treten erhebliche Probleme auf, deren Ursachen in der Ermittlung der so genannten Basispreise L_O bis P_O und der aktuellen Preise L bis P liegen. Als Lieferanten für die verschiedenen Materialien werden nämlich vom Bauherrn häufig staatliche Organisationen des Gastlandes, zum Beispiel eine

National Trade Agency, benannt. Diese Organisationen sind oft aus politischen Gründen bestrebt, den Eindruck einer möglichst niedrigen Inflationsrate zu vermitteln. Sie nennen deshalb sehr niedrige Preise, sind zu einer Lieferung der Materialien zu diesen Bedingungen jedoch nicht in der Lage. Tatsächlich müssen die Materialien dann auf dem lokalen Markt zu deutlich höheren Preisen gekauft werden. Und da Materialien wie Zement und Baustahl meistens in der erforderlichen Qualität und Quantität im Gastland nicht verfügbar sind, muss das Bauunternehmen diese nicht selten sogar für „harte" Währung auf dem Weltmarkt kaufen und in das Gastland importieren.

In derartigen Fällen sollte versucht werden, zumindest die Kostenänderungen bei den Materialien durch Verwendung internationaler Indizes näherungsweise realistisch zu berücksichtigen. Anerkannte Indexwerte können beispielsweise dem wöchentlich in Frankreich erscheinenden Journal *Le Moniteur* sowie dem Internetauftritt der *Groupe Moniteur* entnommen werden /I44/.

„Weiche" Landeswährung:

Entwicklungs- und Schwellenländern besitzen oftmals „weiche" Währungen. Als „weich" bezeichnet wird eine Währung dann, wenn auf den internationalen Devisenmärkten für den Kauf der Währung deutlich mehr zu zahlen ist als beim Verkauf erlöst wird. Zur Verdeutlichung ein Beispiel: Ein Reisender in das fiktive Xland tauscht zu Beginn seiner Reise „Euro" in die xländische Währung „X-Pfund". Dabei zahlt er für ein „X-Pfund" vier „Euro". Am Ende seiner Reise tauscht er die nicht verbrauchten „X-Pfund" zurück. Dabei erhält er für ein „X-Pfund" nur zwei „Euro".

„Hart" ist eine Währung demnach dann, wenn die Wechselkurse für ihren Kauf und Verkauf nahe beieinander liegen. Dies gilt beispielsweise für den Euro und den US-Dollar.

Aus vorstehendem Sachverhalt resultieren in Entwicklungs- und Schwellenländern beim Bauherrn und Bauunternehmen unterschiedliche Interessenslagen: Der Bauherr ist daran interessiert, die Baumaßnahme in seiner „weichen" Landeswährung zu bezahlen, denn eine andere Währung müsste er aus seiner Sicht teuer auf dem Devisenmarkt kaufen. Das Bauunternehmen wiederum ist an einer Vergütung in „harter" Währung interessiert, da es andernfalls beim Tausch der „weichen" Währung in eine „harte" Währung auf dem Devisenmarkt erhebliche Verluste erleiden würde.

Als Kompromiss wird häufig eine gemischte Vergütung gewählt: Die Baumaßnahme wird teilweise in der „weichen" Landeswährung und teilweise in einer international „harten" Währung bezahlt, zum Beispiel im Verhältnis 30 % Landeswährung zu 70 % internationale Währung. Die jeweilige Aufteilung wird normalerweise dem Wettbewerb unterworfen, das heißt, das Bauunternehmen hat in seinem Angebot die von ihm gewünschte prozentuale Aufteilung anzugeben und der Bauherr wird diese Aufteilung bei der Wertung des Angebotes berücksichtigen.

Bei der Festlegung der Aufteilung wird sich das Bauunternehmen an den vor Ort zu zahlenden Löhnen, Materialkosten, Subunternehmerkosten, Zöllen und Steuern orientieren. Es wird bestrebt sein, den Anteil der „weichen" Währung maximal auf die Summe der laut Kalkulation im Gastland anfallenden Zahlungen zu begrenzen. Alle anderen Kosten, beispielsweise die Gehälter der deutschen Mitarbeiter sowie die Kosten für die importierten Geräte und Materialien, fallen in der Regel in „harter" Währung an. Das Bauunternehmen müsste folglich bei einem höheren Anteil an „weicher" Währung den örtlich nicht verbrauchten Teil erst auf dem Devisenmarkt ungünstig umtauschen, um die Zahlungen in „harter" Währung leisten zu können. In diesem Zusammenhang ist anzumerken, dass die Devisengesetze mancher Gastländer den freien Transfer der lokalen Währung ins Ausland überhaupt nicht zulassen.

Wechselkursschwankungen:

Zusätzlich zum vorstehend beschriebenen Wechselkursproblem bei „weichen" Währungen tritt bei manchen Projekten ein Wechselkursproblem bei „harten" Währungen auf. Es entsteht dann, wenn die „harte" Währung, in der die Kosten des Bauunternehmens anfallen, nicht identisch ist mit der „harten" Währung, in der das Bauunternehmen bezahlt wird.

Beim Bauen in Entwicklungs- und Schwellenländern ist dieser Fall häufiger gegeben, da die Baumaßnahmen oftmals durch internationale Organisationen wie beispielsweise die Weltbank oder die deutsche Kreditanstalt für Wiederaufbau (=KfW) teilweise oder ganz finanziert werden. Zu berücksichtigen sind neben dem Euro [€] in der Regel weitere international gängige Währungen wie der US-Dollar [$] und das englische Pfund [£]. Die Wechselkurse zwischen diesen „harten" Währungen können das Baustellenergebnis maßgeblich beeinflussen.

Ein Beispiel: Ein deutsches Bauunternehmen kalkuliert ein in US-Dollar ausgeschriebenes Auslandsprojekt mit dem aktuellen Wechselkurs von 1 [$] = 0,84 [€], bietet dieses für 50 Mio. US-Dollar an und erhält zu diesem Betrag den Auftrag. Der geplante €-Erlös beträgt somit

$$50.000.000[\$]\cdot 0{,}84\frac{[€]}{[\$]} = 42.000.000[€].$$

Während der Abwicklung der Baumaßnahme verändert sich nun der Wechselkurs. Wird vereinfachend von nur einer Rechnung ausgegangen und lautet zum Zeitpunkt der Bezahlung dieser Rechnung der Wechselkurs 1 [$] = 0,768 [€], dann ergeben sich als tatsächliche Vergütung des Bauunternehmens lediglich

$$50.000.000[\$]\cdot 0{,}768\frac{[€]}{[\$]} = 38.400.000[€].$$

Das Beispiel verdeutlicht den für das Bauunternehmen negativen Fall. Selbstverständlich kann mit der gleichen Wahrscheinlichkeit auch eine umgekehrte Wechselkursentwicklung eintreten.

Zur Abfederung derartiger Wechselkursschwankungen bietet sich eine Währungsklausel der folgenden Form an:

$$f_E = \frac{E_O}{E} - 1$$

Hierin bedeuten: E_O = Wert der Vertragswährung in € (=*exchange rate*) zum Zeitpunkt der Angebotserstellung

E = Wert der Vertragswährung in € zum Zeitpunkt der Zahlung

$$\underset{[\text{Vertragswährung}]}{\text{Änderungsbetrag } \Delta_E} = \underset{[-]}{f_E} \cdot \underset{[\text{Vertragswährung}]}{\text{Rechnungsbetrag laut Vertrag}}$$

Angewendet auf das vorstehende Beispiel ergeben sich folgende Werte:

$$f_E = \frac{0{,}84}{0{,}768} - 1 = 0{,}09375$$

$$\text{Änderungsbetrag } \Delta_E = 0{,}09375 \cdot 50.000.000\,[\$] = 4.687.500\,[\$]$$

Damit würde das Bauunternehmen bei Vereinbarung dieser Währungsklausel insgesamt

$$50.000.000\,[\$] + 4.687.500\,[\$] = 54.687.500\,[\$]$$

erhalten.

Die Kontrollrechnung

$$54.687.500[\$] \cdot 0{,}768 \frac{[€]}{[\$]} = 42.000.000[€]$$

verdeutlicht, dass der dem aktuellen Wechselkurs angepasste $-Betrag wertmäßig der ursprünglichen €-Auftragssumme entspricht.

Frankreich

Das französische Vertragswesen kennt ebenfalls Festpreise = *prix fermes* und Gleitpreise = *prix révisables*. Zur Überarbeitung = *révision* oder Anpassung = *actualisation* der Gleitpreise–beide Begriffe sind gebräuchlich–werden Klauseln formuliert, die den in Großbritannien und im internationalen Baugeschehen verwendeten indexorientierten Gleitklauseln entsprechen. Die für die Berechnung erforderlichen Indexwerte werden oftmals der Wochenzeitschrift *Le Moniteur* entnommen /F10/,/I44/.

5.1.7 Parameter: Streitbeilegung

Deutschland /D33/,/D36/,/D38/,/D39/,/D63/

Bei der Durchführung von Bauvorhaben kommt es öfter als in anderen Industrie- und Gewerbebereichen zu Spannungen und ernsthaften Streitigkeiten zwischen den beteiligten Parteien. Das erhöhte Konfliktpotenzial resultiert vor allem aus der Produktherstellung im Bauwesen. Im Gegensatz zu anderen Industrien wird jedes Produkt in der Regel nur einmal hergestellt. Bei jedem Projekt verändern sich wesentliche Randbedingungen, beispielsweise die Baubeteiligten, die geologischen Verhältnisse und die Terminfestlegungen. Hinzu kommen lange Vertragslaufzeiten, innerhalb derer unvorhergesehene, einschneidende Ereignisse auftreten können. Obwohl demnach die Gründe für das Entstehen eines Konfliktes während eines Bauvorhabens sehr vielfältig sind, können drei grundlegende Konfliktarten unterschieden werden:

- Organisatorisch bedingte Konflikte

  Hierunter werden Konflikte verstanden, die durch die außergewöhnliche Struktur der Bauverträge ausgelöst werden. In Bauverträgen besteht keine klassische Konstellation von nur zwei Vertragsbeteiligten, sondern in der Praxis sind immer weitere Beteiligte wie Planungsbüros oder Subunternehmen in die Erstellung eingebunden. Es entstehen mehrstufige Vertragsverhältnisse zwischen den Projektbeteiligten. Ein typischer Konflikt, der hieraus resultiert, ist die Klärung der Verantwortlichkeit für eine mangelhafte Ausführung.

- Vertraglich bedingte Konflikte

  Hierunter werden Konflikte verstanden, die aufgrund von unklaren Vertragsausgestaltungen ausgelöst werden. Beispiele hierfür sind ungenaue Zeitangaben für die Planübergabe des Architekten oder ungenaue Regelungen bezüglich der vom Bauunternehmen zu erbringenden Leistung. Viele dieser konflikthaften Situationen könnten prinzipiell durch exaktere vertragliche Festlegungen verhindert werden, jedoch erweist sich dies wegen des hohen Zeitdrucks und der zunehmenden Komplexität der Bauvorhaben als sehr schwierig. Hinzu kommen immer wieder Änderungen, die aus den langen Abwicklungszeiträumen und dem Leistungsbestimmungsrecht des Bauherrn resultieren.

- Technisch bedingte Konflikte

  Hierunter werden Konflikte verstanden, die beispielsweise durch eine fehlerhafte Planung oder durch eine mangelhafte Ausführung einer Leistung ausgelöst werden.

Eskaliert ein Konflikt, dann besteht die „klassische" Methode in der Anrufung eines staatlichen Gerichts. Der Streit wird in ein oder mehreren Stufen von einer neutralen Institution mit einem bindenden Urteil entschieden. Dieser in der Theorie vernünftige Weg weist in der Praxis erhebliche Risiken auf: Bauprozesse besitzen oftmals eine lange Dauer, der Prozessausgang ist häufig unsicher und Richter sind in der Regel wegen geringer bauspezifischer Kenntnisse bei ihrer Urteilsfindung auf Sachverständigengutachten angewiesen.

Ein Weg, diese Risiken kalkulierbarer zu gestalten, bieten außergerichtliche Verfahren zur Streitbeilegung wie beispielsweise Schlichtungs- und Schiedsgerichtsverfahren. Da diese nicht-öffentlich ablaufen, verringern sie zusätzlich die Gefahr, dass eine oder beide Konfliktparteien einen öffentlichen „Imageverlust" erleiden. Bisher sind diese Verfahren in die VOB/B konkret nicht eingeflossen. 2006 wurde hierzu lediglich mit § 18 Nr. 3 die Formulierung „Daneben kann ein Verfahren zur Streitbeilegung vereinbart werden. Die Vereinbarung sollte mit Vertragsabschluss erfolgen." aufgenommen. Der Paragraph ist eine inhaltsleere Hülle, die im konkreten Fall auszufüllen ist. Generell bietet sich die außergerichtliche Streitbeilegung für Konflikte bei zivilrechtlichen Fragen an (Bild 5.12).

Bild 5.12: Anwendungsgebiete der außergerichtlichen Streitbeilegung

Grundsätzlich sind zwei Wege der Konfliktlösung zu unterscheiden: Bei den so genannten konsensualen Verfahren erarbeiten die Konfliktparteien gemeinsam eine Lösung. Bei den so genannten kontradiktorischen Verfahren tragen die Konfliktparteien ihre Positionen einem neutralen Dritten vor, der dann seine Bewertung oder sein Urteil abgibt.

Das einfachste Verfahren zur Streitbeilegung ist das Gespräch zwischen den Konfliktparteien, die Verhandlung, das in der Regel komplizierteste das staatliche Gerichtsverfahren, der Prozess vor einem ordentlichen Zivilgericht. Zwischen diesen Eckpunkten liegen weitere Vorgehensweisen. Aus dem gesamten Spektrum werden im Wesentlichen folgende Verfahren praktiziert:

– Verhandlung

Die Verhandlung bezeichnet das Gespräch zwischen zwei oder mehreren Parteien zur Lösung eines Konflikts ohne Einschaltung eines vermittelnden Dritten. Da nur die am Konflikt beteiligten Parteien teilnehmen, läuft das Verfahren nicht-öffentlich ab. Die Verhandlung ist das bei Streitfällen am häufigsten gewählte Verfahren.

– Mediation

Die Mediation ist ein freiwilliges, nicht-öffentliches, außergerichtliches Verfahren, in dem die Konfliktparteien unter Anleitung eines neutralen Dritten eigenverantwortlich verhandeln. Dieser Dritte, der Mediator, dient den Parteien als moderierender und strukturierender Verhandlungshelfer mit dem Ziel, dass beide Parteien gemeinsam eine Konfliktlösung erarbeiten. Inhaltliche Lösungsvorschläge bringt der Mediator nicht ein.

Die grundlegenden Prinzipien der Mediation sind:

- Freiwilligkeit und Eigenverantwortung

  Es ist ein freiwilliges Verfahren, keine Partei kann daher zur Durchführung einer Mediation gezwungen werden. Entscheiden sich die Parteien für eine Mediation, dann sind sie für den Ablauf des Verfahrens selbst verantwortlich. Sie müssen alles Notwendige klären, damit eine gemeinsam erarbeitete Konfliktregelung zustande kommt.

- Vertraulichkeit

  Alle während des Verfahrens erlangten Informationen sind vertraulich. Das gilt gleichermaßen für den Mediator und die beteiligten Parteien. Die Befürchtung, dass vertrauliche Informationen bei einem eventuell nachfolgenden Gerichtsverfahren zum Schaden einer Partei verwendet werden könnten, würde die Offenheit der Konfliktparteien einschränken.

- Neutralität, Unabhängigkeit und Allparteilichkeit

  Der Mediator muss von den Parteien unabhängig sein und sich völlig neutral verhalten. Er muss allparteilich handeln, d. h., er muss beiden Seiten die gleichen Möglichkeiten einräumen und an beiden Parteien gleichermaßen interessiert sein.

- Transparenz

  Der Verfahrensablauf muss für alle Beteiligten transparent und zu jeder Zeit nachvollziehbar sein.

Kommt es zu keiner Lösung des Konflikts, gilt die Mediation als gescheitert.

Aus der Mediation erwächst kein bindendes Urteil. Einigen sich die Parteien auf ein Ergebnis, setzt aber eine Partei dieses nicht um, dann kann es nicht vollstreckt werden.

– Schlichtung

Die Schlichtung ist ein freiwilliges, nicht-öffentliches, außergerichtliches Verfahren, bei dem die Parteien eine Konfliktlösung mit inhaltlicher Hilfe eines Schlichters oder auch einer mehrköpfigen Schlichtergruppe suchen. Die Parteien legen zunächst dem Schlichter ihre eigene Position dar. Sodann bringt sich der Schlichter inhaltlich, d. h. als Experte auf dem streitigen Sachgebiet, ein. Er versucht die Parteien zu einer Einigung zu bewegen. Gelingt ihm das nicht, versucht er einen für beide Parteien akzeptablen Schlichtungsentwurf vorzulegen. Diesen Vorschlag können die Parteien annehmen oder ablehnen, sie können sich aber auch abweichend davon einigen. Kommt es zu keiner Lösung des Konflikts, gilt die Schlichtung als gescheitert.

Aus der Schlichtung erwächst kein bindendes Urteil. Einigen sich die Parteien auf ein Ergebnis, setzt aber eine Partei dieses nicht um, dann kann es nicht vollstreckt werden.

Die Einleitung einer Schlichtung erfordert eine Vereinbarung der Konfliktparteien über das Schlichtungsverfahren. Das ist erforderlich, da es zwei grundlegend unterschiedliche Verfahren und innerhalb dieser weitere Varianten gibt. Möglich ist entweder ein Verfahren nach einer Schlichtungsordnung, ein Beispiel hierfür ist die SOBau–Schlichtungs- und Schiedsordnung für Baustreitigkeiten /D28/, oder ein Verfahren bei einer ständigen, institutionellen Schlichtungsstelle, Beispiele hierfür sind die Schlichtungsstellen der Handwerkskammern.

Die Vorgaben sowohl der Schlichtungsordnungen als auch der Schlichtungsstellen sind sehr allgemein gehalten, festgelegt sind nur die Grundzüge des Verfahrens. Da weiterhin die Wahl des Schlichters beziehungsweise der Schlichtungsstelle durch die Konfliktparteien erfolgt, können gezielt Personen ausgesucht werden, die ein hohes Fachwissen im Baubereich aufweisen. Die Schlichtung ist somit ein auf den konkreten Streitfall gut zuschneidbares Verfahren.

Werden die Beschreibungen der Mediation und der Schlichtung verglichen, dann zeigen sich keine großen Unterschiede. Das ist auch tatsächlich der Fall. Eine Abgrenzung der beiden Verfahren ist schwierig und hängt vorwiegend von der Rolle der neutralen Person ab:

- Der Mediator hilft den Konfliktparteien bei der Lösungsfindung, er besitzt keine inhaltliche Verantwortung und darf keine Vergleichsvorschläge einbringen.
- Der Schlichter dagegen besitzt inhaltliche Verantwortung und darf Vergleichsvorschläge einbringen.

– Selbständiges Beweisverfahren

Das selbständige Beweisverfahren ist in der ZPO–Zivilprozessordnung geregelt, es dient der Beweissicherung vor einem ordentlichen Gericht. Eingeleitet werden kann es innerhalb und außerhalb eines Streitverfahrens durch eine Partei, wenn die gegnerische Partei zustimmt oder zu befürchten ist, dass Beweismittel verloren gehen oder deren Benutzung erschwert wird.

– Schiedsgutachten

Das Schiedsgutachten ist ein freiwilliges, nicht-öffentliches, außergerichtliches Verfahren, bei dem die Beteiligten einzelne Elemente eines Rechtsverhältnisses endgültig feststellen lassen können. In der Praxis geschieht dies vor allem bei der Entscheidung von Tatsachenfragen, sie bilden bei vielen Baustreitigkeiten die Konfliktgrundlage. Es entspricht einem gerichtlichen Beweisverfahren mit Gutachterwahl. Ein neutraler Dritter trifft eine für die Konfliktparteien bindende Entscheidung in Tatsachenfragen. Deren Anfechtung ist äußerst schwierig.

Das Verfahren haben die Konfliktparteien unter einvernehmlicher Benennung eines sachverständigen Schiedsgutachters und einvernehmlicher Festlegung des Ablaufs zu vereinbaren. Wird bei der Benennung keine Einigung erzielt, dann erfolgt diese häufig durch eine Industrie- und Handelskammer. Werden keine Festlegungen zum Ablauf getroffen, dann ist der Gutachter in der Durchführung frei, er muss aber strikte Neutralität gegenüber den Parteien wahren.

– Schiedsgerichtsverfahren

Das Schiedsgerichtsverfahren ist ein freiwilliges, nicht-öffentliches Verfahren zur Streitbeilegung, es unterliegt nicht der staatlichen Gerichtsbarkeit. Der Schiedsspruch, das Urteil des Verfahrens, ist aber für die Parteien bindend und besitzt die gleiche Gültigkeit wie ein staatliches Gerichtsurteil.

Geregelt ist das Schiedsgerichtsverfahren in der ZPO. Obwohl diese vollständige Regelungen enthält, können sich die Konfliktparteien auch für eine andere Schiedsgerichtsordnung entscheiden. Beispielsweise können dies sein:

- *ICC*–Schiedsgerichtsordnung der Internationalen Handelskammer Paris (*ICC = International Chamber of Commerce*) /I12/
- SGO Bau–Schiedsgerichtsordnung für das Bauwesen einschließlich Anlagenbau der Deutschen Gesellschaft für Baurecht e.V. und des Deutschen Beton- und Bautechnik-Vereins e.V. /D27/
- SOBau–Schlichtungs- und Schiedsordnung für Baustreitigkeiten der Arbeitsgemeinschaft für privates Bau- und Architektenrecht im Deutschen Anwaltverein /D28/

Die Ordnungen unterscheiden sich nur in Details, die grundsätzlichen Regelungen sind bei allen gleich. Wird keine spezifische Schiedsgerichtsordnung vereinbart, dann gelten die Regelungen der ZPO.

Beim Schiedsgericht selbst sind drei Alternativen zu unterscheiden:

- Gelegenheits-Schiedsgericht (=ad hoc-Schiedsgericht)

  Das Schiedsgericht wird von den Parteien konfliktbezogen eingesetzt und nach der jeweils vereinbarten Verfahrensordnung durchgeführt. Die Anzahl der Schiedsrichter ist frei wählbar, nur bei fehlender Festlegung sind es nach ZPO automatisch drei Schiedsrichter. Ein Einzelschiedsrichter wird von den Parteien gemeinsam benannt. Bei einem Dreier-Gremium bestimmt jede Partei einen Schiedsrichter, diese beiden wiederum benennen einen dritten Schiedsrichter, der Vorsitzender oder Obmann des Schiedsgerichts wird.

- Ständiges Schiedsgericht (=institutionelles Schiedsgericht)

  Es existieren ständige Schiedsgerichte mit fertigen Verfahrensordnungen, beispielsweise die DIS–Deutsche Institution für Schiedsgerichtsbarkeit e.V. /D29/. Im Konfliktfall können die Parteien direkt zu einem solchen Schiedsgericht gehen, ohne durch Regelung von Verfahrensfragen, beispielsweise Festlegung des Schiedsrichters, Zeit zu verlieren. Zu bedenken ist, dass bei Wahl eines institutionellen Schiedsgerichts der oder die Schiedsrichter im Gegensatz zum selbst eingerichteten Schiedsgericht keine Nähe zu den Parteien haben. Entscheidungen durch „unbekannte" Schiedsrichter werden manchmal aber weniger akzeptiert als solche von Schiedsrichtern, die durch die Konfliktparteien benannt wurden.

- Baubegleitendes Dauer-Schiedsgericht

  Das Schiedsgericht ist eine Unterart des Gelegenheits-Schiedsgerichts und findet vor allem bei Groß- und/oder Langzeitbaustellen Anwendung. Es wird bei Vertragsabschluss eingesetzt, begleitet den gesamten Projektablauf und erwirbt dabei ständig detaillierte Kenntnisse. Bei auftretenden Konflikten kann es folglich sehr schnell Entscheidungen treffen.

Da bei Schiedsgerichtsverfahren die Konfliktparteien die Schiedsrichter beziehungsweise Schiedsgerichte selbst auswählen, ist die fachliche Kompetenz des Schiedsgerichts höher einzustufen als die eines staatlichen Gerichts. Da nur eine Instanz zur Verfügung steht, kann weiterhin angenommen werden, dass die Gesamtdauer in der Regel kürzer als bei einem Prozess vor einem staatlichen Gericht ist. Dem steht entgegen, dass Gerichtsverfahren die Möglichkeit der Berufung und Revision beinhalten. Dies sehen die üblichen Schiedsgerichtsordnungen dagegen nicht vor. Die Parteien haben somit im Falle eines „unerwünschten" Urteils keine Möglichkeit, eine Urteilsänderung herbeizuführen.

Bei Konflikten, an dem Auftraggeber, Generalunternehmer und Subunternehmer beteiligt sind, weist das Schiedsgerichtsverfahren gegenüber dem staatlichen Gerichtsverfahren eine weitere Lücke auf. Erbringt der Subunternehmer beispielsweise eine Leistung und kommt es bezüglich deren Mängelfreiheit zu einem Konflikt, dann wird dieser in zwei Teilen ausgetragen. Der Auftraggeber streitet mit dem Generalunternehmer und der Generalunternehmer streitet mit dem Subunternehmer. Dabei kann es passieren, dass im ersten Streit der Mangel anerkannt wird, im zweiten aber nicht. Der Generalunternehmer kann folglich die Mängelbeseitigung nicht an den Verursacher weiterreichen, sondern er muss diese auf eigene Kosten selbst übernehmen.

Wird ein solcher Konflikt vor einem staatlichen Gericht ausgetragen, dann kann dieser Fall über die so genannte Streitverkündung ausgeschlossen werden. Durch das Rechtsmittel wird erreicht, dass der Dritte, der Subunternehmer, in den Streit zwischen Auftraggeber und Generalunternehmer eingebunden wird mit der Folge, dass die Entscheidung dieses ersten Prozesses bei einem eventuellen zweiten Prozess gegen den Subunternehmer nicht mehr in Frage gestellt werden kann. Wurde also im ersten Prozess ein Mangel anerkannt, dann gilt diese Feststellung auch im zweiten Prozess.

Bei einem Schiedsgerichtsverfahren gibt es das Rechtsmittel der Streitverkündung nicht. Soll der Subunternehmer dennoch in analoger Weise eingebunden werden, dann sind entsprechende Regelungen im Subunternehmervertrag zu vereinbaren.

– Staatliches Gerichtsverfahren

  Der Prozess vor einem ordentlichen Zivilgericht stellt die staatliche Regelung für die Durchsetzung von zivilrechtlichen Ansprüchen dar. Es ist der einzige legale Weg, den eine Person beschreiten kann, um behauptete Ansprüche gegen eine andere Person durchzusetzen, wenn Letztere die Erfüllung der Ansprüche oder Verhandlungen darüber verweigert. Das Verfahren ist in der ZPO geregelt.

  Am Ende des öffentlichen Verfahrens, eventuell erst nach Berufung und Revision, ergeht ein bindendes Urteil. Kommt die unterliegende Partei ihren Verpflichtungen nicht nach, kann es direkt vollstreckt werden. Staatliche Gerichtsverfahren dauern oftmals lange. Ursache hierfür sind einzuhaltende Fristen, umfangreiche Beweisaufnahmen, diverse Gutachten und umfassender Schriftwechsel.

Abschließend ist anzumerken, dass sich die außergerichtlichen Verfahren nicht für alle Streitigkeiten im Baubereich eignen. Dies ist beispielsweise dann der Fall, wenn die Konfliktparteien einen Präzedenzfall schaffen wollen oder wenn die Parteien wollen, dass der Fall öffentlich abläuft, oder wenn es sich lediglich um Rechtsfragen dreht oder wenn eine der Parteien kein Interesse an einer Einigung hat.

Großbritannien und International /D38/,/G43/,/I12/,/I33/

Im britisch-angloamerikanisch orientierten Ausland steht bei den Verfahren zur Streitbeilegung an einem Ende die *negotiation*, die Verhandlung, am anderen Ende die *court* (oder *legal*) *procedure*, das staatliche Gerichtsverfahren. Zwischen diesen existieren mehrere Verfahren zur außergerichtlichen Streitbeilegung. Sie werden unter dem Begriff *ADR = Alternative Dispute Resolution* zusammengefasst. *ADR*-Verfahren haben seit Ende der 1990er Jahre Eingang in die gängigen Muster-Bauverträge gefunden, sie sind deshalb im britisch-angloamerikanischen Raum weit verbreitet. In Großbritannien wurde sogar 1996 durch den *HGCRA = Housing Grants, Construction and Regeneration Act 1996* gesetzlich festgelegt, dass die außergerichtliche Streitbeilegung in Form der so genannten *adjudication* Bestandteil eines jeden Bauvertrags sein muss /G03/.

Angemerkt sei, dass in der Literatur der Begriff *alternative dispute resolution* sehr weit gefasst wird. Es werden darunter alle Verfahren der Streitbeilegung verstanden, die freiwillig von Konfliktparteien vereinbart werden können und eine Alternative zum Gerichtsverfahren darstellen. Im Folgenden wird diese Menge eingeengt. Beschrieben werden nur Verfahren, die in Muster-Bauverträgen festgelegt sind oder die im Baubereich Anwendung finden.

– *Negotiation*

  Die *negotiation* verläuft in gleicher Weise wie die Verhandlung in Deutschland.

– *Mediation*

  Die *mediation* verläuft in gleicher Weise wie in Deutschland. Das ist auch nicht verwunderlich, da dieses Verfahren ursprünglich im britisch-angloamerikanischen Bereich institutionalisiert wurde und von dort nach Deutschland gekommen ist. Erwähnenswert ist, dass in Großbritannien die *mediation* das bei Konflikten am häufigsten angewandte *ADR*-Verfahren ist /G43/.

– *DB Dispute Board*

  Ein *dispute board* ist ein freiwilliges, nicht-öffentliches, außergerichtliches Expertengremium. Es wird vor allem bei mittleren und großen Bauprojekten zwischen den Konfliktparteien vereinbart. In der Regel besteht ein *dispute board* aus einem oder aus drei Mitgliedern. Grundsätzlich sind auch mehr als drei Mitglieder möglich, um bei komplexen Streitfällen alle Fachrichtungen einbinden zu können. Ein weiteres Kriterium für die Anzahl der Experten ist die Bausumme des Projektes, jedoch bestehen hierzu unterschiedliche Auffassungen. Als Grenze, ab der ein Dreier-Gremium eingesetzt werden sollte, werden Bausummen zwischen 10 und 50 Millionen US-Dollar genannt.

  Von der Anzahl der *DB*-Mitglieder hängt die Vorgehensweise bei deren Auswahl ab. Bei einem Ein-Personen-*DB* bestimmen die Parteien einvernehmlich die Person. Bei einem Drei-Personen-*DB* wird zunächst von jeder Partei unter Zustimmung der anderen Partei ein *board*-Mitglied bestimmt. Anschließend benennen diese beiden Mitglieder eine weitere Person, die dann den Vorsitz des Gremiums übernimmt. Ein Drei-Personen-*DB* besteht häufig aus zwei Ingenieuren und einem Juristen mit Bau-Erfahrung als Vorsitzenden. Alle Mitglieder eines *dispute board* müssen unabhängig von den Konfliktparteien sein.

  In der Regel werden *dispute boards* bereits im Bauvertrag vereinbart und ihre Mitglieder vor Beginn der Bautätigkeit benannt. Grundsätzlich besteht aber auch die Möglichkeit, den *board* erst im Falle eines Streits einzurichten. Werden die Mitglieder zu Beginn eingesetzt, dann sind sie baubegleitend aktiv. Sie führen regelmäßig Baustellenbesuche durch und sind folglich mit dem Projekt ständig vertraut. Die streitbeilegende Tätigkeit beginnt aber erst, wenn ein Streitfall dem *dispute board* vorgelegt wird.

  Dieser Fall ist gegeben, wenn sich ein Konflikt von den Parteien nicht direkt lösen lässt und deshalb eine Partei den Konflikt als schriftliches *statement of case* an den *dispute board* und die andere Partei weiterleitet. Das Schriftstück muss den Streitgegenstand benennen und alle streitwichtigen Dokumente beinhalten. Der *dispute board* hat sodann innerhalb einer Frist eine Entscheidung zu fällen. Dazu hat er den Sachverhalt durch eine Anhörung der beteiligten Parteien zu ermitteln und alle weiteren zur Klärung des Konflikts benötigten Informationen anzufordern. Die Anhörung der Parteien und die Beratung des *dispute board* können im Rahmen eines Ortstermins erfolgen und im Idealfall sofort zu einer Entscheidung führen. Sie muss schriftlich begründet und für die Parteien nachvollziehbar sein.

Unter der Bezeichnung *dispute board* werden drei Verfahren zusammengefasst. Sie sind im Aufbau gleich, unterscheiden sich aber in der Verbindlichkeit des Lösungsvorschlags /I13/:

- *DRB Dispute Review Board*

  Der *dispute review board* erarbeitet eine Empfehlung zur Konfliktlösung. Erhebt keine Partei innerhalb einer Frist Einspruch gegen die Empfehlung, dann ist sie umzusetzen. Weigert sich aber eine Partei, dann kann die Empfehlung nicht wie ein Urteil vollstreckt werden. In diesem Fall und im Fall des Einspruchs einer Partei beim *DRB* gegen die Empfehlung wird der Konflikt je nach vertraglicher Vereinbarung an ein Schiedsgericht oder ein staatliches Gericht weitergeleitet. Das Verfahren über einen *dispute review board* entspricht somit einer Schlichtung.

- *DAB Dispute Adjudication Board*

  Der *dispute adjudication board* erarbeitet einen Lösungsvorschlag, der nicht nur Empfehlungscharakter hat. Erhebt keine Partei innerhalb einer Frist Einspruch gegen den Vorschlag, dann sind die Konfliktparteien verpflichtet, ihn umzusetzen. Legt eine Partei beim *DAB* Einspruch gegen den Vorschlag ein, dann wird der Konflikt an ein Schiedsgericht weitergeleitet. Bis zur dessen Entscheidung ist das *DAB*-Urteil aber weiterhin für die Konfliktparteien bindend. Sie müssen sich zwingend daran halten. Das Verfahren über einen *dispute adjudication board* entspricht somit einem „zweistufigen" Schiedsgerichtsverfahren, welches nach der ersten Stufe enden kann.

- *CDB Combined Dispute Board*

  Der *combined dispute board* ist eine Mischung aus *DRB* und *DAB*. Erarbeitet wird wie beim *DRB* zunächst eine Empfehlung zur Konfliktlösung. Diese kann dann auf Wunsch einer Partei als vorläufig bindendes Urteil festgelegt werden. Voraussetzung dafür ist jedoch, dass die andere Partei beim *CDB* keinen Einspruch gegen diesen Wunsch einlegt. Erhebt sie aber Einspruch, dann entscheidet der *CDB*, ob der Lösungsvorschlag nur eine Empfehlung oder ein vorläufig bindendes Urteil ist. In Abhängigkeit von dieser Entscheidung entspricht der nachfolgende Ablauf einem Verfahren mit *DRB* oder mit *DAB*. Das Verfahren über einen *combined dispute board* kann somit einem Schlichtungs- oder einem Schiedsgerichtsverfahren entsprechen.

Dispute boards zeichnen sich dadurch aus, dass ihre Mitglieder bauerfahrende Personen sind. Sie besitzen somit in der Regel ein besseres technisches Sachverständnis als staatliche Gerichte. Trotz dieser fachlichen Qualifikation erarbeiten die *boards* keine bindenden Urteile. Ihre Entscheidungen können nicht wie Gerichtsurteile unmittelbar vollstreckt werden.

– *Adjudication* nach *HGCRA Housing Grants, Construction and Regeneration Act 1996* /G03/

Anfang der 1990er Jahre verbreitete sich im britischen Baugeschehen der Teamgedanke. Im staatlich beauftragten *Latham-Report*, der 1994 unter dem Titel *Constructing the Team* erschien, wurde unter anderem die gesetzliche Festlegung einer *adjudication* vorgeschlagen /G41/. Dieser Vorschlag wurde 1996 mit dem *HGCRA* umgesetzt. Es wurde festlegt, dass in Großbritannien jeder Bauvertrag, ausgenommen ein paar Sonderfälle, eine *adjudication clause* enthalten muss.

Die *adjudication* nach dem *HGCRA* ist formal wenig geregelt. Dem *adjudicator* wird ein weites Ermessensfeld bei der Verfahrensgestaltung eingeräumt mit dem Ziel, eine schnelle Entscheidung herbeizuführen. In ihrer Struktur ähnelt die *adjudication* dem *DAB*, die zeitlichen Fristen sind aber sehr viel kürzer. Möglich ist deshalb ein „Startvorteil" der antragstellenden Partei. Sie kann „unbemerkt" ihren Antrag detailliert vorbereiten, die gegnerische Partei dagegen hat wegen der kurzen Fristen nur wenig Zeit, darauf zu reagieren. Festgelegt ist, dass die Entscheidung des *adjudicators* bei Einspruch einer Partei für die Konfliktparteien so lange bindend ist, bis sie durch ein Schiedsgericht oder ein staatliches Gericht aufgehoben wird. Sollte die in einem Bauvertrag vereinbarte *adjudication* nicht dem *HGCRA* entsprechen, dann wird das *Scheme for Construction Contracts*, in dem 1998 die *adjudication* nochmals geregelt wurde, Vertragsbestandteil /G06/.

Angemerkt sei, dass im angelsächsischen Sprachgebrauch für Schlichtungsverfahren gelegentlich auch der Begriff *arbitration* verwendet wird. Mehrheitlich jedoch werden unter *arbitration* die später beschriebenen Schiedsgerichtsverfahren verstanden.

– Sonderformen der Verfahren zur alternativen Streitbeilegung /D38/,/D39/,/G43/

  Neben den vorstehend beschriebenen Verfahren existieren noch einige Misch- oder Sonderformen. Es sind dies:

  - *Conciliation* (=Versöhnung oder Besänftigung)

    Die *conciliation* ist eine Variante der *mediation* und von dieser nur schwer abgrenzbar. Bei ihr konzentriert sich der *conciliator* mehr auf eine Vertrauensbildung als auf eine Lösungsfindung. Der Ablauf gleicht dem der *mediation.* Zunächst spricht der *conciliator* einzeln mit den Parteien. Dabei hat er darauf zu achten, dass Gesagtes der einen Partei nicht zu der anderen Partei durchdringt. Anschließend bringt er die Konfliktparteien zusammen und leitet das Gespräch. Die Einigung muss wie bei der *mediation* von den Parteien ausgehen.

  - *Quasi-conciliation*

    Die *quasi-conciliation* ist eine Variante der *conciliation.* Eine Partei beauftragt einen neutralen Dritten mit der Untersuchung des Konflikts. Dieser spricht mit der anderen Partei und erstellt anschließend einen Bericht. Die andere Partei kann ebenfalls, muss aber nicht, einen eigenen neutralen Dritten mit einer Untersuchung beauftragen. Das Ergebnis der *quasi-conciliation* ist eine schriftliche Einschätzung des oder der Experten. Sie dient als Grundlage für die weiteren Verhandlungen zwischen den Konfliktparteien.

  - *Mediation-arbitration*

    Die *mediation-arbitration* ist eine Kombination aus einer *mediation* und einem Schiedsgerichtsverfahren, einer *arbitration.* Im Ablauf gleicht sie der *mediation*, das Schiedsgericht kommt nur zum Zuge, wenn es keine Einigung zwischen den Konfliktparteien gibt. Der *mediator* wechselt dann die Rolle und wird zum Schiedsrichter, zum *arbitrator.*

    Dieser Wechsel ist durchaus problematisch: In der *mediation* haben sich die Konfliktparteien dem *mediator* geöffnet und in der Regel Vertrauliches preisgegeben. Wird nun der *mediator* zum *arbitrator* und erhält in dieser Rolle Entscheidungsgewalt, dann besteht die Gefahr, dass vorher gegebene vertrauliche Informationen zu Ungunsten einer Partei verwendet werden.

- *Mini-trial* (=Mini-Gerichtsverfahren)

  Das *mini-trial* ist trotz des Namens kein Gerichtsverfahren, es ist eher eine Besprechung zwischen den Parteien, bei der der Konflikt einem neutralen Dritten vorgetragen wird. Da keine festen Regelungen bestehen, sind die Parteien frei in der Gestaltung. Es ist ein freiwilliges Verfahren, welches in einem frühen Konfliktstadium ansetzt, einseitig vorzeitig beendet werden kann und ein Ergebnis liefert, das für die Parteien nicht bindend ist.

  Die häufigste Vorgehensweise besteht darin, dass die Konfliktparteien den Streit einem Ausschuss, einem *panel*, vortragen. Dieser setzt sich aus jeweils einem Mitglied der Geschäftsführungen der Konfliktparteien und einem neutralen Berater zusammen. Bewirkt wird hierdurch eine striktere Trennung der Emotional- und Sachebene, da die am Streit unmittelbar Beteiligten ihre Argumente auch vor ihren Vorgesetzen zu vertreten haben. Durch das Verfahren soll zum einen das wahrscheinliche Ergebnis eines Gerichtsprozesses prognostiziert werden, zum anderen soll es den Parteien ermöglichen, einen einvernehmlichen und wirtschaftlich akzeptablen Kompromiss zu finden.

- *Early neutral evaluation* (=frühzeitige neutrale Beurteilung)

  Die *early neutral evaluation* oder *neutral evaluation* ist ein Verfahren, bei dem ein neutraler Dritter eine nicht-bindende Beurteilung der faktischen und rechtlichen Aspekte des Konfliktes abgibt. Dieses geschieht zu einem möglichst frühen Zeitpunkt mit dem Ziel, eine weitere Eskalation des Konflikts zu verhindern. Das Verfahren ist in der Nähe der Schlichtung einzuordnen.

- *Expert determination* (=Expertenfeststellung)

  Die *expert determination* ist vergleichbar mit dem Schiedsgutachten in Deutschland. Der Konflikt wird durch einen Sachverständigen entschieden, das Ergebnis ist für die Parteien bindend. Wird die Bindungspflicht fallen gelassen, dann wird das Verfahren auch als *fact finding* oder *neutral fact finding* bezeichnet.

– Entscheidung des *engineers* /I37/

  Britische Muster-Bauverträge wie die *ICE Conditions of Contract* und die internationalen *FIDIC*-Bauverträge sahen in ihren früheren Fassungen für den Konfliktfall die Entscheidung des *engineers* vor. Ein Streit war zunächst dem *engineer* schriftlich vorzulegen. Dieser hatte innerhalb einer Frist als neutraler Dritter eine Entscheidung zu fällen und den Parteien schriftlich mitzuteilen. Die Entscheidung war für beide Seiten vorläufig bindend, konnte aber innerhalb einer Frist angefochten werden. Im Anfechtungsfall wurde sie von einem Schiedsgericht, vorgesehen war in den *FIDIC*-Verträgen das Schiedsgericht der *ICC International Chamber of Commerce* in Paris, überprüft. Der Gang zum Schiedsgericht war auch für den Fall vorgesehen, dass der *engineer* keine Entscheidung traf.

  Grundsätzlich war es auch möglich, dass die Konfliktparteien einvernehmlich auf die Einschaltung des *engineers* verzichteten und direkt zum Schiedsgericht gingen. Diese Möglichkeit wurde aber nur selten ergriffen.

  Die neuen, seit Ende der 1990er Jahre herausgegebenen Muster-Bauverträge erhalten die Schiedsrichterfunktion des *engineers* nicht mehr. An ihre Stelle treten *ADR*-Verfahren, beispielsweise bei *FIDIC*-Verträgen ein *dispute adjudication board.*

– *Arbitration* /D38/,/D39/

Die *arbitration* ist dem Schiedsgerichtverfahren in Deutschland gleichzusetzen. Angewendet werden Schiedsordnungen anerkannter Institutionen, im internationalen Bereich beispielsweise häufig die Schiedsordnung der *ICC International Chamber of Commerce* in Paris /I12/. Signifikante Unterschiede zu den deutschen Schiedsordnungen bestehen nicht.

Neben dem Standardverfahren existieren zwei Sonderformen. Bei diesen soll durch den Verfahrensablauf das Verhalten der Konfliktparteien beeinflusst werden:

- *Last offer arbitration* oder *final offer arbitration*

  Bei diesem Verfahren gibt jede Konfliktpartei nach der letzten Verhandlung ein letztes Angebot ab. Danach kann sich das Schiedsgericht nur für eines der beiden Angebote entscheiden. Durch diese Vorgehensweise werden die Konfliktparteien motiviert, einen möglichst realistischen Lösungsvorschlag zu unterbreiten, um zu erreichen, dass die Entscheidung auf ihren fällt. Im Idealfall werden durch das Verfahren nahe beieinander liegende Vorschläge unterbreitet.

- *High low arbitration*

  Bei diesem Verfahren gibt jede Konfliktpartei nach der letzten Verhandlung ein letztes Angebot ab. Danach kann sich das Schiedsgericht für eines der beiden Angebote oder für ein zwischen beiden Angeboten liegendes Ergebnis entscheiden. Auch durch dieses Verfahren wird eine Annäherung der Standpunkte der Konfliktparteien angestrebt.

Angemerkt sei, dass im angelsächsischen Sprachgebrauch der Begriff *arbitration* gelegentlich auch für Schlichtungsverfahren verwendet wird. Mehrheitlich jedoch werden hierunter Schiedsgerichtsverfahren verstanden.

Abschließend ist festzustellen, dass derzeit im britisch-angloamerikanisch orientierten Ausland im Streitfall wesentlich häufiger als in Deutschland auf *ADR*-Verfahren = Verfahren zur außergerichtlichen Streitbeilegung, zurückgegriffen wird. Ursache hierfür ist deren Aufnahme in die gängigen Muster-Bauverträge sowie speziell in Großbritannien das dort gesetzlich vorgeschriebene Verfahren der *adjudication*.

Die vorstehende Beschreibung der Streitbeilegungsverfahren ist in Bild 5.13 schematisch zusammengefasst. Dargestellt sind die im britisch-angloamerikanisch orientierten Ausland hauptsächlich angewendeten Verfahren sowie deren Gegenstücke in Deutschland.

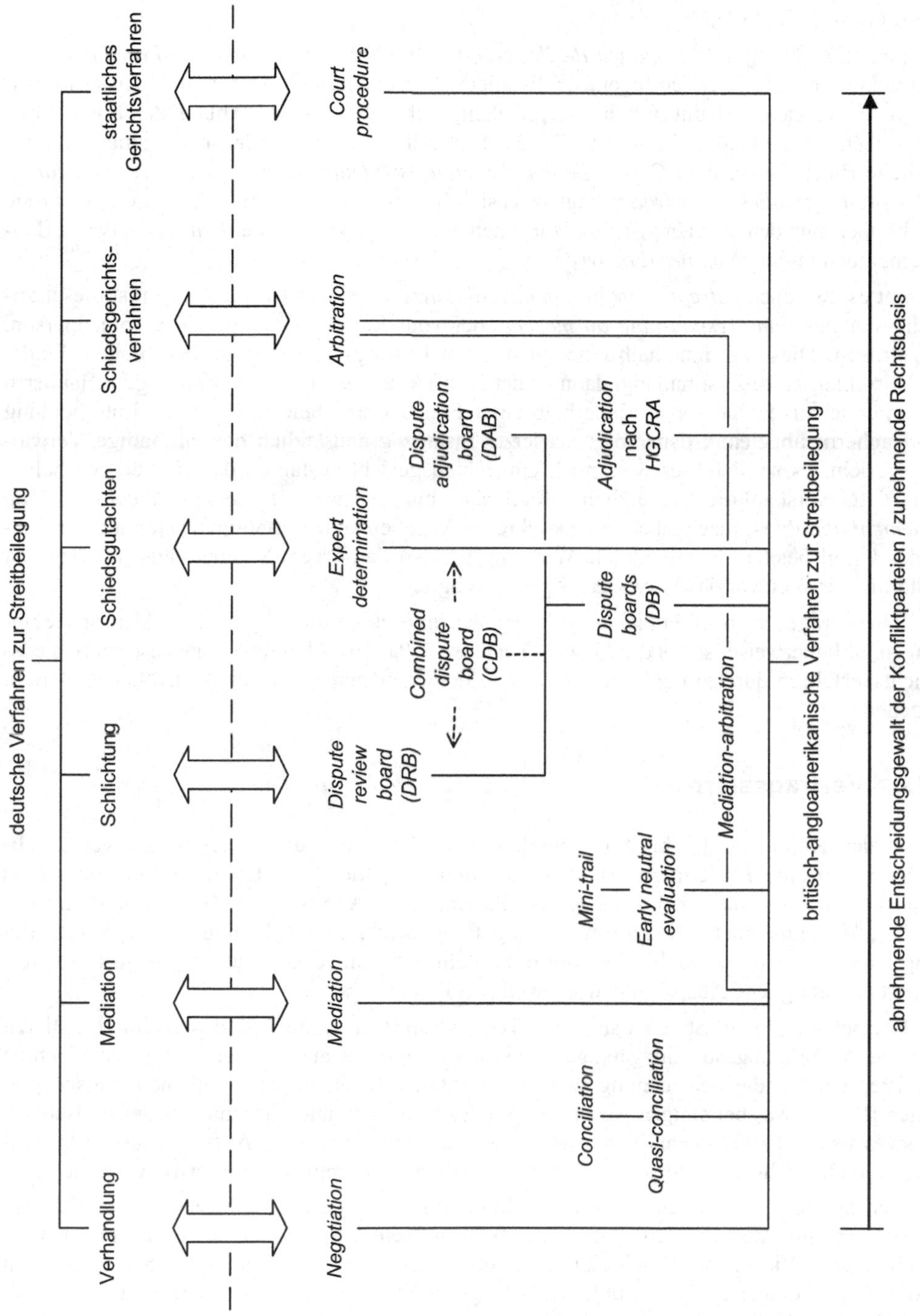

Bild 5.13: Gegenüberstellung der deutschen und britisch-angloamerikanischen Streitbeilegungsverfahren

Frankreich /F03/,/F05/

In Frankreich überträgt der *maître de l'ouvrage* = Bauherr oftmals dem *maître d'oeuvre* = Architekten bzw. Beratenden Ingenieur die alleinige Weisungsbefugnis in allen Ausführungsfragen. Er verzichtet damit auf die Möglichkeit, sich selbst in den Ablauf der Bauarbeiten einmischen zu können (siehe Kapitel 3.5.3). Den Allgemeinen Vertragsbedingungen für öffentliche Bauaufträge, dem *CCAG Cahier des clauses administratives générales applicables aux marchés publics de travaux*, liegt offensichtlich dieser Sachverhalt zugrunde, denn sie beschreiben nur den Verfahrensablauf für einen Konflikt zwischen dem *entrepreneur* = Bauunternehmen und dem *maître d'oeuvre.*

Kommt es zwischen *entrepreneur* und *maître d'oeuvre* zu einem Konflikt, dann ist dieser zunächst der *personne responsable du marché*, der vom Bauherrn benannten Ansprechperson, vorzutragen. Diese hat innerhalb einer Frist einen Lösungsvorschlag zu unterbreiten. Findet der Vorschlag keine Zustimmung, dann ist der Konflikt an den *maître de l'ouvrage* = Bauherrn weiterzureichen. Er hat sodann innerhalb einer Frist zu entscheiden. Wird die Entscheidung des Bauherrn abgelehnt, dann folgt als letzte Instanz grundsätzlich das zuständige Verwaltungsgericht, es sei denn, es wird noch ein Schiedsgerichtsverfahren dazwischen geschaltet. Das *CCAG* weist auf diese zusätzliche Möglichkeit hin–*intervention d'un comité consultatif de règlement amiable* -, macht aber keine konkreten Angaben zum Verfahren. Ein daraus resultierendes Urteil besitzt keine bindende Wirkung. Ist also das Ergebnis „unerwünscht", dann ist weiterhin der Weg vor das Verwaltungsgericht möglich.

Bei Bauaufträgen nicht-öffentlicher Auftraggeber empfehlen die Allgemeinen Vertragsbedingungen, üblicherweise ist das die *Norme Française P 03–001*, ebenfalls, zunächst ein Schiedsgerichtsverfahren durchzuführen und erst nach dessen Scheitern vor ein ordentliches Gericht zu gehen.

5.1.8 Vertragsstern

Die in den Kapiteln 5.1.2 bis 5.1.7 beschriebenen Parameter des Bauvertrages werden abschließend in einem „Vertragsstern" zusammengefasst (Bild 5.14). Er entsteht aus den sechs grundsätzlich voneinander unabhängigen Parametern „Auftraggeber-Typ", „Leistungsumfang", „Auftragnehmer-Einsatzform", „Vergütungsform", „Preisgleitung" und „Streitbeilegung", die durch sechs Strahlenbüschel dargestellt werden. Jeder Strahl eines Büschels verkörpert eine mögliche Ausprägung des jeweiligen Parameters.

Die Bezeichnungen der Strahlen sind zum Teil zweisprachig, zum Teil einsprachig. Existieren für eine Ausprägung sowohl gängige deutschsprachige als auch gängige englischsprachige Begriffe, dann ist die Bezeichnung zweisprachig. Gibt es keinen gebräuchlichen deutschsprachigen Begriff, was bei einigen Ausprägungen des britischen und/oder internationalen Bauvertragswesens der Fall ist, dann ist nur der englische angegeben. Beim Auftreten dieser Ausprägungen in Deutschland werden auch hier normalerweise die englischen Begriffe verwendet.

Der Vertragsstern verdeutlicht die Vielschichtigkeit von Bauverträgen. Er zeigt weiterhin, dass beim Bauen im Ausland Vertragsausprägungen auftreten, die bislang in Deutschland nicht üblich waren. Wie bei der Beschreibung der oben genannten sechs Parameter bereits erwähnt wurde, finden einige dieser Ausprägungen langsam Eingang in das deutsche Bauvertragswesen. *BOT*-Verträge, *cost target contracts* in Form von GMP-Verträgen (=Garantierter Maximalpreis) und Verfahren der außergerichtlichen Streitbeilegung sind zwar noch nicht „Standard", sind aber auch nicht mehr unbekannt.

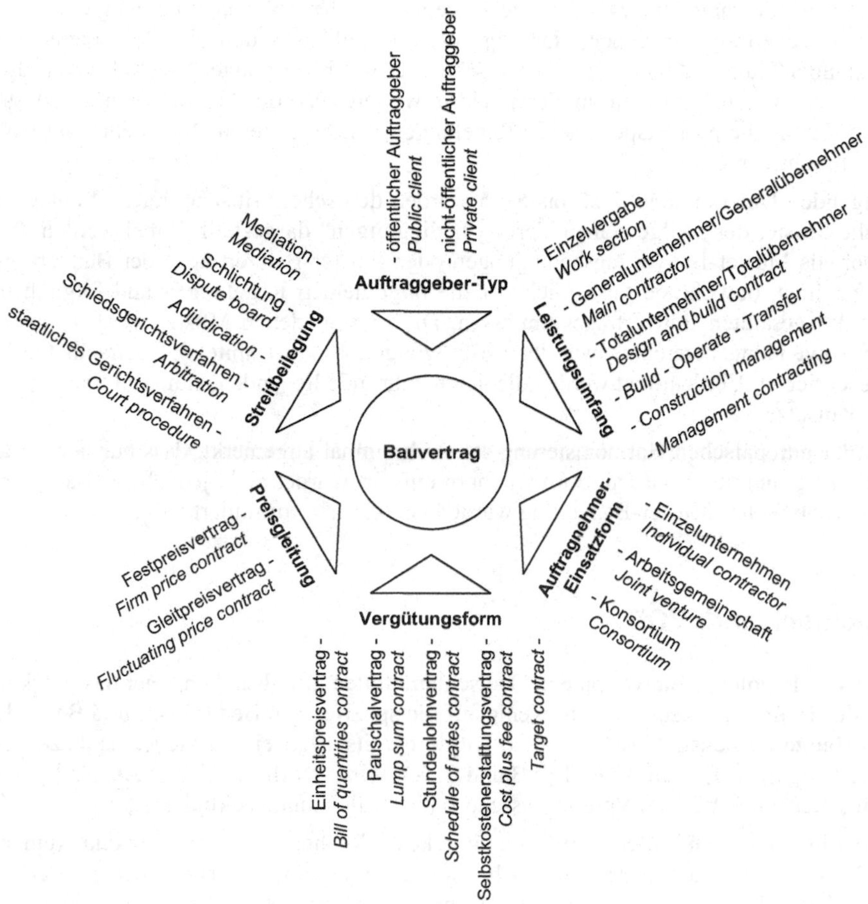

Bild 5.14: Vertragsstern: Bauvertragliche Parameter und ihre Ausprägungen

5.2 Bauvertragsmuster

5.2.1 Grundsätzliches

Ein Bauvertrag enthält normalerweise Regelungen, die üblicherweise bei allen Baumaßnahmen gleichartig vereinbart werden, und Regelungen, die projektspezifisch sind. Gleichartig geregelt ist beispielsweise oftmals die Mängelhaftung, projektspezifisch festgelegt sind immer die Ausführungsfristen. Innerhalb dieser Aufteilung sind weiterhin Regelungen mehr rechtlichen und Regelungen mehr technischen Inhaltes zu unterscheiden. Alle zusammen bilden den Bauvertrag.

Vorstehender Sachverhalt legt es nahe, die Regelungen, die üblicherweise in gleichartiger Form in die Bauverträge einfließen, einmalig zusammenzufassen und als „Allgemeine Vertragsbedingungen“ und „Allgemeine Technische Vertragsbedingungen“ den Bauverträgen unverändert beizufügen. Neu zu formulieren und in weiteren Vertragsdokumenten zu erfassen sind dann nur noch die projektspezifischen Regelungen. Diese weiteren Dokumente werden in Kapitel 5.3 beschrieben.

In den folgenden Unterkapiteln 5.2.2 bis 5.2.5 werden deutsche, britische, internationale und französische Muster der „Allgemeinen Vertragsbedingungen“ dargestellt. Dabei werden diese Muster auch als Muster-Bauvertragsbedingungen oder Muster-Bauverträge oder Bauvertragsmuster bezeichnet, obwohl sie tatsächlich nur die allgemeinen Regelungen und folglich nur einen Teil des gesamten Bauvertrages umfassen. Die verschiedenen Muster werden hinsichtlich ihrer Anwendungsbereiche sowie der Ausprägungen der in Kapitel 5.1 betrachteten Parameter beschrieben. Verdeutlicht werden die ihnen zugrunde liegenden, zum Teil unterschiedlichen Denkansätze.

Bezüglich der europäischen Harmonisierung sei noch einmal angemerkt, dass nur der Vergabeprozess für bestimmte öffentliche Aufträge harmonisiert wurde, nicht jedoch der Bauvertrag selbst. Ein europäischer Muster-Bauvertrag wurde bislang nicht formuliert.

5.2.2 Deutschland: VOB

Eine kurze Wiederholung: Bauverträge in Deutschland fallen grundsätzlich unter das Werkvertragsrecht des BGB. Da dieses aber nur wenig auf die spezifischen Bedürfnisse und Besonderheiten des Baugeschehens zugeschnitten ist, wurde bereits 1926 ein spezielles baubezogenes Vertragsmuster geschaffen, die VOB Teil B und C. Sie wird seit dieser Zeit in Abständen vom DVA–Deutschen Vergabe- und Vertragsausschuss für Bauleistungen aktualisiert.

Die VOB ist in allen ihren Teilen kein Gesetz und keine Rechtsverordnung, sie kann keinerlei Allgemeingültigkeit für sich in Anspruch nehmen. Damit sie gilt, bedarf es vielmehr der ausdrücklichen Vereinbarung zwischen Bauherrn und Bauunternehmer. Öffentlichen Bauherren ist ihre Anwendung verbindlich vorgeschrieben, private Bauherren können sie an Stelle eines BGB-Bauvertrages anwenden und tun dies auch in starkem Maße.

VOB/B umfasst die Allgemeinen Vertragsbedingungen. Entstanden ist sie aus den Bedürfnissen und Gegebenheiten der bauvertraglichen Praxis. Sie lässt in ihren Regelungen der Rechte und Pflichten der Vertragspartner erkennen, was im Baugeschehen als gewerbeüblich und für die Beteiligten als zumutbar anzusehen ist. In der Rechtsprechung besteht deshalb eine gewisse Tendenz, auch bei Streitfällen innerhalb von BGB-Bauverträgen die Grundregeln der VOB/B anzuwenden.

VOB/C umfasst die Allgemeinen Technischen Vertragsbedingungen, die so genannten ATV's oder DIN-Normen. Wird VOB Teil B vereinbart, dann wird Teil C automatisch Bestandteil des Bauvertrages. Angemerkt sei, dass VOB/C ebenso außerhalb des VOB-Vertrages große Bedeutung besitzt. Nach ihr wird auch bei einem BGB-Vertrag in der Regel beurteilt, ob die vom Bauunternehmen erbrachte Leistung den technischen Anforderungen entspricht und damit vertragsgerecht und mangelfrei ausgeführt wurde /D62/.

Zusammenfassend ist festzuhalten: In Deutschland gibt es einen Muster-Bauvertrag, die VOB. Er besteht aus zwei Teilen,

- einem mehr rechtlichen Teil, dem Teil B, und
- einem mehr technischen Teil, dem Teil C.

Muster-Bauvertrag im engeren Sinne ist die VOB/B (=DIN 1961). Ihr vollständiger Titel lautet:

- Vergabe- und Vertragsordnung für Bauleistungen–Teil B: Allgemeine Vertragsbedingungen für die Ausführung von Bauleistungen

Der Titel wird vom DIN Deutsches Institut für Normung e. V. wie folgt in die englische und französische Sprache übersetzt /D16/:

- *German construction contract procedures–Part B: General conditions of contract for the execution of building works*
- *Cahier des charges pour des travaux du bâtiment–Partie B: Conditions générales de contrat pour d'exécution des travaux du bâtiment*

Bemerkenswert ist, dass beide Übersetzungen die angelsächsischen und französischen Sprachgebräuche nicht berücksichtigen (siehe Kapitel 3.3.2 und 3.5.2). Sowohl *building works* als auch *travaux du bâtiment* bezeichnen Arbeiten zur Erstellung von Gebäuden, nicht aber Arbeiten zur Erstellung von Ingenieurbauwerken sowie Bauwerken des Tief- und Straßenbaus. Der Anwendungsbereich der VOB umfasst aber alle diese Arbeiten.

Die aktuelle VOB/B besitzt 18 Paragraphen. Sie sind in der deutsch- bzw. englischsprachigen DIN 1961 wie folgt betitelt:

§ 1	Art und Umfang der Leistung	=	*Nature and extent of work*
§ 2	Vergütung	=	*Remuneration*
§ 3	Ausführungsunterlagen	=	*Documentation*
§ 4	Ausführung	=	*Execution of work*
§ 5	Ausführungsfristen	=	*Period of completion of work*
§ 6	Behinderung und Unterbrechung der Ausführung	=	*Hindrance and interruption of work*
§ 7	Verteilung der Gefahr	=	*Distribution of risk*
§ 8	Kündigung durch den Auftraggeber	=	*Termination by client*
§ 9	Kündigung durch den Auftragnehmer	=	*Termination by contractor*
§ 10	Haftung der Vertragsparteien	=	*Liabilities of contracting parties*
§ 11	Vertragsstrafe	=	*Penalty*
§ 12	Abnahme	=	*Acceptance*
§ 13	Mängelansprüche	=	*Warranty claims*
§ 14	Abrechnung	=	*Settlement of accounts*
§ 15	Stundenlohnarbeiten	=	*Hourly wage work*
§ 16	Zahlung	=	*Payment*
§ 17	Sicherheitsleistung	=	*Surety*
§ 18	Streitigkeiten	=	*Disputes*

Die VOB/B ist für öffentliche Auftraggeber verbindlich, private Auftraggeber können sie anwenden und tun dies auch häufig. Gedanklich geht sie von einer Einzelvergabe auf der Grundlage eines Einheitspreisvertrags aus, die Weitervergabe von Teilleistungen an Subunternehmer

(=Nachunternehmer) sowie die Vereinbarung von Pauschal-, Stundenlohn- und Selbstkostenerstattungsverträgen ist aber möglich. Bezüglich der Auftragnehmer-Einsatzform erfolgt keine Aussage. Eine Preisgleitung ist grundsätzlich zulässig, eine Aussage über die Art und Weise ihrer Berücksichtigung fehlt jedoch. Ähnliches gilt für die Streitbeilegung. Ein außergerichtliches Verfahren ist nach § 18 Nr. 3 möglich, konkrete Hinweise zur Vorgehensweise werden aber nicht gegeben.

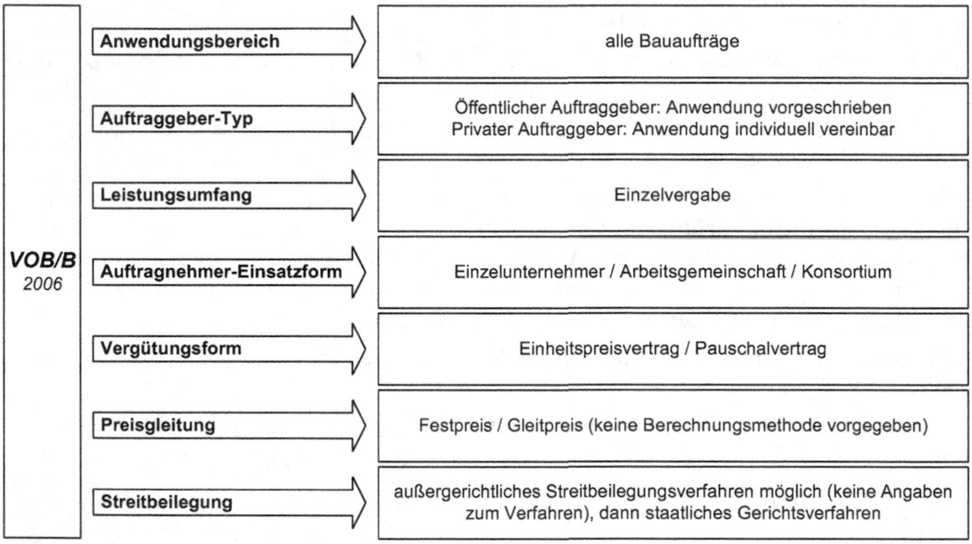

Bild 5.15: Anwendungsbereich und vorrangig gewählte Parameter-Ausprägungen des VOB-Vertrags

In Bild 5.15 werden der Anwendungsbereich und die Parameter der VOB/B zusammenfassend dargestellt. Zu beachten ist, dass bei den Parametern die vorrangig gewählten Ausprägungen angegeben werden, andere Ausprägungen aber durchaus möglich sind.

5.2.3 Großbritannien: *JCT–ICE–NEC*

Im Gegensatz zu Deutschland gibt es in Großbritannien nicht „den" Muster-Bauvertrag, eine britische „VOB", es gibt vielmehr eine ganze Reihe von Muster-Bauverträgen. Ursache hierfür ist die Rechtstradition im Bereich des gesamten Auftragswesens. Selbst die Rechtsgrundlagen des öffentlichen Vergabewesens beruhten früher nicht auf einheitlichen gesetzlichen Regelungen, sondern auf Gewohnheitsrecht. Lokale und zentrale Behörden besaßen kein gemeinsames Vergaberecht und keine gemeinsame Vergabepraxis. Erst ab 1972 wurden für den Bereich der öffentlichen Bauvergabe schrittweise verbindliche Vorschriften geschaffen (siehe Kapitel 4.3.1). Damit verbunden ist aber kein einheitlicher Muster-Bauvertrag.

Als Folge der langjährigen dezentralen Entwicklung existieren diverse Mustervertragsbedingungen. Sie werden herausgegeben von staatlichen Organisationen, Ingenieurverbänden und Ausschüssen, die dem Deutschen Vergabe- und Vertragsausschuss für Bauleistungen ähneln.

Am weitesten verbreitet sind

die *JCT Contracts* im Bereich der *building works*,

die *ICE Contracts* im Bereich der *civil engineering works* und

die *NEC Contracts* in beiden Bereichen (Bild 5.16).

Hinter den drei Bezeichnungen verbergen sich jeweils ganze „Familien" von unterschiedlichen Muster-Bauverträgen. Diese können hier nicht alle einzeln betrachtet werden. Beschrieben wird jeweils nur der Vertrag, der normalerweise bei „klassischen" Bauaufträgen, d. h. bei der Vergabe von reinen Bauleistungen, Anwendung findet.

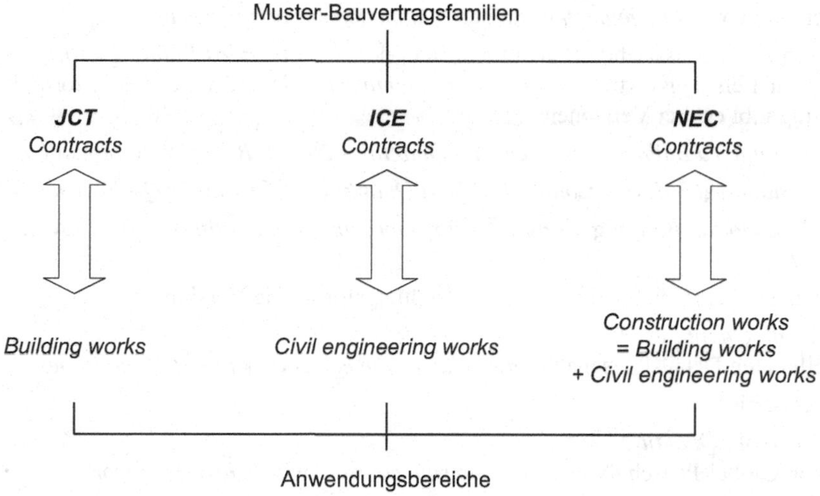

Bild 5.16: Britische Muster-Bauvertragsfamilien und ihre Anwendungsbereiche

Anzumerken ist, dass es neben diesen drei Vertragsfamilien noch die *GC/Works/1 = General Conditions of Government Contract for Building and Civil Engineering Major Works* /G17/ gibt. Diese von staatlicher Seite herausgegebene Vertragsfamilie ist jedoch nur für zentrale Regierungsorgane geeignet. Sie wird deshalb hier nicht weiter beschrieben /G39/.

Den nachfolgenden Betrachtungen der drei Familien ist vorauszuschicken, dass in den letzten Jahren in Großbritannien eine für das Beziehungsgefüge der am Bau Beteiligten relevante gedankliche Entwicklung stattgefunden hat. Ausgelöst durch die Krise der britischen Bauwirtschaft um 1990 herum und angeregt durch eine sehr stark beachtete Studie, den 1994 erschienenen *Latham Report* /G41/, hat im Baubereich der Teamgedanke starke Verbreitung gefunden. Als Folge enthalten seit Mitte bzw. Ende der 1990er Jahre alle drei Vertragsfamilien konfliktvermindernde Regelungen und erfolgversprechende Mechanismen zur schnellen Streitbeilegung. Gestärkt wurde diese Entwicklung durch eine zweite Studie, den 1998 erschienenen *Egan Report* /G31/. Auch er forderte neben gesamtwirtschaftlichen Verbesserungen eine stärkere partnerschaftliche Zusammenarbeit der am Bau Beteiligten.

JCT Standard Building Contract 2005 *(Revision 2009)* /G10/

Das *JCT Joint Contract Tribunal* ist eine 1931 gegründete Vereinigung, der Vertreter von Architekten-, Ingenieur- und *quantity surveyor*-Verbänden, Bauunternehmensverbänden sowie Verbänden öffentlicher und privater Bauherren angehören. Die Vereinigung hat seit 1939 eine Vielzahl von Musterverträgen für *building works* (siehe Kapitel 3.3.2) geschaffen und immer wieder aktualisiert. Sie sind in diesem Bereich am weitesten verbreitet /G26/,/G44/.

Die *JCT*-Vertragsfamilie mit ihren insgesamt etwa 30 Musterverträgen /G11/ ist in drei Vergabebereiche (Vergabe = Einkauf = *procurement*) gegliedert:

- Vergabe klassischer Bauverträge = *traditional procurement*
- Vergabe gekoppelter Planungs- und Bauverträge = *design and build procurement*
- Vergabe von *Management*-Verträgen = *management procurement*

Im Zentrum der klassischen Bauverträge steht der *JCT Standard Building Contract 2005*. Von diesem für Leistungsverträge = *price based contracts* (siehe Kapitel 5.1.5) formulierten Mustervertrag gibt es drei Versionen:

- *JCT Standard Building Contract with Quantities 2005 (SBC/Q)–Revision 2009*
- *JCT Standard Building Contract without Quantities 2005 (SBC/XQ)–Revision 2009*
- *JCT Standard Building Contract with approximate Quantities 2005 (SBC/AQ)–Revision 2009*

Sie unterscheiden sich hinsichtlich der Vergütungsform. Die Version

. . . *with Quantities*
stellt einen Detail-Pauschalvertrag = *lump sum contract with bill of quantities*

und die Version

. . . *without Quantities*
einen Global-Pauschalvertrag = *lump sum contract with schedule of works*

dar. Die Version

. . . *with approximate Quantities*
schließlich beinhaltet den Einheitspreisvertrag = *bill of quantities contract* /G42/.

Die vorstehend gewählte Reihenfolge der drei Versionen soll andeuten, dass in erster Linie die Vertragsversionen . . . *with Quantities* und . . . *without Quantities* gewählt werden. Gedanklich liegt den Verträgen die Vergabe an einen Generalunternehmer oder -übernehmer zugrunde. Sie spiegeln damit die in Großbritannien bei Hochbauprojekten traditionell am weitesten verbreitete Vergabeform wieder. Die häufige Wahl des Pauschalvertrages und der GU/GÜ-Vergabe machen deutlich, dass britische Bauherren eine Minimierung ihres Kostenrisikos und eine möglichst geringe Zahl an Vertragsverhältnissen bevorzugen.

Der „Normalfall" des klassischen Bauvertrages ist demnach der *JCT Standard Building Contract with Quantities 2005*. Hinsichtlich des Umfangs und des Inhalts übertrifft dieser Mustervertrag die VOB/B deutlich. Die 113 eng bedruckten DIN A4-Seiten gliedern sich wie folgt:

- *Articles of Agreement* = Muster der Vertragsurkunde
- *Conditions:*

  Section 1: *Definitions and Interpretation* = Definitionen und Interpretation

  Section 2: *Carrying out the Works* = Ausführung

  Section 3: *Control of the Works* = Überwachung

Section 4:	*Payment*	=	Zahlung
Section 5:	*Variations*	=	Änderungen
Section 6:	*Injury, Damage and Insurance*	=	Sicherheit, Schaden und Versicherung
Section 7:	*Assignment, Third Party Rights and Collateral Warranties*	=	Abtretung, Rechte Dritter und zusätzliche Sicherheiten
Section 8:	*Termination*	=	Kündigung
Section 9:	*Settlement of Disputes*	=	Streitbeilegung

- *Schedules* = Anhang mit verschiedenen Zusatzvereinbarungen und Formblättern, unter anderem einer Preisgleitklausel

Der *JCT Standard Building Contract 2005* ist sowohl für öffentliche als auch für private Auftraggeber konzipiert, für beide ist die Anwendung freiwillig. Gedanklich geht er von einer GU-/GÜ-Vergabe auf der Grundlage eines Pauschalvertrages aus, die Vereinbarung von Einheitpreis-, Stundenlohn- und Selbstkostenerstattungsverträgen ist aber möglich. Bezüglich der Auftragnehmer-Einsatzform erfolgt keine Aussage. Kostenänderungen können durch eine Indexklausel erfasst werden. Für den Streitfall ist standardmäßig das staatliche Gerichtsverfahren vorgesehen. Ihm muss aber die gesetzlich vorgeschriebene *adjudication* vorangehen (siehe Kapitel 5.1.7). Als weitere Wege zur Streitbeilegung werden *mediation* und *arbitration* genannt, sie werden aber nicht näher beschrieben.

In Bild 5.17 werden der Anwendungsbereich und die Parameter des *JCT Standard Building Contract with Quantities* zusammenfassend dargestellt. Zu beachten ist, dass bei den Parametern die vorrangig gewählten Ausprägungen angegeben werden, andere Ausprägungen aber

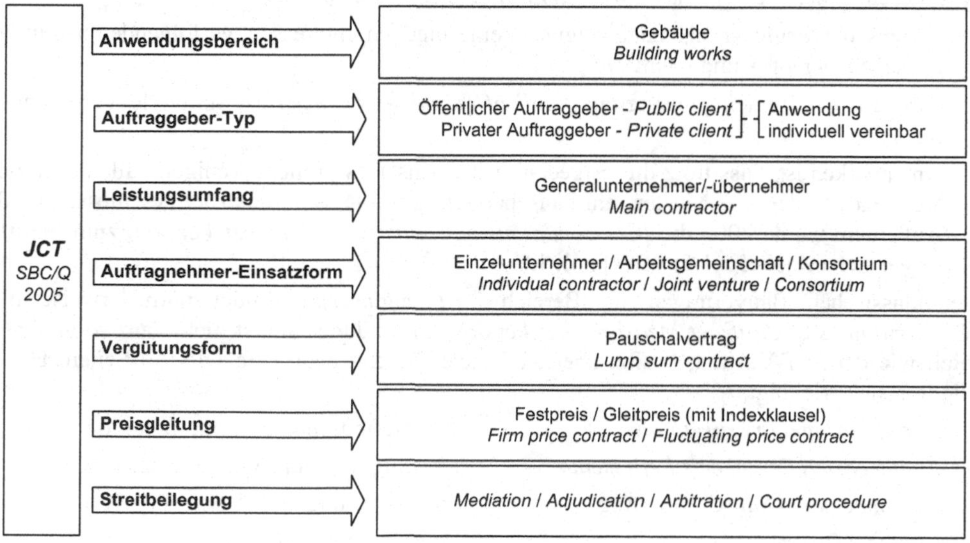

Bild 5.17: Anwendungsbereich und vorrangig gewählte Parameter-Ausprägungen des *JCT Standard Building Contracts*

durchaus möglich sind. Sollte man als Anwender andere Ausprägungen wünschen, dann sollte man auch prüfen, ob nicht ein anderer *JCT Contract* besser geeignet ist. Insgesamt soll das Bild verdeutlichen, welche Vereinbarungen viele Anwender mit diesem Vertrag gedanklich verbinden.

ICE Conditions of Contract, 7th Edition *(September 1999)* /G12/,/G13/

Wegen des sehr langen Titels *ICE Conditions of Contract and Forms of Tender, Agreement and Bond for Use in Connection with Works of Civil Engineering Construction Measurement Version* wird dieser Mustervertrag normalerweise nur mit dem abgekürzten Namen *ICE Conditions of Contract Measurement Version* oder noch kürzer mit *ICE Conditions of Contract* bezeichnet. Er wurde erstmalig 1945 veröffentlicht und liegt seit 1999 in der 7. Auflage vor. Herausgegeben wird der Vertrag von der *Institution of Civil Engineers (=ICE),* der *Association of Consulting Engineers* und der *Civil Engineering Contractors Association.* Neben diesem zentralen Vertragsmuster gibt es noch sieben weitere. Genannt, aber hier nicht weiter beschrieben seien die *ICE Design and Construct Conditions of Contract* /G14/ und die *ICE Conditions of Contract Target Cost Version* /G15/.

Im Bereich der *civil engineering works* (siehe Kapitel 3.2.2) sind die *ICE*-Verträge am weitesten verbreitet. Gedanklich gehen sie von tiefbauorientierten Ingenieurbauwerken (*=permanent works*) verbunden mit umfangreichen Bauhilfsmaßnahmen (*=temporary works*) und/oder hohen Gerätekosten aus. Es wird angenommen, dass es bei der Abwicklung derartiger Baumaßnahmen häufig zu qualitativen und quantitativen Problemen kommt, die vorher nicht erkennbar waren und deren Risiken in gerechter Weise auf Bauherrn und Bauunternehmer aufzuteilen sind. Britische Bauherren und Bauunternehmer gehen also bei einer Baumaßnahme im Bereich *civil engineering works* grundsätzlich davon aus, dass es zu einer erheblichen Anzahl von Änderungen = *variations* gegenüber der ursprünglichen Planung kommen wird.

Aus diesem gedanklichen Ansatz werden zwei Erfordernisse abgeleitet:

- Erstens der *engineer* als unabhängige, keine eigenen Interessen verfolgende Institution zwischen *employer* und *contractor.*
- Zweitens der Einheitspreisvertrag = *bill of quantities contract* als sinnvolle Vergütungsform.

  Anzumerken ist, dass trotz dieses gedanklichen Ansatzes in nicht wenigen Fällen auch bei Verwendung des *ICE*-Musters ein Pauschalvertrag = *lump sum contract* geschlossen wird. Außerdem wurde 2006 die *ICE Conditions of Contract Target Cost Version* (zum Begriff *target* siehe Kapitel 5.1.5) veröffentlicht.

Bei klassischen Bauverträgen im Bereich *civil engineering* findet normalerweise die *ICE Conditions of Contract Measurement Version* Anwendung. Sie ist nicht ganz so umfangreich wie der *JCT*-Vertrag, besitzt aber auch noch 74 eng bedruckte DIN A4-Seiten. Diese gliedern sich wie folgt:

- *Definitions and Interpretation* = Definitionen und Interpretation
- *Engineer and Engineer's Representative* = *Engineer* und Vertreter des *engineers*
- *Assignment and Sub-Contracting* = Abtretung und Weitervergabe
- *Contract Documents* = Vertragsdokumente
- *General Obligations* = Allgemeine Verpflichtungen
- *Materials and Workmanship* = Materialien und Ausführung der Arbeiten

– *Commencement Time and Delays*	=	Beginn der Arbeiten und Verzug
– *Liquidated Damages for Delay*	=	Vertragsstrafe bei Verzug
– *Certificate of Substantial Completion*	=	Fertigstellungsbescheinigung
– *Outstanding Work and Defects*	=	Ausstehende Arbeiten und Mängel
– *Alterations Additions and Omissions*	=	Änderungen, Zusätze und Wegfall
– *Property in Materials and Contractor's Equipment*	=	Tauglichkeit des Materials und des Geräts des Auftragnehmers
– *Measurement*	=	Mengenermittlung
– *Provisional and Prime Cost Sums and Nominated Sub-Contracts*	=	Beträge für Unvorhergesehenes und *nominated subcontracts*
– *Certificates and Payment*	=	Bescheinigungen und Zahlungen
– *Remedies and Powers*	=	Rechtsmittel und Befugnisse
– *Avoidance and Settlement of Disputes*	=	Vermeidung und Beilegung von Streit
– *Application to Scotland and Northern Ireland*	=	Anwendung in Schottland und Nord-Irland
– *Notices*	=	Mitteilungen
– *Tax Matters*	=	Steuern
– *The Construction (Design and Management) Regulations 1994 (=CDM Regulations 1994)*	=	Sicherheit und Gesundheitsschutz auf Baustellen
– *Special Conditions*	=	Zusätzliche Bedingungen

Anhang mit:

– *Form of Tender*	=	Muster des Angebotsformulars
– *Appendix to Form of Tender*	=	Anhang zum Angebotsformular
– *Form of Agreement*	=	Muster des Vertragsformulars
– *Form of Bond*	=	Muster der Bürgschaft
– *Contract Price Fluctuations Clause*	=	Gleitpreisvereinbarung

In der gültigen 7. Auflage des Vertragsmusters wurde 2004 durch ein Rundschreiben der Streitfall neu geregelt /G13/. Aus dem traditionellen Aufgabenspektrum des *engineers* wurde die Schlichteraufgabe herausgenommen und einem externen Schlichter oder Schlichtergremium übertragen.

Die *ICE Conditions of Contract Measurement Version* ist sowohl für öffentliche als auch für private Auftraggeber konzipiert, für beide ist die Anwendung freiwillig. Gedanklich geht sie von einer GU-/GÜ-Vergabe auf der Grundlage eines Einheitspreisvertrages aus, die Vereinbarung von Pauschal-, Stundenlohn- und Selbstkostenerstattungsverträgen ist aber möglich. Bezüglich der Auftragnehmer-Einsatzform erfolgt keine Aussage. Kostenänderungen können durch eine Indexklausel erfasst werden. Für den Streitfall sind nur außergerichtliche Verfahren vorgesehen, nämlich *conciliation*, *mediation*, *adjudication* und *arbitration*. Spätestens die *arbitration* schließt mit einem bindenden Urteil. Damit es gar nicht erst zu diesen Verfahren kommt, ist weiterhin im Vorfeld eine *advance warning* vorgeschrieben. Sie ist bei Erkennen eines möglicherweise Streit auslösenden Sachverhaltes zwischen den Vertragsparteien auszutauschen.

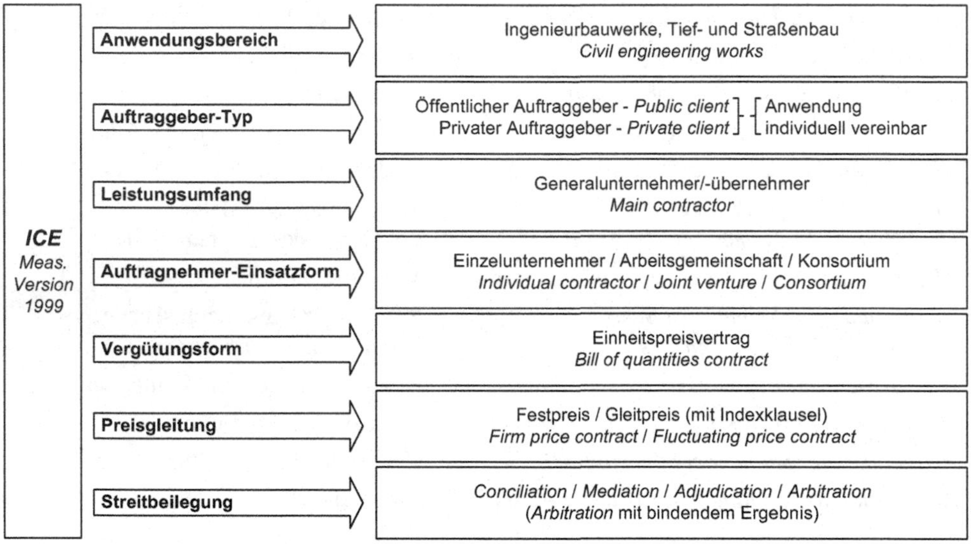

Bild 5.18: Anwendungsbereich und vorrangig gewählte Parameter-Ausprägungen der *ICE Conditions of Contract Measurement Version*

In Bild 5.18 werden der Anwendungsbereich und die Parameter der *ICE Conditions of Contract Measurement Version* zusammenfassend dargestellt. Zu beachten ist, dass bei den Parametern die vorrangig gewählten Ausprägungen angegeben werden, andere Ausprägungen aber durchaus möglich sind. Sollte man als Anwender andere Ausprägungen wünschen, dann sollte man auch prüfen, ob nicht ein anderer *ICE Contract* besser geeignet ist. Insgesamt soll das Bild verdeutlichen, welche Vereinbarungen viele Anwender mit diesem Vertrag gedanklich verbinden.

NEC3 Engineering and Construction Contract (2005) /G16/

Der sowohl für *building works* als auch für *civil engineering works* konzipierte Mustervertrag wurde von der *ICE Institution of Civil Engineers* erstmals 1993 mit der Bezeichnung *NEC New Engineering Contract* herausgegeben. Die zweite Auflage erschien 1995 und hieß *ECC Engineering and Construction Contract*. 2005 folgte die derzeit aktuelle dritte Auflage mit dem Namen *NEC3 Engineering and Construction Contract*. Durch *Engineering and Construction* soll das breite Anwendungsgebiet vom reinen Bauvertrag über den Anlagenbauvertrag bis hin zum Totalübernehmervertrag und *management contract* zum Ausdruck gebracht werden.

Die Grundidee des *NEC* lässt sich in drei Sätzen zusammenfassen /G32/,/G40/:

- Der Vertrag soll für jeden Abschnitt eines jeden Bau- und Anlagenbauprojektes geeignet sein.
- Die Verwendung des Vertrags soll eine reibungslose Abwicklung der Projekte fördern.
- Das Vertragsdokument soll einfach, klar, in allgemeinverständlicher Sprache und ohne Querverweise abgefasst sein.

Herausragendes Merkmal des *NEC* ist der vertraglich formulierte partnerschaftliche und vertrauensvolle Umgang der am Projekt Beteiligten. Bereits bei der Erstfassung 1993 wurde auf die damals in britisch-angloamerikanischen Bauverträgen noch weit verbreitete Schiedsrichterfunktion des *engineers* bzw. *architects* verzichtet. Stattdessen wurde ein vom Bauherrn und Bauunternehmer üblicherweise gemeinsam ausgesuchter und in einem separaten Vertrag verpflichteter Schlichter = *adjudicator* eingeführt.

Erwähnenswert ist weiterhin, dass die britische *subcontractor*-Besonderheit, der *nominated subcontractor*, im *NEC* nicht vorgesehen ist.

Mit dem *NEC* wird der gesamte Bereich der Bau- und Anlagenbauverträge abgedeckt. Erreicht wird dies, indem alternative Vertragsteile angeboten werden, aus denen im konkreten Fall die gewünschten auszuwählen und zu einem in sich schlüssigen Vertrag zusammenzufügen sind.

Der *NEC3 Engineering and Construction Contract* stellt insgesamt 23 umfangreiche Hefte zur Verfügung. Sie enthalten erstens eine Zusammenstellung aller zu kombinierenden Vertragsteile, zweitens fertig ausgearbeitete Fassungen der sechs so genannten *main options* A bis F sowie drittens Erläuterungen und eine Vielzahl von Flussdiagrammen. Durch die Flussdiagramme, in denen die „ordnungsgemäße" Kommunikation der am Bau Beteiligten verdeutlicht wird, soll der vertraglich geforderte partnerschaftliche und vertrauensvolle Umgang unterstützt werden. Das gegenseitige Verständnis soll zusätzlich gefördert werden durch eine vereinfachte Ausdrucksweise der Vertragsteile. Vermieden wird deshalb die komplizierte und antiquierte englische Juristensprache.

Die Formulierung eines konkreten Vertrages erfolgt in einem Zweischritt: Im ersten ist eine der sechs *main options* festzulegen:

- A *Priced contract with activity schedule*
- B *Priced contract with bill of quantities*
- C *Target contract with activity schedule*
- D *Target contract with bill of quantities*
- E *Cost reimbursable contract*
- F *Management contract*

Der den Verträgen A und C zugrunde liegende *activity schedule* ist ein Bauprogramm mit Leistungsabschnitten und Terminen für Abschlagszahlungen. Er wird vom Bieter aufgestellt und gepreist. Bei Vertrag A wird die gesamte Auftragssumme auf die einzelnen Leistungsabschnitte aufgeteilt. Vertrag A ist folglich ein *lump sum contract.* Bei Vertrag C wird die Auftragssumme aufgeteilt in die geplanten Selbstkosten für die Leistungsabschnitte und einen Zuschlag für die allgemeinen Geschäftskosten sowie Wagnis und Gewinn. Vergütet werden später die tatsächlichen Selbstkosten sowie der Zuschlag, der in Abhängigkeit von der Unterschreitung bzw. Überschreitung der geplanten Auftragssumme variiert. Vertrag C ist folglich ein *cost target contract* (siehe Kapitel 5.1.5).

Mit der Wahl der *main option* wird ein Grundgerüst von neun *core clauses* = Kernklauseln festgelegt. Es sind dies:

Clause 1:	*General*	=	Allgemeines
Clause 2:	*The Contractor's main responsibilities*	=	Hauptverantwortungsbereich des *contractors*
Clause 3:	*Time*	=	Zeiten
Clause 4:	*Testing and Defects*	=	Tests und Mängel

Clause 5:	*Payment*	=	Zahlungen
Clause 6:	*Compensation events*	=	Entschädigungsfälle
Clause 7:	*Title*	=	Eigentumsrecht
Clause 8:	*Risks und insurance*	=	Risiken und Versicherung
Clause 9:	*Termination*	=	Kündigung

Vervollständigt wird der erste Schritt durch die Wahl einer *dispute resolution procedure*.

Im zweiten Schritt ist das Grundgerüst durch die Wahl von *secondary options* zu verfeinern. Bild 5.19 zeigt die verschiedenen *options* und verdeutlicht, dass nicht alle Kombinationen möglich sind.

Wie die Beschreibung der beiden Schritte verdeutlicht, ist bei der *NEC3*-Vertragsfamilie das Prinzip dauerhaft formulierter, paralleler Musterverträge aufgehoben. Die Familie besteht aus einem „Baukasten" mit „Elementen", aus denen auftragsbezogen ein geeigneter Vertrag zusammengesetzt wird. Auf freiwilliger Basis anwenden können den Baukasten sowohl öffentliche als auch private Auftraggeber.

Wird ein klassischer Bauvertrag benötigt, dann bietet sich im ersten Schritt *main option* B an. Die anschließende Wahl der *dispute resolution procedure* ist einfach: W1 ist außerhalb, W2 innerhalb Großbritanniens anzuwenden. Nicht mehr so einfach ist der zweite Schritt, die Wahl der *secondary options*. Da *NEC* ein möglichst großes Anwendungsgebiet abdecken soll, wird durch die *secondary options* ein breites Spektrum alternativer Detailvereinbarungen angeboten. Besteht ein Auftrag nur aus Bauleistungen, dann bieten sich die Einzelvergabe oder die Vergabe an einen Generalunternehmer oder -übernehmer auf der Grundlage eines Einheitspreis- oder Pauschalvertrages an. Bezüglich der Auftragnehmer-Einsatzform erfolgt keine Aussage. Kostenänderungen können durch eine Indexklausel erfasst werden. Für den Streitfall ist zunächst die *adjudication* vorgeschrieben. Kommt es zu keiner Einigung, folgt ein *tribunal* mit bindendem Urteil. Das *tribunal* ist nicht weiter definiert, es kann in Form einer *arbitration* oder *court procedure* erfolgen. Damit es gar nicht erst zur *adjudication* kommt, ist im Vorfeld eine *early warning* vorgeschrieben. Sie ist bei Erkennen eines möglicherweise Streit auslösenden Sachverhaltes zwischen den Vertragsparteien auszutauschen.

In Bild 5.20 werden der Anwendungsbereich und die Parameter des *NEC3 Engineering and Construction Contracts* zusammenfassend dargestellt. Zu beachten ist, dass bei den Parametern die für einen klassischen Bauvertrag normalerweise gewählten Ausprägungen angegeben werden, andere Ausprägungen aber durchaus möglich sind. Sollte man als Anwender andere Ausprägungen wünschen, dann sollte man auch prüfen, ob nicht eine Kombination anderer *main* und *secondary options* besser geeignet ist.

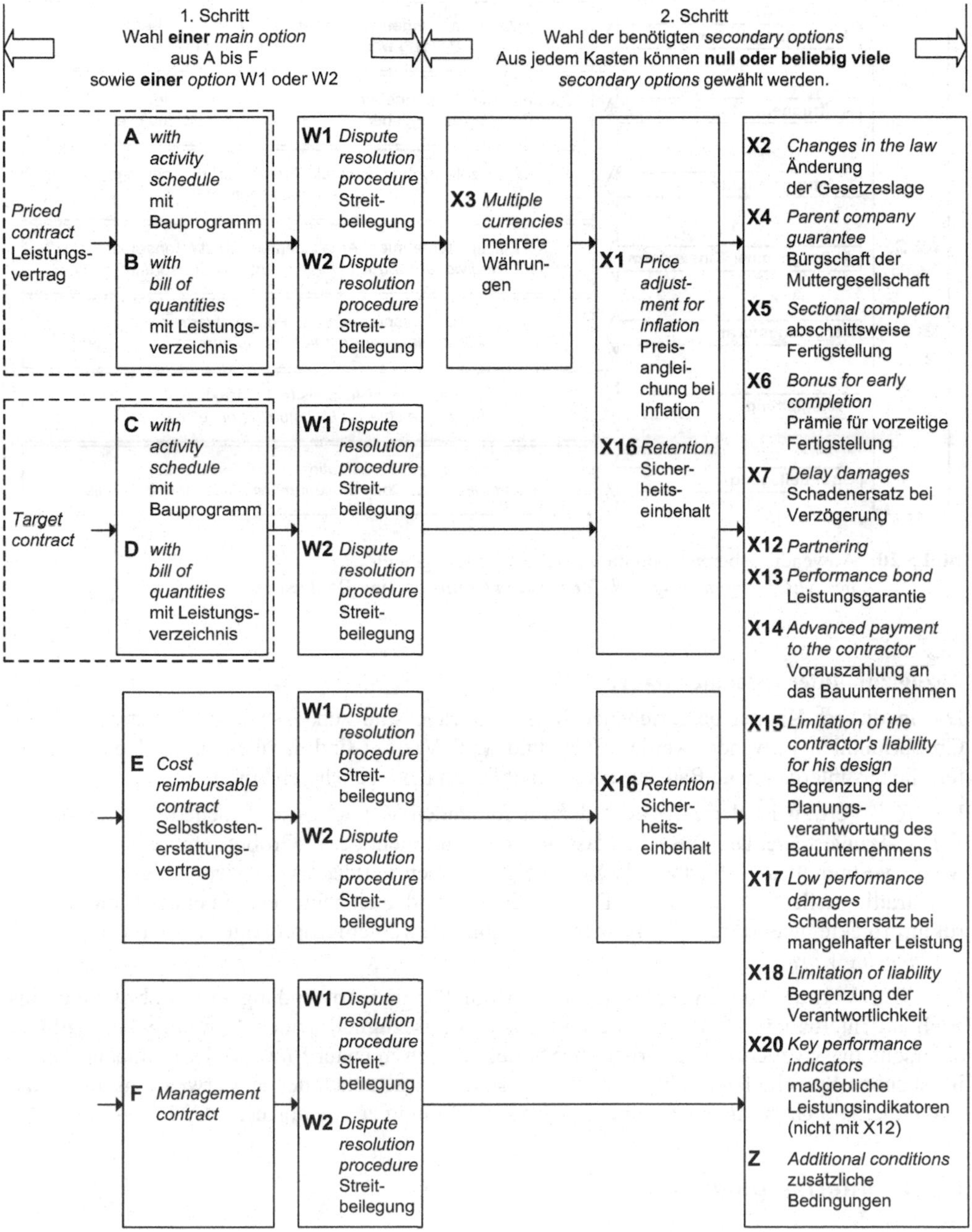

Bild 5.19: Zusammenstellung von *NEC3*-Bauverträgen (nach /G16/)

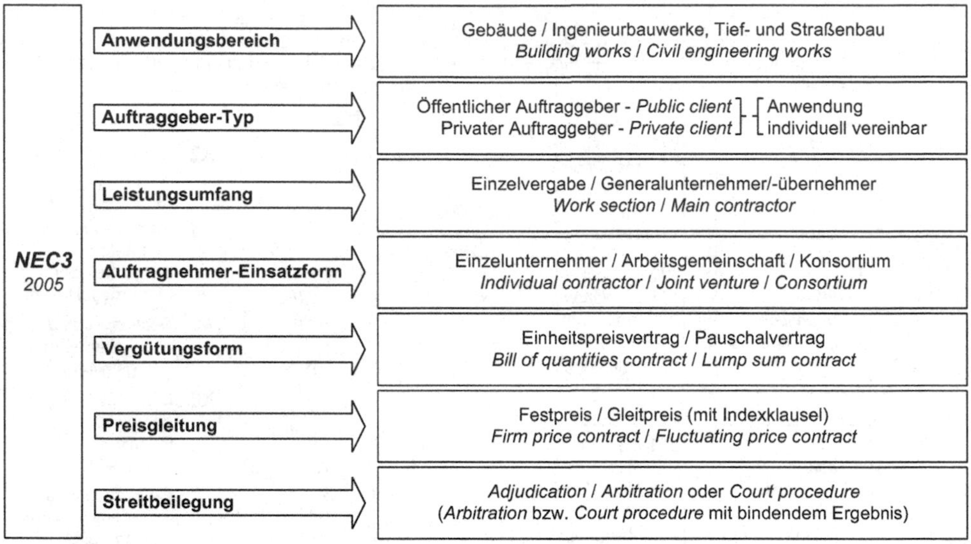

Bild 5.20: Anwendungsbereich und Parameter-Ausprägungen eines *NEC3 Engineering and Construcion Contracts* (nur Bauleistungen)

Bezug zum internationalen Bauen

Die in diesem Kapitel beschriebenen Musterverträge sind zunächst einmal Verträge, die in Großbritannien verwendet werden. *ICE*- und *NEC*-Vertrag sind darüber hinaus Vertragsmuster, die das internationale Bauen stark geprägt haben bzw. zunehmend prägen.

Der *ICE*-Vertrag ist der „Urvater" der im folgenden Kapitel beschriebenen internationalen *FIDIC*-Bauverträge. Die Tatsache, dass der *ICE*- und nicht der in Großbritannien zahlenmäßig weiter verbreitete *JCT*-Vertrag als Vorlage genommen wurde, erklärt sich aus den Projekten des „traditionellen" Auslandsbaus. Dies waren und sind auch heute noch in erster Linie Infrastrukturprojekte wie Häfen, Verkehrsanlagen und Bewässerungsprojekte, also typische *civil engineering works*.

Der *NEC*-Vertrag wurde von Anfang an sowohl für eine Anwendung in Großbritannien als auch im internationalen Baugeschehen konzipiert. Bezüglich seiner Anwendbarkeit gibt es einerseits massive Kritik von juristischer Seite, die sich in erster Linie an der einfachen, nichtjuristischen Sprache festmacht. Andererseits scheint eine zunehmende Verwendung innerhalb und außerhalb Großbritanniens eine gewisse Zustimmung zu signalisieren /G32/,/G46/,/G47/.

5.2.4 International: *FIDIC*

Die *FIDIC Fédération Internationale des Ingénieurs-Conseils* (deutsche Bezeichnung: Internationale Vereinigung Beratender Ingenieure) wurde 1913 auf französische Initiative hin gegründet. Ihr Sitz ist im französischsprachigen Teil der Schweiz, in Genf. Aus dieser Tradition heraus ist zu erklären, dass trotz der im internationalen Bauen weitgehenden Verbreitung der englischen Sprache und britischen Denkweisen die französische Bezeichnung beibehalten wurde. Deutschland war von Anfang an Mitglied der Vereinigung, Großbritannien trat 1948 und die USA erst 1959 bei. Im Jahr 2009 gehören der *FIDIC* Ingenieurverbände aus 81 Staaten an.

Die erste Auflage der *FIDIC*-Bauvertragsbedingungen wurde 1957 gemeinsam mit der *FIBTP Fédération Internationale du Bâtiment et des Travaux Public*, dem heutigen europäischen Bauunternehmensverband *FIEC Fédération de l'Industrie Européenne de la Construction*, herausgegeben. Vorbild waren die Vertragsbedingungen der britischen *ICE Institution of Civil Engineers*, sie wurden nur wenig abgewandelt. Im Wesentlichen wurden Klauseln zur Vereinbarung der Vertragssprache, der Vertragswährung und des anzuwendenden Rechts eingefügt. Wegen ihres roten Einbandes wurden die *FIDIC Conditions of Contract* sehr bald als *red book* bezeichnet. Obwohl die Bedingungen auf Grund ihrer Historie stark *civil engineering*-lastig waren, wurden sie von Anfang an auch für *building works* eingesetzt.

1969 erschien die zweite Auflage. Sie unterschied sich von der Vorgängerfassung nur dadurch, dass zusätzlich spezielle Regelungen für Nassbagger- und Landgewinnungsarbeiten, so genannte *dredging and reclamation works*, aufgenommen wurden. Ursache hierfür war der Sachverhalt, dass damals international ausgeschriebene Projekte häufig derartige Leistungen beinhalteten.

In den folgenden Jahren wurde die aus den *ICE*-Vertragsbedingungen übernommene zentrale Stellung des *engineers* (siehe Kapitel 3.3.3 und 3.4.2) mehr und mehr kritisiert. Es kam deshalb 1977 zu einer dritten Auflage, in der die herausgehobene Stellung des *engineers* zwar bestehen blieb, seine Rechte und Pflichten wurden aber konkretisiert.

Die vierte Auflage wurde 1987 vorgelegt. Ihr zuzurechnen sind zwei 1988 und 1992 erschienene, mit einigen Anmerkungen versehene Nachdrucke. Auch diese vierte Auflage stand in der Tradition ihrer drei Vorgängerinnen. Die Rollenverteilung zwischen *employer*, *contractor* und *engineer* blieb im Wesentlichen erhalten.

Neben dem *red book* für Bauverträge wurden im Laufe der Jahre zwei weitere *FIDIC*-Verträge erarbeitet. Es waren das *yellow book* für den Anlagenbau, welches 1987 in der dritten Auflage herausgegeben wurde, und das 1995 veröffentlichte *orange book* für schlüsselfertige Bauprojekte.

In der zweiten Hälfte der 1990er Jahre erfuhr die *FIDIC*-Vertragsfamilie eine grundlegende Überarbeitung /I24/,/I31/,/I37/,/I41/. Als Ergebnis erschienen 1999 Neufassungen, nicht Neuauflagen, des *red books* /I01/ und des *yellow books* /I02/ sowie zusätzlich ein *silver book* /I03/ und ein *green book* /I04/. 2006 folgte ein *blue book* /I05/, 2008 ein *gold book* /I06/. Aktuell besteht somit die *FIDIC*-Bauvertragsfamilie aus den in Bild 5.21 aufgelisteten Musterverträgen.

Das *red book* deckt nunmehr neben den klassischen Bereichen Gebäude, Ingenieurbauwerke, Tief- und Straßenbau auch den Anlagenbau ab. Vertragsinhalt ist aber weiterhin nur die Erbringung einer Bauleistung, nicht die zugehörige Planung.

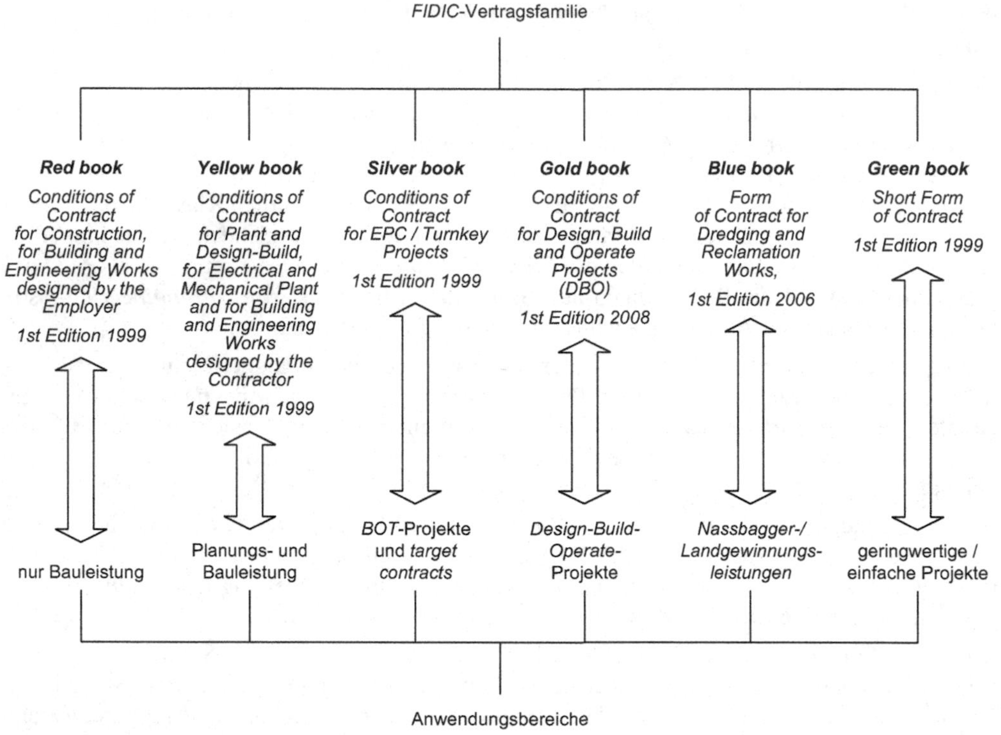

Bild 5.21: *FIDIC*-Musterverträge und ihre Anwendungsbereiche

Hervorzuheben ist, dass 1995 die Weltbank das 1992er *red book* als Grundlage für ihren eigenen Bauvertrag nahm. Heute schreiben mehrere in der internationalen Entwicklungshilfe tätige Banken für die von ihnen mitfinanzierten Projekte als Bauvertrag eine modifizierte Fassung des 2006er *red books* verbindlich vor. Sie wird als *FIDIC Construction Contract MDB Harmonised* bezeichnet. *MDB* steht dabei für *Multilateral Development Bank* /I07/. Zu ihnen gehören beispielsweise die Weltbank und die Entwicklungsbank des Europarats. Der Sachverhalt verdeutlicht, dass das *FIDIC*-Konzept auch von dritter Seite als in der Summe fair und ausgewogen angesehen wird.

Soll ein Vertrag die Planung und die schlüsselfertige bzw. gebrauchsfertige Erstellung eines Bauwerks oder einer Anlage umfassen, dann ist das *yellow book* zu nehmen.

Neuartig ist das *silver book* für *EPC / Turnkey Projects*. *EPC* steht hierin für *Engineer–Procure–Construct*, also Planung–Beschaffung–Bauausführung. Entwickelt wurde der Vertrag erstens für schlüsselfertige Bauprojekte auf der Grundlage von *BOT* und ähnlichen Modellen. Ein zweitens Einsatzgebiet sind Aufträge, bei denen Zielvorgaben, beispielsweise die Einhaltung der Gesamtkosten oder des Fertigstellungstermins, von entscheidender Bedeutung sind. Derartige Verträge sind im britisch-angloamerikanischen Bereich als *target contracts* bekannt (siehe Kapitel 5.1.5).

Ebenfalls neu ist das *green book*, die *Short Form of Contract*. Gedacht ist dieser Kurz-Vertrag vor allem für Baumaßnahmen mit geringem Wert. Er ist aber auch anwendbar bei wertmäßig höheren Aufträgen, wenn die Baumaßnahme von einfacher Art oder eine Wiederholung eines früheren Auftrages oder von kurzer Dauer ist. Der Vertrag kann mit oder ohne Planungsleistung formuliert werden. Wie der Titel *Short Form of Contract* ausdrückt, ist das *green book* eine verkürzte Form der anderen längeren *FIDIC*-Verträge. Es wird deshalb im Folgenden nicht weiter betrachtet.

Da im Auslandsbau Nassbagger- und Landgewinnungsarbeiten häufiger sind und derartige Aufträge spezielle vertragliche Regelungen erfordern, wurde das *blue book* herausgegeben. Diese Vertragsteile waren bei der 1999er Neufassung des *red books* dort herausgefallen. Das *blue book* wird wegen seines engen Einsatzbereichs hier nicht weiter betrachtet.

Zeitlich als letztes erschien das *gold book*. Entwickelt wurde der Vertrag für Projekte, die sowohl die Planung und den Bau als auch den langjährigen Betrieb des Bauwerks umfassen. Gedanklich liegen ihm die Vergabe an ein *joint venture* oder *consortium* sowie der 20-jährige Betrieb des fertigen Bauwerks durch den Auftragnehmer zugrunde. Durch Bündelung der Planungs-, Bau- und Betreiberleistung in einem einzigen Vertrag sollen Innovationen und Qualität gefördert werden. Das *gold book* wird wegen der noch nicht sehr breiten Anwendung hier nicht weiter betrachtet.

Mit der Herausgabe der Bücher ab 1999 ist ein grundlegender Wechsel im Beziehungsgefüge *employer–contractor–engineer* verbunden. Die früheren Bücher enthielten den aus dem britischen *ICE*-Vertrag übernommenen *engineer* mit seinen drei Funktionen /I21/:

- Bauherrenvertreter
  Er traf Planungs- und Entwurfsentscheidungen, organisierte die Bauvergabe, ordnete Leistungsänderungen an und überwachte die Bauausführung.
- *Certifier*
  Er stellte den Wert der ausgeführten Leistung und deren Mängelfreiheit fest und bescheinigte dies durch *certificates*.
- Schiedsrichter
  Er war unparteiischer Streitschlichter zwischen *employer* und *contractor*.

Im neuen *red* und *yellow book* ist der *engineer* zwar weiterhin enthalten, seine Rolle wurde jedoch wesentlich beschnitten. Er besitzt nun nicht mehr die Funktion des unparteiischen Schiedsrichters zwischen *employer* und *contractor*, sondern er wird hinsichtlich seiner Interessenslage ausdrücklich dem *employer* zugeordnet. Für die Streitschlichtung ist jetzt eine in der Regel dreiköpfige Streitschlichtungsstelle, der *DAB = Dispute Adjudication Board*, vorgesehen. Deren Mitglieder sind vom *employer* und *contractor* gemeinsam zu benennen. Angemerkt sei, dass nach den *Particular Conditions* = Zusätzlichen Vertragsbedingungen des *red books* aber die Möglichkeit besteht, diese Aufgabe wie früher dem *engineer* allein zu übertragen.

Das *silver book* kommt im Grundsatz sogar ganz ohne *engineer* aus. Konzipiert ist das Buch für Baumaßnahmen, bei denen die Planung und die schlüsselfertige bzw. gebrauchsfertige Erstellung als ein gemeinsames Paket an einen Auftragnehmer vergeben werden. Ausgegangen wird deshalb von einem rein zweiseitigen Verhältnis zwischen *employer* und *contractor*. In ihm wird zur Wahrnehmung der Bauherreninteressen ein besonderer *employer's representative* definiert. Dieser kann ein interner Mitarbeiter des *employers* sein, es kann aber auch ein externer Fachingenieur, ein *consultant*, mit dieser Aufgabe betraut werden. Der zweite Fall würde wieder dem Einsatz eines *engineers* nahe kommen.

Die *FIDIC*-Bücher unterscheiden nicht zwischen öffentlichen und nicht-öffentlichen Bauherren. Als Auftragnehmer werden beim *red book* Generalunternehmer und -übernehmer sowie der *management contractor* zugrunde gelegt. Das *yellow* und das *silver book* gehen vom Totalunternehmer und -übernehmer aus. Bei allen Büchern ist die Auftragnehmer-Einsatzform beliebig.

Auch bezüglich der Vergütungsform gibt es Unterschiede. Das *red book* ist grundsätzlich auf einen Einheitspreisvertrag ausgerichtet. Über die zusätzlichen Vertragsbedingungen ist allerdings auch ein Pauschalvertrag möglich. Das *yellow* und das *silver book*, denen das Paket Planung plus schlüsselfertige Erstellung zugrunde liegt, gehen von einem Pauschalvertrag aus. Beim *silver book*, dem Muster für *BOT*-Verträge und Verträge mit besonderen Zielvereinbarungen, eröffnet die Formulierung *...payment for the works shall be made on the basis of the lump sum contract price ...* zusätzlich die Möglichkeit zu einem *target contract.*

Red, yellow und *silver book* besitzen eine formal, nicht aber inhaltlich identische Struktur. Zur Erläuterung der Struktur wird wie bei den früher betrachteten Vertragsfamilien nachfolgend nur der klassische Bauvertrag, das *red book*, betrachtet. Die *Conditions of Contract for Construction, for Building and Engineering Works designed by the Employer* gliedern sich wie folgt:

- *General Conditions* = Allgemeine Vertragsbedingungen, bestehend aus 20 *clauses* auf 68 eng bedruckten DIN A4-Seiten

  Wird vom *FIDIC*-Vertrag gesprochen, dann werden oftmals nur diese *General Conditions* gemeint.

Clause 1:	*General Provisions*	=	Allgemeine Bestimmungen
Clause 2:	*The Employer*	=	*Employer*
Clause 3:	*The Engineer*	=	*Engineer*
Clause 4:	*The Contractor*	=	*Contractor*
Clause 5:	*Nominated Subcontractors*	=	*Nominated subcontractors*
Clause 6:	*Staff and Labour*	=	Führungs- und Arbeitskräfte
Clause 7:	*Plant, Materials and Workmanship*	=	Gerät, Material und Ausführung der Arbeiten
Clause 8:	*Commencement, Delays and Suspension*	=	Beginn der Arbeiten, Verzug und Unterbrechung
Clause 9:	*Tests on Completion*	=	Funktionstests
Clause 10:	*Employer's Taking Over*	=	Abnahme durch den *employer*
Clause 11:	*Defects Liability*	=	Mängelhaftung
Clause 12:	*Measurement and Evaluation*	=	Aufmaß und Abrechnung
Clause 13:	*Variations and Adjustments*	=	Änderungen und Anpassungen
Clause 14:	*Contract Price and Payment*	=	Vertragssumme und Zahlungen
Clause 15:	*Termination by Employer*	=	Kündigung durch den *employer*
Clause 16:	*Suspension and Termination by Contractor*	=	Unterbrechung und Kündigung durch den *contractor*
Clause 17:	*Risk and Responsibility*	=	Risiken und Verantwortlichkeit
Clause 18:	*Insurance*	=	Versicherung

Clause 19: *Force Majeure* = Höhere Gewalt (Begriff nicht deckungsgleich mit VOB/B)

Clause 20: *Claims, Disputes and Arbitration* = Nachtragforderungen, Streitigkeiten und Schiedsverfahren

Die hinsichtlich der Aufgabenstellung hiermit vergleichbare VOB/B besitzt mit 18 eine ähnliche Anzahl von Paragraphen, diese sind aber deutlich weniger umfangreich als die der *General Conditions.*

- *Guidance for the Preparation of Particular Conditions*

  = Anleitung zur Erstellung der Besonderen Vertragsbedingungen,

  bestehend aus 29 eng bedruckten DIN A4-Seiten

  Dieser Teil besteht nicht nur aus der Anleitung, sondern er enthält eine Zusammenstellung all der *clauses*, in denen offene Stellen auszufüllen sind oder in denen aus alternativen Regelungen eine auszuwählen ist. Durch die *Particular Conditions* werden die *General Conditions* auf das konkrete Projekt zugeschärft.

- *Form of Letter of Tender, Contract Agreement and Dispute Adjudication Agreement*

  = Muster des Angebotsschreibens, der Vertragsurkunde und der Streitschlichtungsvereinbarung,
  bestehend aus 8 DIN A4-Seiten

  Mit dem *Dispute Adjudication Agreement* werden zwischen *employer*, *contractor* und *adjudicator* die Regeln der Streitbeilegung vereinbart.

Das *red book*, die *Conditions of Contract for Construction, for Building and Engineering Works designed by the Employer*, ist sowohl für öffentliche als auch für private Auftraggeber konzipiert, für beide ist die Anwendung freiwillig. Gedanklich geht es von einer GU-/GÜ-Vergabe auf der Grundlage eines Einheitspreisvertrages aus, die Vereinbarung von Pauschal-, Stundenlohn- und Selbstkostenerstattungsverträgen ist aber möglich. Bezüglich der Auftragnehmer-Einsatzform erfolgt keine Aussage. Kostenänderungen können durch eine Indexklausel erfasst werden. Für den Streitfall sind nur außergerichtliche Verfahren vorgesehen, nämlich *adjudication* /I30/ und *arbitration.* Für die *arbitration* wird die *ICC*–Schiedsgerichtsordnung der Internationalen Handelskammer Paris vorgeschlagen. Spätestens die *arbitration* schließt mit einem bindenden Urteil.

In Bild 5.22 werden der Anwendungsbereich und die Parameter des *red books* zusammenfassend dargestellt. Zu beachten ist, dass bei den Parametern die vorrangig gewählten Ausprägungen angegeben werden, andere Ausprägungen aber durchaus möglich sind. Sollte man als Anwender andere Ausprägungen wünschen, dann sollte man auch prüfen, ob nicht ein anderes *book* besser geeignet ist. Insgesamt soll das Bild verdeutlichen, welche Vereinbarungen viele Anwender mit dem *red book* gedanklich verbinden.

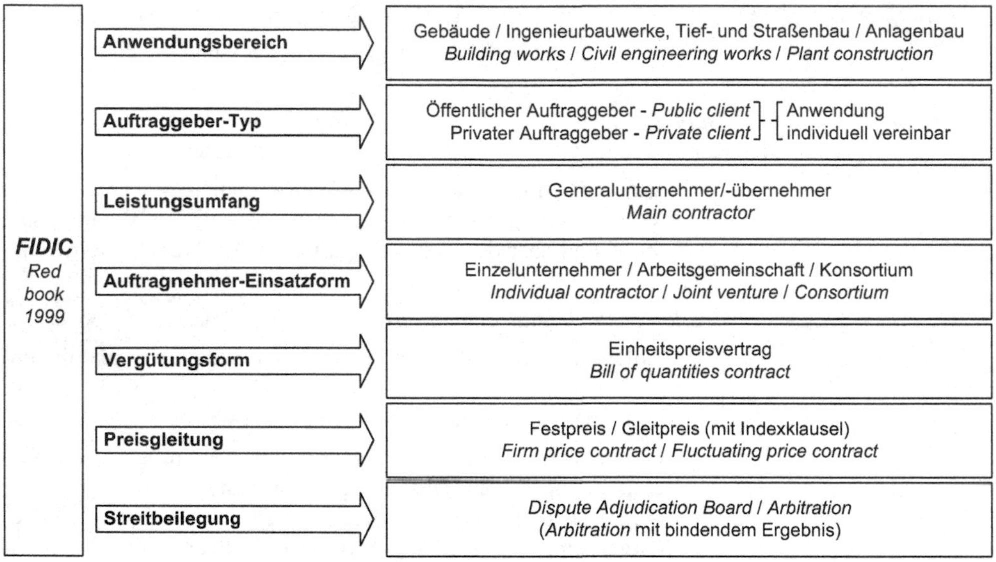

Bild 5.22: Anwendungsbereich und vorrangig gewählte Parameter-Ausprägungen der *Conditions of Contract for Construction, for Building and Engineering Works designed by the Employer* (*red book*)

Angemerkt sei, dass in den letzten Jahren–rechtlich nicht verbindliche–deutschsprachige Übersetzungen und Erläuterungen des *red*, *yellow*, *silver* und *green books* erschienen sind (/I25/ bis /I28/). Weiterhin gibt es mit /I37/ eine umfangreiche deutschsprachige Darstellung der geschichtlichen Entwicklung, der begrifflichen und rechtlichen Grundlagen sowie einzelner *clauses*.

5.2.5 Frankreich: *CCAG*

Die grundlegende Besonderheit Frankreichs und anderer romanischer Staaten besteht darin, dass öffentliche und private Bauherren unterschiedlichen Rechtsbereichen unterliegen. Beim Abschluss des Bauvertrages, des *contrat*, ist der öffentliche Auftraggeber an das zum öffentlichen Recht, dem *droit public*, gehörende Verwaltungsrecht, das *droit administratif*, gebunden, der private Auftraggeber dagegen an das zum Privatrecht, dem *droit privé*, gehörende bürgerliche Recht, das *droit civil* /F11/. Als Folge dieser rechtlichen Trennung existieren zwei Mustervertragsbedingungen.

Für öffentliche Bauherren und verschiedene industriell und kommerziell tätige Staatsbetriebe (siehe Kapitel 4.5.2) gibt es das

CCAG Cahier des clauses administratives générales
applicables aux marchés publics de travaux /F03/.

Übersetzt ist es das Heft der Allgemeinen Verwaltungsbestimmungen anwendbar auf öffentliche Aufträge, inhaltlich sind es die Allgemeinen Vertragsbedingungen. Sie sind verbindlich anzuwenden.

Für private Bauherren gibt es die

Norme Française P 03–001 /F05/.

Die Norm *NF P 03–001* entspricht weitgehend einem auf Hochbauarbeiten zugeschnittenen *CCAG*. Da sie von der französischen Normungsorganisation *AFNOR Association Française de Normalisation* herausgegeben wird, werden die in ihr enthaltenen Bedingungen auch als *AFNOR*-Vertragsbedingungen bezeichnet. Private Bauherren legen ihren Bauverträgen regelmäßig die Norm zugrunde. Sie wird deshalb in der Literatur auch als nicht ausdrücklich zu vereinbarendes Gewohnheitsrecht beschrieben /I24/.

Da nur öffentliche Bauherren in der Vertragsgestaltung weiteren Regeln zwingend unterliegen und da *NF P 03–001* lediglich aus einer „Teilmenge" des *CCAG* besteht, wird im Folgenden nur noch das *CCAG* betrachtet.

Hinsichtlich des Umfanges und des Inhaltes übertrifft der *CCAG*-Mustervertrag die VOB/B deutlich. Er enthält auf 60 Seiten 7 *chapitres* = Kapitel mit 50 *articles* = Artikeln = Paragraphen. Sie gliedern sich wie folgt:

– *Chapitre I*	*Généralités*	=	Allgemeines
– *Chapitre II*	*Prix et réglement des comptes*	=	Vergütung und Abrechnung
– *Chapitre III*	*Délais*	=	Ausführungsfristen
– *Chapitre IV*	*Réalisation des ouvrages*	=	Ausführung des Bauwerks
– *Chapitre V*	*Réception et garanties*	=	Abnahme und Mängelhaftung
– *Chapitre VI*	*Résiliation du marché* *- Interruption des travaux*	=	Kündigung des Vertrages - Unterbrechung der Arbeiten
– *Chapitre VII*	*Mesures coercitives* *- Réglement des différends et des litiges*	=	Zwangsmaßnahmen - Meinungsverschiedenheiten und Streitigkeiten

Das *CCAG* deckt das gesamte Bauauftragsspektrum ab. Es ist nur für öffentliche Auftraggeber konzipiert, seine Anwendung ist für diese verbindlich. Gedanklich liegen ihm sowohl die Einzelvergabe als auch die Vergabe von Leistungspaketen an Generalunternehmer/-übernehmer und Totalunternehmer/-übernehmer zugrunde. Erkennbar wird dies insbesondere durch den Sachverhalt, dass die Musterbedingungen detaillierte Regelungen zur Einbindung und zum Schutz von Subunternehmern enthalten. Eine bevorzugte Vergütungsform ist nicht zu erkennen. Bemerkenswert ist, dass sich das *CCAG* als einziges der betrachteten Vertragsmuster zur Auftragnehmer-Einsatzform äußert. An mehreren Stellen werden zwei projektbezogene Auftragnehmer-Zusammenschlüsse herausgestellt: *Les entrepreneurs groupés solidaires*, die der deutschen ARGE entspricht, und *les entrepreneurs groupés conjoints*, die teilweise dem deutschen Konsortium ähnelt (siehe Kapitel 5.1.4). Kostenänderungen können durch eine Indexklausel erfasst werden. Für den Streitfall ist grundsätzlich ein Verfahren vor dem Verwaltungsgericht vorgesehen, das *CCAG* weist aber darauf hin, dass diesem ein Schiedsgerichtsverfahren ohne bindendes Ergebnis vorgeschaltet werden kann. Konkrete Angaben zum Schiedsgerichtsverfahren werden aber nicht gemacht.

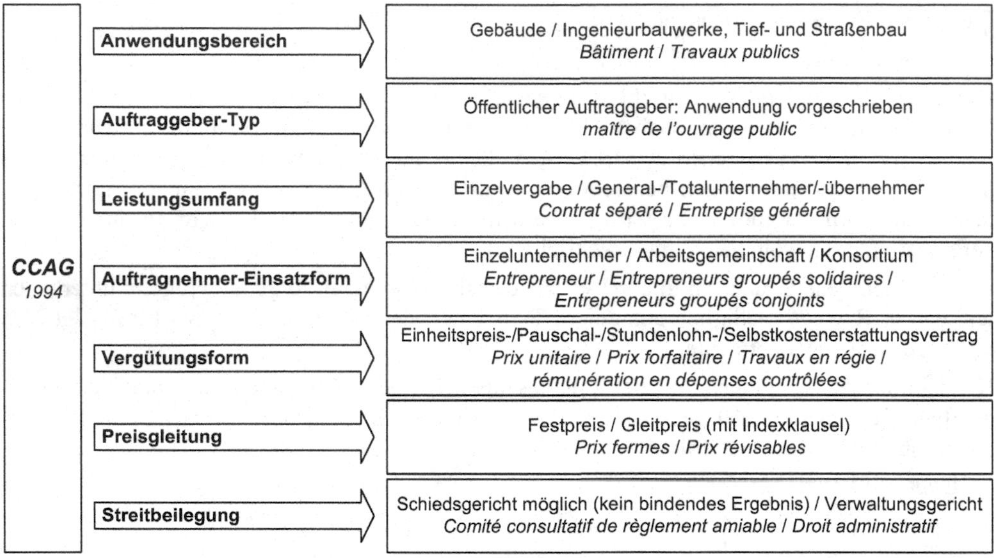

Bild 5.23: Anwendungsbereich und Parameter-Ausprägungen des *CCAG*-Bauvertrags

In Bild 5.23 werden der Anwendungsbereich und die Parameter des *CCAG*-Vertrags zusammenfassend dargestellt. Das Bild zeigt, dass der Mustervertrag sehr flexibel gestaltet ist. Vorrangig zu wählende Parameter-Ausprägungen sind nicht erkennbar.

5.3 Bauvertragliche Gesamtstruktur

5.3.1 Grundsätzliches

Durch die in Kapitel 5.2 beschriebenen Bauvertragsmuster werden nicht alle zwischen Bauherrn und Bauunternehmer zu treffenden Vereinbarungen, sondern nur die so genannten „Allgemeinen Vertragsbedingungen" erfasst. Es sind dies die Regelungen, die üblicherweise in den betrachteten Staaten und im „traditionellen" Auslandsbau den meisten Bauvorhaben einheitlich zugrunde gelegt werden. Da diese „Allgemeinen Vertragsbedingungen" aber beispielsweise keine konkreten Angaben über den Auftragswert und die Bauzeit enthalten, sind weitere Vereinbarungen erforderlich.

Der Bauvertrag zwischen Bauherrn und Bauunternehmer besteht folglich nicht nur aus dem Bauvertragsmuster, sondern aus einer ganzen Reihe weiterer Vertragsdokumente. Diese bauvertragliche Gesamtstruktur ist bei den betrachteten Bauvertragsmustern unterschiedlich. Sie wird im Folgenden beschrieben.

5.3.2 Deutschland

Die bauvertragliche Gesamtstruktur (Bild 5.24) ergibt sich aus VOB/A und VOB/B.

VOB/A § 10 Nr. 1÷3 listet sechs Verdingungsunterlagen, also Vertragsdokumente, auf:

– AVB	Allgemeine Vertragsbedingungen (VOB/B)	mehr rechtlicher Natur
– ZVB	Zusätzliche Vertragsbedingungen	
– BVB	Besondere Vertragsbedingungen	
– ATV	Allgemeine Technische Vertragsbedingungen (VOB/C)	mehr technischer Natur
– ZTV	Zusätzliche Technische Vertragsbedingungen	
– LB	Leistungsbeschreibung (VOB/A § 9)	

Zusätzliche Bedingungen sind Ergänzungen genereller Art. Beispielsweise werden oftmals von einem Bauherrn, der häufiger baut, bezüglich der Abnahmeprozedur Zusätzliche Vertragsbedingungen formuliert, die erstens die VOB/B ergänzen und die zweitens für alle Baumaßnahmen dieses Bauherrn gelten. Oder eine Straßenbaubehörde legt in Zusätzlichen Technischen Vertragsbedingungen fest, dass die „Richtlinien für den Bau von Fahrbahndecken aus Asphalt" bei allen ihren Baumaßnahmen Vertragsbestandteil sind.

Die Besonderen Vertragsbedingungen und die Leistungsbeschreibung sind Vertragsdokumente, die auf die konkrete Baumaßnahme, auf den Einzelfall, zugeschnitten sind. In den Besonderen Vertragsbedingungen stehen beispielsweise die Ausführungsfristen und in der Leistungsbeschreibung wird die konkrete Bauaufgabe in Form eines Leistungsverzeichnisses oder eines Leistungsprogramms beschrieben.

Anzumerken ist, dass erstens die Abgrenzung zwischen Zusätzlichen und Besonderen Bedingungen weder in der VOB/A eindeutig geregelt ist, noch in der Praxis einheitlich gehandhabt wird. Zweitens muss nicht jeder Bauvertrag alle sechs Vertragsdokumente enthalten.

Dem Vertragsgefüge nach VOB/A hinzuzurechnen sind

- das Angebot des Bauunternehmens,
- gegebenenfalls zwischen Angebotsabgabe und Auftragserteilung entstandene Schriftstücke wie Briefe und Gesprächs-/Verhandlungsprotokolle,
- das Zuschlags-/Auftragsschreiben des Bauherrn und
- eventuell eine besondere Vertragsurkunde.

Der Bauvertrag im weiteren Sinne besteht somit aus einer ganzen Reihe von parallel oder nacheinander erstellten Dokumenten. Realitätsnah ist davon auszugehen, dass zwischen diesen Dokumenten eine gewisse Anzahl von mehr oder weniger großen Widersprüchen auftritt. Damit wiederum stellt sich die Frage, wie in derartigen Fällen zu verfahren ist.

VOB/B gibt in § 1 zumindest für die Verdingungsunterlagen eine eindeutige Regelung vor. Nach dieser nimmt bei Widersprüchen im Vertragsgefüge die Gültigkeit der einzelnen Dokumente entsprechend nachstehender Rangfolge ab:

- LB Leistungsbeschreibung
- BVB Besondere Vertragsbedingungen
- ZVB Zusätzliche Vertragsbedingungen
- ZTV Zusätzliche Technische Vertragsbedingungen

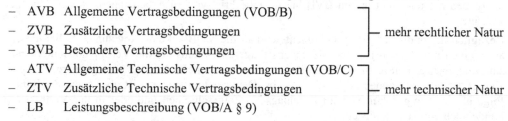

– ATV Allgemeine Technische Vertragsbedingungen (VOB/C)
– AVB Allgemeine Vertragsbedingungen (VOB/B)

Enthalten die ZVB beispielsweise die Vereinbarung, dass der Auftraggeber die Ausführungspläne 4 Wochen vor dem vertraglich festgelegten Beginn der Arbeiten dem Auftragnehmer zu übergeben hat und steht in den BVB hierfür eine Frist von 14 Arbeitstagen, dann gelten die 14 Tage.

Bezüglich der anderen Vertragsdokumente enthält die VOB/B keine Regelung. Da bei diesen aber davon auszugehen ist, dass sie erstens jüngeren Datums als die Verdingungsunterlagen sind und zweitens diese zuschärfen, gilt hier die allgemeine rechtliche Auslegungsregel: Speziellere Regelungen gehen allgemeineren vor. Denkbar und sinnvoll ist aber auch, die Rangfolge aller Vertragsdokumente im Zuschlags-/Auftragsschreiben und/oder in der Vertragsurkunde noch einmal aufzulisten.

5.3.3 Großbritannien

Die britische bauvertragliche Gesamtstruktur unterscheidet sich von der deutschen grundlegend in zwei Dingen:

Erstens sind keine den deutschen Allgemeinen, Zusätzlichen und Besonderen Vertragsbedingungen vergleichbare, abgestuften Bedingungen standardmäßig vorgesehen. Es gibt lediglich „die" *conditions of contract*. Damit diese auf die konkrete Baumaßnahme, auf den Einzelfall, zugeschärft werden können, enthalten sie für Regelungsbereiche, die projektspezifisch zu regeln sind, zum einen alternative Klauseln. Welche von diesen im konkreten Vertrag gelten sollen, ist kenntlich zu machen. Zum anderen gibt es offene Textstellen, in die projektspezifische Angaben einzutragen sind. Als Folge dieser Vertragskonzeption sind die britischen Musterbauverträge deutlich umfangreicher als die deutsche VOB/B. Angemerkt sei, dass grundsätzlich auch Zusätzliche Vertragsbedingungen, so genannte *conditions of particular application*, möglich sind. Ihre Vereinbarung ist aber eher als Sonderfall zu sehen.

Zweitens spielen im britischen Vertragsgefüge die Technischen Vertragsbedingungen eine nicht so herausgehobene Rolle. Im *JCT*-Vertrag werden sie sogar explizit nicht aufgelistet. Ursache hierfür ist der britische Denkansatz: „Der Auftrag wird mit beratender Unterstützung des *engineers* oder *architects* an einen fachlich qualifizierten *contractor* vergeben. Dieser weiß wie gebaut wird, es muss ihm nicht gesagt werden! Und außerdem wird er ständig durch einen fachkundigen *engineer*, *architect* oder *clerk of works* kontrolliert."

Das britische Vertragsgefüge besteht somit einerseits aus weniger Vertragsdokumenten. Andererseits aber können diese Vertragsdokumente sehr unterschiedlich sein. Sie variieren in Abhängigkeit davon, ob im Kern der vertraglichen Gesamtstruktur ein *JCT-*, *ICE-* oder *NEC-*Vertrag steht.

Gesamtstruktur mit *JCT*-Kern

Die bauvertragliche Gesamtstruktur *JCT*-orientierter Bauprojekte (Bild 5.24) wird beim *JCT Standard Building Contract with Quantities* in *section 1* aufgelistet, und zwar in dieser Reihenfolge:

– *Contract Drawings* = Vertragspläne
– *Contract Bills* = Vertragslisten

Gemeint ist damit die *bill of quantities*, das Leistungsverzeichnis. Nach *section 2.13* müssen die *Contract Bills* in Übereinstimmung mit der *SMM7 Standard Method of Measurement of Building Works, 7th Edition* /G18/, erstellt sein.

- *Articles of Agreement* = Punkte der Vereinbarung

  Das mehrseitige, vom *employer* und *contractor* zu unterschreibende Formblatt ist das rechtliche Herzstück des gesamten Vertragsgefüges. Es ist die Vertragsurkunde, in der die wesentlichen projektspezifischen Daten wie Namen der Beteiligten, die Vertragssumme, die Nummern der Vertragspläne sowie eine ganze Reihe weiterer Fakten und Vereinbarungen festgehalten werden.

- *Conditions* = Bedingungen

  Gemeint ist damit der *JCT Standard Building Contract with Quantities* (siehe Kapitel 5.2.3). Er enthält neben den unveränderlichen Vertragsbedingungen eine Reihe von *schedules*, die projektspezifisch zu wählen und zum Teil auszufüllen sind.

Auffällig ist, dass die Liste der *JCT*-Vertragsdokumente außer den Vertragsplänen keine technisch orientierten Unterlagen, so genannte *specifications* oder abgekürzt *specs*, enthält. Tatsächlich aber sind diese in der Praxis häufig doch vorhanden, allerdings in etwas versteckter Form. Sie sind als Vorbemerkungen in die *Contract Bills* eingeschlossen oder sind diesen als eigenständige Unterlage beigefügt. Über einen Umweg sind somit auch beim *JCT*-Vertrag in der Regel *specs* eingebunden /G42/.

Hinsichtlich eventueller Widersprüche zwischen den verschiedenen Vertragsdokumenten ist keine Rangfolge der Rechtsgültigkeit festgelegt. *Clause 2.15* sagt lediglich, dass Widersprüche dem *architect/contract administrator* zur Entscheidung vorzulegen sind.

Gesamtstruktur mit *ICE*-Kern

Die bauvertragliche Gesamtstruktur *ICE*-orientierter Bauprojekte (Bild 5.24) wird bei der *ICE Conditions of Contract Measurement Version* in *clause 1* aufgelistet, und zwar in dieser Reihenfolge:

- *Conditions of Contract* = Vertragsbedingungen

  Gemeint sind damit die *ICE Conditions of Contract Measurement Version* (siehe Kapitel 5.2.3).

- *Specification* = technische Beschreibung

  Der Inhalt der Beschreibung kann von Projekt zu Projekt sehr unterschiedlich sein. Das Spektrum reicht von der kurzen Planerläuterung bis hin zur umfangreichen technischen Dokumentation, die den deutschen Allgemeinen und Zusätzlichen Technischen Vertragsbedingungen nahe kommt.

- *Drawings* = Pläne
- *Bill of Quantities* = Leistungsverzeichnis

  Nach *clause 57* soll die *Bill of Quantities* vorzugsweise in Übereinstimmung mit der *CESMM3 Civil Engineering Standard Method of Measurement, 3rd Edition* /G20/, erstellt sein.

- *Form of Tender* = Angebotsformular

  Das Angebotsformular erfüllt zwei Zwecke: Erstens ist es das Begleitschreiben, mit dem der *contractor* sein Angebot dem *employer* unterbreitet. Zweitens werden in einem *Appendix* die allgemeinen *Conditions of Contract* projektspezifisch angepasst. Die in einigen

Klauseln vorhandenen offenen Stellen werden ausgefüllt und bei vorgegebenen alternativen Klauseln wird die zutreffende gekennzeichnet.

- *Written acceptance* = Annahmeschreiben

  Akzeptiert der *employer* das Angebot und teilt er dies dem *contractor* schriftlich mit, dann ist durch dieses Schreiben der Vertrag geschlossen.

- *Form of Agreement* = Vertragsformular

  Das Vertragsformular ist eine zweite, alternative Möglichkeit des Vertragsabschlusses. Bei ihr wird ein formal vorgegebenes Schriftstück vom *employer* und *contractor* gemeinsam vervollständigt und unterschrieben. Gewählt wird diese Möglichkeit vor allem dann, wenn Abreden getroffen werden, die noch nicht Bestandteil der Ausschreibungsunterlagen waren. Obwohl *written acceptance* und *Form of Agreement* eigentlich je für sich ausreichend sind, werden bei nicht wenigen Projekten beide Dokumente erstellt. Der *Form of Agreement* kommt dabei vor allem klarstellende Wirkung zu.

Hinsichtlich eventueller Widersprüche zwischen den verschiedenen Vertragsdokumenten ist keine Rangfolge der Rechtsgültigkeit festgelegt. *Clause 5* sagt lediglich, dass Widersprüche dem *engineer* zur Entscheidung vorzulegen sind.

Gesamtstruktur mit *NEC*-Kern

Im Gegensatz zu den *JCT*- und *ICE*-Verträgen definiert der *NEC3 Engineering and Construction Contract* kein mehrteiliges Vertragsgefüge. Auch enthält er nicht wie diese mehr oder weniger verbindliche Muster eines Angebotsformulars, eines Annahmeschreibens und eines Vertragsformulars. Er weist lediglich in den *guidance notes*, der „Gebrauchsanleitung", auf die Notwendigkeit weiterer ergänzender Vertragsteile hin und macht Vorschläge zu deren Formulierung.

Zur Beschreibung der bauvertraglichen Gesamtstruktur *NEC*-orientierter Bauprojekte (Bild 5.24) wird deshalb auf einen britischen *NEC*-Kommentar /G32/ zurückgegriffen. In ihm werden als absolutes Minimum die nachfolgenden Dokumente aufgelistet. Dabei betont der Kommentar, dass die unscharfen Formulierungen des *NEC*-Mustervertrages eine scharfe inhaltliche Grenzziehung zwischen den einzelnen Dokumenten nicht zulassen.

- *Conditions of contract* = Vertragsbedingungen

  Gemeint ist damit der *NEC3 Engineering and Construction Contract, main option and secondary options* (siehe Kapitel 5.2.3).

- *Contract Data* = Vertragsdaten

  Für die *Contract Data* enthalten die *NEC3*-Vertragsmuster eine Art Checkliste, mit der eine Reihe projektspezifischer technischer und rechtlicher Angaben abgefragt werden. Diese werden teilweise bereits vor der Ausschreibung vom Auftraggeber eingetragen und damit als Forderungen vorgegeben, teilweise erst im Rahmen der Angebotsbearbeitung vom Bieter eingetragen und damit angeboten.

- *Works Information* = Beschreibung der Leistung

  Hierunter fallen *specifications* und *drawings* und alle weiteren Informationen, die mit der konkreten Leistungserbringung zusammenhängen.

- *Site Information* = Beschreibung der Baustelle

  Hierunter fallen alle Informationen über Beschaffenheit, Lage und Randbedingungen des Baugrundstückes.

- *Contractor's pricing document* = gepreistes Angebot des Bieters

  Die Art dieses Dokuments hängt von der jeweiligen *main option* ab. Für die *options* mit *bill of quantities* ist keine bestimmte *method of measurement* vorgeschrieben.
- *Form of tender* = Angebotsformular
- *Letter of acceptence* = Annahmeschreiben

Hinsichtlich eventueller Widersprüche zwischen den verschiedenen Vertragsdokumenten ist keine Rangfolge der Rechtsgültigkeit festgelegt. *Subclause 17* der *core clause 1* sagt lediglich, dass Widersprüche dem vom *employer* benannten *project manager* zur Entscheidung vorzulegen sind.

bauvertragliche Gesamtstruktur beim . . .				
. . . **VOB**-Vertrag	. . . ***JCT***-Vertrag	. . . ***ICE***-Vertrag	. . . ***NEC***-Vertrag	. . . ***FIDIC***-Vertrag
VOB/B Allgemeine Vertragsbedingungen 2006	*JCT* *Standard Building Contract* *with Quantities 2005*	*ICE* *Conditions of Contract* *Measurement Version* *1999*	*NEC3* *Engineering and Construction Contract* *2005*	*FIDIC* *Conditions of Contract,* *Red Book 1999*
Zusätzliche Vertragsbedingungen			Teile der *Contract Data*	*Particular Conditions*
Besondere Vertragsbedingungen				
VOB/C Allgemeine Technische Vertragsbedingungen	*Contract Drawings* *+ Contract Bills* einschließlich *specification*	*Specification* *+ Drawings*	Teile der *Contract Data* *+ Works Information* *+ Site Information*	*Specification* *+ Drawings* *+ Schedules,* z.B. *bill of quantities*
Zusätzliche Technische Vertragsbedingungen				
Leistungsbeschreibung		*Bill of Quantities*	*Contractor's pricing document*	
Angebot		*Form of Tender* einschließlich *Appendix* mit Zusätzlichen Vertragsbedingungen	*Form of tender*	*Letter of Tender*
weitere Schriftstücke				*further documents/addenda*
Auftragsschreiben und/oder Vertragsurkunde	*Articles of Agreement*	*written acceptance* und/oder *Form of Agreement*	*Letter of acceptance*	*Letter of Acceptance* und/oder *Contract Agreement*

Bild 5.24: Gesamtstruktur deutscher, britischer und internationaler Bauverträge

5.3.4 International

Die bauvertragliche Gesamtstruktur *FIDIC*-orientierter Bauprojekte (Bild 5.24) wird bei den *FIDIC Conditions of Contract (red book)* in *clause 1* aufgelistet, und zwar in dieser Reihenfolge:

- *Contract Agreement* = Vertragsurkunde

  Für die Auftragserteilung gibt es zwei Möglichkeiten /I37/: Die erste, stärker formalisierte Möglichkeit ist das *Contract Agreement.* Auftraggeber und Bieter erstellen und unterschreiben gemeinsam ein formal vorgegebenes Schriftstück. In ihm werden alle Vertragsbestandteile aufgelistet.

- *Letter of Acceptance* = Annahmeschreiben

  Die zweite, formal einfachere Möglichkeit der Auftragserteilung besteht darin, dass der Auftraggeber das Angebot des Bieters schriftlich akzeptiert. Er erteilt ihm mit einem *Letter of Acceptance* rechtsgültig den Auftrag.

  Obwohl *Letter of Acceptance* und *Contract Agreement* eigentlich je für sich ausreichend sind, werden bei nicht wenigen Projekten beide Dokumente erstellt. Dem *Contract Agreement* kommt dabei vor allem klarstellende Wirkung zu.

- *Letter of Tender* = Angebotsschreiben

  Er enthält neben der Angebotssumme einen Anhang, mit dem eine Vielzahl projektspezifischer technischer und rechtlicher Angaben abgefragt wird. Diese werden teilweise bereits vor der Ausschreibung vom Auftraggeber eingetragen und damit als Forderungen vorgegeben, teilweise erst im Rahmen der Angebotsbearbeitung vom Bieter eingetragen und damit angeboten.

- *Particular Conditions* = Besondere Vertragsbedingungen

  Durch die *Particular Conditions* werden die in den *General Conditions* enthaltenen offenen Stellen und alternativen Regelungen projektspezifisch zugeschärft.

- *General Conditions* = Allgemeine Vertragsbedingungen

  Gemeint sind damit die *FIDIC Conditions of Contract (red book)* (siehe Kapitel 5.2.4).

- *Specification* = technische Beschreibung

  Der Inhalt dieser Beschreibung kann von Projekt zu Projekt sehr unterschiedlich sein. Das Spektrum reicht von der kurzen Planerläuterung bis hin zur umfangreichen technischen Dokumentation, die den deutschen Allgemeinen und Zusätzlichen Technischen Vertragsbedingungen nahe kommt.

- *Drawings* = Pläne
- *(completed) Schedules* = ausgefüllte Listen und Tabellen

  Hiermit sind die vom Bieter ausgefüllten, dem Angebot beigefügten Tabellen und Listen gemeint, also beispielsweise die *bill of quantities* bei einem Einheitspreisvertrag. Eine bestimmte *method of measurement* ist nicht vorgeschrieben.

- *further documents/addenda* = Zusätze und Nachträge

  Hierunter werden alle eventuell sonst vorhandenen Dokumente wie Schriftverkehr und Verhandlungsprotokolle zusammengefasst.

Für den Fall von Widersprüchen zwischen den verschiedenen Vertragsdokumenten wird in *clause 1.5* der *General Conditions* die nachstehende absteigende Rangfolge vorgegeben:

- *Contract Agreement* (wenn ausgestellt)
- *Letter of Acceptance*
- *Letter of Tender*
- *Particular Conditions*
- *General Conditions*
- *Specification*
- *Drawings*
- *Schedules* und alle eventuell sonst noch erstellten Dokumente

Tritt also zwischen den *Particular Conditions* und einer *Specification* ein Widerspruch auf, dann gelten die *Particular Conditions*. Die Aufgabe, Widersprüche zu klären, obliegt dem *engineer*.

5.3.5 Frankreich

Die bauvertragliche Gesamtstruktur wird beim *CCAG Cahier des clauses administratives générales* in *article 3* aufgelistet, und zwar in dieser Reihenfolge (Bild 5.25):

- *L'acte d'engagement* = Vertragsurkunde

  Sie ist Angebots- und Auftragsschreiben in einem. Der Bieter listet in ihr die wesentlichen Daten des Angebotes wie Angebotssumme, Fristen und vorgesehene Subunternehmer auf und der Auftraggeber erteilt dem Angebot den Zuschlag, indem er das Schriftstück unterzeichnet.
- *CCAP Cahier des clauses administratives particulières*
  = Besondere Vertragsbedingungen

  Der Regelungsbereich des projektspezifisch zu erstellenden *CCAP* entspricht in etwa dem der Zusätzlichen und Besonderen Vertragsbedingungen nach VOB/A § 10.
- *CCTP Cahier des clauses techniques particulières*
  = Besondere Technische Vertragsbedingungen

  Im projektspezifisch zu erstellenden *CCTP* wird die zu erbringende Leistung beschrieben. Es entspricht in etwa der deutschen Leistungsbeschreibung.
- weitere Vertragsdokumente

  Beispielhaft aufgeführt werden Pläne, Berechnungen und Untersuchungsergebnisse sowie gegebenenfalls Detailangaben zu den Angebotspreisen. Im Falle eines Einheitspreisvertrages gehört das gepreiste Leistungsverzeichnis zu diesen weiteren Vertragsdokumenten.
- *CCTG Cahier des clauses techniques générales* /F04/
  = Allgemeine Technische Vertragsbedingungen

  Der Regelungsbereich entspricht in etwa dem der VOB/C, das *CCTG* ist aber nicht so systematisch strukturiert und in Buchform verfügbar wie die VOB/C.
- *CCAG Cahier des clauses administratives générales*
  = Allgemeine Vertragsbedingungen (siehe Kapitel 5.2.5)

Auftraggeber-Typ	Bauvertragsrecht	bauvertragliche Gesamtstruktur
öffentliche Bauherren - Ministerien und deren Außenstellen - regionale Gebietskörperschaften - öffentliche Einrichtungen **öffentliche** Bauherren - industrielle / kommerzielle Staatsbetriebe, z.B. *EDF* = Elektrizitätsgesellschaft *SNCF* = Bahngesellschaft	*Droit public* = öffentliches Recht, und hiervon ***Droit administratif*** = Verwaltungsrecht	***L'acte d'engagement*** = Vertragsurkunde ***CCAP*** = Besondere Vertragsbedingungen ***CCTP*** = Besondere Technische Vertragsbedingungen **weitere Vertragsdokumente** z.B. Pläne, gepreistes LV ***CCTG*** = Allgemeine Technische Vertragsbedingungen ***CCAG*** = Allgemeine Vertragsbedingungen
private Bauherren - Unternehmen - Einzelpersonen	*Droit privé* = Privatrecht, und hiervon ***Droit civil*** = bürgerliches Recht	***Norme Française P 03 - 001*** ≈ *CCAG* im übrigen Vertragsfreiheit, jedoch häufig Anlehnung an die Vertragsbedingungen öffentlicher Bauherren

Bild 5.25: Gesamtstruktur französischer Bauverträge

Für den Fall, dass zwischen den verschiedenen Vertragsdokumenten Widersprüche auftreten, ist in *article 3.12* des *CCAG* die vorstehende Reihenfolge der Gesamtstruktur auch als absteigende Rangfolge festgelegt. Tritt beispielsweise eine Differenz zwischen dem *CCTP* und dem gepreisten Leistungsverzeichnis auf, dann gilt das *CCTP*.

Von vertraglicher Bedeutung sind weiterhin die Nachträge, die *avenants*, und die Dienstbefehle, die *ordres de service*. Die Dienstbefehle stellen eine französische Besonderheit im Beziehungsgefüge *maître de l'ouvrage–maître d'oeuvre–entrepreneur*, also Bauherr–Bauherrenberater–Bauunternehmer, dar. Sie werden bei öffentlichen Aufträgen durch das *CCAG* immer vereinbart, bei privaten Aufträgen können sie vereinbart werden. Mit den durchnummerierten Anordnungen kann jederzeit in das Baugeschehen eingriffen werden. Ausgeschrieben und unterzeichnet werden sie vom *maître d'oeuvre*. Bei privaten Bauaufträgen sind sie zusätzlich vom *maître de l'ouvrage* gegenzuzeichnen. Der *entrepreneur* erhält sie in doppelter Ausfertigung. Ein Exemplar sendet er mit Empfangsdatum und Signatur an den *maître d'oeuvre* zurück. Dabei hat er die Möglichkeit, innerhalb einer Frist Einspruch einzulegen. Grundsätzlich ist er aber verpflichtet, den Dienstbefehlen uneingeschränkt Folge zu leisten, es sei denn, es liegt eine Massenabweichung oder die Kündigung des Vertrages vor. Dienstbefehle, die sich auf Arbeiten von Subunternehmern beziehen, werden an den Hauptunternehmer gerichtet. Nur dieser kann Vorbehalte einräumen /F10/.

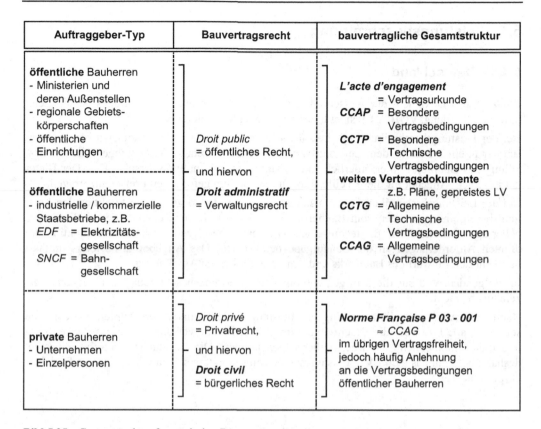

5.4 Leistungsbeschreibung

5.4.1 Deutschland

Ein zentrales Dokument der Ausschreibung, des Angebotes und des Vertrages ist die Leistungsbeschreibung. VOB/A § 9 sieht hierfür zwei Möglichkeiten vor:

Bei der Leistungsbeschreibung mit Leistungsverzeichnis werden vom Bauherrn bzw. seinem Berater in einer Tabelle, dem Leistungsverzeichnis, die einzelnen Teilleistungen, die zur Erstellung des Bauprojektes erforderlich sind, quantitativ und qualitativ beschrieben. Der Bieter hat in seinem Angebot für diese Teilleistungen die von ihm geforderten Preise einzutragen.

Bei der Leistungsbeschreibung mit Leistungsprogramm, der so genannten Funktionalen Leistungsbeschreibung, werden vom Bauherrn bzw. seinem Berater in einer in der VOB/A nicht näher spezifizierten Form die technischen, wirtschaftlichen, gestalterischen und funktionsbedingten Anforderungen an die Bauaufgabe beschrieben. Das Angebot des Bieters umfasst nunmehr den Entwurf des Bauwerks und den Preis für dessen Ausführung.

Im Folgenden wird nur die häufiger vorkommende Leistungsbeschreibung mit Leistungsverzeichnis betrachtet.

Nach VOB/A § 9 muss die zu erbringende Leistung eindeutig und so erschöpfend beschrieben sein, dass alle Bewerber die Beschreibung im gleichen Sinne verstehen und ihre Preise sicher und ohne umfangreiche Vorarbeiten berechnen können. Die Leistungsbeschreibung besteht deshalb nicht nur aus dem LV = Leistungsverzeichnis, sondern sie enthält weitere, in Bild 5.26 dargestellte Teile.

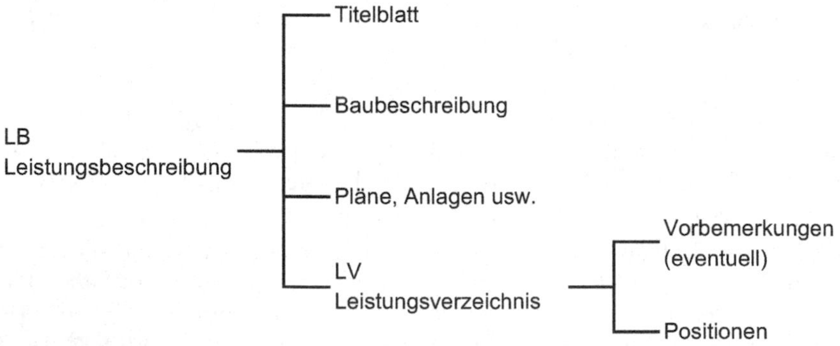

Bild 5.26: Struktur der deutschen Leistungsbeschreibung mit Leistungsverzeichnis

Im LV wird zunächst die Gesamtheit aller Leistungen sinnvoll gegliedert. Bei großen Baumaßnahmen erfolgt auf der obersten Ebene eine Aufteilung in Bauabschnitte, Lose oder ähnliche Bereiche. Auf der nächsten Ebene, bei mittleren und kleinen Baumaßnahmen die oberste Ebene, wird in gewerkorientierte Leistungsbereiche, beispielsweise Erdarbeiten, Maurerarbeiten usw., gegliedert. Die Leistungsbereiche, oft auch als Titel bezeichnet, lehnen sich häufig an die

VOB/C oder an das StLB = Standardleistungsbuch für das Bauwesen /D24/ oder an den StLK = Standardleistungskatalog für den Straßen- und Brückenbau /D25/ an.

Innerhalb der Titel werden die Teilleistungen, die Positionen, aufgelistet. Es sind abgrenzbare Einzelleistungen, z. B. „Mauerwerk der Wand", die hinsichtlich der Ausführungsart, z. B. „einseitig als Sichtmauerwerk", des Baustoffes, z. B. „Vollblock aus Beton", und der Abmessungen, z. B. „Dicke 21,5 cm", einheitlich sind. Die Positionsbeschreibungen können grundsätzlich frei formuliert werden, in der Praxis werden aber überwiegend elektronisch gespeicherte, an das StLB oder den StLK angelehnte „Bücher" benutzt. Bei der Formulierung der Texte sind die in der VOB/C enthaltenen Regelungen zu Nebenleistungen und Besonderen Leistungen zu beachten.

5.4.2 Großbritannien und International

Die Aufgabe der deutschen Leistungsbeschreibung mit Leistungsverzeichnis übernehmen in britischen und internationalen Bauverträgen im Wesentlichen die *drawings* und die *bill of quantities* nach Kapitel 5.3.3 und 5.3.4. Diese *BoQ* = *bill of quantities* darf nicht nur dem deutschen LV = Leistungsverzeichnis gleichgesetzt werden. Sie entspricht vielmehr inhaltlich eher der übergeordneten deutschen Leistungsbeschreibung und geht manchmal–wie nachfolgend erläutert wird–noch darüber hinaus. Bild 5.27 zeigt die verschiedenen Teile einer britisch-angloamerikanischen Leistungsbeschreibung.

In den *preliminaries* = Vorbemerkungen werden Art und Umfang der Arbeiten, die Parameter des Vertrages und alle Besonderheiten der Baumaßnahme zusammengestellt. Die *preliminaries* können erstens in etwa mit der deutschen Baubeschreibung verglichen werden, sie sind gelegentlich auch deutlich umfangreicher als diese. Zweitens können sie sogar Leistungspositionen enthalten. In britisch geprägten Verträgen werden oftmals die Baustellengemeinkosten nicht „über die Endsumme" umgelegt, sondern sie werden in ein oder mehreren eigenständigen Positionen, zum Beispiel als Position *site installation* = Baustelleneinrichtung, ausgewiesen. Diese wird meistens in die *preliminaries* eingefügt.

In den *general preambles* = der Allgemeinen Präambel werden unter Hinweis auf Normen, beispielsweise auf *BS* = *British Standard*, die Qualitätsanforderungen an Material und Ausführung beschrieben. Die *preambles* sind eine Mischung aus Allgemeinen und Zusätzlichen Technischen Vertragsbedingungen sowie den Vorbemerkungen zum Leistungsverzeichnis. Sie kommen nicht in allen Verträgen als Teil der *bill of quantities* vor, sondern bei großen Bauvorhaben werden sie oft in Form von *specifications* als ein eigenständiges Vertragsdokument beigefügt (siehe Kapitel 5.3.3). Begründet wird diese Trennung mit der übersichtlichen Gestaltung der *bills of quantities*. Bei der Formulierung der *general preambles* bzw. der *specifications* wird in der Regel auf Sammlungen von Standardtexten, z. B. auf die *NBS* = *National Building Specification* /G21/, zurückgegriffen.

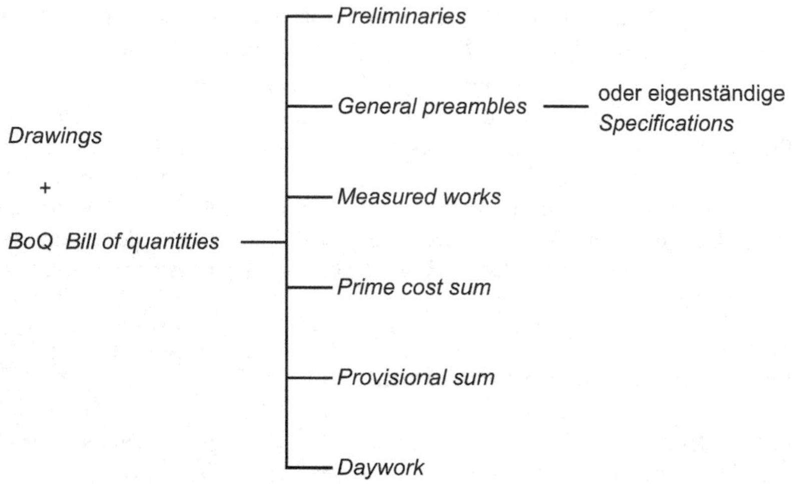

Bild 5.27: Struktur der britisch-angloamerikanischen Leistungsbeschreibung mit *bill of quantities*

Der Teil *measured works* = aufgemessene Leistungen ist wie ein übliches Leistungsverzeichnis strukturiert. Die gesamte Leistung wird zunächst in sinnvolle Leistungsbereiche, so genannte *sections* oder *parts*, aufgeteilt. Innerhalb dieser *sections/parts* werden die Teilleistungen als *items* = Positionen quantitativ und qualitativ beschrieben. Der Bieter hat dann für diese Positionen die *unit rates* = Einheitspreise und die *amounts* = Gesamtpreise einzutragen.

Durch den Teil *prime cost sum* (*prime cost* = Einkaufskosten) wird der britisch-angloamerikanische *nominated subcontractor* und *supplier* eingebunden. *Employer* und/oder *architect* bzw. *engineer* tragen hier die geschätzten oder bereits bekannten Auftragswerte der von ihnen ausgewählten *subcontractors* ein. Der *main contractor* fügt dann seine für diese *subcontractors* entstehenden Kosten in Form eines Prozentsatzes hinzu.

Die *provisional sum* = Betrag für Unvorhergesehenes ist vor dem Hintergrund eines weit verbreiteten britisch-angloamerikanischen Denkansatzes zu sehen: Es wird davon ausgegangen, dass die zu erbringende Bauleistung zum Zeitpunkt der Ausschreibung häufig nur unvollständig beschreibbar ist, und es wird folglich damit gerechnet, dass es zu Nachträgen = *additions* kommen wird. Für diese wird vom *employer* bzw. seinem *architect* oder *engineer* in der *bill of quantities* oftmals ein Betrag eingestellt.

Der Teil *daywork* = Stundenlohnarbeiten erfüllt einen ähnlichen Zweck wie die *provisional sum*. Es wird davon ausgegangen, dass während der Bauabwicklung ursprünglich nicht vorgesehene Arbeiten anfallen, deren Aufmaß und/oder Kalkulation schwierig oder unangemessen aufwändig und damit nicht sinnvoll ist. Statt über einen Nachtrag mit Mengen und kalkulierten Einheitspreisen werden derartige Arbeiten über Verrechnungssätze vergütet. Diese Sätze für Lohn, Gerät und eventuell Material hat der *contractor* in seinem Angebot zu beziffern.

Die Erstellung der *bill of quantities* erfolgt in der Regel unter Verwendung standardisierter Systematiken und Textstrukturen. Es sind dies:

- *Building works*

  In einem Vertrag auf *JCT*-Basis muss die *bill* in Übereinstimmung mit

  SMM7 Standard Method of Measurement of Building Works, 7th Edition, /G18/

  erstellt sein. Diese 1922 erstmals veröffentlichte Methode wird von der *RICS Royal Institution of Chartered Surveyors* herausgegeben. Ihr zur Seite gestellt ist der

  SMM7 Measurement Code /G19/,

  in dem der Gebrauch der *SMM7* erläutert wird.

- *Civil engineering works*

  In einem Vertrag auf *ICE*-Basis soll die *bill* vorzugsweise in Übereinstimmung mit der

  CESMM3 Civil Engineering Standard Method of Measurement, 3rd Edition, /G20/

  erstellt sein. Diese 1976 erstmals veröffentliche Methode wird von der *ICE Institution of Civil Engineers* herausgegeben.

- International

  FIDIC-Verträge geben keine Methode vor, oft angewendet werden *SMM7* und *CESMM3* /I35/.

SMM7 und *CESMM3* sind in ihrem Denkansatz ähnlich. Im Folgenden werden nur die Struktur und die Anwendung der *SMM7* beschrieben.

SMM7 /G18/,/G19/,/G36/

Während das deutsche StLB eine Vielzahl von Bänden (in elektronischer Form) umfasst, besteht *SMM7* lediglich aus einem einzigen 190 DIN A4-Seiten starken Buch und einer 59 DIN A4-Seiten starken Erläuterungsbroschüre, dem *Measurement Code.* Das Buch gliedert sich in drei Teile:

- *General rules* = allgemeine Hinweise zur Anwendung des Tabellenwerkes
- *Tabulated rules* = Tabellen mit Beschreibungsmerkmalen und Aufmaßregeln
- *Additional rules* = zusätzliche Regeln
  - *work to existing buildings* für Arbeiten an bestehenden Gebäuden

Das Kernstück sind die *tabulated rules.* In ihnen werden die gesamten *building works* in 22 gewerkorientierte Leistungsbereiche, so genannte *work groups*, aufgeteilt. Jede *work group* wiederum wird in *work sections* untergliedert. Bild 5.28 zeigt diese Systematik.

Die insgesamt rund 300 *work sections* werden sodann einzeln oder als Gruppe in gleichartig strukturierten Tabellen detaillierter beschrieben. Als Beispiel einer solchen Beschreibung wird in Bild 5.29 die gemeinsame Tabelle für die *work section F10–Brick/Block walling* und die *work section F11–Glass block walling* (=Wände aus Mauerwerk oder Glasbausteinen) wiedergegeben.

In ihrer Hauptstruktur besteht die Tabelle aus drei Bereichen:

für Arbeiten an bestehenden *Information provided*

In diesem Bereich wird aufgelistet, welche weiteren Informationen zur Beschreibung der Teilleistungen = *items* dieser *work section* benötigt werden und wo diese zu finden sind. Beispielsweise wird auf die Pläne mit den Außenansichten = *external elevations* verwiesen.

Work groups		*Work sections*	
A	*Preliminaries/General conditions*		
B	*Existing site/buildings/services*		
D	*Groundwork*		
E	*In situ concrete/Large precast concrete*		
F	*Masonry*	F10	*Brick/Block walling*
G	*Structural/Carcassing metal/timber*	F11	*Glass block walling*
H	*Cladding/Covering*	F20	*Natural stone rubble walling*
J	*Waterproofing*	F21	*Natural stone ashlar walling/dressings*
K	*Linings/Sheathing/Dry partitioning*	F22	*Cast stone ashlar walling/dressings*
L	*Windows/Doors/Stairs*	F30	*Accessories/Sundry items for brick/block/stone walling*
M	*Surface finishes*	F31	*Precast concrete sills/lintels/copings/features*
N	*Furniture/Equipment*		
P	*Building fabric sundries*		
Q	*Paving/Planting/Fencing/Site furniture*		
R	*Disposal systems*		
S	*Piped supply systems*		
T	*Mechanical heating/Cooling/Refrigeration systems*		
U	*Ventilation/Air conditioning systems*		
V	*Electrical supply/power/lighting systems*		
W	*Communications/Security/Control systems*		
X	*Transport systems*		
Y	*Mechanical and electrical service measurement*		

Bild 5.28: *SMM7*-Gliederung, Beispiel: *Masonry* = Mauerwerk

– *Classification table*

In diesem Bereich erfolgt unterteilt in fünf Spalten die Beschreibung der *items*.

Von links nach rechts werden in den drei ersten Spalten mit zunehmender Detaillierung Beschreibungsmerkmale der Teilleistung angegeben. Diese Beschreibungsmerkmale sind nicht wie beim StLB als standardisierte Textteile zu verstehen, sondern es sind Hinweise zu den an dieser Stelle erwarteten Angaben. Zum Beispiel steht bei den *work sections F 10/F11* in der ersten Zeile der zweiten Spalte keine bezifferte Wandstärke, sondern nur der Hinweis *Thickness stated* = Stärke angeben.

Die vierte Spalte gibt die Dimension an.

Die fünfte Spalte enthält weitere Beschreibungsmerkmale, beispielsweise *Bonding to other work* = Anschluss an andere Bauteile.

Durchgehende horizontale Linien trennen Beschreibungsmerkmale, die nicht miteinander kombiniert werden können.

Bei gestrichelten horizontalen Linien innerhalb eines Beschreibungsteils–derartige Striche kommen nur an wenigen Stellen vor–sind die Beschreibungsmerkmale ober- und unterhalb der Linie als mögliche Alternativen zu sehen.

Alle fünf Spalten erheben keinen Anspruch auf Vollständigkeit.

F Masonry

F10 Brick/Block walling
F11 Glass block walling

INFORMATION PROVIDED					MEASUREMENT RULES	DEFINITION RULES	COVERAGE RULES	SUPPLEMENTARY INFORMATION
P1 The following information is shown either on location drawings under A Preliminaries/General conditions or on further drawings which accompany the bills of quantities: (a) Plans of each floor level and principal sections showing the position of and the materials used in the walls (b) External elevations showing the materials used					M1 Brickwork and blockwork unless otherwise stated are measured on the centre line of the material M2 No deductions are made for the following: (a) voids ≤ 0.10 m² (b) flues, lined flues and flue blocks where voids and work displaced are together ≤ 0.25 m² M3 Deductions for string courses, lintels, sills, plates and the like are measured as regards height to the extent only of full brick or block courses displaced and as regards depth to the extent only of full half brick beds displaced M4 Curved work is so described with the radii stated	D1 Thickness stated is nominal thickness unless defined otherwise below D2 Facework is any work in bricks or blocks finished fair D3 Work is deemed vertical unless otherwise described D4 Walls include skins of hollow walls	C1 Brickwork and blockwork are deemed to include: (a) extra materials for curved work (b) all rough and fair cutting (c) forming rough and fair grooves, throats, mortices, chases, rebates and holes, stops and mitres (d) raking out joints to form a key (e) labours in eaves filling (f) labours in returns, ends and angles (g) centering	S1 Kind, quality and size of bricks or blocks S2 Type of bond S3 Composition and mix of mortar S4 Type of pointing S5 Method of cutting where not at the discretion of the Contractor
CLASSIFICATION TABLE								
1 Walls 2 Isolated piers 3 Isolated casings 4 Chimney stacks	1 Thickness stated 2 Facework one side, thickness stated 3 Facework both sides, thickness stated	1 Vertical 2 Battering 3 Tapering, one side 4 Tapering, both sides	m²	1 Building against other work 2 Bonding to other work 3 Used as formwork, details of temporary strutting stated 4 Building overhand	M5 Building against other work and bonding to other work is measured where the other work is existing or consists of a differing material	D5 Battering walls are sloping walls with parallel sides D6 Tapering walls are walls of diminishing thickness D7 Thickness stated for tapering walls is mean thickness D8 Isolated piers are isolated walls whose length on plan is ≤ four times their thickness, except where caused by openings	C2 Brickwork and blockwork bonded to another material is deemed to include extra material for bonding	

Bild 5.29: Auszug aus *SMM7–Work group: F Masonry* (aus /G18/, Seite 55+56)

5 Projections	1 Width and depth of projection stated	1 Vertical 2 Raking 3 Horizontal	m			D9 Projections are attached piers (whose length on plan is ≤ four times their thickness), plinths, oversailing courses and the like		
6 Arches (nr)	1 Height on face, thickness and width of exposed soffit and shape of arch stated		m		M6 Arches are measured the mean girth or length on face			
7 Isolated chimney shafts and the like (nr)	1 Thickness stated	1 Size on plan, shape and overall height stated	m²	1 Building from outside scaffolding				
8 Boiler seatings	1 Thickness stated		m²					
9 Flue linings					M7 Non brick masonry flue linings are measured in Section F30:11.1.0.0			
10 Boiler seating kerbs	1 Shape and size stated		m					
11 Items extra over the work in which they occur	1 Specials, dimensioned description	1 Reveals 2 Angles 3 Intersections	m					
12 Closing cavities	1 Width of cavity and method of closing stated	1 Vertical 2 Raking 3 Horizontal	m					
13 Facework ornamental bands and the like, type stated	1 Flush 2 Sunk, depth of set back stated 3 Projecting, depth of set forward stated	1 Vertical, width stated 2 Raking, width stated 3 Horizontal, width stated 4 Others, details stated	m	1 Extra over the work in which they occur 2 Entirely of stretchers 3 Entirely of headers 4 Building overhand		D10 Radii stated are mean radii on face D11 Facework ornamental bands and the like are brick-on-edge bands, brick-on-end bands, basket pattern bands, moulded or splayed plinth cappings, moulded string courses, moulded cornices and the like		
14 Facework quoins	1 Flush 2 Sunk, depth of set back stated 3 Projecting, depth of set forward stated	1 Mean girth stated	m	1 Extra over the work in which they occur 2 Cut and rubbed 3 Rusticated 4 Tile inserts included 5 Building overhand	M8 Facework quoins are measured on the vertical angle	D12 Facework quoins are formed with facing bricks which differ in kind or size from the general facings		S6 Method of jointing quoins to brick or blockwork

Die Erstellung einer *item*-Beschreibung erfolgt nach folgender Regel: Mit der linken Spalte beginnend und nach rechts fortschreitend ist aus den ersten drei Spalten jeweils ein oder kein Beschreibungsmerkmal zu nehmen. Diesen hinzuzufügen sind nach Bedarf beliebig viele Beschreibungsmerkmale der fünften Spalte, weitere in *SMM7* nicht enthaltene Beschreibungsmerkmale sowie die Dimension aus der vierten Spalte.

Vorstehende Vorgehensweise gilt nicht für den Leistungsbereich *A Preliminaries/General Conditions*. Bei ihm können und müssen in der Regel aus der zweiten und dritten Spalte mehr als ein Beschreibungsmerkmal genommen werden.

- *Supplementary rules*

  In diesem Bereich werden ergänzende Regeln und Informationen zusammengestellt:

  - *Measurement rules*

    Sie enthalten Aufmaßregelungen.

  - *Definition rules*

    Sie erläutern den Beschreibungsmerkmalen zugrunde liegende Begriffe und Sachverhalte.

  - *Coverage rules*

    Sie beschreiben, welche Leistungen in einem *item* ohne ausdrückliche Erwähnung eingeschlossen sind. Die VOB/C bezeichnet derartige Leistungen als Nebenleistungen.

  - *Supplementary information*

    Aufgelistet sind die Informationen, die zusätzlich zu den Beschreibungsmerkmalen der *classification table* benötigt werden.

  Die *supplementary rules* werden durch eine horizontale Linie direkt unterhalb der Überschrift *classification table* in zwei Arten getrennt: Die *supplementary rules* oberhalb dieser Linie gelten für die gesamte *work section*, die unterhalb dieser Linie nur für den jeweiligen Abschnitt der *classification table*.

  Measurement, *definition* und *coverage rules* werden nicht Textbestandteil der *bill of quantities*, besitzen aber allgemeine Gültigkeit. Die *supplementary information* gehen in die Beschreibung der Leistung mit ein.

Zur Kennzeichnung einer *item*-Beschreibung definiert *SMM7* einen aus Buchstaben und Zahlen gebildeten Code. Bei ihm werden von links nach rechts die Nummern der *work section* und die der zutreffenden Beschreibungsmerkmale aus den Spalten 1 bis 3 sowie 5 der *classification table* aneinander gefügt. Die Nummer der *work section* wird durch einen Doppelpunkt abgeschlossen, die vier Ziffern der Beschreibungsmerkmale werden untereinander durch Punkte getrennt. Ist ein Beschreibungsmerkmal nicht besetzt, wird eine 0, treffen mehrere Beschreibungsmerkmale zu, wird ein * eingetragen.

Diese Kennzeichnung ist hinsichtlich ihrer Bedeutung nicht vergleichbar mit der Schlüsselnummer des deutschen Standardleistungsbuchs. Es ist ein Code, der lediglich angibt, welche Merkmale die Beschreibung eines *items* enthält, nicht jedoch einen Beschreibungstext eindeutig definiert. Gedacht ist der Code als *cross reference*, als Querverweis, einerseits innerhalb der *SMM7* und andererseits zwischen *SMM7* und den *specs*. Er tritt deshalb in der *bill of quantities* kaum in Erscheinung. Dort werden die verschiedenen Beschreibungsteile der *SMM7* üblicherweise durch Fettdruck, Großbuchstaben, Unterstreichen und Einrücken kenntlich gemacht werden.

Ein Beispiel

Für eine Baustelle in einem afrikanischen Land sollen 244 m^2 einer aus Beton-Vollsteinen zu erstellenden Wand in der *bill of quantities* erfasst werden. Die senkrechte Wand soll einseitig als Sichtmauerwerk ausgeführt werden.

Nach *SMM7* fällt diese Teilleistung, dieses *item*, in die in Bild 5.29 wiedergegebene *work section F10/F11*. Ihre Beschreibung ergibt sich somit in der in Bild 5.30 dargestellten Weise, sie wird entsprechend Bild 5.31 in die *bill of quantities* übernommen. Zusätzlich wird zur weiteren Spezifizierung auf eine *supplementary information*, nämlich auf die in Bild 5.32 auszugsweise wiedergegebene *blockwork specification 16*, verwiesen.

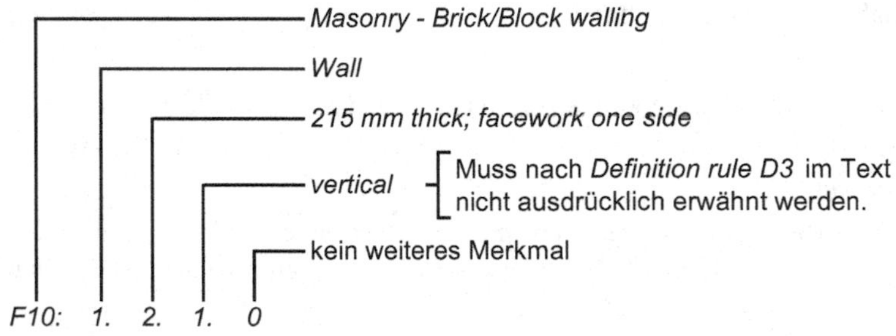

Bild 5.30: Beschreibung der Teilleistung mit Hilfe der *SMM7*

Number	Item description	Unit	Quantity	Rate	Amount $	c
	MASONRY					
	F10 BRICK/BLOCK WALLING					
	Blockwork Spec 16					
	Walls					
A 1	*215 mm thick; facework one side*	m^2	*244*			
A 2	. . . .					

Bild 5.31: Beschreibung der Teilleistung in der *bill of quantities*

⋮

Precast Concrete Blocks

16.02 Concrete blocks shall comply with BS 2028, 1364, Type B. They shall have a dense and even surface. Blocks shall have an average compression strength of not less than 7.0 N/sq.mm and a density of not less than 1 500 kg/cu.m.

Blocks shall be solid and shall be 440 x 215 x 215 mm. Blocks shall be bedded and jointed in mortar with average thickness of 10 mm.

Blocks shall not be used until four weeks after casting.

Constituents of Mortars

16.03 Cement for mortar to be used above ground shall comply with BS 12 Part 2. Cement for mortar to be used below damp proof course level shall be sulphate resisting cement complying with BS 4027 Part 2.

Sand for mortar shall comply with BS 1200 Table 1 for general purpose mortars and to BS 1200 Table 2 for load bearing blockwork.

The proportions of mortar constituents by volume shall be as below:

(a) Cement-sand mortar
cement : sand = 1 : 4

(b) Sulphate resisting mortar
sulphate resisting cement : sand = 1 : 3

⋮

Bild 5.32: *Blockwork Specification 16* (Auszug)

Beim Vergleich der britischen *SMM7* mit dem deutschen Standardleistungsbuch zeigen sich zwei wesentliche Unterschiede:

Während das StLB sehr umfassende und genaue Texte liefert, beschreibt *SMM7* die Leistung nur stichwortartig. Bezüglich weiterer benötigter Informationen wird in unterschiedlicher Intensität auf *drawings* und *specifications* verwiesen. Britische und internationale Leistungsbeschreibungen wirken somit oftmals etwas „oberflächlicher" als die deutschen. Sie werden erstellt auf der Grundlage des bereits geschilderten britischen Denkansatzes: Der Auftrag wird mit beratender Unterstützung des *engineers* oder *architects* an einen fachlich qualifizierten *contractor* vergeben. Dieser weiß wie „gebaut" wird, es muss ihm nicht gesagt werden! Und außerdem wird er ständig durch einen fachkundigen *engineer*, *architect* oder *clerk of works* kontrolliert.

Ein weiterer bemerkenswerter Unterschied besteht in der Computereignung beider Systematiken. Das StLB ist eine hierarchisch strukturierte und codierte Sammlung ausformulierter Textbausteine und ermöglicht deshalb unmittelbar die computerunterstützte LV-Erstellung. Nicht so *SMM7*: Zwar enthält auch sie eine Codierung, dahinter stehen aber keine ausformulierten Textbausteine, sondern lediglich Hinweise auf die Art der Information, die an dieser Stelle einzutragen ist. *SMM7* ist demnach mehr eine Checkliste oder ein „roter Faden" zur Erstellung der *bill of quantities*.

6 Baubetriebliche Besonderheiten des „traditionellen" Auslandsbaus

6.1 Grundsätzliches

Ein kurzer Rückblick in das Kapitel 2: Der Auslandsbau deutscher Bauunternehmen erfolgt in zwei sehr unterschiedlichen Formen, als „T+B" und als „traditioneller" Auslandsbau.

Beim „T+B" Auslandsbau gründen deutsche Bauunternehmen in anderen Ländern eigene Tochterunternehmen und/oder beteiligen sich an bereits bestehenden Unternehmen. Sie treten somit im Gastland als einheimische Unternehmen mit einer mehr oder weniger breiten Angebotspalette auf.

Beim „traditionellen" Auslandsbau sind die Auslandsaktivitäten deutscher Bauunternehmen projektbezogen. Sie akquirieren und realisieren einzelne Großprojekte auf dem internationalen Markt. Die Unternehmen führen unter starker Bindung an die deutsche Basis in einem anderen Land, oftmals in einem Entwicklungs- oder Schwellenland, einzelne Bauvorhaben durch.

Beide Formen sind für die deutschen Bauunternehmen mit Besonderheiten verbunden (Bild 6.1). So treffen sie erstens in beiden Fällen in der Regel auf einen andersartigen Rechtsrahmen. Zweitens haben sie beim „T+B" Auslandsbau häufiger als in Deutschland und beim „traditionellen" Auslandsbau fast immer umfangreiche Leistungspakete zu erbringen.

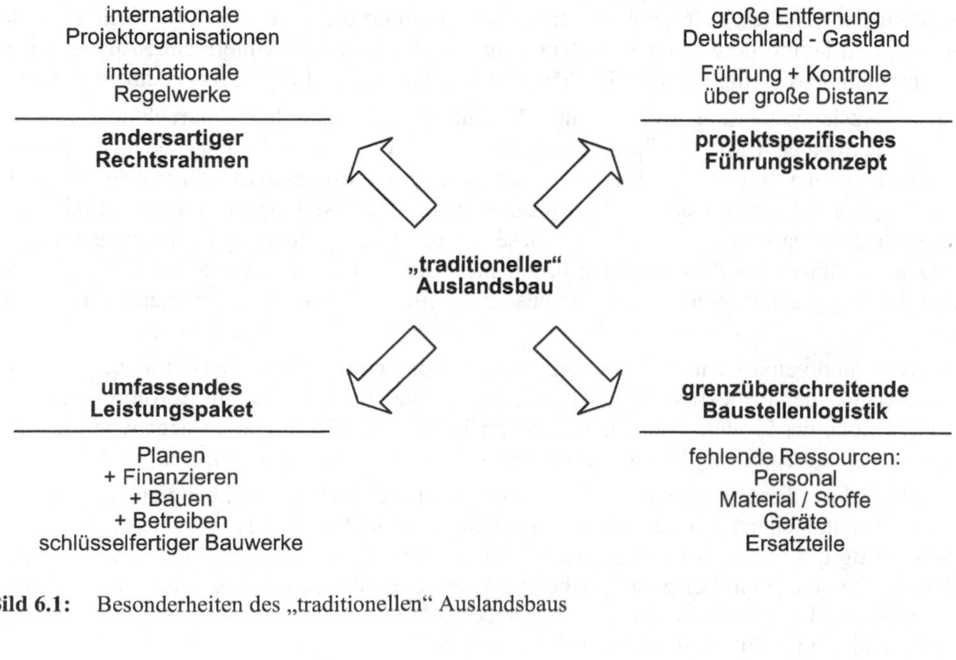

Bild 6.1: Besonderheiten des „traditionellen" Auslandsbaus

Zusätzlich zu diesen beiden besitzt der „traditionelle“ Auslandsbau zwei weitere Besonderheiten: Die dritte ist ein oftmals projektspezifisch zu entwickelndes Führungskonzept, in dem die „Verantwortlichkeiten“ sinnvoll und praktikabel festgelegt werden. Zu berücksichtigen sind dabei die in den meisten Fällen große Entfernung zwischen Deutschland und dem Land der Baustelle sowie die organisatorischen Strukturen auf Seiten des Bauherrn und seiner Berater.

Die vierte Besonderheit des „traditionellen“ Auslandsbaus ist eine in der Regel erforderliche grenzüberschreitende Baustellenlogistik. Nahezu alle für die Ausführung benötigten Führungskräfte, Geräte und höherwertigen Materialien sind von außen in das Gastland zu bringen.

Die erste und zweite Besonderheit, der Rechtsrahmen und die Leistungspakete, werden in den Kapiteln 3 bis 5, die dritte und vierte Besonderheit, die Führung und die Logistik, in diesem Kapitel 6 beschrieben. Zunächst wird kurz–begrenzt auf Bauunternehmen–die Führung über „große Distanz“, dann detaillierter die Baustellenlogistik behandelt.

6.2 Führung über „große Distanz“

Im „traditionellen“ Auslandsbau tätige Bauunternehmen gliedern sich oft in drei Ebenen:

- strategische Ebene
  Vorstand / Geschäftsführung → Unternehmensleitung
- strategisch-operative Ebene
  Niederlassungen / Auslandsabteilung → Projektleitung
- operative Ebene
  Baustelle im Ausland → Bauleitung

Oberste Instanz ist die Unternehmensleitung. Sie formuliert die generellen Unternehmensziele, delegiert und kontrolliert deren Umsetzung und repräsentiert das Unternehmen nach außen. Die Unternehmensleitung legt die Geschäftpolitik fest und trägt die Gesamt-Verantwortung.

Von der Auslandsabteilung werden unter Beachtung der generellen Unternehmensziele auf dem internationalen Markt Großprojekte akquiriert. Für diese formuliert sie sodann in Zusammenarbeit mit der Bauleitung des jeweiligen Projektes die operativen Oberziele, die Soll-Vorgaben, kontrolliert im weiteren Ablauf mit Hilfe von Soll-Ist-Vergleichen deren Einhaltung und greift gegebenenfalls steuernd ein. Diese die gesamte Ausführung begleitende Überwachung wird oftmals als Projektleitung bezeichnet. Die Leitung der Auslandsabteilung ist als Projektleitung gegenüber der Unternehmensleitung für die Baustelle im Ausland verantwortlich.

Organisiert und geführt wird die Baustelle von der Bauleitung. Dabei hat diese einerseits die Soll-Vorgaben der Projektleitung zu beachten und andererseits das Ziel „Minimierung der Einsatzmengen der Produktionsfaktoren“ zu verfolgen. Die Bauleitung ist gegenüber der Leitung der Auslandsabteilung für das Geschehen auf der Baustelle verantwortlich /D53/.

Eine Übernahme dieser logischen und sinnvollen Führungsstruktur kann bei manchen Baustellen des „traditionellen“ Auslandsbaus aus mehreren Gründen schwierig sein. Erstens übernimmt häufig das Bauunternehmen nicht allein, sondern zusammen mit einem oder mehreren anderen Unternehmen in Form einer Arbeitsgemeinschaft oder eines Konsortiums den Auftrag. Kommen diese Unternehmen aus anderen Ländern, dann sind meistens unterschiedliche Mentalitäten und Firmenphilosophien zu berücksichtigen.

Zweitens ist im „traditionellen" Auslandsbau, beispielsweise bei afrikanischen Baustellen, die Projektorganisation oft international besetzt. Bauherr (=*employer*), Bauherrenberater (=*engineer*), Finanzier (=*financier*) und Bauunternehmen (=*contractor*) kommen nicht selten aus verschiedenen Ländern. Sie alle oder zumindest die meisten von ihnen haben auf oder in der Nähe der Baustelle ihre Vertreter, ihre *representatives*. Von ihnen besitzen die örtlichen Vertreter des Bauherrn und/oder des Bauherrenberaters bei manchen Baustellen weitgehende Entscheidungsbefugnisse. Bei anderen Baustellen dagegen sind deren Entscheidungsbefugnisse auf die täglich anfallenden operativen Fragen beschränkt, grundlegende und schwerwiegende Entscheidungen werden weit entfernt von den Baustellen, beispielsweise am Sitz der finanzierenden Institution in Deutschland oder am Sitz des britischen Bauherrenberaters in London, diskutiert und getroffen. Für das Bauunternehmen stellt sich somit die Frage, welcher Ebene es die Wahrnehmung seiner Interessen überträgt: Der Auslandsabteilung in Deutschland oder der Bauleitung in Afrika?

Drittens schließlich ist die Logistik bedeutsam. Die Bauleitung ist zwar grundsätzlich für alle Produktionsfaktoren verantwortlich, also auch für die Beschaffung der benötigten Materialien, Geräte und Ersatzteile, die Wahrnehmung dieser Aufgabe von einer afrikanischen Baustelle aus ist jedoch sehr schwierig. Es stellt sich folglich auch hier die Frage, welcher Ebene im Bauunternehmen diese Aufgabe übertragen wird: Der Auslandsabteilung in Deutschland oder der Bauleitung in Afrika?

Die Führungsstruktur Unternehmensleitung–Bauleitung muss die vorstehenden Besonderheiten des „traditionellen" Auslandsbaus berücksichtigen. Sie sollte sich insbesondere an den projektspezifischen Entscheidungszentren orientieren. Als alternative Basiskonzepte der „Führung über große Distanz" bieten sich die in Bild 6.2 dargestellten Strukturen an.

Konzept A geht davon aus, dass sich das Entscheidungszentrum der Bauherrenseite auf oder in der Nähe der Baustelle befindet. In diesem Fall sollten die Entscheidungsbefugnisse der Bauunternehmensseite ebenfalls auf der Baustelle konzentriert werden und in Deutschland selbst lediglich ein „Heimatbüro" verbleiben, welches im Wesentlichen logistische Aufgaben wahrnehmen sollte. Die Aktivitäten der Unternehmensleitung und der Leitung der Auslandsabteilung sollte sich auf eine reine Kontrolltätigkeit beschränken. Konzept A besitzt folgende Vorteile (+) und Nachteile (–):

- \+ bessere Nutzung lokaler Kenntnisse
- \+ schnelle Reaktionsmöglichkeit
- – hoher Personalaufwand im Gastland
- – starke, schwer kontrollierbare Baustellenorganisation im Gastland und damit Gefahr der Verselbständigung

Konzept B geht davon aus, dass sich das Entscheidungszentrum der Bauherrenseite weit entfernt von der Baustelle, beispielsweise beim Bauherrenberater in Großbritannien, befindet. In diesem Fall sollten für grundlegende Fragen die Entscheidungsbefugnisse der Bauunternehmensseite von der Auslandsabteilung in Deutschland wahrgenommen werden. Dort sollte eine Projektleitung gebildet werden, die einerseits den Kontakt zur Bauherrenseite hält und andererseits die für das operative Geschäft verantwortliche Bauleitung kontrolliert. Sie sollte weiterhin die logistischen Aufgaben wahrnehmen. Die Aktivitäten der Unternehmensleitung sollten sich auf eine Kontrolle der Auslandsabteilung bzw. Projektleitung beschränken. Konzept B besitzt folgende Vorteile (+) und Nachteile (–):

+ geringer Personalaufwand im Gastland
+ eindeutige Hierarchie
– erschwerte Nutzung lokaler Kenntnisse
– erhöhter Zeitbedarf
– eventuell schwierige Kommunikation

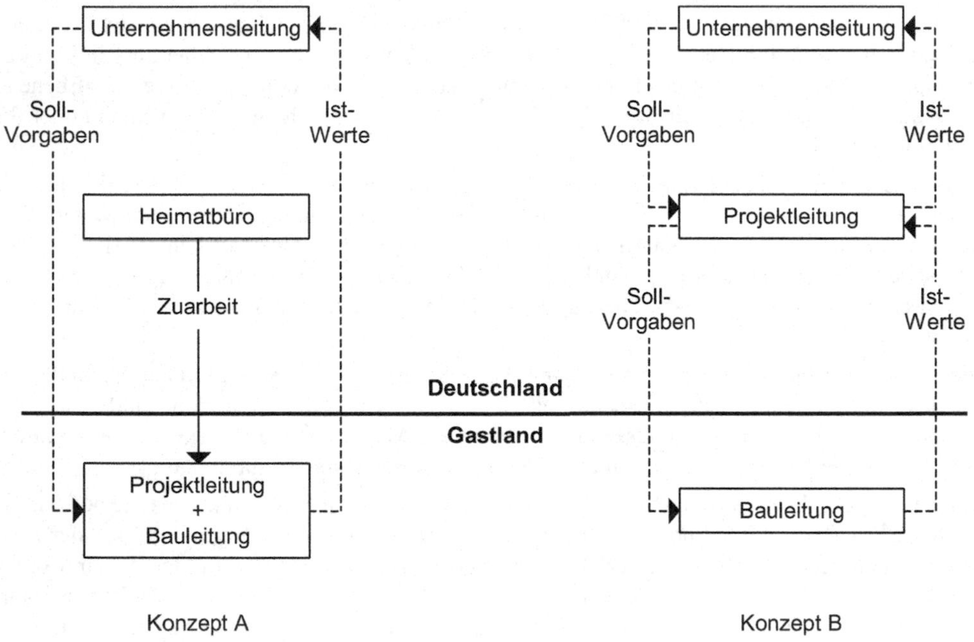

Bild 6.2: Führungskonzepte

Die beiden dargestellten Basiskonzepte sind häufig nicht in dieser reinen Form zu realisieren, sondern sie sind in Abhängigkeit von der jeweiligen konkreten Projektsituation mehr oder weniger stark zu variieren.

6.3 Logistik

6.3.1 Aufgabenfeld

„Logistik“ ist ein Kunstwort, welches Mitte des 19. Jahrhunderts im Militärwesen geprägt wurde. Zunächst verstand man darunter hauptsächlich die Berechnung von Weg-Zeit-Problemen bei Truppenbewegungen, nebenbei aber auch das Lösen von Versorgungsproblemen. Mit wachsender Mechanisierung im Militärwesen verlagerten sich die Probleme von der ursprünglichen militärischen Logistik mehr zu denen der Versorgung, das heißt zur Planung,

Steuerung und Überwachung des Nachschubs an Ausrüstung, Betriebsstoffen, Munition und weiterem Material sowie deren Erhaltung und Instandsetzung. Ziel der militärischen Logistik war und ist es, die Truppe zur rechten Zeit mit den erforderlichen Mitteln in genügendem Ausmaß zu versorgen.

Eine im Prinzip ähnliche Aufgabe stellt sich dem Bauunternehmen beim Bauen. Dabei ist diese Aufgabe jedoch nicht auf die reine Bauausführung begrenzt, sondern sie strahlt, wie Bild 6.3 zeigt, weit über diese hinaus.

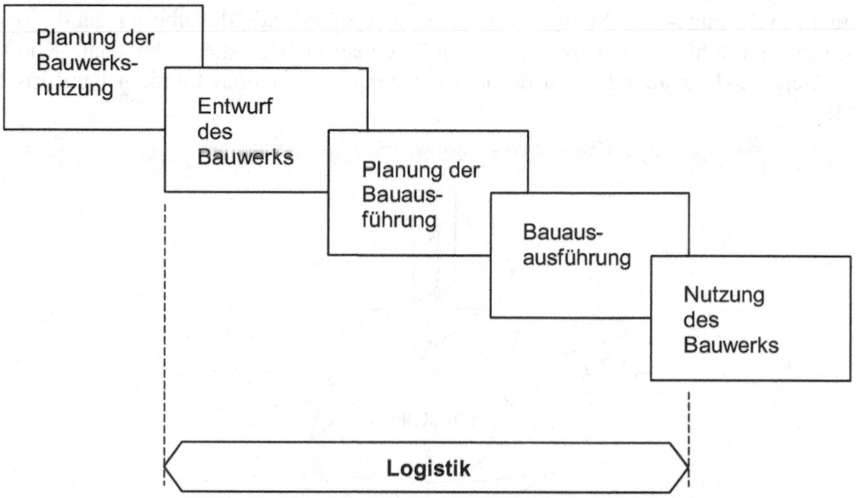

Bild 6.3: Einbettung der Logistik in den Bauprozess

Ein kurzer Exkurs: Die Bereitstellung und Vorhaltung eines Bauwerks geschieht in mehreren Stufen:

- Erstens wird die Nutzung des Bauwerks geplant. Es ist dies die gedankliche Vorwegnahme der künftigen Verwendungsprozesse, denen das zu entwerfende und sodann zu erstellende Bauwerk dienen soll.
- Zweitens wird das Bauwerk entworfen. Zu verstehen ist darunter der Vorgang, durch den das Bauwerk, das Objekt, unter Berücksichtigung von Optimierungskriterien gestaltet, dimensioniert und ausführungsreif beschrieben wird.
- Drittens wird die Bauausführung geplant. Es ist dies die gedankliche Vorwegnahme des zur Realisierung des Entwurfs beabsichtigten Bauausführungsprozesses.
- Viertens kommt die Bauausführung. Dies ist der Prozess, in dem entsprechend der Ausführungsplanung der Entwurf realisiert, also das Bauwerk erstellt wird.
- Fünftens schließlich wird das Bauwerk genutzt. Gemeint ist damit der Betrieb, die Unterhaltung und letztlich auch die Nutzungswandlung oder der Abbruch des Bauwerks nach Beendigung der zunächst geplanten Bauwerksnutzung.

Diese das gesamte Bauwerksleben abbildenden fünf Phasen können in Form eines Stufendiagramms dargestellt werden. In ihm deuten die sich überschneidenden Stufen an, dass normalerweise die einzelnen Phasen nicht durch definierte Ereignisse voneinander getrennt sind. Es sind vielmehr Teilprozesse, die zeitlich und inhaltlich Überschneidungsbereiche aufweisen.

Eingebettet in den mehrstufigen Bauprozess ist die Logistik, die Versorgung der Baustelle mit den zur Leistungserbringung benötigten Produktionsmitteln in der geforderten Qualität, in ausreichender Menge und zur rechten Zeit. Beginnen muss die Abwicklung dieser Aufgabe bereits in der Entwurfsphase. Und sie endet frühestens bei Übergabe des fertigen Bauwerks, häufig jedoch erst nach einer gewissen Nutzungsperiode. Es ist eine Aufgabe, die sich im Prinzip bei der Abwicklung einer jeden Baumaßnahme stellt. Sie stellt sich aber verstärkt bei Baustellen in Entwicklungs- und Schwellenländern, da dort oftmals der überwiegende Teil aller Produktionsmittel fehlt. Die ganz unterschiedlich gearteten „Güter" Personal, Know-how, Material, Gerät und Ersatzteile sind deshalb meistens aus anderen Ländern heranzuschaffen (Bild 6.4).

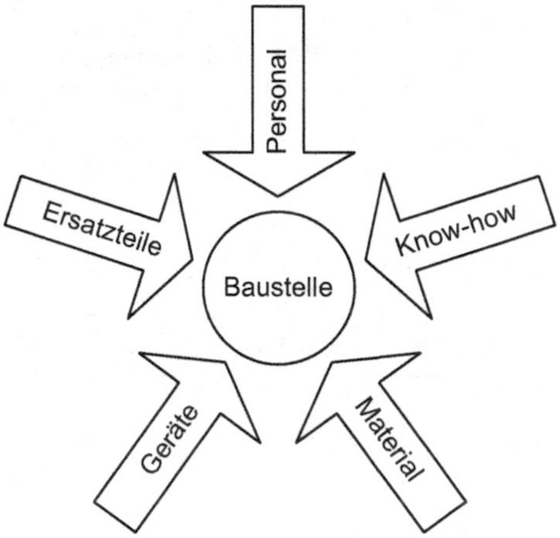

Bild 6.4: Logistische „Güter"

Die Versorgungsprozesse, die der Bereitstellung der verschiedenen Versorgungsgüter dienen, müssen differenziert betrachtet werden. Es sind logistische Aufgaben, die sich in der Regel nicht nur hinsichtlich ihrer Objekte, sondern auch hinsichtlich ihrer Zielsetzung unterscheiden:

- Im Personalbereich ist so zu disponieren, dass die richtige Person genau zum geplanten Einsatztermin auf der Baustelle eintrifft. Sowohl der zu früh geschickte und damit teilweise unproduktive als auch der zu spät geschickte und damit leistungshemmende Mitarbeiter kann auf der Baustelle erhebliche Kosten verursachen. Diese Aussage gilt prinzipiell für alle Mitarbeiter, sie gilt aber im Besonderen für die teuren deutschen Fachkräfte.
- Das Know-how–damit sind zum einen die das zu erstellende Bauwerk beschreibenden Ausführungsunterlagen und zum anderen das zur Durchführung des Bauprozesses benötigte produktionstechnische, organisatorische und administrative Hilfswissen gemeint–ist zu einem möglichst frühen Zeitpunkt bereitzustellen.

- Das Material–dieser Begriff umfasst die in das Bauwerk permanent eingehenden Baustoffe und die zur Erbringung der Vertragsleistung erforderlichen Bauhilfs- und Baubetriebsstoffe–ist frühzeitig zu erfassen, zu bestellen und eine angemessene Zeit vor dem Bedarfstermin anzuliefern. Material, welches viel zu früh auf der Baustelle eintrifft, erleidet häufig wegen unsachgemäßer Lagerung Schäden oder geht–gezielt oder fahrlässig–verloren.
- Für das Gerät–hierunter sind wiederum sowohl die in das Bauwerk permanent eingehenden Anlagen und Geräte als auch die temporär eingesetzten Baustellengeräte zu verstehen–gilt die gleiche Zielsetzung wie für das Material. Die Geräte sind einen gewissen Zeitraum vor ihrem Einsatz bereitzustellen.
- Die Ersatzteile nehmen innerhalb der Logistik eine Sonderstellung ein. Sie resultiert aus dem Sachverhalt, dass ihr tatsächlicher Bedarf sowohl mengen- als auch terminmäßig nicht genau vorhersagbar ist. Trotz dieser Ungewissheit ist sicherzustellen, dass Ersatzteile im Bedarfsfall möglichst kurzfristig auf der Baustelle verfügbar sind. Geschieht dies nicht, können erhebliche Leistungsverluste die Folge sein.

Im Folgenden wird die Versorgung der Baustelle mit Personal und Know-how, Material und Gerät sowie Ersatzteilen detaillierter beschrieben. Dabei liegt der Schwerpunkt der Betrachtung auf der grenzüberschreitenden Logistik /I15/,/I34/.

6.3.2 Personal und Know-how

Die Durchführung einer Baustelle erfordert zweierlei: Bautechnisches und baubetriebliches Fach- und Führungswissen sowie umfassendes handwerkliches und maschinenbezogenes Können. Beides ist beim Bauen in Entwicklungs- und Schwellenländern oftmals nicht oder zumindest nicht in ausreichendem Maße vor Ort vorhanden. Es ist in Form von Personal zu „importieren".

Dabei sind drei Personengruppen zu unterscheiden (Bild 6.5):

- *Expatriates* = Mitarbeiter aus Deutschland oder anderen Industriestaaten
- *Locals* = Mitarbeiter aus dem jeweiligen Gastland
- *Third Country Nationals* = Mitarbeiter aus Drittländern, häufig aus Schwellenländern. Sie werden gelegentlich abkürzend als *TCN's* bezeichnet.

Das technische und kaufmännische Führungspersonal wird in der Regel in Deutschland oder in anderen Industriestaaten rekrutiert. Dabei ist der Begriff Führungspersonal manchmal relativ weit gefasst, denn in Abhängigkeit von der jeweiligen Bauaufgabe werden auch Facharbeiter, Maschinisten und kaufmännische Angestellte aus Europa zur Baustelle entsandt. Die *expatriates* müssen fachlich überdurchschnittlich und erfahren, charakterlich in sich gefestigt, anpassungsfähig und anpassungsbereit, zuverlässig und gesund sein. Sie sollten weiterhin ausreichende Fremdsprachenkenntnisse besitzen.

Es ist oftmals ein Abenteuer, auf welches sich die *expatriates* einlassen. Fachlich hoch qualifizierte Mitarbeiter, die bei jeder Unzulänglichkeit in einem Entwicklungsland die Nerven verlieren und alles, was sie um sich herum vorfinden, als „Mist" bezeichnen, sind mit Sicherheit fehl am Platz. Voraussetzung für eine erfolgreiche und auch persönlich zufrieden stellende Tätigkeit ist die Bereitschaft, sich mit den Lebensgewohnheiten und Denkweisen des Gastlandes vertraut zu machen und sich gegebenenfalls anzupassen.

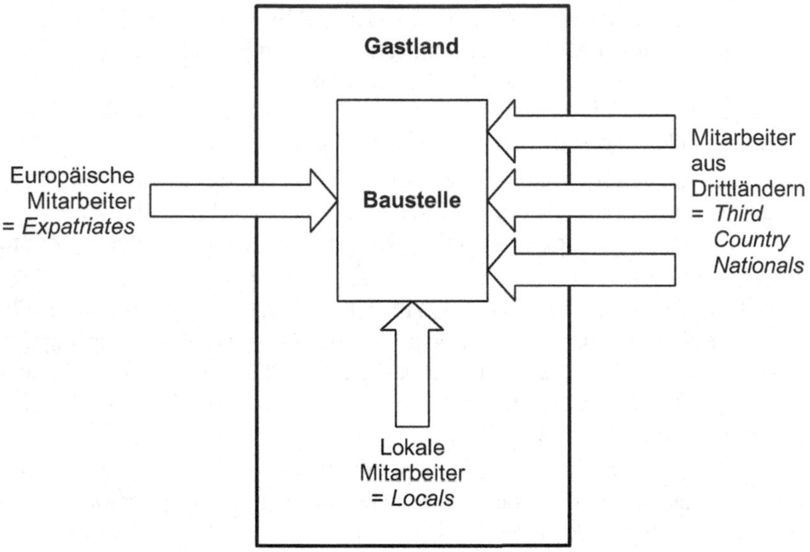

Bild 6.5: Personal-Logistik

Die logistische Aufgabe bezüglich der *expatriates* besteht darin, den richtigen Mitarbeiter möglichst kurz auf die Baustelle zu entsenden. Möglichst kurz, da der Auslandsaufenthalt des Mitarbeiters für das Unternehmen mit hohen Kosten verbunden ist. Um den richtigen Mitarbeiter zu finden, ist im Unternehmen eine Datensammlung erforderlich, in der alle relevanten Daten der im Ausland bereits befindlichen und der in Deutschland tätigen, aber ausreisewilligen Mitarbeiter gespeichert werden. Dieser Personaldatei sind die Personalbedarfslisten der einzelnen Projekte, also die Listen qualitativ beschriebener Funktionen, frühzeitig gegenüber zu stellen. Es wird dadurch erkennbar, ob der Personalbedarf mit den vorhandenen Mitarbeitern abgedeckt werden kann oder ob die Anwerbung neuer Mitarbeiter erforderlich ist.

Ist ein *expatriate* für ein Projekt ausgewählt, dann sind seine Ausreise und die damit verbundenen Formalitäten, wie zum Beispiel Abschluss des Arbeitsvertrages, Beschaffung des Visums, Ausstellung des Gesundheitszeugnisses und Buchung des Flugtickets, nach einem eingespielten Handlungsmuster, welches durch automatische Kontrollen ständig zu überwachen ist, abzuwickeln. Die Baustelle selbst ist bis zum Eintreffen des neuen Mitarbeiters über den aktuellen Stand der Vorbereitungen laufend zu informieren. Und damit bei der Personaldisposition später folgender Projekte wiederum gezielt gearbeitet werden kann, sind in regelmäßigen Abständen für jeden Mitarbeiter die persönlichen Daten zu kontrollieren und gegebenenfalls zu korrigieren sowie das voraussichtliche Ende seines derzeitigen Einsatzes zu ermitteln. Die aktualisierten Daten sind in die anfangs erwähnte Personaldatei einzugeben.

Die gewerblichen Arbeitskräfte werden soweit wie möglich lokal rekrutiert. Bezüglich dieser *locals* besteht die logistische Aufgabe zunächst darin, Bewerber zu finden und unter ihnen die geeigneten auszuwählen. Vor dem Hintergrund politischer Interessen erfolgt in manchen Ländern die Auswahl und Bereitstellung der benötigten und beantragten Arbeitskräfte durch staatliche Behörden. In anderen Ländern kann das Bauunternehmen direkt oder über einen nichtstaatlichen örtlichen Vermittler Mitarbeiter anwerben und auswählen. Da meistens nicht wie in Deutschland auf schriftliche Qualifikationsnachweise der Bewerber zurückgegriffen werden kann, orientiert sich die Auswahl häufig am persönlichen Eindruck. Es wird davon ausgegangen, dass einem lernbereiten Bewerber in einem „Training on the job" die notwendigen handwerklichen und maschinenbezogenen Fähigkeiten vermittelt werden können. In diesem Zusammenhang sei angemerkt, dass international tätige Bauunternehmen auf diese Weise einen nicht unerheblichen Beitrag zur beruflichen Bildung in Entwicklungs- und Schwellenländern leisten.

Ist ein *local* ausgewählt, dann sind die für seinen Arbeitsantritt erforderlichen Formalitäten und Papiere zu erledigen beziehungsweise zu beschaffen. Es ist dies ein Aufwand, der in den Ländern des „traditionellen" Auslandsbaus einen erheblichen Umfang annehmen kann.

Manchmal können nicht alle erforderlichen gewerblichen Arbeitskräfte im jeweiligen Gastland rekrutiert werden. In derartigen Fällen werden in anderen Ländern, häufig in Schwellenländern, weitere Arbeitskräfte angeworben. Bezüglich dieser *third country nationals* ergibt sich eine logistische Aufgabe, die einerseits der Anwerbung der *locals* und andererseits der Entsendung der *expatriates* gleicht. Die Auswahl der Mitarbeiter geschieht in ähnlicher Weise wie bei den lokal angeworbenen Arbeitskräften. Auch diese Mitarbeiter erlangen ihre Qualifikation häufig erst durch ein „Training on the job". Ist ein *third country national* ausgewählt, dann sind seine Ausreise und die damit verbundenen Formalitäten, wie zum Beispiel Abschluss des Arbeitsvertrages, Beschaffung des Visums, Ausstellung des Gesundheitszeugnisses und Buchung des Flugtickets zu organisieren.

Die gesamte Personalplanung ist eng verknüpft mit einem grundlegenden Problem des „traditionellen" Auslandsbaus. Bevor mit der Vertragsleistung, den *permanent works*, begonnen werden kann, ist in einem oftmals mehrmonatigen Vorlauf zunächst die Baustelle einzurichten. Es sind so genannte *temporary works* erforderlich. Hierzu gehört nicht selten auch der Bau von Unterkünften für die *expatriates* und die eventuell angeworbenen *third country nationals*. Und damit entsteht eine grundlegende Schwierigkeit. Auf der einen Seite soll die Baustelle schnell aus den Startlöchern kommen. Das erfordert bereits zu Beginn eine hohe Zahl an Mitarbeitern. Auf der anderen Seite kann zu Beginn oftmals nur eine begrenzte Zahl an Mitarbeitern untergebracht werden.

Die Bereitstellung des zur Durchführung des Projektes notwendigen technischen, organisatorischen und administrativen Know-how ist zwar mit der Bereitstellung des qualifizierten Baustellenpersonals eng verbunden, sie ist aber dadurch nicht vollständig abgedeckt. Zusätzlich bereitzustellen ist projektspezifisches Know-how, welches außerhalb des Gastlandes, meistens am Sitz des Bauunternehmens in Deutschland, in Form von Plänen, Arbeitsprogrammen, Arbeitsanweisungen, Organisations- und Administrationshilfen erarbeitet wird. Es ist dafür zu sorgen, dass diese Unterlagen kurzfristig und zuverlässig von dort zur Baustelle gelangen. Elektronische Medien, Kurierdienste und ausreisende Firmenangehörige sind für diese Aufgabe gut geeignet.

6.3.3 Material, Geräte und Ersatzteile

Bauen erfordert Material und Geräte. Sie sind auf der Baustelle in der geforderten Qualität, in ausreichender Menge und zur rechten Zeit bereitzustellen. Beim Bauen in Entwicklungs- und Schwellenländern stellt sich diese logistische Aufgabe meistens in der in Bild 6.6 skizzierten Weise dar.

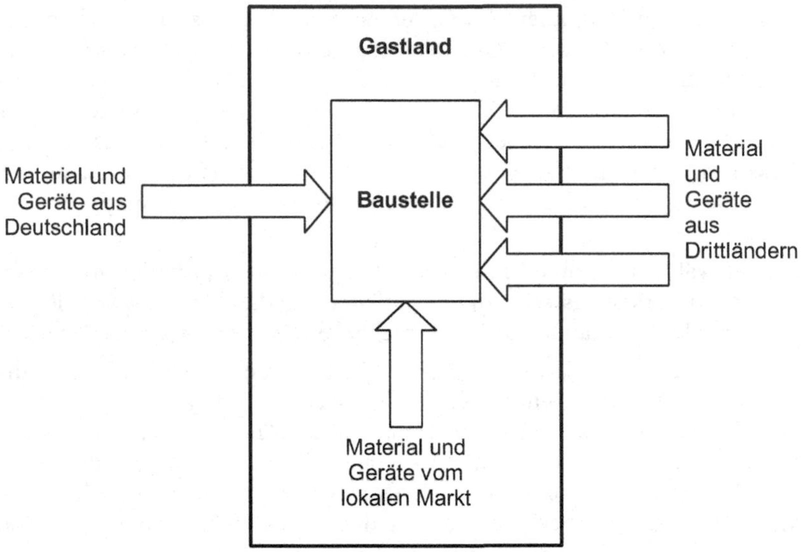

Bild 6.6: Material-Geräte-Logistik

Ein Teil der benötigten Güter kann manchmal auf dem lokalen Markt eingekauft werden. Schwierigkeiten, die dieser Versorgungsweg besitzt, sind in starkem Maße vom jeweiligen Gastland abhängig. Sie können nicht verallgemeinert werden und sie werden deshalb hier nicht näher betrachtet. Es sei nur darauf hingewiesen, dass die Abwicklung dieser Aufgabe in jedem Fall den Einsatz ideenreicher und initiativer Einkäufer auf der Baustelle erfordert. Sie müssen mit den Möglichkeiten und Regeln des Marktes im Gastland vertraut sein.

Der weitaus größere Teil der benötigten Güter wird in der Regel außerhalb des Gastlandes bereitgestellt und muss von dort zur Baustelle gebracht werden. Dabei werden das Material und die Geräte nicht unbedingt immer in Deutschland gekauft. Erstens ist in der Vertragsleistung häufig Material nichtdeutscher Hersteller vorgeschrieben, zweitens kann es für ein deutsches Bauunternehmen aus unterschiedlichen Gründen auch wirtschaftlich sein, Produkte aus Drittländern zu verwenden. So können beispielsweise bei einem Kauf in einem Drittland die Gesamtkosten bestehend aus den Einkaufskosten und Transportkosten in der Summe niedriger sein. Oder eine in US-Dollar abgeschlossene Baustelle wird zu einer Zeit durchgeführt, in der der Euro gegenüber dem Dollar schwach bewertet ist. In einer solchen Situation kann es sinnvoll sein, die benötigten Güter vorwiegend in Dollar-orientierten Ländern zu kaufen.

Eine erfolgreiche Material- und Geräte-Logistik setzt eine bis ins Detail gehende, systematische Vorgehensweise voraus. Sie muss bereits im Stadium der Angebotsbearbeitung beginnen. Schon zu diesem Zeitpunkt müssen die in den Versorgungsprozess hineinspielenden Randbedingungen des Gastlandes untersucht werden, denn sie können eine zentrale Bedeutung erlangen. Zweitens müssen die bereitzustellenden Materialien und Geräte hinsichtlich Quantität, Qualität, Herkunftsland und Bereitstellungstermin überschlägig erfasst werden. Aufbauend auf beiden Teilanalysen sind alternative Möglichkeiten der Versorgung gedanklich durchzuspielen und bezüglich der Kosten, Versorgungszeit und Zuverlässigkeit miteinander zu vergleichen. Wird ein Angebot zum Auftrag, dann sind die Gedankenmodelle Schritt für Schritt zu konkretisieren, gegebenenfalls zu verändern und schließlich zu realisieren. Logistische Fragestellungen treten somit von Beginn der Angebotsbearbeitung bis zur Fertigstellung des Bauwerks auf. Sie werden im Folgenden beispielhaft verdeutlicht.

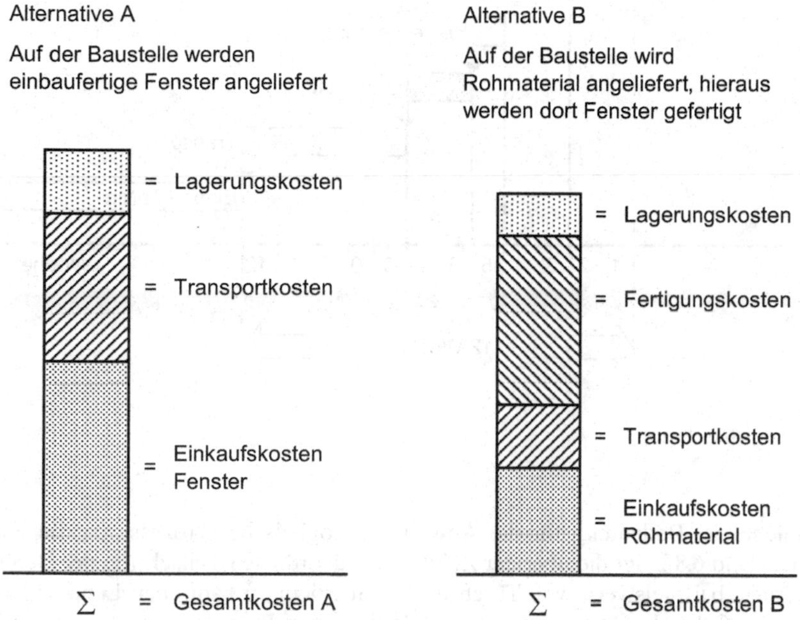

Bild 6.7: Vergleich: Anlieferung einbaufertiger Güter–Baustellenfertigung

Nicht selten stellt sich die Frage, ob Ausbaumaterialien einbaufertig oder als noch zu bearbeitende, halbfertige Produkte zur Baustelle geliefert werden. Ein Beispiel: Auf einer Baustelle in einem Schwellenland wurden große Mengen Fenster benötigt. Diese hatten zwar unterschiedliche Größen, bei allen bestand aber der Rahmen aus dem gleichen eloxierten Aluminiumprofil. Die Untersuchung der beiden Alternativen „Lieferung einbaufertiger Fenster" und „Lieferung von Glas und Profil und anschließende Fertigung auf der Baustelle" führte zu dem in Bild 6.7 wiedergegebenen Ergebnis. Es zeigte sich, dass einerseits die Kostensumme für Rohmaterial und Fertigung höher war als die Einkaufskosten der fertigen Fenster, andererseits jedoch verminderten sich bei der Baustellenfertigung die Lagerungskosten, da wegen der kurzfristig möglichen Abstimmung von Fenstereinbau und Fensterfertigung eine geringere Vorratshaltung erforderlich war. Die wesentliche Einsparung ergab sich aber bei den Transportkosten für das Rohmaterial. Das lag erstens an dem geringeren Transportvolumen–das Material lies sich raumsparender verpacken–und zweitens an den in den Transportkosten enthaltenen Einfuhrzöllen. Entwicklungs- und Schwellenländer sind verständlicherweise daran interessiert, die Produktion im eigenen Land zu fördern. In dem konkreten Fall geschah dies, indem für die Einfuhr fertiger Fenster 20 %, für die Einfuhr der Rohmaterialien aber nur 3 % Zoll erhoben wurden.

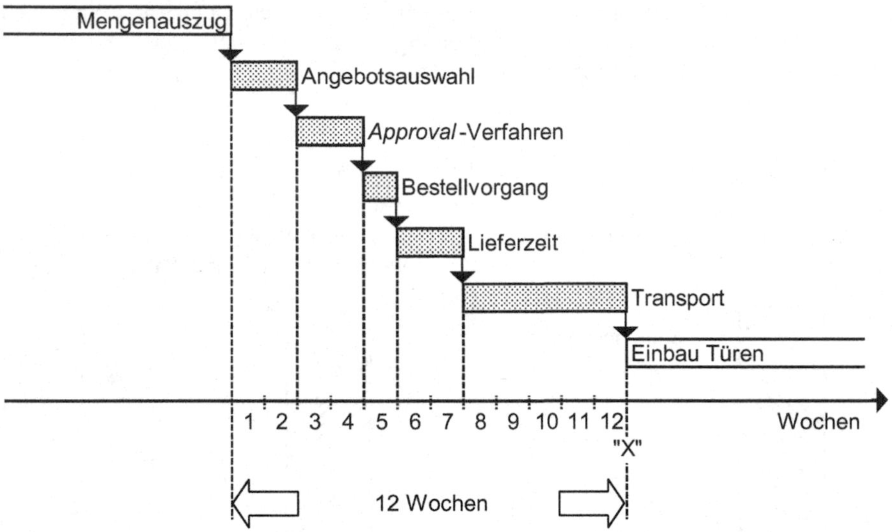

Bild 6.8: Logistikschritte

Von grundlegender Bedeutung für die Abwicklung logistischer Prozesse ist die Frage nach deren Dauer. Bild 6.8 zeigt die über der Zeitachse angeordneten Teilschritte der Bereitstellung eines Materials, beispielsweise von Türen für ein in einem afrikanischen Land schlüsselfertig zu erstellendes Gebäude. Ausgangspunkt des logistischen Prozesses ist ein vom technischen Büro erstellter Mengenauszug mit allen für den Kauf erforderlichen technischen Informationen. Auf der Basis des Auszuges holt das Bauunternehmen von verschiedenen Herstellern technische und preisliche Alternativangebote ein und wertet diese aus. Das Ergebnis besteht in einer manchmal sehr umfangreichen Ausarbeitung, in der eine der Alternativen, beispielsweise „Typ A34“ des Herstellers „Tür+Tor GmbH“, für den Einbau vorgeschlagen wird. Dieser Vorschlag wird vertragsgemäß dem Bauherrenberater, dem *engineer*, zur Prüfung und Genehmigung, zum *approval*, vorgelegt. Lehnt er ihn ab, ist ein neuer Vorschlag zu erarbeiten. Im anderen Fall kann die Bestellung bei der „Tür+Tor GmbH“ platziert werden. Bei einer größeren Anzahl an Türen wird erstens dieser Bestellvorgang wegen detaillierter Preisverhandlungen sicherlich ein paar Tage dauern. Zweitens wird vermutlich eine gewisse Lieferzeit bestehen. Nach Bereitstellung der Türen durch die „Tür+Tor GmbH“ werden diese per Transportkette Bahn–Schiff–Lkw zur Baustelle gebracht. Anzumerken ist, dass in der Regel nur Material, welches Teil der Vertragsleistung, also Teil des Bauwerks, wird, ein *approval* benötigt. Bei dem anderen Material ist das Bauunternehmen in seiner Kaufentscheidung frei.

Wird der vorstehend beschriebene logistische Prozess vom Endpunkt her betrachtet und werden für die einzelnen Teilschritte die in Bild 6.8 dargestellten, positiv kurz angesetzten Dauern zugrunde gelegt, dann ergibt sich folgende Feststellung: Soll mit dem Einbau der Türen zum Zeitpunkt „X“ begonnen werden, dann müssen spätestens 12 Wochen vor dem Tag „X“ Qualität und Quantität der Türen festliegen. Diese Aussage gilt selbstverständlich nur für dieses Beispiel. Oftmals, insbesondere bei der Bereitstellung von Geräten, werden für den logistischen Prozess deutlich mehr als 12 Wochen benötigt.

Die Bereitstellung von Material und Gerät beinhaltet die vom Bauunternehmen normalerweise eingekaufte Dienstleistung „Transport". Da es selbst für sehr weit von Deutschland entfernte Baustellen oft mehr als eine Transportalternative gibt, stellt sich folglich auch oft die Frage nach der sinnvollen und wirtschaftlichen Transportform. Ausgangspunkt für die Beantwortung dieser Frage sind die in Bild 6.9 für grenzüberschreitende Transporte zusammengestellten Leistungs- und Qualitätsmerkmale von Verkehrsystemen.

	Dauer	Flexibilität	Zuverlässigkeit Pünktlichkeit	Transportgut-beanspruchung
Schiff	- niedrige Transport-geschwindigkeit	- feste Routen - geringe Abfahrtdichte - keine Gewichts- und Volumen-beschränkung	- auf den Tag genau	- bei Containern gering - bei konventioneller Verpackung hoch
Lkw	- mittlere Transport-geschwindigkeit	- räumlich und zeitlich sehr flexibel - Gewichts- und Volumen-beschränkung	- auf Tage genau	- bei Containern gering - bei konventioneller Verpackung mittel
Bahn	- mittlere Transport-geschwindigkeit	- räumlich und zeitlich beschränkt flexibel - Gewichts- und Volumen-beschränkung	- auf den Tag genau	- bei Containern gering - bei konventioneller Verpackung mittel
Flugzeug	- hohe Transport-geschwindigkeit	- engmaschiges Netz - hohe Abflugdichte - Gewichts- und Volumen-beschränkung	- auf die Stunde genau, aber häufig Verzögerungen im Abfertigungs-bereich des Gastlandes	- gering

Bild 6.9: Leistungs- und Qualitätsmerkmale grenzüberschreitender Verkehrsysteme

Den Leistungs- und Qualitätsmerkmalen gegenüberzustellen sind die Kosten. Dabei sind nicht nur die reinen Transportkosten zu berücksichtigen, sondern hinzuzurechnen sind die Kosten der Verpackung, Verladung und Versicherung sowie Zölle und sonstige Gebühren. In Bild 6.10 werden beispielhaft für eine Baustelle im kleinasiatischen/arabischen Raum die Dauer und die Kosten möglicher Transportalternativen gegenübergestellt. Das Bild verdeutlicht zwei Dinge:

- Erstens gibt es Alternativen-Sprünge. Wird die Abfahrt des Schiffes nicht erreicht, dann ist der geplante Bereitstellungstermin auf der Baustelle nur noch mit Hilfe des Transportmittels Lkw erreichbar.

– Zweitens ist die Verkürzung der Transportdauer mit einem stark überproportionalen Anstieg der Transportkosten verbunden.

Anzumerken ist, dass Bild 6.10 lediglich Tendenzen zeigt. Sowohl die absoluten Dauern und Kosten als auch die Relationen zwischen diesen Größen werden bei jeder Baustelle anders sein.

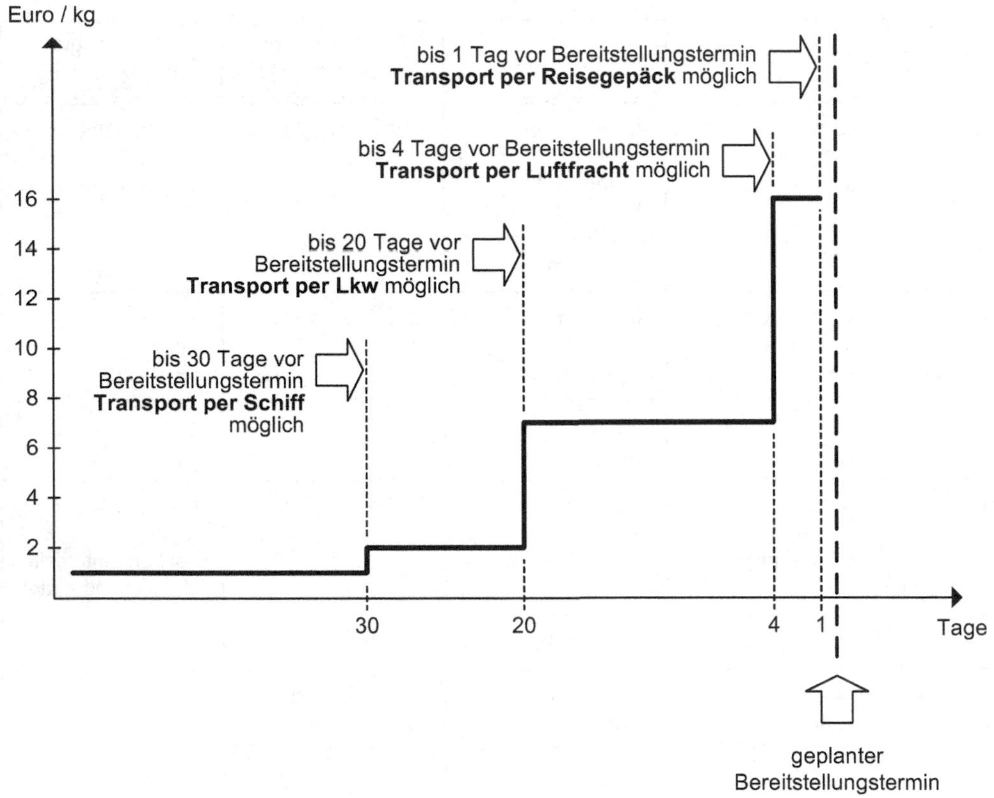

Bild 6.10: Dauer und Kosten von Transportalternativen

Neben der Frage nach der Transportdauer stellt sich auch die nach der organisatorischen Abwicklung der Transporte. Bei fast allen Baustellen in Entwicklungs- und Schwellenländern gibt es einerseits einige wenige voluminöse Güter und andererseits eine große Anzahl von Gütern mit geringem Volumen und Gewicht, die noch dazu bei unterschiedlichen Lieferanten und Herstellern gekauft werden. Es ist deshalb, wie in Bild 6.11 dargestellt, normalerweise zweckmäßig, die Güter teils direkt vom Lieferanten oder Hersteller zur Baustelle zu transportieren, teils über ein außerhalb des Gastlandes an zentraler Stelle eingerichtetes Zwischenlager in Form von Sammelladungen zur Baustelle weiterzuleiten. Direkt geliefert werden sollten die Massengüter, wie zum Beispiel Stahl und Zement, sowie Großgeräte. Für die übrigen Güter erweist sich meistens der Weg über ein Zwischenlager als sinnvoll.

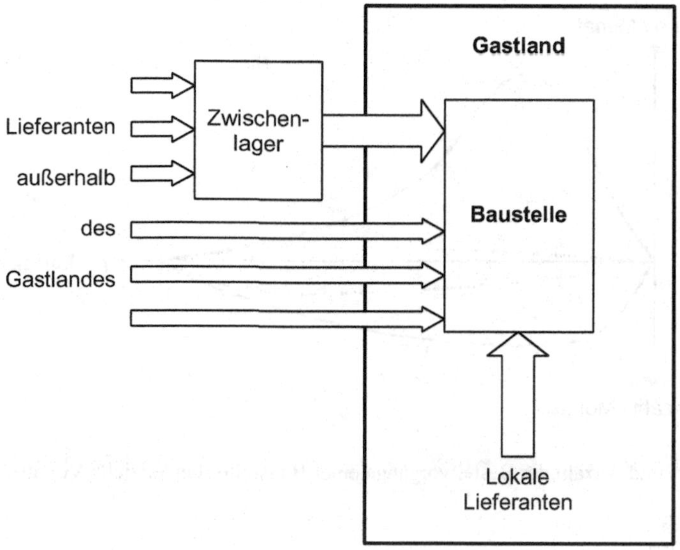

Bild 6.11: Versorgungswege

Innerhalb der Material- und Gerätelogistik besitzen die Ersatzteile eine Sonderstellung. Sie resultiert aus dem Sachverhalt, dass zum einen der Bedarfstermin nicht genau festliegt und zum anderen das Fehlen eines Ersatzteiles auf der Baustelle erhebliche Leistungsverluste und folglich Mehrkosten hervorrufen kann. Steht beispielsweise ein zeitlich ausgelastetes Rammgerät wegen eines fehlenden Ersatzteiles still, dann verlängern sich die Rammarbeiten um die Dauer der Ersatzteilbereitstellung. In dieser Zeit entstehen der Baustelle Stillliegekosten für das Gerät. Wirkt sich die Unterbrechung der Rammarbeiten auch auf Folgearbeiten aus, dann sind in der Regel Änderungen des ursprünglich geplanten Bauablaufs erforderlich. Diese wiederum sind nicht selten mit Kostenerhöhungen verbunden. Stillliegekosten und Kostenerhöhungen zusammen, also die Folgekosten fehlender Ersatzteile, können eine Größenordnung erreichen, die weit über den Kosten der Ersatzteilbereitstellung liegen.

Der Anteil der Ersatzteile an der gesamten Logistik ist, wie Bild 6.12 verdeutlicht, einerseits gering, andererseits erheblich: Ihr Einkaufswert ist im Vergleich zu den übrigen Material- und Gerätekosten fast „vernachlässigbar“ niedrig, die Anzahl der Bestellvorgänge jedoch ist sehr hoch. Mit Bestellvorgang ist hierbei jede an einen externen Lieferanten gerichtete Bestellung gemeint, wobei diese wiederum ein einzelnes Ersatzteil oder ein umfangreiches, mehrere hundert Positionen umfassendes Ersatzteilsortiment beinhalten kann.

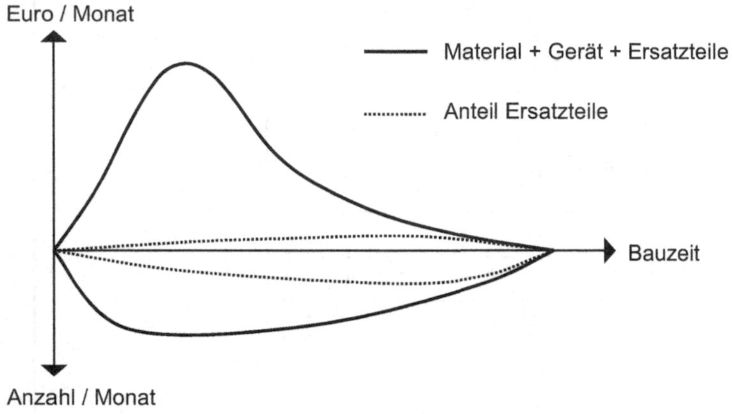

Bild 6.12: Wert und Anzahl der Bestellvorgänge einer Baustelle (tendenzielle Verläufe)

Die Versorgung mit Ersatzteilen ist folglich eine umfangreiche und für den Erfolg oder Misserfolg einer Baustelle bedeutsame Aufgabe. Dabei steht jedoch nicht der Wert der Ersatzteile selbst im Vordergrund des Interesses, sondern die zentrale Frage ist, wie die Ersatzteile zuverlässig und schnell auf der Baustelle bereitgestellt werden können.

Prinzipiell bieten sich hierfür zwei Möglichkeiten an:

- Die erste Möglichkeit besteht in der Vorhaltung eines umfangreichen Ersatzteillagers auf der Baustelle. Auf diese Weise sind einerseits viele–selten jedoch alle–Ersatzteile bei Bedarf sofort verfügbar, andererseits ist aber ein erhebliches Kapital über längere Zeit gebunden.
- Die zweite Möglichkeit besteht im schnellen Kaufen und Transportieren, wobei dieser Prozess erst im Augenblick der Bedarfsfeststellung beginnt. Auf diese Weise werden einerseits nur die Ersatzteile gekauft, die auch tatsächlich benötigt werden, andererseits fallen aber–bedingt durch den schnellen Kauf und Transport–für das einzelne Ersatzteil hohe Kosten an.

Bei einer Auslandsbaustelle ist es sinnvoll, beide Möglichkeiten in Anspruch zu nehmen. Zunächst ist der erste Weg, nämlich die Vorhaltung und laufende Ergänzung eines umfangreichen Ersatzteillagers, anzustreben und der zweite Weg auf wenige Ausnahmefälle zu beschränken. Hat die Baustelle ihren Höhepunkt überschritten, ist das vorhandene Ersatzteillager abzubauen. Es sind nur noch die Ersatzteile zu bevorraten, die eine hohe Bedarfswahrscheinlichkeit besitzen. Alle übrigen Ersatzteile sind erst bei Bedarf zu kaufen und zur Baustelle zu bringen.

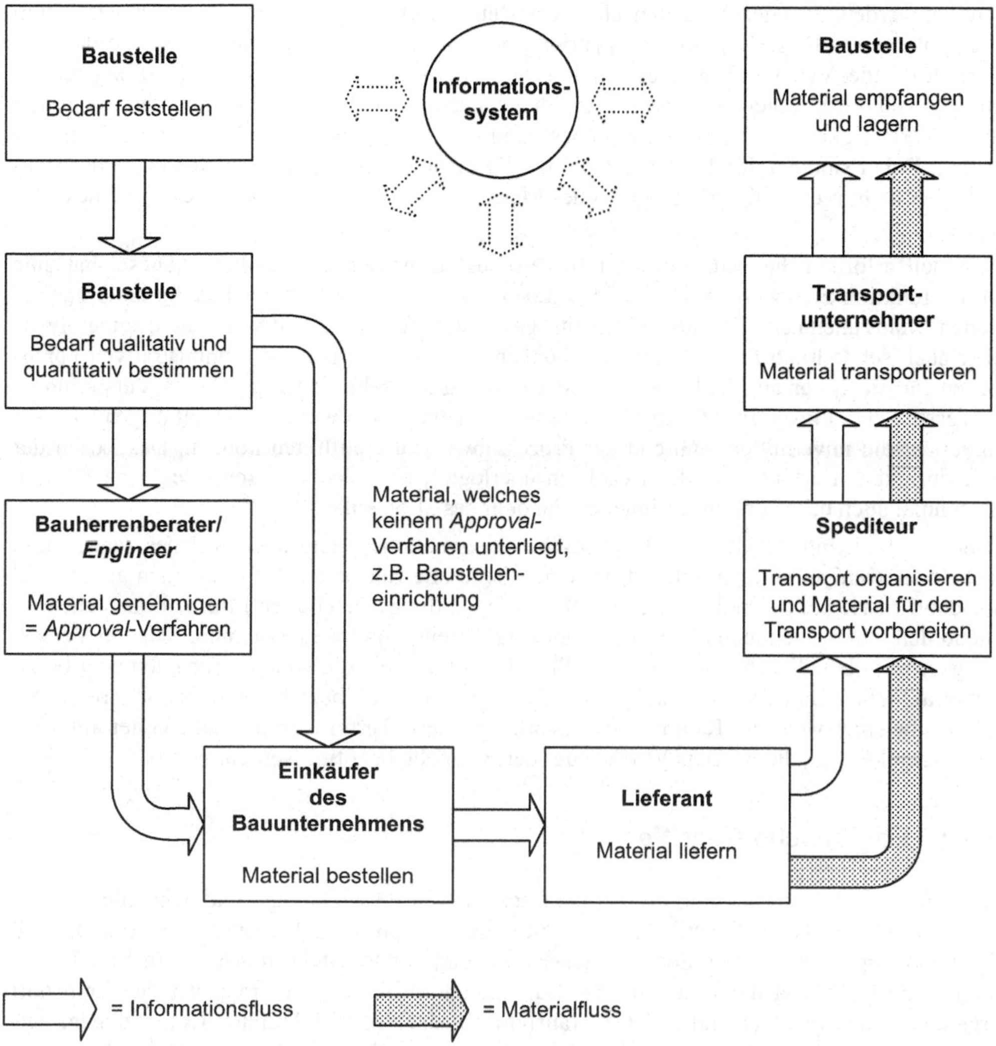

Bild 6.13: Logistische Informations- und Materialflüsse

Zusammenfassend ist festzuhalten, dass die gezielte Versorgung der Baustelle mit Material, Gerät und Ersatzteilen dem Bauunternehmen beträchtliche planerische, organisatorische und administrative Aktivitäten abverlangt (Bild 6.13). Erstens sind die erforderlichen Güter detailliert zu erfassen und zu spezifizieren. Es ist dies eine Aufgabe, die sich im Normalfall über die gesamte Laufzeit der Baustelle erstreckt. Zweitens muss das *approval*-Verfahren für das vertraglich einzubauende Material geklärt werden. Und drittens sind in Zusammenarbeit mit allen beteiligten Personen, Unternehmen und Behörden für die zu erwartenden Versorgungsaufgaben standardisierte Vorgehensweisen zu entwickeln und verbindlich festzulegen. Es muss erreicht werden, dass der Wunsch nach einem Material, einem Gerät oder einem Ersatzteil zum Zeitpunkt seines Entstehens sofort registriert und möglichst genau definiert wird und dass der dann folgende Versorgungsprozess nach einem angemessenen, erprobten Handlungsmuster abgewickelt wird. Angemessen ist ein Handlungsmuster dann, wenn die Kosten, die Dauer und die Zuverlässigkeit des Versorgungsprozesses in einem ausgewogenen Verhältnis zueinander stehen. Dabei sind bei den Kosten sowohl die Bereitstellungskosten als auch Kosten der Baustelle bei nicht rechtzeitigem Eintreffen des Materials, Gerätes oder Ersatzteiles zu berücksichtigen.

Personell erfordert die Aufgabe den Einsatz eines erfahrenen „Logistikers“. Dieser hat eine Mittlerfunktion zwischen der Baustelle und den am Versorgungsprozess beteiligten Organisationen wahrzunehmen. Er muss einerseits gewissenhaft administrativ arbeiten, andererseits aber auch schnell und flexibel reagieren können. Verlangt werden die administrativen Fähigkeiten für die systematische Kontrolle und Steuerung der zahlreichen parallelen Versorgungsprozesse. Schnelligkeit und Flexibilität müssen vorhanden sein wegen der vielfältigen Schwierigkeiten, die unvermittelt während der Prozessabwicklung auftreten können. Das Lösen der Schwierigkeiten erfordert in der Regel ein überlegtes, aber dennoch schnelles, sicheres und manchmal auch etwas unkonventionelles Handeln des „Logistikers“.

Zentrales Hilfsmittel sollte ein elektronisches Informationssystem sein, welches schnell und mehr oder weniger automatisch auf der einen Seite alle relevanten Informationen erfasst und speichert sowie auf der anderen Seite in der Lage ist, die gespeicherten Informationen entsprechend den unterschiedlichen Erfordernissen aufzubereiten und weiterzuleiten. Jede am Versorgungsprozess beteiligte Stelle muss die Möglichkeit besitzen, die von ihr erzeugten oder benötigten aktuellen Daten schnell und unkompliziert einzugeben beziehungsweise abzurufen. So müssen beispielsweise im Rahmen einer „vorbeugenden“ Terminkontrolle alle Güter aufgelistet werden können, die in sechs Wochen auf der Baustelle benötigt werden.

6.3.4 Logistische Begriffe

Wie Kapitel 6.3.3 verdeutlicht, besteht bei Baustellen in Entwicklungs- und Schwellenländern die Material- und Gerätelogistik überwiegend in einer Exportaufgabe. Güter werden außerhalb des Landes gekauft und von dort grenzüberschreitend zur Baustelle transportiert. Beteiligt an diesem Vorgang sind der Einkäufer des Bauunternehmens, der Lieferant, der den Transport organisierende Spediteur und die den Transport physisch durchführenden Unternehmen, beispielsweise den Bahntransport zum deutschen Hafen, den Seetransport von Deutschland nach Ostafrika und den anschließenden Lkw-Transport vom Hafen zur Baustelle (Bild 6.13). Im Zusammenspiel dieser Beteiligten werden einige nahezu „genormte“ Begriffe verwendet, deren Bedeutung auch der im Auslandsbau tätige Bauingenieur kennen sollte. Sie werden im Folgenden erläutert.

Preisstellung/Preisangabe

Der Kauf eines Materials oder eines Gerätes führt zu zwei gegenläufigen Vorgängen: Der Käufer zahlt den Kaufbetrag und der Verkäufer liefert das Verkaufsgut. Während der Zahlungsvorgang üblicherweise bargeldlos und damit abstrakt verläuft, besteht der Liefervorgang in einem konkreten Transport des Gutes. Das Material oder Gerät ist vom Versandort „Lieferant“ zum Bestimmungsort „Baustelle“ zu transportieren. Da erstens dieser Transport organisiert werden muss, zweitens dieser Transport Kosten verursacht und drittens auf diesem Transport ein Beschädigungs- und Verlustrisiko besteht, stellen sich drei Fragen:

- Wer muss was organisieren?
- Wer muss welche Kosten tragen?
- Wer trägt welches Risiko?

Zur Beantwortung dieser Fragen enthalten Kaufverträge neben der Beschreibung des Kaufgegenstandes und der Angabe des Liefertermins zusätzlich eine Preisdefinition. Durch diese so genannte Preisstellung oder Preisangabe wird abgegrenzt, welche Leistungen und Risiken durch den Kaufpreis abgedeckt werden. So kann beispielsweise eine Preisstellung vereinbart werden, die den Lieferanten lediglich verpflichtet, das Material oder Gerät auf seinem Werksgelände für das Bauunternehmen zur Abholung bereitzustellen. Es kann aber auch vereinbart werden, dass der Kaufpreis den Transport des Materials oder Gerätes bis zur Baustelle einschließt. Zwischen diesen beiden Extremfällen sind eine Reihe von weiteren Vereinbarungsformen, also Preisstellungen oder Preisangaben, möglich. Diese können prinzipiell frei gestaltet und formuliert werden, in der Praxis jedoch wird üblicherweise auf ein international verbreitetes Regelwerk, die *Incoterms*, zurückgegriffen.

Incoterms

Die *Incoterms* = *International Commercial Terms* (=Internationale Handels- und Lieferkonditionen) wurden erstmals 1936 von der *ICC International Chamber of Commerce* (=Internationale Handelskammer) mit Sitz in Paris herausgegeben. Seit damals wurden diese internationalen Regeln für die Auslegung handelsüblicher Vertragsformen mehrfach überarbeitet. Derzeit aktuell sind die im Jahr 2000 erschienenen *Incoterms 2000* /I11/,/I22/.

Die *Incoterms* grenzen die Rechte und Pflichten von Verkäufern und Käufern im internationalen Handel gegeneinander ab. Sie regeln insbesondere die Verteilung der Transportkosten und den Gefahrenübergang. Mit ihrer Verwendung unterwerfen sich die Vertragspartner international einheitlichen Regelungen. Missverständnisse und daraus sich entwickelnde Rechtsstreitigkeiten werden somit vermieden. Die *Incoterms* sind nicht automatisch Rechtgrundlage, ihre Wirksamkeit muss vielmehr zwischen Käufer und Verkäufer individuell vereinbart werden. Dabei könnten die Vertragspartner auch ältere Versionen, beispielsweise die *Incoterms 1990*, dem Kaufvertrag zugrunde legen.

Der grundlegende Denkansatz der *Incoterms* lautet: Das gekaufte Gut muss vom Versandort zum Bestimmungsort kommen. Erforderlich ist somit ein Transport. Auf diesem Transportweg muss es einen Punkt geben, an dem der Lieferant das Gut an den Käufer übergibt. Als Folge werden an diesem Punkt Rechte und Pflichten zwischen Verkäufer und Käufer wechseln.

Die *Incoterms* definieren in Form von so genannten Klauseln dreizehn mögliche Übergabepunkte. Diese in Bild 6.14 aufgelisteten Übergabepunkte können in Details noch variiert werden.

Incoterms-Klauseln	Bedeutung	zwingend notwendiger Zusatz	Beispiel
EXW = *Ex Works*	ab Werk	... Ort	EXW Liebherr Biberach
FCA = *Free Carrier*	frei Frachtführer	... Ort	FCA Liebherr Biberach
FAS = *Free Alongside Ship*	frei Längsseite Schiff	... Verschiffungshafen	FAS Bremerhaven *
FOB = *Free On Board*	geliefert an Bord	... Verschiffungshafen	FOB Bremerhaven *
CFR = *Cost and Freight*	Kosten und Seefracht bezahlt bis	... Bestimmungshafen	CFR Mombasa *
CIF = *Cost, Insurance and Freight*	Kosten, Versicherung und Seefracht bezahlt bis	... Bestimmungshafen	CIF Mombasa *
CPT = *Carriage Paid To*	Frachtkosten bezahlt bis	... Bestimmungsort	CPT Baustelle Riyadh
CIP = *Carriage, Insurance Paid to*	Frachtkosten und Versicherung bezahlt bis	... Bestimmungsort	CIP Baustelle Riyadh
DAF = *Delivered At Frontier*	geliefert frei Grenze	... Grenzübergangsort	DAF Görlitz
DES = *Delivered Ex Ship*	geliefert ab Schiff	... Bestimmungshafen	DES Mombasa *
DEQ = *Delivered Ex Quay*	geliefert ab Kai	... Bestimmungshafen	DEQ Mombasa *
DDU = *Delivered Duty Unpaid*	frachtfrei geliefert unverzollt	... Bestimmungsort	DDU Baustelle Nairobi
DDP = *Delivered Duty Paid*	frachtfrei geliefert verzollt	... Bestimmungsort	DDP Baustelle Nairobi

* Schiffsklauseln: Ihre Anwendung setzt einen Schiffstransport voraus.

Bild 6.14: *Incoterms*-Klauseln im Überblick

Um den Kosten- und Risikowechsel an den Übergangspunkten zu verdeutlichen, seien nachfolgend einige im „traditionellen“ Auslandsbau häufiger vorkommende Klauseln verbal und in Bild 6.15 optisch erläutert.

- Die Klausel EXW (benannter Ort) stellt die Mindestverpflichtung des Lieferanten dar. Er hat für den gezahlten Kaufpreis das Material oder Gerät auf seinem Werksgelände zur Abholung bereitzustellen. Ab dort ist der Käufer für das Gut verantwortlich. Er hat den Transport zu organisieren und zu bezahlen und alle damit zusammenhängenden Risiken zu tragen. Eingeschlossen in diese Risiken ist sogar das Laden des Gutes im Werk des Lieferanten. Sollte beispielsweise ein Mitarbeiter des Lieferanten aus Hilfsbereitschaft beim Laden helfen und dabei einen Schaden am Gut erzeugen, dann geht dieser zu Lasten des Käufers.
- Bei der Klausel FAS (benannter Verschiffungshafen) hat der Lieferant für den gezahlten Kaufpreis das Material oder Gerät im Verschiffungshafen am Kai bereitzustellen. Ab dort trägt der Käufer die Transportkosten und das Transportrisiko.

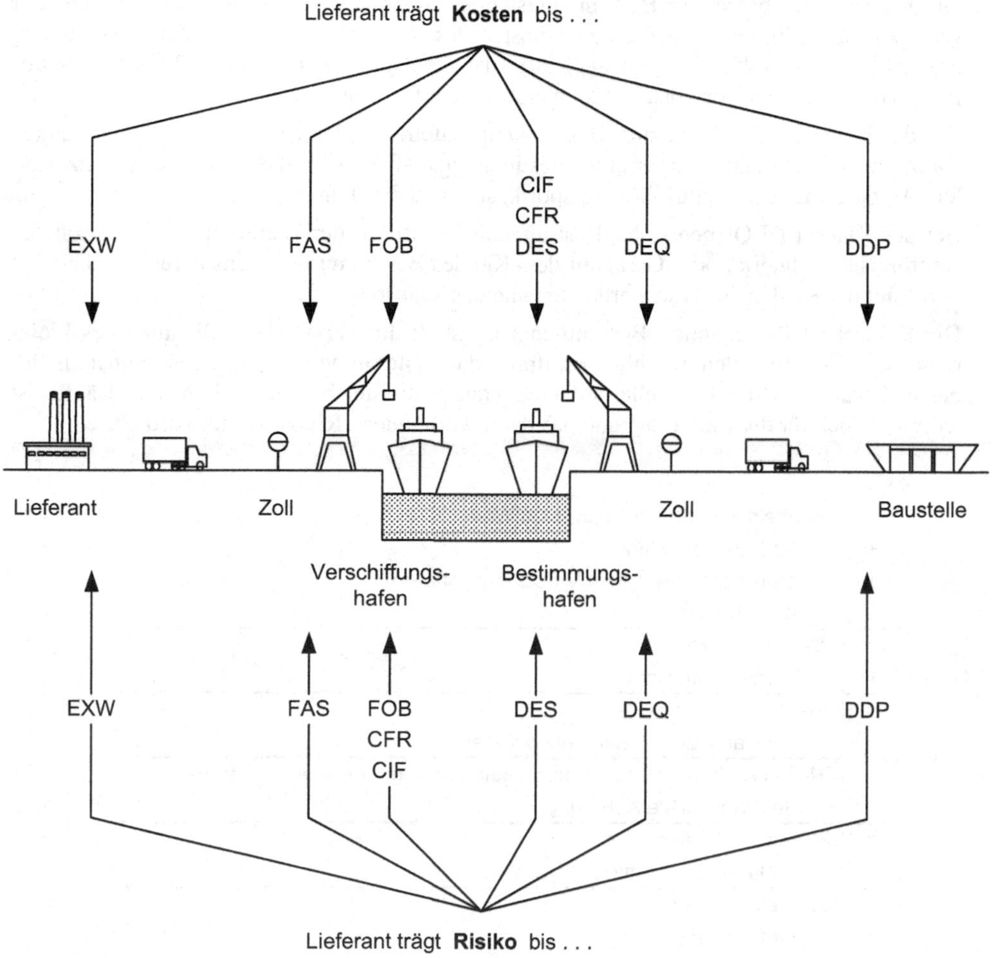

Bild 6.15: Kosten- und Risikoaufteilung zwischen Verkäufer und Käufer

- Bei der Klausel FOB (benannter Verschiffungshafen) hat der Lieferant für den gezahlten Kaufpreis das Material oder Gerät im Verschiffungshafen an Bord eines Schiffes bereitzustellen. Erbracht hat er diese Leistung, wenn das Gut die Schiffsreling überschreitet. Ab dort trägt der Käufer die Transportkosten und das Transportrisiko.
- Bei der Klausel CFR (benannter Bestimmungshafen) hat der Lieferant für den gezahlten Kaufpreis das Material oder Gerät im Bestimmungshafen bereitzustellen, er trägt aber nicht das Risiko des Schiffstransportes. Dieses geht vielmehr auf den Käufer über, wenn das Gut beim Beladen des Schiffes die Reling überschreitet. Der Käufer trägt somit das Transportrisiko bereits ab dem Verschiffungshafen, die Transportkosten jedoch erst ab dem Bestimmungshafen. Offen bleibt, wer im Bestimmungshafen die Entladekosten zu tragen hat. Diese Frage ist zwischen Verkäufer und Käufer zusätzlich zu regeln.

- Die Klausel CIF (benannter Bestimmungshafen) entspricht nahezu der CFR-Klausel. Der Lieferant hat lediglich zusätzlich zu Gunsten des Käufers eine Seeschadensversicherung abzuschließen. Der Käufer trägt auch hier das Transportrisiko bereits ab dem Verschiffungshafen, die Transportkosten jedoch erst ab dem Bestimmungshafen.
- Bei der Klausel DES (benannter Bestimmungshafen) hat der Lieferant für den gezahlten Kaufpreis das Material oder Gerät im Bestimmungshafen an Bord des Schiffes bereitzustellen. Ab dort trägt der Käufer die Transportkosten und das Transportrisiko.
- Bei der Klausel DEQ (benannter Bestimmungshafen) hat der Lieferant für den gezahlten Kaufpreis das Material oder Gerät auf dem Kai des Bestimmungshafens bereitzustellen. Ab dort trägt der Käufer die Transportkosten und das Transportrisiko.
- Die Klausel DDP (benannter Bestimmungsort) stellt die Maximalverpflichtung des Lieferanten dar. Er hat für den gezahlten Kaufpreis das Material oder Gerät am vereinbarten Ort, beispielsweise auf der Baustelle, auf dem Transportmittel bereitzustellen. Der Käufer ist lediglich noch für die Entladung und das damit verbundene Risiko verantwortlich.

	EXW-Preisstellung = Kaufpreis ab Werk	
+		Verladen im Werk
+		Transport zum Kai im Verschiffungshafen
+		Ausfuhrkosten
=	FAS-Preisstellung	
+		Verladen an Bord
=	FOB-Preisstellung	
+		Seefracht zum Bestimmungshafen
=	CFR-Preisstellung = DES-Preisstellung (aber unterschiedliche Risikoverteilung)	
+		Seetransportversicherung
=	CIF-Preisstellung	
+		Entladen im Bestimmungshafen
=	DEQ-Preisstellung	
+		Einfuhrkosten
+		Transport vom Kai zur Baustelle
=	DDP-Preisstellung	

Bild 6.16: Gesamtkosten logistischer Prozesse

Die vorstehend beschriebenen Klauseln sind durch eine mehrstufige Addition miteinander verbunden. Bild 6.16 zeigt diese Addition. Sie listet die bei grenzüberschreitenden logistischen Prozessen grundsätzlich anfallenden Kostenanteile auf und veranschaulicht, dass die *Incoterms* diese Kostenanteile auf Verkäufer und Käufer unterschiedlich verteilen. Wird in der Addition beispielsweise die Preisstellung FOB betrachtet, dann hat der Lieferant alle Kosten oberhalb und der Käufer alle Kosten unterhalb des Begriffes zu tragen.

Frachttonne (frt)

Seefrachtkosten werden oft auf der Basis so genannter Frachttonnen ermittelt. Es ist dies eine rein begriffliche Größe, die in der folgenden Weise ermittelt wird (Bild 6.17):

Das zu verschiffende Gut, beispielsweise eine Kiste oder eine Stahlkonstruktion oder ein Gerät, wird erstens „über alles“ vermessen, das heißt, es wird die größte Länge, Breite und Höhe des „Packstücks“ gemessen. Zweitens wird das Gewicht des „Packstücks“ festgestellt. Drittens schließlich wird der Quotient (Gewicht in Tonnen / Volumen in Kubikmetern) gebildet.

- Ist der Wert <1, dann wird von einem Volumengut oder messenden Gut gesprochen und es gilt Volumen = Frachttonnen.
- Ist der Wert >1, dann wird von einem Gewichtsgut gesprochen und es gilt Gewicht = Frachttonnen.
- Ist der Wert = 1, dann folgt Gewicht = Volumen = Frachttonnen.

Die Seefrachtkosten des Packstücks ergeben sich nun, indem die ermittelten Frachttonnen mit der von der Reederei genannten Frachtrate „Euro pro Frachttonne“ multipliziert werden.

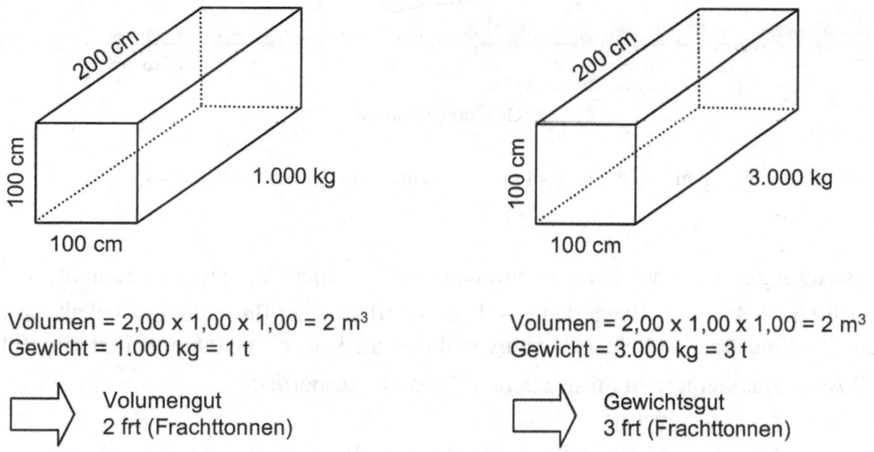

Bild 6.17: Frachttonnen-Ermittlung

Wie Bild 6.18 zeigt, sind bei einem Wert Gewicht/Volumen = 1 die Seefrachtkosten eines Packstückes am niedrigsten. Für ein Bauunternehmen müsste es folglich erstrebenswert sein, schweres und voluminöses Material und Gerät so zu vermischen und zu verpacken, dass das Gewicht in Tonnen identisch mit dem Volumen in Kubikmetern ist. In der Praxis ist dieses Ziel nur in Einzelfällen, nicht aber bei der großen Masse der Packstücke erreichbar. Wird das gesamte zu einer Baustelle zu transportierende Material und Gerät zusammengefasst, dann ergibt sich für den Quotienten Gewicht/Volumen normalerweise ein Wert, der zwischen 1/2 und 1/3 liegt.

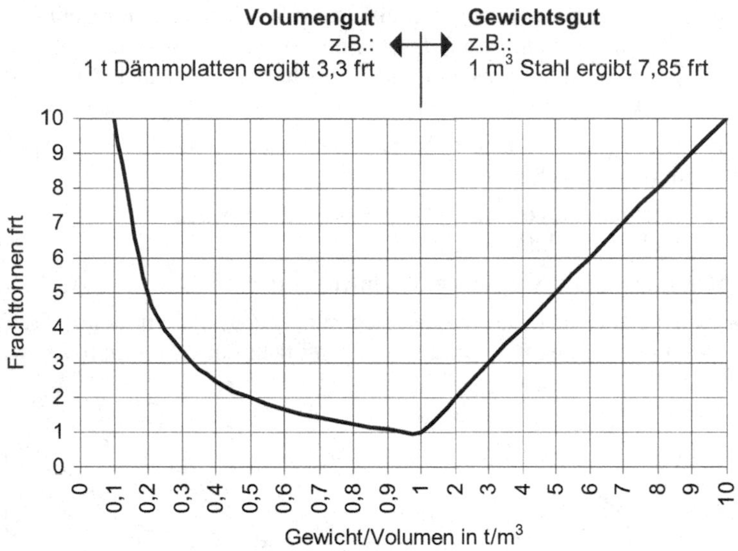

Bild 6.18: Frachttonnen als Funktion des Frachtgewichtes und des Frachtvolumens

Die Auswirkungen der Frachttonnenermittlung seien an einem Beispiel verdeutlicht:

Der in Bild 6.19 skizzierte Baggerlader soll per Schiff zu einer Baustelle in Afrika transportiert werden. Die Frachtrate zwischen Hamburg und dem afrikanischen Hafen beträgt 100 [€/frt].

– Fall A: Das Gerät wird im skizzierten Zustand transportiert.

Gewicht = 7,3 [t]
Volumen = 5,60 · 3,49 · 2,35 = 45,93 [m³] ⇒ maßgeblich: 45,93 [frt]

Seefrachtkosten = 45,93 [frt] · 100 [€/frt] = 4.593 [€]

– Fall B: Für den Transport wird die Heckschaufel abgebaut.
Grundgerät und Heckschaufel werden folglich getrennt berechnet.

Gewicht Grundgerät = 5,4 [t]
Volumen Grundgerät = 5,09 · 2,75 · 2,35 = 32,89 [m³] ⇒ maßgeblich: 32,89 [frt]

Gewicht Heckschaufel = 1,9 [t]
Volumen Heckschaufel = 0,51 · 3,06 · 2,35 = 3,67 [m³] ⇒ maßgeblich: 3,67 [frt]

Seefrachtkosten = (32,89 [frt] + 3,67 [frt]) · 100 [€/frt] = 3.656 [€]

Fall B ist somit um 937 [€] günstiger. Dem entgegen stehen allerdings die Montagekosten vor und nach dem Seetransport.

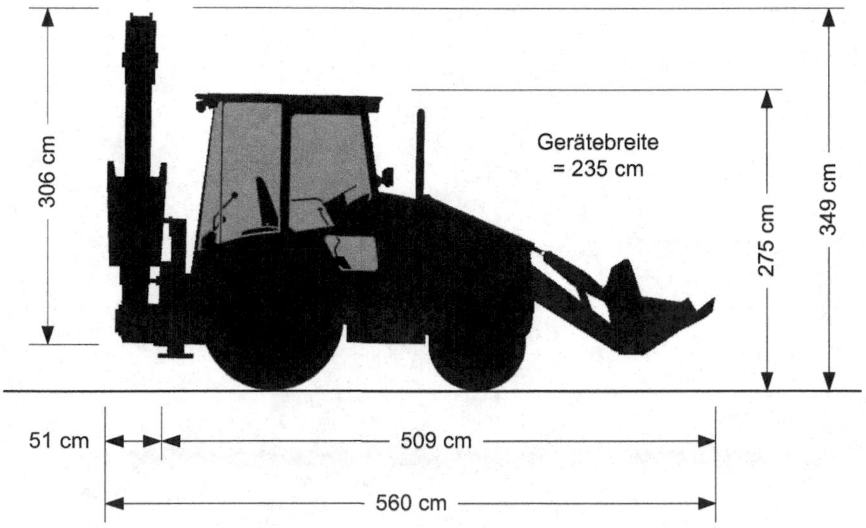

Bild 6.19: Transportabmessungen eines Baggerladers

Abschließend sei angemerkt, dass durch die Beschreibung der logistischen Begriffe nicht der Eindruck erweckt werden soll, dass die Abwicklung logistischer Prozesse eine zentrale Aufgabe von Bauingenieuren ist. Da beim „traditionellen" Auslandsbau oftmals die Grenzen der Europäischen Union überschritten werden und somit komplizierte Export-, Import-, Steuer- und Zollregelungen zu beachten sind, ist vielmehr der Einsatz von Speditionsfachleuten erforderlich.

Andererseits liegen die Baustellen häufig in Entwicklungs- oder Schwellenländern und Material und Gerät können nicht „auf die Schnelle" beim Handel „um die Ecke" gekauft werden. Ihre Bereitstellung erfordert meistens einen mehrmonatigen, manchmal mit einem *approval*-Verfahren versehenen Bereitstellungsprozess. In diesen ist der Bauingenieur stärker als in Deutschland eingebunden und er sollte deshalb die „Sprache" in dem Bereich etwas verstehen.

7 Risikoabsicherung im „traditionellen“ Auslandsbau

7.1 Grundsätzliches

Bauwerke sind Unikate: Kein Bauwerk ist identisch mit einem anderen, es steht zumindest an einer anderen Stelle. Folglich muss das Bauunternehmen seine Baustelleneinrichtung, seinen „Wanderzirkus“, immer wieder neu auf fremdem Gelände und damit unter anderen Randbedingungen errichten. Hieraus wiederum ergeben sich Risiken. Befindet sich die Baustelle in Deutschland, dann sind diese Risiken überwiegend baubetrieblicher Art. Liegt sie aber in einem Entwicklungs- oder Schwellenland, dann können auch geographische, wirtschaftliche und politische Risiken maßgeblich werden /I38/.

Die baubetrieblichen Risiken bestehen darin, dass der ursprünglich geplante Bauablauf nicht eingehalten werden kann. Es treten Störungen auf. Die Ursachen hierfür können im Bauunternehmen selbst liegen. So kann sich beispielsweise ein vorgesehenes Bauverfahren als ungeeignet erweisen. Sie können aber auch außerhalb des Bauunternehmens angesiedelt sein. So können beispielsweise die verspätete Übergabe der Ausführungspläne durch den Bauherrn oder verzögerte Materiallieferungen oder außergewöhnlich schlechte Wetterbedingungen den geplanten Bauablauf behindern und damit verlängern.

Die geographischen Risiken bestehen im Wesentlichen aus klimatischen und geologischen Unsicherheiten. Auch wenn bei der Vorbereitung einer Baumaßnahme außergewöhnliche klimatische Verhältnisse im Baugebiet berücksichtigt werden, wird es nicht selten während der Ausführung zu klimabedingten Störungen kommen. Temperaturen, Luftfeuchtigkeit und Niederschläge können in ihren Werten und Dauern extrem schwanken. Regenzeiten in afrikanischen Ländern machen Tiefbauarbeiten manchmal über mehrere Monate nahezu unmöglich. Hinsichtlich der Geologie ist davon auszugehen, dass die vor Baubeginn vorhandenen Kenntnisse über den Baugrund häufig unvollständig sind.

Die wirtschaftlichen Risiken bestehen in den Unabwägbarkeiten des Marktes im Land der Baustelle. In Entwicklungs- und Schwellenländern verändern sich Gesetze und Verordnungen häufig sehr viel schneller als in Deutschland. Eine ähnliche Dynamik gilt für den Finanzbereich: Hohe Inflationsraten, stark schwankende Wechselkurse und unvermittelt verordnete Einschränkungen im Devisenverkehr können Bauaufträge ins Minus bringen, auch wenn die Baustelle selbst zügig und problemarm abgewickelt wird.

Die politischen Risiken bestehen in den oftmals instabilen politischen Verhältnissen in Entwicklungsländern. Veränderungen erfolgen dort nicht selten in Form von Revolutionen oder Kriegen mit daran sich anschließenden tief greifenden Richtungswechseln. Die Folgen solcher Umwälzungen können für das Bauunternehmen schwerwiegend sein: Beispielsweise kann eine begonnene Baumaßnahme nicht mehr weitergeführt werden. Oder die neue Regierung stoppt den von der Vorgänger-Regierung erteilten Bauauftrag und verweigert vielleicht sogar die Bezahlung der bereits erbrachten Leistung. Oder die gesamte Baustelleneinrichtung geht verloren.

Für die Berücksichtigung dieser Risikobereiche stehen dem Bauunternehmen mehrere Instrumente zur Verfügung. Es kann erstens einige, sicher aber nicht alle Risiken kalkulatorisch erfassen und direkt oder indirekt über Zuschläge in die Angebots- bzw. Auftragspreise einrechnen. Zweitens können Bauherr und Bauunternehmen Risiken im Bauvertrag zwischen sich aufteilen. Drittens kann das Bauunternehmen Risiken versichern. Damit werden diese zu einer kalkulierbaren Kostengröße, die wiederum über Zuschläge in die Angebots- bzw. Auftragspreise eingerechnet wird. Und viertens schließlich kann das Bauunternehmen wirtschaftliche und politische Risiken über Ausfuhrgewährleistungen, vorzugsweise über die so genannte Hermes-Bürgschaft bzw. Hermes-Garantie, absichern (Bild 7.1). Anzumerken ist, dass die vier Absicherungsinstrumente nicht „eins zu eins“ den vier Risikobereichen zugeordnet werden können.

Bild 7.1: Unternehmensrisiken: Bereiche und Absicherung

Nun ist das Bauunternehmen nicht nur Risiken ausgesetzt, sondern es selbst stellt ein Risiko dar, so zum Beispiel für den Bauherrn. Es besteht darin, dass das Bauunternehmen die vertraglich vereinbarte Leistung eventuell nicht oder nur unvollständig erbringt. Bauunternehmen müssen deshalb häufig in Form von Bürgschaften dem Bauherrn finanzielle Sicherheiten bieten, aus denen sich dieser im Falle des Fehlverhaltens des Bauunternehmens schadlos halten kann.

Im Folgenden werden beide Seiten dargestellt, die eigene Risikoabsicherung des Bauunternehmens und die Risikoabsicherung Dritter durch das Bauunternehmen. Betrachtet wird zunächst kurz die kalkulatorische und bauvertragliche Risikoerfassung, dann ausführlicher die Abdeckung von Risiken durch Versicherungen und Bürgschaften.

7.2 Angebots-/Auftragspreise und Bauvertrag

Ausgangspunkt und Grundlage jeglicher Risikoabsicherung ist die gewissenhafte Angebotsbearbeitung. Sie beinhaltet die detaillierte Analyse der zu erbringenden Leistung. Der der Ausschreibung zugrunde liegende oder als Teil des Angebots zu erstellende Entwurf ist hinsichtlich seiner Ausführungsrisiken zu untersuchen bzw. zu minimieren. Wie vertrauenswürdig sind beispielsweise die Angaben über die Bodenverhältnisse oder mit welcher Gründungskonstruktion können mögliche Risiken minimiert werden? Daneben sind die Randbedingungen der Baustelle zu untersuchen. Mit welchen klimatischen Extremsituationen oder mit welchen Mitarbeiterqualifikationen ist im Land der Baustelle beispielsweise zu rechnen? Unter Berücksichtigung der in den beiden vorstehenden Schritten gewonnenen Erkenntnisse ist anschließend die Bauausführung zu planen. In ihr sind die Ausführungsrisiken durch die Wahl „richtiger“ Bauverfahren und „sicherer“ Bauabläufe angemessen einzugrenzen. Bauverfahren und Bauabläufe müssen so beschaffen sein, dass sie weitgehend immun gegen mögliche Störungen sind.

Parallel zur Wahl der Bauverfahren und Bauabläufe sind diese und die gesamte Baustelle zu kalkulieren /I43/. Da Baustellen des „traditionellen“ Auslandsbaus meistens Großbaustellen sind, geschieht dies normalerweise in Form einer Zuschlagskalkulation über die Angebotssumme (=Endsumme). Bei ihr werden die Kosten nach ihrer Verursachung und der Zurechnungsmöglichkeit in bekannter Weise gegliedert und ermittelt:

Einzelkosten der Teilleistungen
\+ Gemeinkosten der Baustelle

= Herstellkosten
\+ Allgemeine Geschäftskosten

= Selbstkosten
\+ Wagnis und Gewinn

= Angebotssumme

In diesem Schema sind normalerweise auf allen Stufen auslandsspezifische Besonderheiten der jeweiligen Baustelle zu berücksichtigen. Denkbar sind zum Beispiel folgende Sachverhalte:

- Mitarbeiter aus dem jeweiligen Gastland müssen für die verschiedenen Arbeitsprozesse erst angelernt werden. In die Ermittlung der Einzelkosten der Teilleistungen fließen folglich sehr unterschiedliche Leistungsansätze ein.
- Die Baustelle erfordert eine Infrastruktur, die über die in Deutschland benötigte weit hinausgeht: Es ist ein Camp zu errichten und zu unterhalten, Baustoffe wie Kies und gebrochenes Material sind baustellenseitig zu gewinnen bzw. zu produzieren. Camp, Kiesgrube und Steinbruch einschließlich Brechanlage erhöhen die Gemeinkosten der Baustelle erheblich.

  Angemerkt sei, dass Baustellen in Entwicklungs- und Schwellenländern eigenständiger als Baustellen in hochindustrialisierten Ländern sein müssen. Die Kosten der Baustelleneinrichtung und damit die Gemeinkosten der Baustelle sind folglich dort deutlich höher als in Deutschland. Sie können bei etwa 40 % der Angebotssumme liegen /I43/. Da sie weiterhin im Wesentlichen zeitabhängig sind, beeinflussen sie bei Bauzeitüber- und -unterschreitungen maßgeblich das Baustellenergebnis.
- Geräte und höherwertige Materialien sind aus anderen Ländern zur Baustelle zu bringen. Es fallen hohe Logistikkosten an, die in den Gemeinkosten der Baustelle und/oder Allgemeinen Geschäftskosten zu berücksichtigen sind.

Aufgabe und Ziel der gesamten Angebotsbearbeitung ist es, einen sowohl technisch als auch finanziell optimierten Ausführungsvorschlag zu entwickeln. Dieser Vorschlag wird sich anschließend aber nur selten unverändert realisieren lassen. Auch ein noch so gut vorgedachter Bauablauf wird mit hoher Wahrscheinlichkeit an irgendwelchen Stellen gestört werden.

- Technische Störungen können beispielsweise bei der Anwendung neuer Bauverfahren oder durch unerwartete Witterungsverhältnisse auftreten.
- Finanzielle Störungen können beispielsweise dadurch entstehen, dass Kosten und Vergütungen in unterschiedlichen Währungen anfallen und die Verhältnisse dieser Währungen untereinander starken Schwankungen während der Bauzeit unterworfen sind.

Derartige Störungen werden in der Regel zu Mehrkosten führen. Sie stellen somit Risiken dar, die das Bauunternehmen in seinem Angebot berücksichtigen wird.

Risiken, die in den ureigenen Tätigkeitsbereich des Bauunternehmens fallen wie beispielsweise Bauverfahrensrisiken, gewöhnliche Wetterrisiken, Mängelrisiken und allgemeine Unternehmerrisiken, werden immer beim Bauunternehmen bleiben. Es wird die mit diesen Risiken erfahrungsgemäß verbundenen Aufwendungen kalkulieren und über Risikozuschläge in die Preise einrechnen. Einerseits enthalten somit die Angebots- bzw. Auftragspreise Anteile zur Absicherung von Risiken unabhängig davon, ob diese eintreten oder nicht, andererseits aber werden die lediglich überschlägig ermittelbaren Anteile nur selten mit den tatsächlich entstehenden Mehrkosten übereinstimmen. Nachteilig für das Bauunternehmen ist, dass es durch diese Risikoabsicherung seine Angebotssumme erhöht und folglich seine Chance, den Auftrag zu erhalten, vermindert.

Risiken, die nicht in den Einflussbereich des Bauunternehmens fallen wie beispielsweise tarifliche Lohnerhöhungen und Wechselkursschwankungen, können ebenfalls über Risikozuschläge, aber auch bauvertraglich zwischen Bauherrn und Bauunternehmer abgesichert werden. Denkbar und sinnvoll ist die Aufnahme einer Preisgleit- und/oder Währungsklausel in den Bauvertrag–siehe Kapitel 5.1.6.

Angemerkt sei, dass die Entscheidung für oder gegen eine bauvertragliche Risikoabsicherung meistens nicht durch das Bauunternehmen getroffen wird. Normalerweise gehört ein weitgehend fertig formulierter Bauvertrag bereits zu den Ausschreibungsunterlagen. Die Masse der vertraglichen Regelungen wird somit vom Bauherrn bzw. seinem Berater vorgegeben und eine Änderung durch das Bauunternehmen ist meistens nur noch in sehr engen Grenzen möglich. Das Bauunternehmen wird deshalb im konkreten Fall nicht zwischen der Risikoabsicherung über die Angebots- bzw. Auftragspreise und der bauvertraglichen Risikoabsicherung frei wählen können, sondern es wird sich nach den Vorgaben der Ausschreibung richten müssen.

7.3 Versicherungen

7.3.1 Deutschland

Die entsprechend Kapitel 7.2 kalkulatorisch ermittelten Risikozuschläge aller Bauaufträge eines Unternehmens müssten streng genommen in einen Rücklagentopf gelegt werden. Aus ihm wären dann beim tatsächlichen Eintritt eines Risikos auf einer Baustelle die Mehrkosten zu decken.

Da nun ein einzelnes Bauunternehmen kaum in der Lage ist, Rücklagen in einer Höhe anzusammeln, wie sie zur Regulierung großer Schadenereignisse erforderlich werden können, wird das Bauunternehmen normalerweise verschiedene Risiken durch Versicherungen abdecken. Auf diese Weise wird im Schadensfall die finanzielle Belastung auf eine große Zahl von Bauunternehmen mit gleichem Versicherungsbedürfnis verteilt. Versicherbare Risiken werden somit zu festen, kalkulierbaren Kostenanteilen.

Aus der Vielzahl der Versicherungen, die ein Bauunternehmen als Pflichtversicherung oder freiwillige Versicherung abschließen muss bzw. kann, werden im Folgenden die baubetrieblich wichtigsten beschrieben und in Bild 7.2 zusammengestellt /D43/,/D47/.

Bauleistungsversicherung/Bauwesenversicherung

Das Bauunternehmen hat für die vertraglich vereinbarte Leistung einzustehen. Es besitzt damit das Risiko der zufälligen Vernichtung oder Beschädigung des Bauwerks bis zur Abnahme. So kann beispielsweise durch Bauunfälle oder äußere Einflüsse wie ungewöhnliche Witterungsverhältnisse die Bauleistung vor Abnahme beschädigt oder zerstört werden.

Diese generelle Gefahrzuweisung an das Bauunternehmen wird durch VOB/B § 7 zugunsten des Bauunternehmens eingeschränkt. Schäden durch Höhere Gewalt wie Sturmflut, Orkan und Erdbeben sowie Schäden durch Krieg, Aufruhr oder andere objektiv unabwendbare, vom Bauunternehmen nicht zu vertretende Umstände werden dem Risikobereich des Bauherrn zugewiesen.

Einige der vorstehend beschriebenen Risiken sind versicherbar durch die Bauwesenversicherung oder Bauleistungsversicherung. Beide Namen meinen die gleiche Versicherung, vereinfachend wird im Folgenden nur noch der Begriff Bauleistungsversicherung verwendet.

Da bis zur Abnahme des Bauwerks ein zwischen Auftragnehmer und Auftraggeber aufgeteiltes Risiko besteht, kann die Bauleistungsversicherung sowohl von dem einen als auch von dem anderen abgeschlossen werden. Es gibt deshalb zwei unterschiedliche Versicherungsformen:

- ABU = Allgemeine Bedingungen für die Bauwesenversicherung von Unternehmerleistungen

  Ausgegangen wird von der Interessenslage eines klassischen Bauunternehmens. Versichert sind alle im Versicherungsschein angegebenen Bauleistungen einschließlich der zugehörigen Baustoffe, Bauhilfsstoffe und Hilfsbauten sowie der vom Bauunternehmen vergebenen Subunternehmerleistungen. Das Bauherrenrisiko nach VOB/B § 7 ist standardmäßig nicht mitversichert, es kann aber durch die so genannte Klausel 64 eingeschlossen werden.

- ABN = Allgemeine Bedingungen für die Bauwesenversicherung von Gebäudeneubauten durch Auftraggeber

  Ausgegangen wird von der Interessenslage eines Bauherrn oder eines Generalunternehmers/-übernehmers oder Totalunternehmers/-übernehmers. Gegenstand sind alle Schäden, die zu Lasten eines Auftraggebers und der von ihm beauftragten Unternehmen gehen. Versichert werden durch ABN in etwa die gleichen Risiken wie durch ABU sowie das Bauherrenrisiko.

  ABN ist beschränkt auf Gebäudeneubauten. Will ein Auftraggeber den Neubau von Tiefbauten oder Ingenieurhochbauten versichern, dann ist dies nicht durch ABN, sondern nur durch ABU unter Einschluss der so genannten Klausel 65 möglich. Diese bezieht das Bauherrenrisiko mit ein.

Vereinfacht ausgedrückt ist die Bauleistungsversicherung eine Art Kaskoversicherung für Bauwerke. Ähnlich wie die Auto-Kaskoversicherung dem Eigentümer selbstverschuldete Schäden bezahlt, werden von der Bauleistungsversicherung dem Bauunternehmen bzw. dem Bauherrn die selbst zu tragenden Schäden am Bauwerk ersetzt.

Anzumerken ist, dass in keinem Fall durch die Bauleistungsversicherung

- mangelhafte Leistungen,
- Schäden an Geräten und Baustelleneinrichtung sowie
- Risiken aus Krieg, Bürgerkrieg, inneren Unruhen, Streik, Aussperrung, Beschlagnahmung und sonstigen hoheitlichen Eingriffen

versichert werden können.

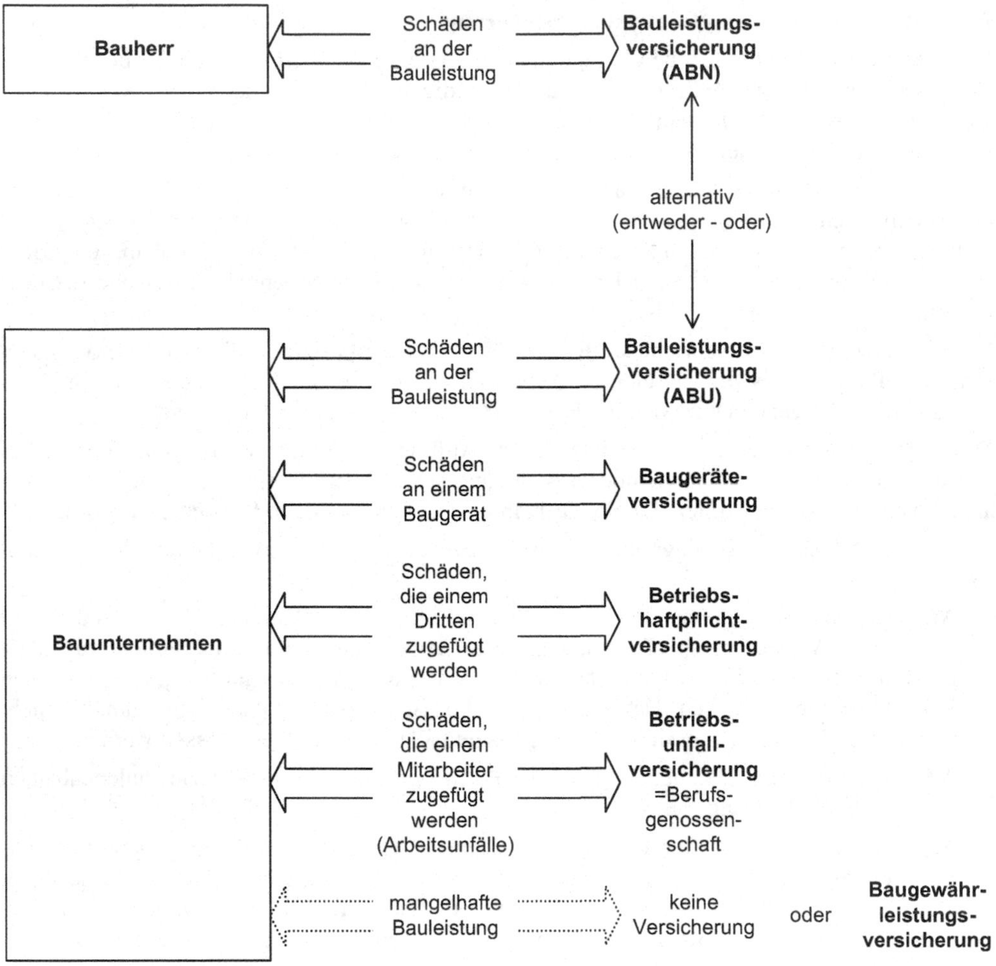

Bild 7.2: Versicherungen in Deutschland

Baugeräteversicherung

Nicht nur die Bauleistung, auch die Baugeräte können durch unvorhergesehene Ereignisse, durch Unfälle oder Höhere Gewalt, beschädigt oder zerstört werden. Diese Risiken trägt das Bauunternehmen, jedoch kann es diese Risiken durch eine Baugeräteversicherung absichern. Hinsichtlich des Deckungsumfangs gibt es unterschiedliche Versicherungen, die aber hinsichtlich der anderen Bedingungen weitgehend gleich sind. Letztlich ähnelt die Baugeräteversicherung einer Kfz-Kaskoversicherung.

Wie bei der Bauleistungsversicherung können in keinem Fall durch die Baugeräteversicherung Risiken aus Krieg, Bürgerkrieg, inneren Unruhen, Streik, Aussperrung, Beschlagnahmungen und sonstigen hoheitlichen Eingriffen versichert werden.

Betriebshaftpflichtversicherung

Ein Bauunternehmen kann nicht nur Geschädigter sein, es kann auch durch seine Bauausführung Schäden erzeugen. Diese Risiken sind versicherbar durch eine Betriebshaftpflichtversicherung. Der Umfang der Risiken und damit der Umfang der Versicherung werden zwischen Bauunternehmen und Versicherungsgesellschaft jeweils individuell abgestimmt und im Versicherungsvertrag festgeschrieben.

Im Gegensatz zu der Bauleistungsversicherung und der Baugeräteversicherung, die nur die Versicherungsgesellschaft und das geschädigte Bauunternehmen kennen, werden in der Betriebshaftpflichtversicherung drei Beteiligte genannt: Die Versicherungsgesellschaft, das versicherte Bauunternehmen und der geschädigte „Dritte". Nach den Versicherungsbedingungen kann dieser Dritte jeder sein, der nicht Partner des Versicherungsvertrages ist.

Die Betriebshaftpflichtversicherung deckt somit auch Schadenersatzansprüche des Bauherrn gegenüber dem Bauunternehmen ab. Mängel an der vertraglichen Bauleistung jedoch werden ausgeschlossen. Das Erfüllen von Verträgen, und hierzu gehört das Erbringen der mangelfreien Leistung, ist in keinem Fall Gegenstand der Betriebshaftpflichtversicherung.

Anzumerken ist, dass seit 1999 ein Spezialversicherer der deutschen Bauwirtschaft, die VHV Vereinigte Haftpflichtversicherungen, eine Baugewährleistungsversicherung anbietet. Mit ihr kann das Bauunternehmen die ihm aus begründeter mangelhafter Leistung entstehenden Nachbesserungskosten und Vergütungsminderungen versichern /D61/.

Betriebsunfallversicherung

Einen Sonderfall der Schädigung eines Dritten stellt der Unfall eines Betriebsangehörigen des Bauunternehmens auf der Baustelle dar. Die Folgen von Arbeitsunfällen sind gesetzlich durch eine Betriebsunfallversicherung abzusichern. Im Baubereich ist der Träger dieser Versicherung die BG BAU, die Berufsgenossenschaft der Bauwirtschaft. Jedes Bauunternehmen muss Mitglied der Berufsgenossenschaft sein. Der Umfang der Versicherung reicht von den Heilungskosten über Umschulungskosten bis hin zur Hinterbliebenenrente.

7.3.2 „Traditioneller" Auslandsbau

Im „traditionellen" Auslandsbau erfährt die vorstehend beschriebene deutsche Versicherungssystematik einige Änderungen /D34/.

Liegen der Baumaßnahme die *FIDIC*-Bauvertragsbedingungen–siehe Kapitel 5.2.4–zugrunde, dann wird das Risiko der zufälligen Vernichtung oder Beschädigung des Bauwerks grundsätzlich bis zur Abnahme dem Bauunternehmen zugewiesen. Hiervon ausgenommen und dem Bauherrn zugeordnet werden eine Reihe von Risiken wie beispielsweise

- Krieg, Aufruhr und innere Unruhen,
- radioaktive Gefahren und Druckwellen,
- Benutzung oder Inbesitznahme des Bauwerks durch den Bauherrn,
- Fehler in der vom Bauherrn beauftragten Planungsleistung und
- Höhere Gewalt.

Diese Risikoverteilung entspricht auf dem ersten Blick der in Deutschland, tatsächlich jedoch gibt es Unterschiede: So ist die Haftung des Bauherrn für Höhere Gewalt nur auf die Naturkräfte begrenzt, die ein erfahrenes Bauunternehmen trotz Vorsicht und Erfahrung nicht vorhersehen kann und gegen die Vorkehrungen nicht möglich sind. Ferner wird die ursprüngliche

FIDIC-Risikoverteilung nicht immer konsequent beibehalten, sondern vom Bauherrn, dem *employer*, und/oder seinem Berater, dem *engineer*, in den Besonderen Vertragsbedingungen zum Nachteil des Bauunternehmens abgeändert. Das Bauunternehmen hat deshalb im „traditionellen“ Auslandsbau in der Regel ein größeres Risiko zu tragen, als dies normalerweise bei deutschen Bauverträgen der Fall ist.

Hinzu kommt, dass *FIDIC*-Bauverträge in einer *insurance clause* das Bauunternehmen verpflichten, sowohl das noch verbleibende Bauherrenrisiko abzusichern als auch den Bauherrn in einem bestimmten Umfang vor der Insolvenz des Bauunternehmens zu schützen. Laut *insurance clause* hat das Bauunternehmen nach Zustimmung durch den Bauherrn folgenden Versicherungsschutz bereitzustellen:

- *Insurance for works and contractor's equipment*

  Dieser Versicherungsschutz umfasst Schäden an der vertraglichen Bauleistung und der Baustelleneinrichtung und ist im Namen des Bauunternehmens und des Bauherrn sowohl für die Bauzeit als auch für die Zeit der Mängelhaftung, die *defects liability period*, abzuschließen.

- *Insurance against injury to persons and damage to property*

  Dieser Versicherungsschutz umfasst die Haftpflicht für Personen- und Sachschäden, die Dritten durch die Baustelle zugefügt werden, und ist im Namen des Bauunternehmens und des Bauherrn abzuschließen.

- *Insurance for contractor's personnel*

  Dieser Versicherungsschutz umfasst die Unfallversicherung der Mitarbeiter des Bauunternehmens und ist im Namen des Bauunternehmens abzuschließen.

Bei der Wahl der Versicherungsgesellschaft ist das Bauunternehmen nicht immer frei. Manchmal ist durch das jeweilige Landesrecht und/oder in den Bauverträgen festgelegt, dass die Versicherungen bei privaten oder staatlichen Versicherungsgesellschaften im Land der Baustelle abzuschließen sind.

Besteht Wahlfreiheit, dann wird das Bauunternehmen normalerweise die notwendigen Versicherungen bei deutschen oder europäischen Gesellschaften abschließen. Ist jedoch ein lokaler Versicherer vorgeschrieben und ist dessen „Qualität“ nicht zufrieden stellend, dann wird das Bauunternehmen nicht selten zwei Versicherungspakete schnüren: Es wird bei dem lokalen Versicherer lediglich die vorgeschriebenen Mindestversicherungen mit hohen Selbstbeteiligungen und folglich niedrigen Beiträgen abschließen. Als Ergänzung wird es weiterhin die nicht unter die Deckung des lokalen Versicherers fallenden Schäden bei einer deutschen oder europäischen Gesellschaft versichern.

Realisiert werden kann der in den *FIDIC*-Bauvertragsbedingungen geforderte und vorstehend beschriebene Versicherungsschutz durch unterschiedlich gestaltete Versicherungspakete. Ein solches Paket kann beispielsweise aus der so genannten *Contractor's All Risks*-Versicherung und den Betriebsunfallversicherungen bestehen. Neben diesen vertraglich erforderlichen Versicherungen wird das Bauunternehmen in eigenem Interesse oftmals noch eine weitere Versicherung, nämlich eine Transportversicherung, abschließen. Alle drei Versicherungen werden im Folgenden beschrieben und in Bild 7.3 zusammengestellt.

***Contractor's All Risks*-Versicherung**

Wurden Baustellen deutscher Bauunternehmen früher meistens am Londoner Markt versichert, so hat sich hier seit dem Boom des „traditionellen" Auslandsbaus um 1980 ein Wandel vollzogen. Heute wird die *CAR*-Versicherung, die *Contractor's All Risks*-Versicherung, auch von einigen deutschen Versicherungsgesellschaften angeboten. Basis der im Deckungsumfang variablen *CAR*-Versicherungen sind meist britische Versicherungsbedingungen, die jedoch mit charakteristischen deutschen Klauseln durchsetzt sind.

Die *CAR*-Versicherung bietet während der gesamten Projektdauer Versicherungsschutz für das Bauwerk in Form einer kombinierten Sach- und Haftpflichtpolice. In ihr können entsprechend den jeweiligen Erfordernissen des Bauvertrages im Einzelnen versichert werden:

- Die Bauleistung: Hierzu gehören alle vertraglichen Leistungen des Bauunternehmens und seiner Subunternehmen sowie die erforderlichen Hilfsbauten, beispielsweise Schutzdämme und Umleitungskanäle, und das auf der Baustelle gelagerte und für die Durchführung der Bauarbeiten vorgesehene Material.
- Die Baustelleneinrichtung: Hierzu gehören alle für die Durchführung der Bauarbeiten benötigten Einrichtungsteile einschließlich der erforderlichen Infrastruktur, wie zum Beispiel Strom- und Wasserversorgung sowie Unterkünfte.
- Die Baugeräte: Hierzu gehören alle zur Durchführung der Bauarbeiten benötigten Geräte, nicht jedoch die Fahrzeuge, die zum öffentlichen Straßenverkehr zugelassen sind.
- Die Haftpflicht: Hierzu gehören alle gesetzlichen Ansprüche Dritter aufgrund von Sach- und Personenschäden, die aus der Durchführung der Bauarbeiten resultieren. Ausgenommen sind Arbeitsunfälle von Mitarbeitern des Bauunternehmens.
- Bestehende Anlagen: Hiermit sind Objekte gemeint, an oder neben denen gearbeitet wird und die sich in der Obhut oder im Gewahrsam des Versicherten befinden und für die kein Versicherungsschutz im Rahmen der Haftpflichtversicherung besteht.

Der Versicherungsschutz beginnt mit der Aufnahme der Bauarbeiten bzw. mit dem Abladen der versicherten Sachen auf der Baustelle und endet mit der Abnahme oder Inbetriebnahme des Bauwerks. Darüber hinaus ist es möglich, die Versicherung in unterschiedlicher Form bis zum Ende der *defects liability period* auszudehnen.

Wie der Name bereits sagt, ist die *Contractor's All Risks*-Versicherung eine Allgefahrenversicherung. Sie deckt grundsätzlich alle Schäden an den vorstehend aufgelisteten Sachen ab, sofern sie plötzlich und unvorhergesehen eingetreten sind. Hierzu gehören beispielsweise Schäden durch

- Brand, Blitzschlag und Explosion,
- Flut, Hochwasser, Überschwemmung, Starkregen, Lawinen, Sturm und Erdbeben,
- Bodensenkung, Erdrutsch und Einsturz,
- Einbruch, Diebstahl und Vandalismus sowie
- fehlerhafte Arbeit aufgrund von Ungeschicklichkeit, Nachlässigkeit und menschlichem Versagen.

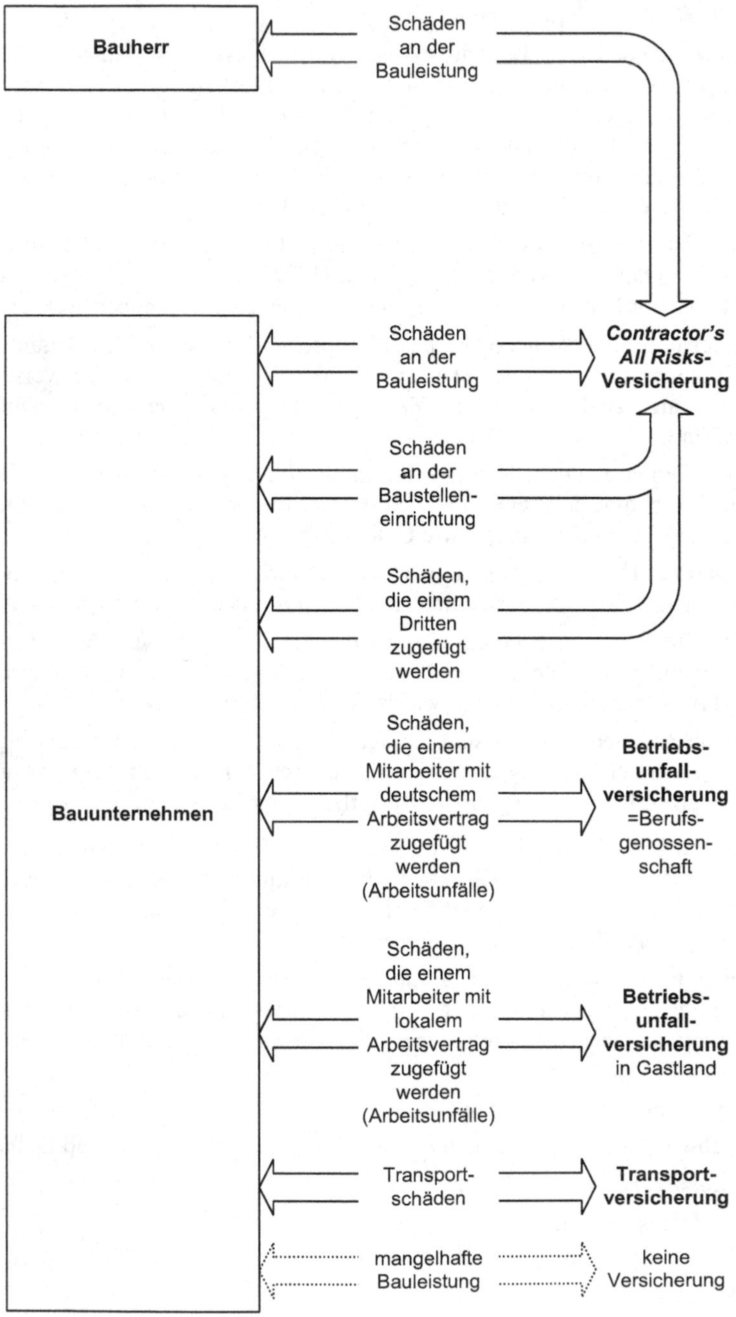

Bild 7.3: Versicherungen im „traditionellen“ Auslandsbau

Dieser umfangreichen Deckung stehen international übliche Ausschlüsse, so genannte *excepted risks*, gegenüber. Im Wesentlichen sind dies

- alle politischen Risiken wie Krieg, kriegerische Ereignisse, militärische Maßnahmen, Beschlagnahmung, Streik und Aufruhr,
- radioaktive Gefahren,
- Vorsatz und grobe Fahrlässigkeit des Versicherungsnehmers sowie
- Leistungsmängel und Vertragsstrafen.

Ausgeschlossen sind in der Regel auch Schäden, die aus Planungsfehlern der vom Bauherrn beauftragten Architekten und/oder Ingenieure resultieren. Sie sind normalerweise durch eine Berufs- bzw. Planungshaftpflichtversicherung dieser Personen gedeckt. Ist jedoch der Bauherr an der Mitversicherung dieses Risikos interessiert, können auch der Architekt und die Ingenieure in den Versicherungsschutz einbezogen werden.

Bezüglich der von der *CAR*-Versicherung ausgeschlossenen Leistungsmängel sei ergänzt, dass diese in französisch geprägten Ländern seit vielen Jahren gesondert versicherbar sind. hintergrund ist die zehnjährige Mängelhaftung, die *garantie décennale*, die dort zu speziellen Versicherungen geführt hat (siehe Kapitel 3.5.4). Diese Versicherungen sind übrigens auch das Vorbild für die in Deutschland seit 1999 für inländische Baustellen angebotene Baugewährleistungsversicherung (siehe Kapitel 7.3.1–Betriebshaftpflichtversicherung).

Unfallversicherungen

Die Mitarbeiter, die das Bauunternehmen aus Deutschland „mitgebracht" hat, die *expatriates*, sind auch im Ausland durch die deutsche Betriebsunfallversicherung, die BG BAU Berufsgenossenschaft der Bauwirtschaft, gegen die Risiken von Arbeitsunfällen abgesichert.

Für die vor Ort eingestellten Mitarbeiter, die *locals* und die *third country nationals*, müssen vom Bauunternehmen entsprechende Versicherungen abgeschlossen werden.

Transportversicherung

Wie in Kapitel 6.3 beschrieben, beinhaltet der „traditionelle" Auslandsbau häufig eine umfangreiche logistische Aufgabe. Ein Großteil der zum Bauen benötigten Materialien und Geräte ist grenzüberschreitend über weite Strecken zur Baustelle zu transportieren. Dabei sind die Güter einer Vielzahl von Belastungen und damit Risiken ausgesetzt. Sie ergeben sich aus

- der Robustheit oder Bruchempfindlichkeit der Güter,
- dem Reiseweg einschließlich der Vorreise vom Lieferanten bis zum Verschiffungshafen und der Nachreise vom Bestimmungshafen bis zur Baustelle,
- der Art der Transportmittel und der Verpackung,
- der Zahl der Umladungen und Zwischenlagerungen sowie
- den klimatischen Bedingungen.

Zur Absicherung der Risiken kann und wird das Bauunternehmen oftmals eine Transportversicherung abschließen. Versichert sind damit aber nicht alle Gefahren, denen die Güter während des Transportes ausgesetzt sind, sondern wie bei fast jeder Versicherung gibt es Ausschlüsse. Im Normalfall nicht mitversichert, aber durch Sondervereinbarungen teilweise versicherbar sind

- Krieg und kriegerische Ereignisse,
- Streik, Aussperrung, Aufruhr, bürgerliche Unruhen und Beschlagnahmung sowie
- radioaktive Gefahren.

In keinem Fall versichert sind Schäden durch

- Transportverzögerung,
- inneren Verderb des Gutes,
- normale Luftfeuchtigkeit und gewöhnliche Temperaturschwankungen sowie
- Fehlen und Mängel handelsüblicher Verpackung.

Angemerkt sei, dass die Transportversicherung nur den Transportschaden, nicht aber Folgeschäden abdeckt. Das beim Transport zerstörte und nicht mehr nutzbare Gerät wird demnach ersetzt, nicht dagegen die aus dem Fehlen des Gerätes auf der Baustelle entstehenden Leistungsverluste und daraus resultierenden Mehrkosten. Diese jedoch können den reinen Transportschaden weit übersteigen, denn nach Kapitel 6.3.3 wird die Bereitstellung eines Ersatzgerätes oft mehrere Monate dauern.

7.4 Bürgschaften

7.4.1 Deutschland

Versicherungen sind eine Möglichkeit, Risiken extern abzusichern. Sie wird–wie in Kapitel 7.3 dargestellt–vor allem, aber nicht nur vom Bauunternehmen praktiziert, um Schäden an der Bauleistung, am Baumaterial und an den Baugeräten sowie gegen das Bauunternehmen gerichtete Schadenersatzansprüche von Dritten und Mitarbeitern abzudecken.

Eine andere Möglichkeit der externen Risikoabsicherung sind die im Folgenden beschriebenen Bürgschaften. Sie wird vor allem ergriffen, um den Fall der mangelhaften Vertragserfüllung abzusichern. Diese kann beispielsweise darin bestehen, dass das Bauunternehmen die vertragliche Leistung nicht vollständig erbringt oder der Bauherr die erbrachte Leistung nicht bezahlt.

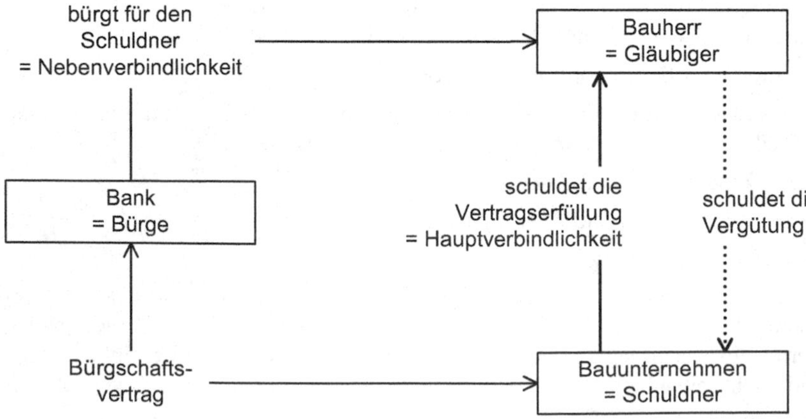

Bild 7.4: Bürgschaft

In einer Bürgschaft verpflichtet sich der Bürge gegenüber dem Gläubiger des Schuldners, für die Verbindlichkeiten des Schuldners aufzukommen, wenn dieser hierzu nicht in der Lage ist. Bei den hier betrachteten Bürgschaften ist der Gläubiger der Bauherr, der Schuldner das Bauunternehmen und der Bürge ein Kreditinstitut oder Kreditversicherer, in Bild 7.4 beispielsweise eine Bank. Sie steht für die Vertragserfüllung des Bauunternehmens ein. Würde also das Bauunternehmen den Bauvertrag nicht ordnungsgemäß erfüllen und wäre es nicht gewillt oder in der Lage, die Ansprüche des Bauherrn zu befriedigen, dann könnte der Bauherr seine Ansprüche bei der Bank geltend machen. Die Gestellung der Bürgschaft ist mit Kosten verbunden, sie hat das Bauunternehmen zu tragen.

Im Verhältnis Bauherr–Bauunternehmen gibt es mehrere, bezüglich des Sicherungszweckes unterschiedliche Bürgschaften:

Bietungsbürgschaft

Sie dient dazu, dem Ausschreibenden einen eventuellen Schadenersatz für Fehlverhalten des Bieters bereitzustellen. Sollte sich beispielsweise das Bauunternehmen nach der Angebotsabgabe weigern, den Auftrag zu übernehmen, weil es mit seinem Angebot weit unter denen der anderen Bieter liegt, dann kann der Ausschreibende die Bietungsbürgschaft in Anspruch nehmen. Bei Ausschreibungen der Öffentlichen Hand ist eine Bürgschaft in Höhe von 5 % der Angebotssumme üblich. Sie ist mit dem Angebot zu übergeben und für die Dauer der Zuschlagsfrist zu stellen.

Bild 7.5: Bürgschaften in Deutschland

Vorauszahlungsbürgschaft

Leistet der Bauherr eine Vorauszahlung, dann wird er im Gegenzug eine Vorauszahlungsbürgschaft verlangen. Sie dient dazu, dem Bauherrn eine eventuelle Rückerstattung seiner Vorauszahlung bereitzustellen für den Fall, dass das Bauunternehmen keine Leistung im Wert der Vorauszahlung erbringt. Üblich ist eine Bürgschaft in Höhe der Vorauszahlung. Das Bauunternehmen sollte darauf achten, dass diese Anfangshöhe während der Bauzeit in Abhängigkeit von der erbrachten Vertragsleistung schrittweise verringert wird.

Ausführungsbürgschaft

Sie dient dazu, dem Bauherrn einen eventuellen Schadenersatz bereitzustellen für den Fall, dass das Bauunternehmen die vertraglichen Bauleistungen und sonstigen Verpflichtungen nicht oder nur unvollständig erbringt bzw. erfüllt. Sollte beispielsweise das Bauunternehmen das Bauwerk nicht fertig stellen, dann kann der Bauherr die Ausführungsbürgschaft in Anspruch nehmen und hieraus die Mehrkosten für ein Nachfolge-Unternehmen decken. Öffentliche Bauherren erwarten normalerweise eine Bürgschaft in Höhe von 5 % der Auftragssumme. Sie ist für den Zeitraum der Bauausführung bis zur Abnahme der Leistung durch den Bauherrn zu stellen und in aller Regel vor Zahlung der Schlussrechnung durch eine Mängelbeseitigungsbürgschaft zu ersetzen.

Mängelbeseitigungsbürgschaft (früher: Gewährleistungsbürgschaft)

Sie dient dazu, dem Bauherrn einen eventuellen Schadenersatz bereitzustellen für den Fall, dass das Bauunternehmen seinen Mängelbeseitigungsverpflichtungen nicht nachkommt. Öffentliche Bauherren erwarten normalerweise eine Bürgschaft in Höhe von 3 % der Auftragssumme. Sie ist dem Bauherrn in der Regel vor Zahlung der Schlussrechnung zu übergeben und für die Dauer der Verjährungsfrist zu stellen.

Vertragserfüllungsbürgschaft / Erfüllungsbürgschaft

Sie ist eine Kombination der Ausführungsbürgschaft und der Mängelbeseitigungsbürgschaft. Das Bauunternehmen sollte darauf achten, dass spätestens zum Zeitpunkt der Schlusszahlung die Höhe dieser Bürgschaft auf das üblicherweise niedrigere Niveau der Mängelbeseitigungsbürgschaft gesenkt wird.

Die vorstehend definierten und in Bild 7.5 zusammengestellten Bürgschaften sind Sicherungsinstrumente, die der Bauherr beansprucht. Sie sichern seinen Vertragserfüllungsanspruch ab. Ihm entgegen steht der Vergütungsanspruch des Bauunternehmens, für den das BGB im § 648 unter dem Begriff Bauhandwerkersicherung ebenfalls Sicherungsinstrumente vorsieht /D56/. Diese besitzen für den Auslandsbau jedoch keine Bedeutung und werden deshalb hier nicht betrachtet.

7.4.2 „Traditioneller“ Auslandsbau

Beim „traditionellen“ Auslandsbau wird eine Bauleistung exportiert. Es entstehen grenzüberschreitende vertragliche Verbindlichkeiten, deren Erfüllung mit besonderen wirtschaftlichen und politischen Risiken verbunden ist.

Der Fall der mangelhaften Vertragserfüllung durch das Bauunternehmen wird durch Bürgschaften abgesichert, die denen in Deutschland gleichen. Es genügt deshalb, die Begriffe gegenüber zu stellen:

Bietungsbürgschaft	*Tender guarantee* oder *bid bond*
Vorauszahlungsbürgschaft	*Advance payment guarantee*
Ausführungsbürgschaft	*Performance guarantee*
Mängelbeseitigungsbürgschaft	*Warranty obligations guarantee*

Hinzu kann eine ebenfalls vom Bauunternehmen zu stellende

Zollgarantie	*Customs guarantee*

kommen. Sie dient der Zollbehörde des Gastlandes als Sicherheit für Zollverpflichtungen des Bauunternehmens, die durch die temporäre Einfuhr der Baugeräte und sonstigen Baustelleneinrichtungsteile entstehen.

Der Fall der mangelhaften Vertragserfüllung durch den Bauherrn ist im „traditionellen" Auslandsbau deutlich komplexer als in Deutschland. Erstens ist das Risiko der Zahlungsunfähigkeit oder Zahlungsunwilligkeit des Bauherrn unter einer fremden Rechtsordnung schwerer abschätzbar. Durchaus wahrscheinlicher sind zweitens politische Risiken wie Krieg, kriegerische Ereignisse, militärische Maßnahmen, Beschlagnahmung, hoheitliche Eingriffe, Streik und Aufruhr. Beide Risikobereiche sind durch die in Kapitel 7.3 beschriebenen Versicherungen nicht abgedeckt.

Da wegen dieser Risiken politisch durchaus gewollte Exportgeschäfte unter Umständen nur zögerlich getätigt werden, verfügt die Bundesrepublik Deutschland seit 1947 über eine Exportkreditversicherung. Mit deren Abwicklung betraut ist die zum Allianz-Versicherungskonzern gehörende Euler Hermes Kreditversicherungs-AG in Hamburg /I40/. Sie vergibt die unter dem Oberbegriff Ausfuhrgewährleistungen zusammengefassten Ausfuhrbürgschaften und Ausfuhrgarantien. Beide werden vereinfachend häufig als „Hermes-Deckung" bezeichnet.

Die Hermes-Deckung der Bundesrepublik Deutschland ist ein Förderungsinstrument, welches die Exportbemühungen der deutschen Wirtschaft unterstützen und die Wettbewerbsgleichheit mit ausländischen Konkurrenten, die über ähnliche Absicherungsmöglichkeiten verfügen, herstellen soll. Übernommen wird jedoch keine 100 %ige Deckung, sondern der Exporteur hat bei jedem Schadensfall eine gewisse Quote selbst zu tragen. Mit der Selbstbeteiligung soll ein Eigeninteresse des Exporteurs an einem schadenfreien Verlauf sichergestellt werden.

Ausfuhrgewährleistungen gibt es als Bürgschaften und als Garantien. Beide Formen unterscheiden sich im Wesentlichen in der Art des Schuldners. Ist der ausländische Vertragspartner ein Staat oder eine staatliche Organisation, dann wird eine Ausfuhrbürgschaft gegeben. Ist er ein Privatmann oder ein privatrechtliches Unternehmen, dann kommt es zu einer Ausfuhrgarantie. Es sei ausdrücklich darauf hingewiesen, dass die Bezeichnungen Bürgschaft und Garantie nicht im Sinne des deutschen Zivilrechts, also vor dem Hintergrund der dort definierten Unterschiede, zu verstehen sind. Der rechtliche Inhalt beider Hermes-Deckungen ist in den relevanten Punkten identisch.

Unterschieden werden weiterhin die Risiken vor Versendung eines Exportgutes, die so genannten Fabrikationsrisiken, und die Risiken nach Versendung, die so genannten Ausfuhrrisiken. Die Hermes-Deckung orientiert sich demnach in erster Linie an einem Warenexport. Da diese Unterscheidung auf den Export von Bauleistungen und damit auf den „traditionellen" Auslandsbau nur schlecht übertragbar ist, wurde eine spezielle Bauleistungsdeckung entwickelt.

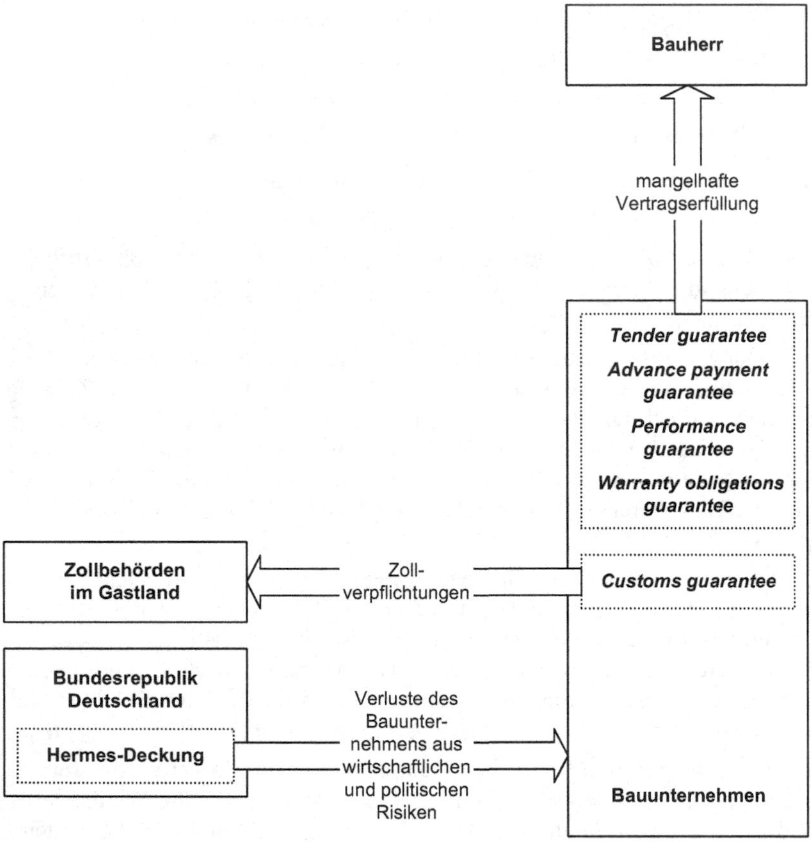

Bild 7.6: Bürgschaften im „traditionellen" Auslandsbau

Die Bauleistungsdeckung sichert wirtschaftliche und/oder politische Risiken ab, die außerhalb des normalen Unternehmensrisikos liegen. Ein wirtschaftliches Risiko ist beispielsweise die Insolvenz oder die über eine definierte Frist hinaus andauernde Zahlungsunwilligkeit des Bauherrn. Politische Risiken sind beispielsweise gesetzgeberische Maßnahmen, Einschränkungen des zwischenstaatlichen Zahlungsverkehrs und kriegerische Ereignisse im Gastland, aber auch Embargomaßnahmen der Bundesrepublik Deutschland.

Im Einzelnen absicherbar sind:

- Fabrikationsrisiken

  Außerhalb des Gastlandes gefertigte Bauteile, beispielsweise ein Hafenkran, können aus wirtschaftlichen und/oder politischen Gründen nicht aus dem Produktionsland exportiert oder in das Gastland importiert werden.

- Forderungsrisiken

  Forderungen des Bauunternehmens gegenüber dem Bauherrn, beispielsweise die Schlussrechnung, können aus wirtschaftlichen und/oder politischen Gründen uneinbringlich werden.

- *guarantees* = Bürgschaften

  Vom Bauunternehmen gestellte und dem Bauherrn bzw. der Zollbehörde übergebene *guarantees* können von diesen widerrechtlich in Anspruch genommen werden.
- Geräte, Ersatzteillager, Baustelleneinrichtung und Baustellenvorräte

  Produktionseinrichtungen und Lagerbestände können durch staatliche Stellen beschlagnahmt werden oder infolge politischer Ereignisse beschädigt werden, vernichtet werden oder verloren gehen.

Eine Hermes-Deckung umfasst nicht immer alle vorstehend aufgeführten Risikobereiche, sie wird vielmehr auf die jeweilige Risikosituation zugeschnitten. Dabei können ganze Bereiche oder Teile davon weggelassen werden. Grundsätzlich nicht übernommen werden Risiken, die auf dem deutschen Versicherungsmarkt versichert werden können.

Anzumerken ist weiterhin, dass eine Hermes-Deckung nur für Bauaufträge gewährt wird, die als förderungswürdig eingestuft werden. Gegeben ist die Förderungswürdigkeit, wenn der Durchführung der Baumaßnahme keine wichtigen Interessen der Bundesrepublik Deutschland entgegenstehen. Getroffen wird die Entscheidung von der Bundesregierung, die diese Tätigkeit durch den Interministeriellen Ausschuss für Ausfuhrgarantien und Ausfuhrbürgschaften ausübt.

Bild 7.6 zeigt zusammenfassend einerseits die vom Bauunternehmen zu stellenden Sicherheiten und andererseits die das Bauunternehmen absichernde Hermes-Deckung.

7.5 Absicherungsnetz

Die in den Kapiteln 7.2 bis 7.4 beschriebenen Maßnahmen formen zusammen das in Bild 7.7 dargestellte Absicherungsnetz.

Aus diesem Netz darf nun aber nicht geschlossen werden, dass damit der „traditionelle" Auslandsbau für das Bauunternehmen risikolos wird. Das Netz ist theoretisch zwar grundsätzlich knüpfbar, praktisch jedoch können das Knüpfen schwierig und die Maschen zu grob sein. So ist beispielsweise die Vereinbarung von Preisgleit- oder Währungsklauseln von der Zustimmung des Bauherrn abhängig. Oder die Entscheidung über die Gewährung einer Hermes-Deckung wird letztlich von der deutschen Bundesregierung getroffen, die wiederum ihre Entscheidung auch unter politischen Gesichtspunkten trifft. Und schließlich die Versicherungen: Die Anerkennung und Regulierung eines Versicherungsschadens ist nicht selten zeitraubend und schwierig und aus der Sicht des Bauunternehmens durchaus nicht immer erfolgreich.

Und selbst wenn alle geschilderten Absicherungsmaßnahmen optimal greifen, bleiben dem Bauunternehmen doch noch die allgemeinen Unternehmerrisiken. Die Bauleistung ist unter anderen geographischen und klimatischen Verhältnissen, unter anderen Rechts- und Wirtschaftsordnungen sowie mit Mitarbeitern aus anderen Kulturkreisen zu erbringen. Die normalen, auch im Inlandsbau vorhandenen Risiken werden durch diese Randbedingungen im Auslandsbau häufig deutlich erhöht oder sogar vervielfacht.

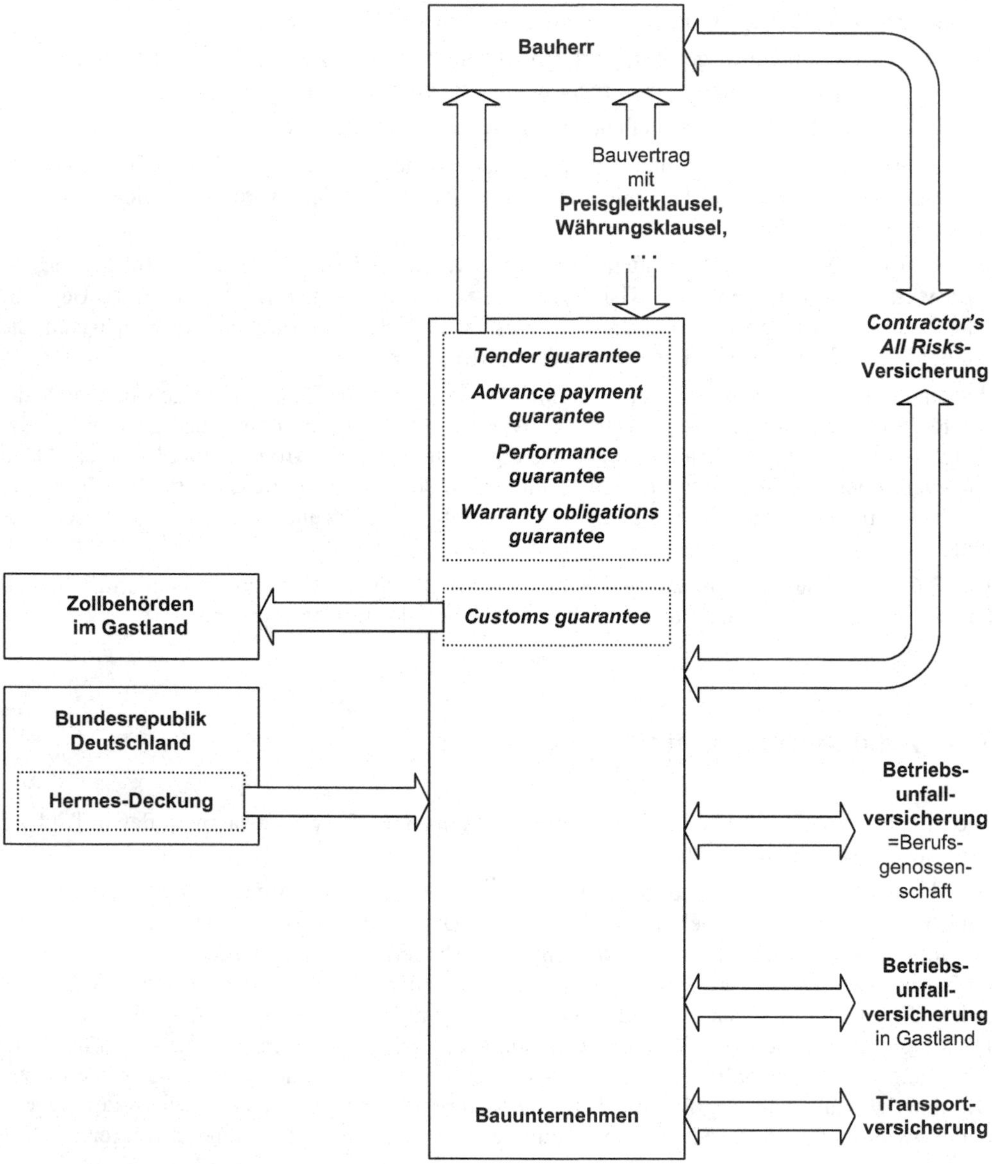

Bild 7.7: Absicherungsnetz im „traditionellen“ Auslandsbau

8 Beispiel eines internationalen Projektes

8.1 Projektbeschreibung

Als abschließendes, zusammenfassendes Beispiel wird der Bau einer Reisfarm im ostafrikanischen Somalia beschrieben. Das Projekt spiegelt sowohl in seiner Aufgabenstellung als auch in seinen Randbedingungen typische Sachverhalte des „traditionellen" Auslandsbaus wieder.

Somalia liegt im Osten des afrikanischen Kontinents, am Horn von Afrika auf der Somali-Halbinsel (Bild 8.1). Der Staat wurde 1960 aus dem nördlichen Britisch-Somaliland und dem südlichen Italienisch-Somaliland gebildet.

Der nördliche Teil des Landes ist zumeist bergig und bis zu 2.100 m hoch, im Süden erstreckt sich ein Flachland mit einer durchschnittlichen Höhe von 180 m. Der Fluss Juba entspringt in Äthiopien und fließt durch den Süden Somalias in den Indischen Ozean.

Das Klima ist geprägt durch Monsunwinde, ganzjährige Hitze und stetig wiederkehrende Trockenperioden. An der Südwestküste gibt es zwei Regenzeiten, die große von April bis Juni und die kleine im Oktober und November.

Die Baustelle *Mogambo Irrigation Project* befand sich 450 km südwestlich der Hauptstadt Mogadishu in Richtung der Grenze zu Kenia.

Ausgangspunkt des Projektes war ein vorhandenes, aber im Laufe von gut 20 Jahren völlig versandetes Bewässerungssystem von ca. 4 km x 1 km = 400 Hektar. Diese Reis-Anbaufläche war wiederherzustellen und auf 3.200 Hektar = ca. 10 km x 3 km zu vergrößern.

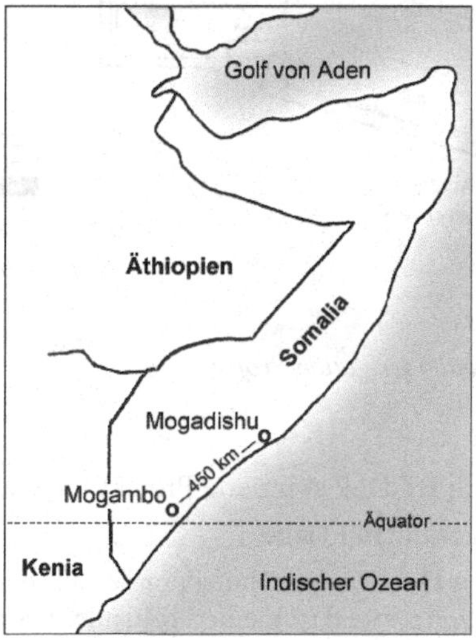

Bild 8.1: Lage der Baustelle

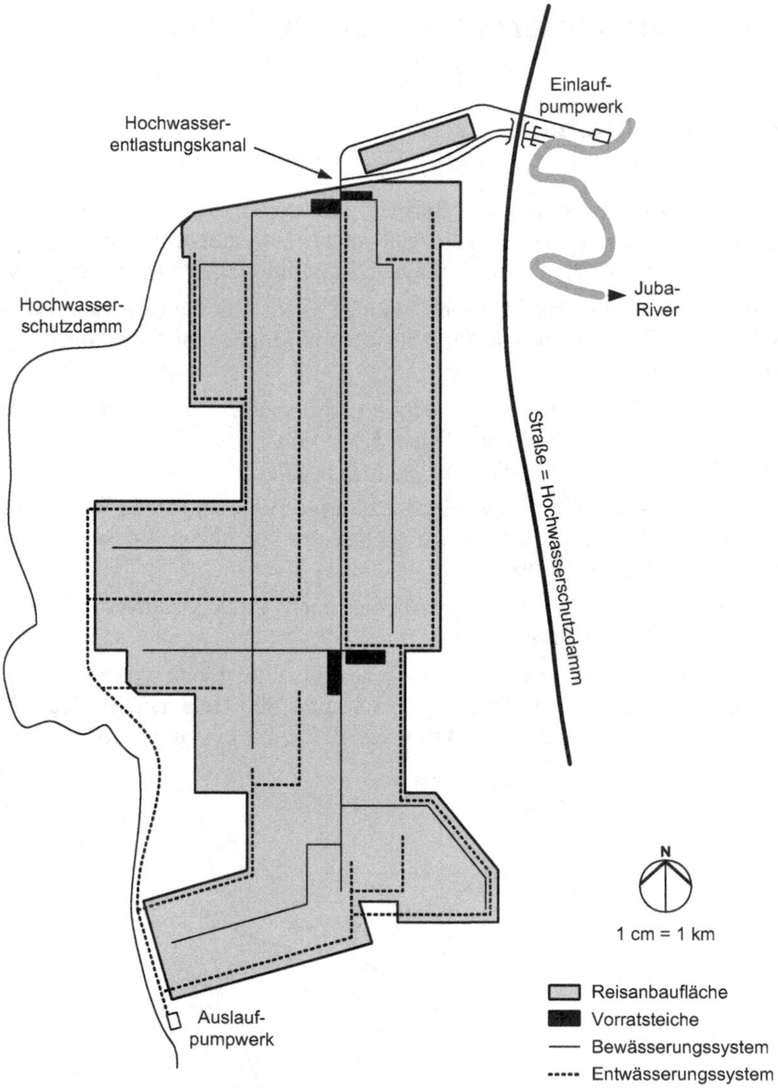

Bild 8.2: Übersichtsplan *Mogambo Irrigation Project*

Im Einzelnen beinhaltete das in Bild 8.2 skizzierte Projekt folgende Baumaßnahmen:

- Roden und Einebnen der gesamten Fläche
- Bau eines ca. 20 km langen Hochwasserschutzdammes auf der westlichen Seite der Anbaufläche. Auf der östlichen Seite war durch eine vorhandene Straße dieser Schutz bereits gegeben.

- Instandsetzung eines vorhandenen, aber nicht mehr funktionsfähigen Hochwasserentlastungssystems bestehend aus einer Wehranlage und einem daran anschließenden, ca. 3 km langen Kanal. Im Hochwasserfall können durch Öffnen der normalerweise geschlossenen Wehranlage erhebliche Wassermengen in die westlich angrenzende, nicht besiedelte Steppenlandschaft abgeleitet werden.
- Bau von ca. 150 km über der Anbauebene liegenden, aus zwei Erddämmen gebildeten Bewässerungskanälen und ca. 150 km unter der Anbauebene liegenden, in den Boden gefrästen Entwässerungskanälen. Be- und Entwässerungssystem sind gegenläufig: Das Bewässerungssystem wird von Norden nach Süden immer feiner, das Entwässerungssystem immer stärker.
- Bau von ca. 2.000 Ein- und Auslaufbauwerken sowie Kreuzungsbauwerken zwischen dem Bewässerungs- und dem Entwässerungssystem
- Bau von Pump- und Steuerungsanlagen
- Bau von Betriebs- und Wohngebäuden

Gespeist wird das Bewässerungssystem aus dem ganzjährig Wasser führenden Juba-River. Entwässert wird das System über eine Pumpstation an der südwestlichen Ecke. Das dort anfallende Wasser wird in die angrenzende Steppenlandschaft gepumpt.

Die vertragliche Bauzeit betrug 24 Monate. Nach Abzug der in diesem Landstrich auftretenden Regenzeiten blieben 16 Monate als nutzbare Bauzeit übrig.

8.2 Projektbeteiligte

Das von Kuwait und Deutschland finanziell geförderte Projekt wurde vom somalischen *Ministry of Agriculture* an eine deutsch-italienische Arbeitsgemeinschaft, eine *joint venture*, vergeben. Diese wiederum wurde verpflichtet, für die Pump- und Steuerungsanlagen mehrere *nominated subcontractors* einzubinden. Insgesamt ergab sich die in Bild 8.3 dargestellte Beteiligtenstruktur.

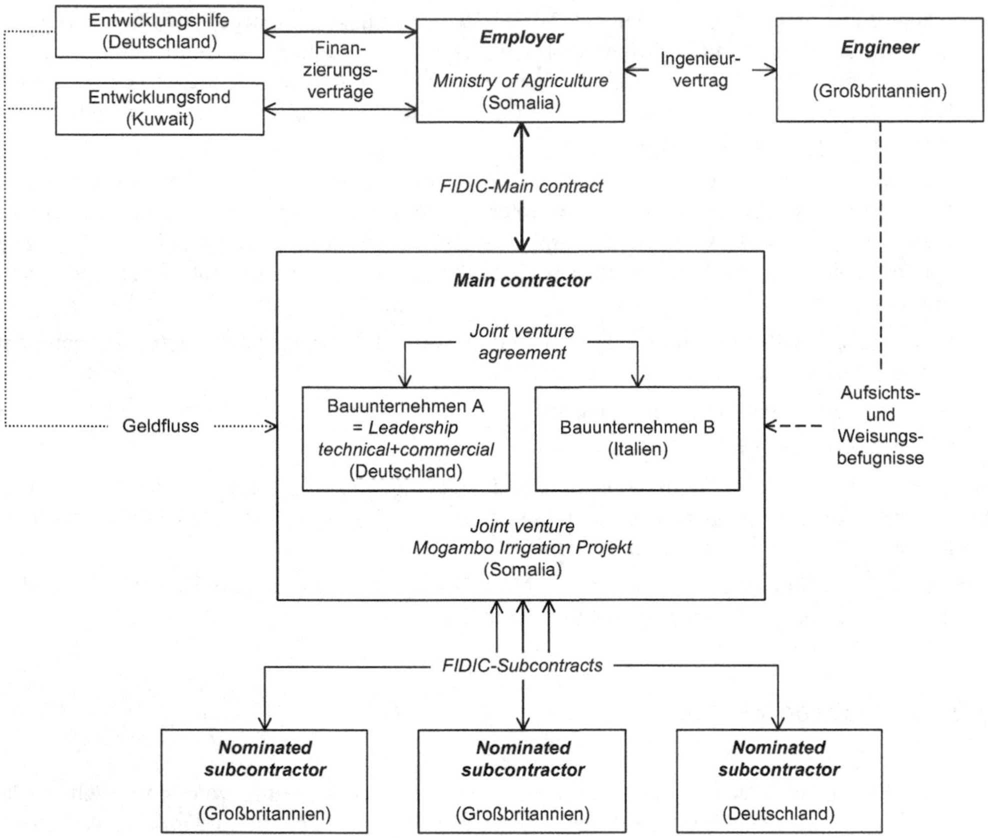

Bild 8.3: Projektbeteiligte

8.3 Vergabe und Verträge

Der Auftrag wurde vom *public client* im Rahmen einer öffentlichen Ausschreibung, eines *international competitive bidding* (=*open tendering* oder *open procedure*), an die *joint venture* vergeben. Diese übernahm als *main contractor* die schlüsselfertige = gebrauchsfertige Erstellung der Reisfarm. Zwischen *employer* und *main contractor* wurde ein *bill of quantities contract* abgeschlossen, dem die *FIDIC*-Bauvertragsbedingungen zugrunde lagen. Die Parameter des Bauvertrages zeigt Bild 8.4.

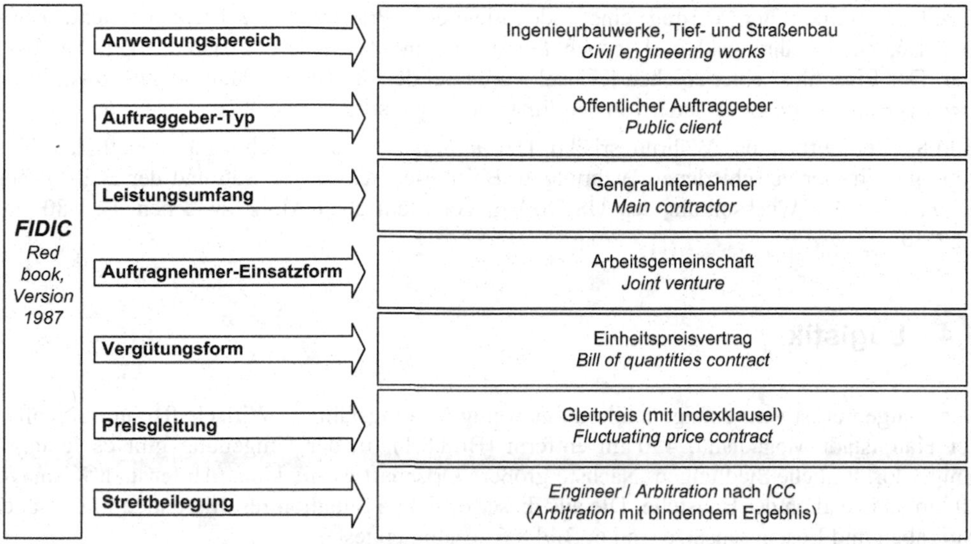

Bild 8.4: Bauvertrag

Besonders erwähnenswert sind zwei vertragliche Merkmale:

Erstens lag dem Vertrag das *red book* in der 1987er Version zugrunde. Der Vertrag enthielt somit keinen *DAB = Dispute Adjudication Board*, sondern die Streitschlichtungsfunktion lag beim *engineer* (siehe Kapitel 5.2.4). Für den Fall, dass dessen Entscheidung nicht akzeptiert wurde, war eine *arbitration* nach den Regeln der *ICC = International Chamber of Commerce* in Paris vorgesehen. Diese endete mit einem bindenden Ergebnis.

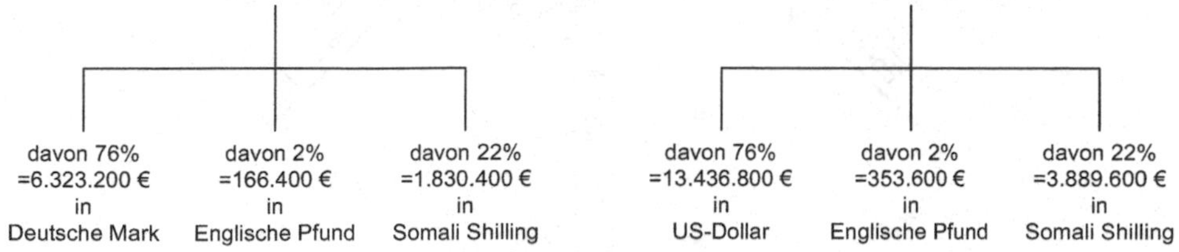

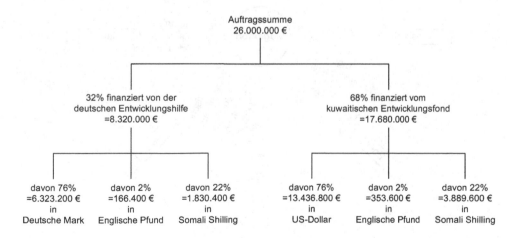

Bild 8.5: Währungsaufteilung der Auftragssumme (in € umgerechnet / gerundete Werte)

Zweitens enthielt der Vertrag eine indexorientierte Preisgleitklausel entsprechend Kapitel 5.1.6, eine Währungsklausel jedoch fehlte, obwohl das Währungsrisiko erkennbar hoch war. Der Einschluss einer solchen Klausel wurde bei den Auftragsverhandlungen sowohl vom *employer* und *engineer* als auch von den Finanzierungsinstituten abgelehnt.

Bild 8.5 verdeutlicht das Währungsrisiko. Der *main contractor* erhielt seine monatlichen Vergütungen in vier verschiedenen Währungen. Bei diesen schwankte während der Bauzeit beispielsweise der Wechselkurs des US-Dollars zur Deutschen Mark zwischen 1 : 1,80 und 1 : 2,30.

8.4 Logistik

Das Baugebiet ist vom einzigen, allerdings wenig leistungsfähigen Wirtschaftsraum Somalias, der Hauptstadt Mogadishu, 450 km entfernt (Bild 8.1). In der Umgebung gibt es lediglich einige dorfähnliche Siedlungen. Nächste größere Ortschaft ist die kleine Hafenstadt Kismayo, 70 km südwestlich der Baustelle. Die aus dieser örtlichen Situation resultierenden logistischen Aufgaben und Lösungsansätze sind in Bild 8.6 zusammengestellt.

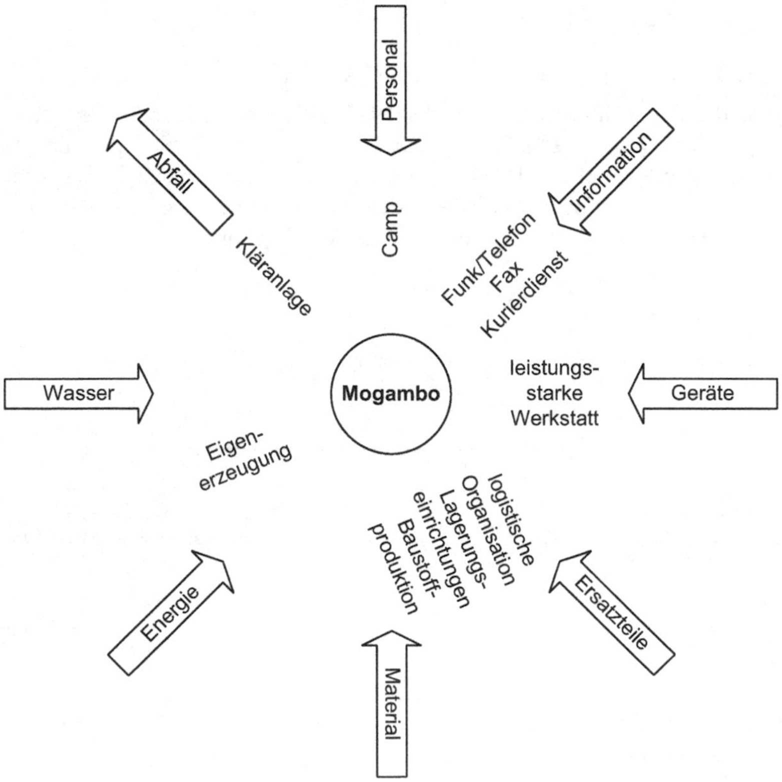

Bild 8.6: Logistische Aufgaben und Lösungsansätze

Das Baustellenpersonal setzte sich zunächst aus 25 deutschen und italienischen *expatriates* und etwa 300 somalischen Mitarbeitern, den *locals*, zusammen. Da sich während der Ausführung herausstellte, dass einerseits die Ausbildung somalischer Mitarbeiter zu Geräteführern insbesondere für die Grader (=Straßenhobel) sehr zeitaufwändig war, andererseits aber das Herstellen der 3.200 Hektar Feinplanum auf dem kritischen Weg lag, wurden nach einem Drittel der Bauzeit 20 thailändische Geräteführer eingeflogen. Nur durch den Einsatz dieser *third country nationals* wurde die quantitativ und qualitativ erforderliche Leistung erreicht.

Im Einsatz waren Geräte–überwiegend schwere Erdbaugeräte–mit einem Neuwert von insgesamt etwa 20 Mio. DM (≈10 Mio. Euro). Da fast alle Geräte als Gebrauchtgeräte direkt von anderen Baustellen kamen, waren zur Sicherstellung der Einsatzbereitschaft eine voll ausgestattete Werkstatt und ein umfangreiches Ersatzteillager erforderlich.

Als spezielles Logistikproblem erwies sich die Versorgung der Baustelle mit Treibstoff. Da die Treibstoffversorgung im gesamten Somalia schwierig war, wurden erstens nur Fahrzeuge und Geräte mit Dieselmotoren eingesetzt. Zweitens wurde im Hafen Kismayo von der staatlichen *Petroleum Agency* ein 3.000 Tonnen fassender Tank angemietet. Drittens wurden auf der Baustelle Tanks mit einem Fassungsvermögen von insgesamt 600 Tonnen installiert. Mit einem internationalen Ölkonzern wurde sodann vertraglich vereinbart, dass dieser mit Hilfe eines kleinen Tankschiffes regelmäßig den Tank im Hafen Kismayo füllte. Von dort wurde der Dieseltreibstoff mit einem baustelleneigenen Tanklastzug zur Baustelle Mogambo gebracht.

Die Treibstoffversorgung war der einzige logistische Prozess, der über den von Frachtschiffen nur unregelmäßig angelaufenen Hafen Kismayo abgewickelt wurde. Alle anderen Materialien wurden über den Hafen und Flughafen in Mogadishu nach Somalia gebracht. Ein dort eingerichtetes Verbindungsbüro organisierte den Import und den Weitertransport zur 450 km entfernten Baustelle.

8.5 Risiken und Probleme

Die Risiken der Baustelle Mogambo wurden im Wesentlichen wie in Kapitel 7.5 beschrieben abgesichert. Da die *joint venture* keine Vorauszahlung erhielt, entfiel aus dem dort dargestellten Absicherungsnetz die *advance payment guarantee*. Außerdem wurde keine Währungsklausel vereinbart. Da es sich weiterhin um eine deutsch-italienische *joint venture* handelte, deckte die Hermes-Bürgschaft nur das Risiko des deutschen Bauunternehmens. Das Risiko des italienischen Bauunternehmens wurde durch eine gleichartige italienische Bürgschaft gedeckt.

Aus den „üblichen" Schwierigkeiten und Problemen einer Baustelle ragten die Folgenden heraus:

- Vertragsbeginn sollte laut Ausschreibung Anfang Oktober sein. Da in Somalia im Oktober und November die kleine Regenzeit herrscht, sollten diese für Erdarbeiten kaum geeigneten Monate für den Gerätetransport zur Baustelle genutzt werden, um am Ende der Regenzeit sofort mit den Erdarbeiten beginnen zu können. Dieser Plan ging nicht auf, da wegen unerwartet langwierigen Verhandlungen zwischen dem Staat Somalia und den beiden Finanzierungsinstituten der Bauvertrag erst Ende Februar unterzeichnet wurde. Als Folge hieraus wurde das Gerät erst Ende April auf der Baustelle bereitgestellt. Klimatisch war dies der ungünstigste Zeitpunkt, da er genau am Beginn der großen, dreimonatigen Regenzeit lag. Ungeachtet der von der *joint venture* nicht zu vertretenden Startverschiebung forderte der Bauherr aus politischen Gründen auch weiterhin die Einhaltung des ursprünglichen Fertigstellungstermins.

- Einer der drei *nominated subcontractors* erbrachte seine Leistung mit erheblicher Verspätung. Die daraus resultierenden Probleme wurden der *joint venture* zugerechnet.
- Die Baustelle war mit einem Wechselkurs Dollar : Deutsche Mark = 1 : 2,10 kalkuliert worden. Da während der ersten acht Monate der Bauzeit der Kurs bis auf 1 : 1,80 fiel, bemühte sich die *joint venture* um den nachträglichen Einschluss einer Währungsklausel. Dieses wurde vom *employer* und beiden Finanzierungsinstituten abgelehnt. Während der nächsten sechzehn Monate der Bauzeit stieg dann der Wechselkurs auf bis zu 1 : 2,30. Den nun vom *employer* und beiden Finanzierungsinstituten gemachten Vorschlag, eine Währungsklausel zu vereinbaren, lehnte die *joint venture* ab.
- Der kuwaitische Entwicklungsfond finanzierte gleichzeitig mehrere staatliche Projekte in Somalia. In den Verträgen waren sehr niedrige Zinszahlungen Somalias vereinbart, es war aber auch festgelegt, dass bei Nichtzahlen der Zinsen in einem Projekt die Zahlungen in allen Projekten bis zum Eingang der Zinsen ausgesetzt werden. Da in einem anderen Projekt der Staat Somalia seiner Zinszahlungsverpflichtung über längere Zeit nicht nachkam, wurden die Zahlungen an die *joint venture* über mehrere Monate zurück gehalten.

Das unternehmerische Ergebnis der Baustelle lag bei „plus/minus Null", d. h., ein Gewinn wurde von der *joint venture* nicht erwirtschaftet.

Ein Nachsatz: Das Ende der Baustelle fiel mit dem Beginn des noch immer herrschenden Bürgerkriegs in Somalia zusammen. Da von diesem gerade auch der Landesteil betroffen war und ist, in dem sich das *Mogambo Irrigation Project* befindet, ist eine verlässliche Aussage zum derzeitigen wirtschaftlichen Nutzen des Projekts für den Staat Somalia nicht möglich.

9 Ausblick

Wie wird sich das Tätigkeitsfeld der deutschen Bauunternehmen entwickeln? Die Beantwortung dieser Frage ist bezogen auf Deutschland bereits äußerst spekulativ. Und sie ist es noch mehr, wenn die Entwicklung des deutschen Auslandsbaus vorausgesagt werden soll. Trotz der Gefahr einer Fehlspekulation seien aber dennoch ein paar Vermutungen formuliert:

- Beteiligte am Bau

  Als Folge der Globalisierung der Märkte wird das grenzüberschreitende Planen und Bauen zunehmen. Vermehrt werden einerseits deutsche Bauherren im Ausland bauen und dazu Planungs- und Bauaufträge an ausländische Ingenieurbüros und Bauunternehmen vergeben und andererseits deutsche Ingenieurbüros und Bauunternehmen Planungs- und Bauleistungen für ausländische Bauherren in Deutschland erbringen. International geprägte temporäre Projektorganisationen werden häufiger sein.

- Bauverträge

  Das Beziehungsgefüge der am Bau Beteiligten wird sich im grenzüberschreitenden Bauen in Richtung des britisch-angloamerikanischen *partnerings* entwickeln. Verstanden wird hierunter ein Managementkonzept, welches die „klassische" Konfrontation der am Bau Beteiligten durch eine vertrauensbasierte, offene Kooperation ersetzt. Britische Bauvertragsmuster wie der auch international gebräuchliche *NEC3*-Vertrag haben sich bereits in diese Richtung verändert.

- Bauprojekte

  Weltweit werden zunehmend Bauprojekte als umfassende Pakete vergeben. Deutsche Bauunternehmen werden in ihrer grenzüberschreitenden Tätigkeit häufiger Projekte in Form von *BOT Build–Operate–Transfer* oder *DBO Design–Build–Operate* oder einer „verwandten" Form übernehmen.

- Bauunternehmen

  Wegen der Veränderung der Bauprojekte wird sich die Struktur international tätiger deutscher Bauunternehmen verändern. Das Tätigkeitsfeld wird sich noch weiter als bisher schon geschehen in Richtung „baunaher Dienstleistungen" entwickeln. Dies wiederum erfordert leistungsstarke Tochter- und Beteiligungsfirmen im Ausland.

- Bauingenieure

  Sollten die vorstehenden Entwicklungen eintreten, dann werden sich in grenzüberschreitend tätigen Bauunternehmen auch die Anforderungen an die Ingenieure ändern. Sie werden häufiger mit Personen aus anderen Ländern und folglich mit anderen Denk- und Handlungsweisen in Berührung kommen. Sie werden weiterhin als Systemanbieter vermehrt „klassische" Aufgaben und Verantwortlichkeiten der Bauherren und der Bauherrenberater übernehmen.

Literaturverzeichnis

Das Verzeichnis enthält für den Leser zwei Hilfen:

- Erstens ist die Literatur aufgeteilt in „Wörterbücher“ und die vier „Ländergruppen“
  - Deutschland und Europäische Union,
  - Großbritannien,
  - International und „traditioneller“ Auslandsbau,
  - Frankreich.

  Gruppenübergreifende Literatur ist der Ländergruppe zugeordnet, für die sie in diesem Buch vorwiegend herangezogen ist.
- Zweitens sind die Literaturangaben nicht nur rein bibliographischer Art, sie enthalten vielmehr an verschiedenen Stellen ergänzende Hinweise auf historische Entwicklungen, postalische und Internet-Bestelladressen, Internet-Fundstellen und andere Anmerkungen. Bei den Internet-Angaben ist dem Verfasser durchaus bewusst, dass diese häufig einem schnellen Wechsel unterworfen sind. Dies gilt grundsätzlich aber auch für alle Richtlinien, Gesetze, Verordnungen und Vertragsmuster. Der Weg über das Internet ist heutzutage bei vielen der übliche Einstieg in die Informationsgewinnung. Dies gilt insbesondere dann, wenn Informationen aus dem Ausland benötigt werden. Alle Internet-Angaben und sonstigen Ergänzungen geben den Informationsstand von Juli/August 2009 wieder.

Ziel beider Hilfen ist es, dem Leser den Einstieg in eine weitergehende Beschäftigung mit dem Auslandsbau zu erleichtern.

Wörterbücher

/W01/ Heidenreich, S.
Englisch für Architekten und Bauingenieure–English for Architects and Civil Engineers,
Vieweg+Teubner Verlag, Wiesbaden, 2008

/W02/ Lange, K.
Wörterbuch Auslandsprojekte Deutsch–Englisch, 2. Auflage,
Vieweg Verlag, Wiesbaden, 2004

/W03/ Lange, K.
Dictionary of Projects Abroad English–German, 2. Auflage,
Vieweg Verlag, Wiesbaden, 2004

Deutschland und Europäische Union

Regelwerke

ABl. = Amtsblatt der Europäischen Gemeinschaften
einschließlich Supplement zum Amtsblatt der Europäischen Gemeinschaften
abrufbar unter: http://eur-lex.europa.eu

BGBl. I = Bundesgesetzblatt Teil I
einsehbar unter: http://www.bundesgesetzblatt.de
dort weiter mit „Bürgerzugang“

/D01/ BPR–Bauproduktenrichtlinie
Richtlinie 89/106/EWG des Rates vom 21.12.1988 zur Angleichung der Rechts- und Verwaltungsvorschriften der Mitgliedstaaten über Bauprodukte,
ABl. Nr. L 40 vom 11.02.1989, S. 12÷26,
geändert durch
Richtlinie 93/68/EWG vom 22.07.1993, ABl. Nr. L 220 vom 30.08.1993, S. 1÷22,
Verordnung (EG) Nr. 1882/2003 vom 29.09.2003, ABl. Nr. L 284 vom 31.10.2003, S. 25
Umsetzung in deutsches Recht durch /D02/ und /D03/

/D02/ BauPG–Bauproduktengesetz
Gesetz über das Inverkehrbringen von und den freien Warenverkehr mit Bauprodukten zur Umsetzung der Richtlinie 89/106/EWG des Rates vom 21.12.1988 zur Angleichung der Rechts- und Verwaltungsvorschriften der Mitgliedstaaten über Bauprodukte und anderer Rechtsakte der Europäischen Gemeinschaften,
Neufassung vom 28.04.1998, BGBl. I vom 08.05.1998, S. 812÷819,
zuletzt geändert am 06.01.2004, BGBl. I vom 09.01.2004, S. 2+15

/D03/ MBO–Musterbauordnung (Fassung Nov. 2002, zuletzt geändert Okt. 2008), erarbeitet von der Bauministerkonferenz–Konferenz der für Städtebau, Bau- und Wohnungswesen zuständigen Minister und Senatoren der Länder (ARGEBAU), abrufbar unter: http://www.is-argebau.de/lbo/VTMB100.pdf

/D04/ Liberalisierungsrichtlinie
Richtlinie 71/304/EWG des Rates vom 26.07.1971 zur Aufhebung der Beschränkungen des freien Dienstleistungsverkehrs auf dem Gebiet der öffentlichen Bauaufträge und bei öffentlichen Bauaufträgen, die an die Auftragnehmer über ihre Agenturen oder Zweigniederlassungen vergeben werden,
ABl. Nr. L 185 vom 16.08.1971, S. 1÷4

/D05/ BKR–Baukoordinierungsrichtlinie
Richtlinie 71/305/EWG des Rates vom 26.07.1971 über die Koordinierung der Verfahren zur Vergabe öffentlicher Bauaufträge,
ABl. Nr. L 185 vom 16.08.1971, S. 5÷14,
geändert durch
Richtlinie 89/440/EWG des Rates vom 18.07.1989 zur Änderung der Richtlinie 71/305/EWG über die Koordination der Verfahren zur Vergabe öffentlicher Bauaufträge,
ABl. Nr. L 210 vom 21.07.1989, S. 1÷22,
kodifizierte Fassung:
Richtlinie 93/37/EWG vom 14.06.1993, ABl. Nr. L 199 vom 09.08.1993, S. 54÷83
Wurde ersetzt durch Richtlinie 2004/18/EG vom 31.03.2004 /D09/

/D06/ LKR–Lieferkoordinierungsrichtlinie
Richtlinie 77/62/EWG des Rates vom 21.12.1976 über die Koordinierung der Verfahren zur Vergabe öffentlicher Lieferaufträge,
ABl. Nr. L 13 vom 15.01.1977, S. 1÷14,
geändert durch
Richtlinie 88/295/EWG des Rates vom 22.03.1988 zur Änderung der Richtlinie 77/62/EWG über die Koordinierung der Verfahren zur Vergabe öffentlicher Liefer-

aufträge und zur Aufhebung einiger Bestimmungen der Richtlinie 80/767/EWG, ABl. Nr. L 127 vom 20.05.1988, S. 1÷14,
kodifizierte Fassung:
Richtlinie 93/36/EWG vom 14.06.1993, ABl. Nr. L 199 vom 09.08.1993, S. 1÷53
Wurde ersetzt durch Richtlinie 2004/18/EG vom 31.03.2004 /D09/

/D07/ DLR–Dienstleistungsrichtlinie
Richtlinie 92/50/EWG des Rates vom 18.06.1992 über die Koordinierung der Verfahren zur Vergabe öffentlicher Dienstleistungsaufträge,
ABl. Nr. L 209 vom 24.07.1992, S. 1÷24
Wurde ersetzt durch Richtlinie 2004/18/EG vom 31.03.2004 /D09/

/D08/ SKR–Sektorenrichtlinie
Richtlinie 90/531/EWG des Rates vom 17.09.1990 betreffend die Auftragsvergabe durch Auftraggeber im Bereich der Wasser-, Energie- und Verkehrsversorgung sowie im Telekommunikationssektor,
ABl. Nr. L 297 vom 29.10.1990, S. 1÷48,
kodifizierte Fassung:
Richtlinie 93/38/EWG vom 14.06.1993, ABl. Nr. L 199 vom 09.08.1993, S. 84÷138
Wurde ersetzt durch Richtlinie 2004/17/EG vom 31.03.2004 /D10/

/D09/ VKR–Vergabekoordinierungsrichtlinie
Richtlinie 2004/18/EG des Europäischen Parlaments und des Rates vom 31.03.2004 über die Koordinierung der Verfahren zur Vergabe öffentlicher Bauaufträge, Lieferaufträge und Dienstleistungsaufträge,
ABl. Nr. L 134 vom 30.04.2004, S. 114÷240,
geändert durch
Richtlinie 2005/51/EG vom 07.09.2005, ABl. Nr. L 257 vom 01.10.2005, S. 127+128
Richtlinie ersetzt /D05/, /D06/ und /D07/
Umsetzung in deutsches Recht durch /D15/, /D17/, /D18/, /D19/ und /D20/

/D10/ SKR–Sektorenrichtlinie (neu)
Richtlinie 2004/17/EG des Europäischen Parlaments und des Rates vom 31.03.2004 zur Koordinierung der Zuschlagserteilung durch Auftraggeber im Bereich der Wasser-, Energie- und Verkehrsversorgung sowie der Postdienste,
ABl. Nr. L 134 vom 30.04.2004, S. 1÷113,
geändert durch
Richtlinie 2005/51/EG vom 07.09.2005, ABl. Nr. L 257 vom 01.10.2005, S. 127+128
Richtlinie ersetzt /D08/
Umsetzung in deutsches Recht durch /D15/, /D17/, /D19/ und /D20/
Nicht umgesetzt ist die Vergabe freiberuflicher Leistungen, die nicht eindeutig und erschöpfend beschreibbar sind. Für diese gilt die Sektorenrichtlinie unmittelbar.

/D11/ Verordnung (EG) Nr. 1422/2007 der Kommission vom 04.12.2007 zur Änderung der Richtlinien 2004/17/EG und 2004/18/EG des Europäischen Parlaments und des Rates im Hinblick auf die Schwellenwerte für Auftragsvergabeverfahren,
ABl. Nr. L 317 vom 05.12.2007, S. 34+35

Beinhaltet die Änderung der Schwellenwerte,
Überprüfung und Neufestlegung alle zwei Jahre

/D12/ RMR–Rechtsmittelrichtlinie (Überwachungsrichtlinie)
Richtlinie 89/665/EWG des Rates vom 21.12.1989 zur Koordinierung der Rechts- und Verwaltungsvorschriften für die Anwendung der Nachprüfungsverfahren im Rahmen der Vergabe öffentlicher Liefer- und Bauaufträge,
ABl. Nr. L 395 vom 30.12.1989, S. 33÷35,
geändert durch
Richtlinie 92/50/EWG vom 18.06.1992, ABl. Nr. L 209 vom 24.07.1992, S. 1÷24,
Richtlinie 97/52/EG vom 13.10.1997, ABl. Nr. L 328 vom 28.11.1997, S. 1÷59
Umsetzung in deutsches Recht durch /D19/ und /D20/

/D13/ SRMR–Sektoren-Rechtsmittelrichtlinie (Sektoren-Überwachungsrichtlinie)
Richtlinie 92/13/EWG des Rates vom 25.02.1992 zur Koordinierung der Rechts- und Verwaltungsvorschriften für die Anwendung der Gemeinschaftsvorschriften über die Auftragsvergabe durch Auftraggeber im Bereich der Wasser-, Energie- und Verkehrversorgung sowie im Telekommunikationssektor,
ABl. Nr. L 76 vom 23.03.1992, S. 14÷19
Umsetzung in deutsches Recht durch /D19/ und /D20/

/D14/ Richtlinie 2007/66/EG des Europäischen Parlaments und des Rates vom 11.12.2007 zur Änderung der Richtlinien 89/665/EWG und 92/13/EWG des Rates im Hinblick auf die Verbesserung der Wirksamkeit der Nachprüfungsverfahren bezüglich der Vergabe öffentlicher Aufträge,
ABl. Nr. L 335 vom 20.12.2007, S. 31÷46
Beinhaltet die Änderung der Rechtsmittelrichtlinien /D12/,/D13/
Umsetzungsfrist: 20.12.2009, Umsetzung in Deutschland noch nicht erfolgt

/D15/ VOB–Vergabe- und Vertragsordnung für Bauleistungen, Ausgabe 2006,
abrufbar beim Bundesministerium für Verkehr, Bau und Stadtentwicklung unter:
http://www.bmvbs.de/dokumente/-,302.3645/Artikel/dokument.htm

/D16/ VOB 2006 in Englisch,
Loseblattsammlung, Beuth Verlag, Berlin, 2007

/D17/ VOL–Verdingungsordnung für Leistungen, Ausgabe 2006,
abrufbar beim Bundesministerium für Wirtschaft und Technologie unter:
http://www.bmwi.de/BMWi/Navigation/Service/gesetze,did=191324.html

/D18/ VOF–Verdingungsordnung für freiberufliche Leistungen, Ausgabe 2006,
abrufbar beim Bundesministerium für Wirtschaft und Technologie unter:
http://www.bmwi.de/BMWi/Navigation/Service/gesetze,did=191328.html

/D19/ GWB–Gesetz gegen Wettbewerbsbeschränkungen,
Fassung vom 13.07.2005, BGBl. I vom 20.07.2005, S. 2114÷2147,
zuletzt geändert am 20.04.2009 durch das Gesetz zur Modernisierung des Vergaberechts,
BGBl I vom 23.04.2009, S. 790÷798

/D20/ VgV–Vergabeverordnung
Verordnung über die Vergabe öffentlicher Aufträge,
Fassung vom 11.02.2003, BGBl. I vom 14.02.2003, S. 169÷176,
zuletzt geändert am 20.04.2009 durch das Gesetz zur Modernisierung des Vergaberechts,
BGBl I vom 23.04.2009, S. 797

/D21/ Bayer. Staatsministerium für Wirtschaft, Infrastruktur, Verkehr und Technologie (Hrsg.)
Leitfaden Vergabe und Nachprüfung öffentlicher Aufträge, Fassung 1/2008,
Broschüre abrufbar unter:
http://www.stmwivt.bayern.de/wirtschaft/oeffentliches-auftragswesen/publikationen/

/D22/ Bundesvereinigung der kommunalen Spitzenverbände,
Arbeitskreis Vergabewesen (Hrsg.)
Architektenverträge und Ingenieurverträge für öffentliche Bauvorhaben–
Vertragsmuster mit Erläuterungen, 3. Auflage, Verlag Rehm, Heidelberg, 2003

/D23/ HOAI 2009–Honorarordnung für Architekten und Ingenieure,
verabschiedete Fassung vom 29.04.2009 abrufbar unter: http://www.hoai.de/

/D24/ DIN Deutsches Institut für Normung e.V. (Hrsg.)
StLB Standardleistungsbuch für das Bauwesen, Stand 2009,
nur elektronisch verfügbar über: http://www.din-bauportal.de/index.php?mid=124

/D25/ FGSV Forschungsgesellschaft für Straßen- und Verkehrswesen (Hrsg.)
StLK Standardleistungskatalog für den Straßen- und Brückenbau, FGSV Verlag, Köln, Stand 2009

/D26/ Hauptverband der Deutschen Bauindustrie e.V./
Zentralverband des Deutschen Baugewerbes e.V. (Hrsg.)
Arbeitsgemeinschaftsvertrag, Fassung 2005, Wibau Holding und Service GmbH, Düsseldorf, 2005

/D27/ Deutsche Gesellschaft für Baurecht e.V./Deutscher Beton- und Bautechnik-Verein e.V. (Hrsg.)
Schiedsgerichtsordnung für das Bauwesen einschließlich Anlagenbau (SGO Bau) in der Fassung vom 1.Juli 2005,
abrufbar unter: http://www.baurecht-ges.de/schieds.htm

/D28/ Arbeitsgemeinschaft für Bau- und Immobilienrecht im Deutschen Anwaltverein (Hrsg.)
Schlichtungs- und Schiedsordnung für Baustreitigkeiten (SOBau) der ARGE Baurecht–Juli 2004,
abrufbar unter: http://www.arge-baurecht.com/mitglieder/sobau

/D29/ Deutsche Institution für Schiedsgerichtsbarkeit e.V. (Hrsg.)
DIS–Schiedsgerichtsordnung 1998,
abrufbar unter: http://www.dis-arb.de/

/D30/ Baustellenrichtlinie
Richtlinie 92/57/EWG des Rates vom 24.06.1992 über die auf zeitlich begrenzte und

ortsveränderliche Baustellen anzuwendenden Mindestvorschriften für die Sicherheit und den Gesundheitsschutz,
ABl. Nr. L 245 vom 26.08.1992, S. 6÷22,
geändert durch
Richtlinie 2007/30/EG vom 20.06.2007, ABl. Nr. L 165 vom 27.06.2007, S. 21÷24
Umsetzung in deutsches Recht durch /D31/

/D31/ BaustellV–Baustellenverordnung
Verordnung über Sicherheit und Gesundheitsschutz auf Baustellen vom 10.06.1998,
BGBl. I vom 18.06.1998, S. 1283÷1285,
geändert durch
Artikel 15 der Verordnung vom 23.12.2004, BGBl. I vom 29.12.2004, S. 3816

/D32/ Ländergemeinsame Strukturvorgaben gemäß § 9 Abs. 2 HRG für die Akkreditierung von Bachelor- und Masterstudiengängen,
Beschluss der Kultusministerkonferenz vom 10.10.2003 in der Fassung vom 18.09.2008,
abrufbar unter:
http://www.kmk.org/fileadmin/veroeffentlichungen_beschluesse/2003/2003_10_10-Strukturvorgaben-Bachelor-Master.pdf

Literatur

/D33/ Alexander, N./Ade, J./Olbrisch, C.
Mediation Schlichtung Verhandlungsmanagement–Formen konsensualer Streitbeilegung, Verlag Alpmann und Schmidt, Münster, 2005

/D34/ Allianz Versicherungs-AG (Hrsg.)
50 Jahre Bauleistungsversicherung, Allianz Berichte Nr. 22, Berlin–München, 1984

/D35/ Arlt, J./Kiehl, P.
Bauplanung mit DIN-Normen, B. G. Teubner/Beuth, Stuttgart–Berlin–Köln, 1995

/D36/ Berg, C.
Außergerichtliche Streitbeilegung nach britischem Vorbild im deutschen Baugewerbe, Diplomarbeit, Fachhochschule Mainz, 2008

/D37/ Cooke, B./Walker, G.
European Construction–Procedures and Techniques, MacMillan Press, London, 1994

/D38/ Duve, H.
Streitregulierung im Bauwesen–Verfahren, Kriterien, Bewertung,
Werner Verlag, Neuwied, 2007

/D39/ Englert, K./Franke, H./Grieger, W.
Streitlösung ohne Gericht–Schlichtung, Schiedsgericht und Mediation in Bausachen,
Werner Verlag, Neuwied, 2006

/D40/ Eschenfelder, D.
Gebrauchstauglichkeit von Bauprodukten in Gebäuden, Der Prüfingenieur, Nr. 17/2000, S. 55÷72

/D41/ Eschenfelder, D./Lehmann, W.
Wörterbuch bauaufsichtlicher Begriffe, Verlagsgesellschaft Rudolf Müller, Köln, 2001

/D42/ Fédération de l'Industrie Européenne de la Construction (FIEC)
Europäische Prinzipien für den Generalunternehmervertrag, Bruxelles, 1996, bestellbar über: http://www.bauindustrie.de

/D43/ Fischer, P./Schonebeck, K.-H./Keil, W.
Rechtsfragen im Baubetrieb, 4. Auflage, Werner Verlag, Neuwied, 2001

/D44/ Franke, H./Höfler, H.
Vergabe der Architekten- und Planerleistung nach der neuen Verdingungsordnung für freiberufliche Leistungen, Tiefbau Ingenieurbau Straßenbau (tis), Jg. 39 (1997), Nr. 11, S. 29÷32; Nr. 12, S. 45÷48

/D45/ Graf, H.-W./Rall, L./Krimmel, J.
Systemvergleiche vergabe- und kartellrechtlicher Rahmenbedingungen für öffentliche Bauaufträge in ausgewählten EG- und EFTA-Ländern, Institut für angewandte Wirtschaftsforschung Tübingen, Forschungsberichte Serie B, Nr. 8, Tübingen, 1988

/D46/ Bundesamt für Bauwesen und Raumordnung (Hrsg.)
Bericht zur Lage und Perspektive der Bauwirtschaft 2008,
abrufbar unter:
http://www.bmvbs.de/Bauwesen/Bauwirtschaft-,1520/Daten-zur-Bauwirtschaft.htm

/D47/ Hoffmann, M. (Hrsg.)
Zahlentafeln für den Baubetrieb, 7. Auflage, B. G. Teubner, Wiesbaden, 2006

/D48/ Institut für Baubetrieb Mainz e.V. (Hrsg.)
Praxis für SiGe-Koordinatoren–Die Baustellenverordnung in Planung und Ausführung, 3. Auflage, Eigenverlag, Mainz, 2006

Die Broschüre enthält alle RAB–Regeln zum Arbeitsschutz auf Baustellen,
RAB auch abrufbar bei der Bundesanstalt für Arbeitsschutz und Arbeitsmedizin unter:
http://www.baua.de/de/Themen-von-A-Z/Branchenschwerpunkt-Bauarbeiten-und-Baustellen/Branchenschwerpunkt_20Bauarbeiten_20und_20Baustellen.html

/D49/ Keil, W./Martinsen, U./Vahland, R./Fricke, J
Einführung in die Kostenrechnung für Bauingenieure, 11. Auflage, Werner Verlag, Neuwied, 2008

/D50/ Kulick, R.
Der „harmonisierte" europäische Baumarkt–Einführung in Begriffe und Entwicklungen, Bauwirtschaft, Jg. 43 (1989), Nr. 1, S. 29÷31, und Nr. 2, S. 115÷117

/D51/ Kulick, R./Appelmann, J.
Vergabe öffentlicher Bauaufträge im Vergleich–Deutschland, Frankreich, Großbritannien und der zukünftige europäische Binnenmarkt, Bauwirtschaft, Jg. 44 (1990), Nr. 2, S. 62÷67

/D52/ Langer, E.
Öffentliche Auftragsvergabe im internationalen Vergleich, ZfBR, Heft 6/Dez. 1980,

S. 267÷274; Heft 1/Febr. 1981, S. 6÷9; Heft 2/April 1981, S. 51÷57; Heft 3/Juni 1981,
S. 103÷108; Heft 4/Aug. 1981, S. 157÷161; Heft 5/Okt. 1981, S. 203÷208

/D53/ Leimböck, E.
Bauwirtschaft, B. G. Teubner, Stuttgart–Leipzig, 2000

/D54/ Lotz, B.
Der Konsortialvertrag des Anlagenbaus im In- und Ausland, ZfBR, Heft 5/Sept. 1996, S. 233÷240

/D55/ Mantscheff, J./Boisserée, D.
Baubetriebslehre I–Bauverträge und Ausschreibungen, 7. Auflage, Werner Verlag, Neuwied, 2004

/D56/ Nagel, U.
Zahlungsforderungen sichern und durchsetzen, Bauwerk Verlag, Berlin, 2001

/D57/ Schmidt-Eichstaedt, G. (Hrsg.)
Bauleitplanung und Baugenehmigung in der Europäischen Union / Land Use Planning and Building Permission in the European Union, Deutscher Gemeindeverlag / Verlag W. Kohlhammer, Köln, 1995

/D58/ Smith, N.J./Wearne, S.H.
Construction Contract Arrangements in EU Countries, European Construction Institute, Loughborough University of Technology/UK, 1993

/D59/ Springborn, M.
Inverkehrbringen und Verwendung von Bauprodukten–die Bauproduktenrichtlinie und ihre Umsetzung, DIBt Mitteilungen, Jg. 39 (2008), Heft 1, S. 6÷17

/D60/ Veit, J./Lerch, P.
Gesundheit und Umweltschutz bei Bauprodukten–Die europäische Normung zur Bauprodukten-Richtlinie, Fraunhofer IRB Verlag, Stuttgart, 2008

/D61/ VHV Vereinigte Haftpflichtversicherungen V.a.G. (Hrsg.)
Baugewährleistungs-Versicherung–Leitfaden Gewährleistung und Versicherung, Selbstverlag, Hannover, 1999

/D62/ Vygen, K.
Bauvertragsrecht nach VOB und BGB, 3. Auflage, Bauverlag, Wiesbaden–Berlin, 1997

/D63/ Zerhusen, J.
Alternative Streitbeilegung im Bauwesen–Streitvermeidung, Schlichtung, Mediation, Schiedsverfahren, Carl Heymanns Verlag, Köln–Berlin–München, 2005

/D64/ Zentralverband des Deutschen Baugewerbes e.V. (Hrsg.)
Merkblatt: Preisvorbehalte und Preisgleitklauseln in Bauverträgen, Bonn, 1988

Großbritannien

Regelwerke

Britische Regelwerke werden überwiegend von Berufsverbänden herausgegeben, manche sind deshalb nur über diese Berufsverbände oder ihnen angeschlossene Verlage bzw. Buchhandlungen zu beziehen. Wichtige Bezugsadressen sind:

Thomas Telford Bookshop (=Buchhandlung der ICE Institution of Civil Engineers)
Institution of Civil Engineers, One Great George Street, Westminster, London
http://www.thomastelford.com/books/

RIBA Publications (=Buchhandlung des RIBA Royal Institute of British Architects)
RIBA Headquarters, 66 Portland Place, London
http://www.ribabookshops.com/site/home.asp

RICS Bookshop (=Buchhandlung der RICS Royal Institution of Chartered Surveyors)
12 Great George Street, Parliament Square, London SW1P 3AD
http://www.ricsbooks.com/default.asp

OPSI Office of Public Sector Information
http://www.opsi.gov.uk/legislation/uk

/G01/ Local Government Planning and Land Act 1980
z. B. in: Arnold-Baker, C. (Ed.)
The Local Government Planning and Land Act 1980, Butterworth, London, 1981

/G02/ Local Government Act 1988
abrufbar unter: http://www.opsi.gov.uk/acts/acts1988.htm

/G03/ Housing Grants, Construction and Regeneration Act 1996
abrufbar unter: http://www.opsi.gov.uk/acts/acts1996/ukpga_19960053_en_1

/G04/ The Public Contracts Regulations 2006
abrufbar unter: http://www.opsi.gov.uk/si/si2006/uksi_20060005_en.pdf
Umsetzung der Vergabekoordinierungsrichtlinie in britisches Recht

/G05/ The Utilities Contracts Regulations 2006
abrufbar unter: http://www.opsi.gov.uk/si/si2006/uksi_20060006_en.pdf
Umsetzung der Sektorenrichtlinie in britisches Recht

/G06/ Statutory Instrument 1998 No. 649
The Scheme for Construction Contracts (England and Wales) Regulations 1998, Statutory Instrument 1998 No. 649,
abrufbar unter: http://www.opsi.gov.uk/si/si1998/19980649.htm

/G07/ Institution of Civil Engineers/Association of Consulting Engineers/Civil Engineering Contractors Association (Ed.)
Tendering for Civil Engineering Contracts recommended for use with the ICE Conditions of Contract in the United Kingdom, Thomas Telford, London, 2000

/G08/ NJCC National Joint Consultative Committee for Building
Code of Procedure for Single Stage Selective Tendering, London, 1996,
bestellbar über: http://www.thenbs.com/PublicationIndex

/G09/ NJCC National Joint Consultative Committee for Building
Code of Procedure for Two Stage Selective Tendering, London, 1996,
bestellbar über: http://www.thenbs.com/PublicationIndex

/G10/ Joint Contracts Tribunal (Ed.)
JCT Standard Building Contract with Quantities (SBC/Q), 2005 Edition,
Sweet & Maxwell Ltd, London, 2005,
bestellbar über: http://www.jctcontracts.com/JCT/stockists.jsp

/G11/ Joint Contracts Tribunal
Informationen über alle JCT Verträge abrufbar unter:
http://www.jctltd.co.uk/stylesheet.asp?file=02082006173525

/G12/ Institution of Civil Engineers/Association of Consulting Engineers/Civil Engineering Contractors Association (Ed.)
ICE Conditions of Contract Measurement Version, 7th Edition,
Thomas Telford, London, 1999

/G13/ Institution of Civil Engineers/Association of Consulting Engineers/Civil Engineering Contractors Association (Ed.)
Amendments to the ICE Conditions of Contract–Reference: ICE/Clause-66/July 2004,
abrufbar unter: http://www.ice.org.uk/downloads//clause %2066.pdf

/G14/ Institution of Civil Engineers/Association of Consulting Engineers/Civil Engineering Contractors Association (Ed.)
ICE Design and Construct Conditions of Contract, 2nd Edition,
Thomas Telford, London, 2001

/G15/ Institution of Civil Engineers/Association of Consulting Engineers/The Civil Engineering Contractors Association (Ed.)
ICE Conditions of Contract Target Cost Version, Thomas Telford, London, 2006

/G16/ Institution of Civil Engineers (Ed.)
NEC3 Engineering and Construction Contract, 3nd Edition,
Thomas Telford, London, 2005

/G17/ Great Britain Property Services Agency (Ed.)
GC/Works/1–General Conditions of Government Contract for Building and Civil Engineering Major Works, Stationery Office, 1998,
bestellbar über: http://www.tso.co.uk/bookshop

/G18/ Royal Institution of Chartered Surveyors/Construction Confederation (Ed.)
SMM7–Standard Method of Measurement of Building Works, 7th Edition, revised 1998, RICS, London, 2000

/G19/ Royal Institution of Chartered Surveyors/Construction Confederation (Ed.)
SMM7–A Code of Procedure for Measurement of Building Works (Measurement Code), revised 1998, RICS, London, 2000

/G20/ Institution of Civil Engineers (Ed.)
CESMM3–Civil Engineering Standard Method of Measurement, 3rd Edition,
Thomas Telford, London, 1991

/G21/ NBS/RIBA Enterprises Limited
NBS National Building Specification,
bestellbar über: http://www.thenbs.co.uk/products/index.asp

/G22/ Constructionline (=britische Präqualifizierungsagentur)
http://www.constructionline.co.uk/static/index.html

/G23/ RIBA Royal Institute of British Architects (Ed.)
Standard Agreement for the Appointment of an Architect (S-Con-07-A),
RIBA Publishing, London, August 2007,
bestellbar über: http://www.ribabookshops.com/site/Agreements.asp

/G24/ RIBA Royal Institute of British Architects (Ed.)
Plan of Works
abrufbar unter:
http://www.architecture.com/Files/RIBAProfessionalServices/Practice/OutlinePlanofWork(revised).pdf

/G25/ Institution of Civil Engineers (Ed.)
NEC3 Professional Services Contract (PSC)
Thomas Telford, London, 2005,

Literatur

/G26/ Ashworth, A.
Contractual Procedures in the Construction Industry, 4th Edition, Longman, Harlow, 2001

/G27/ Atkinson, A.V.
Civil Engineering–Contract Administration, Hutchinson, London, 1985

/G28/ Brandon, P.
Quantity Surveying Techniques, Blackwell, Oxford, 1992

/G29/ British Council Germany
Das britische Hochschulsystem,
abrufbar unter: http://www.educationuk.org/pls/hot_bc/page_pls_all_homepage

/G30/ Buchan, R./Fleming, F./Kelly, J.
Estimating for Builders & Quantity Surveyors, Newnes, Oxford, 1991

/G31/ Egan, J.
Rethinking Construction,
Department of the Environment, Transport and the Regions, 1998,
abrufbar unter:
http://www.architecture.com/Files/RIBAHoldings/PolicyAndInternationalRelations/Policy/PublicAffairs/RethinkingConstruction.pdf

/G32/ Eggleston, B.
The New Engineering Contract: A Commentary, Blackwell, Oxford, 1996

/G33/ Engineering Council UK (Ed.)
Chartered Engineer and Incorporated Engineer Standard, London, 2005,

Broschüre abrufbar unter:
http://www.engc.org.uk/documents/CEng_IEng_Standard.pdf

/G34/ Gralla, M.
Garantierter Maximalpreis, B. G. Teubner, Stuttgart–Leipzig–Wiesbaden, 2001

/G35/ Höfler, H.
Allgemeine Bestimmungen für die Vergabe von Bauleistungen in Großbritannien in: Bayer/Franke/Grupp/Heiermann (Hrsg.): Europäische Vergaberegeln im Bauwesen, Beuth Verlag, Berlin–Wien–Zürich, Loseblattsammlung, eingestellt 1999

/G36/ Hore, A.V./Kehoe, J./McMullan, R./Penton, M.R.
Construction 1–Management, Finance, Measurement, Macmillan Press, London, 1997

/G37/ Institution of Civil Engineers (Ed.)
ICE 3001–Routes to Membership, London, 2005,
Broschüre abrufbar unter: http://www.ice.org.uk/joining/index.asp

/G38/ Kulick, R./Algesheimer, K.
Probleme sind traditioneller Natur–Die Beteiligten am Bau in Großbritannien und Deutschland, Bauwirtschaft, Jg. 49 (1995), Nr. 6, S. 10+12÷22

/G39/ Kwakye, A. A.
Construction Projekt Administration in Practice, Longman, Harlow, 1997

/G40/ Lange, K.
Wird sich das neue Vertragswerk behaupten?, Bauwirtschaft, Jg. 50 (1996), Nr. 10, S. 67+68

/G41/ Latham, M.
Constructing the Team, Final Report of the Joint Government / Industry review of procurement and contracual arrangements in the United Kingdom Construction Industry, London, HSMO, 1994
bestellbar über: http://products.ihs.com/cis/Doc.aspx?AuthCode=&DocNum=84343

/G42/ Lupton, S.
Guide to JCT 98, RIBA Publications, London, 1999

/G43/ Murdoch, J./Hughes, W.
Construction Contracts: Law and Management, 4th Edition, Taylor & Francis, London, 2008

/G44/ Ndekugri, I.E./ Rycroft, M.
JCT 98 Building Contract: Law & Administration, Butterworth-Heinemann, Oxford, 2001

/G45/ Racky, P.
Construction Management–eine alternative Projektorganisationsform zur zielorientierten Abwicklung komplexer Bauvorhaben, Bauingenieur, Band 76 (2001), S. 79÷85

/G46/ Schmidt-Gayk, A.
Erfahrungen mit dem New Engineering Contract, Bauwirtschaft, Jg. 53 (1999), Nr. 11, S. 33+34

/G47/ Schmidt-Gayk, A.
Bauen in Deutschland mit dem New Engineering Contract, Diss., Hannover, 2003

/G48/ Walker, C./Smith, A. (Ed.)
Privatized Infrastructure: The BOT Approach, Thomas Telford, London, 1996

International und „traditioneller" Auslandsbau

Regelwerke

Bezugsadresse für FIDIC-Regelwerke:
FIDIC Fédération Internationale des Ingénieurs-Conseils, Box 311, CH-1215 Geneva 15
http://www1.fidic.org/bookshop

/I01/ Fédération Internationale des Ingénieurs-Conseils (Ed.)
FIDIC Conditions of Contract for Construction, for Building and Engineering Works designed by the Employer (=Red book), 1st Edition, Genf, 1999 (siehe auch /I25/)

/I02/ Fédération Internationale des Ingénieurs-Conseils (Ed.)
FIDIC Conditions of Contract for Plant and Design-Build, for Electrical and Mechanical Plant and for Building and Engineering Works designed by the Contractor (=Yellow book), 1st Edition, 1999 (siehe auch /I26/)

/I03/ Fédération Internationale des Ingénieurs-Conseils (Ed.)
FIDIC Conditions of Contract for EPC / Turnkey Projects (=Silver book), 1st Edition, 1999 (siehe auch /I27/)

/I04/ Fédération Internationale des Ingénieurs-Conseils (Ed.)
FIDIC Short Form of Contract (=Green book), 1st Edition, 1999 (siehe auch /I28/)

/I05/ Fédération Internationale des Ingénieurs-Conseils (Ed.)
FIDIC Form of Contract for Dredging and Reclamation Works, (=Blue book), 1st Edition, 2006

/I06/ Fédération Internationale des Ingénieurs-Conseils (Ed.)
FIDIC Conditions of Contract for Design, Build and Operate Projects (DBO), (=Gold book), 1st Edition, 2007

/I07/ Fédération Internationale des Ingénieurs-Conseils (Ed.)
FIDIC Construction Contract MDB Harmonised Edition, (=Harmonised Red book), 1st Edition, 2006

/I08/ Fédération Internationale des Ingénieurs-Conseils (Ed.)
FIDIC Tendering Procedure, 2nd Edition, 1994

/I09/ Fédération Internationale des Ingénieurs-Conseils (Ed.)
FIDIC Client / Consultant Model Services Agreement (=White book), 4th Edition, 2006
(siehe auch /I29/)

/I10/ Fédération Internationale des Ingénieurs-Conseils (Ed.)
Client / Consultant Model Services Agreement (1999 White Book) Guide, 2nd Edition, 2001

/I11/ ICC International Chamber of Commerce
Incoterms 2000 (Englisch–Deutsch), ICC-Publikation Nr. 560 ED, Köln, 1999, bestellbar über: ICC Deutschland–Vertriebsdienst, Postfach 100826, 50448 Köln, http://www.icc-deutschland.de

/I12/ International Chamber of Commerce Paris–Internationale Handelskammer Paris (Hrsg.)
ICC Dispute Resolution Rules / ICC Schiedsgerichtsordnung, gültig seit 01.01.1998, abrufbar unter:
http://www.iccwbo.org/uploadedFiles/Court/Arbitration/other/rules_arb_german.pdf

/I13/ International Chamber of Commerce Paris–Internationale Handelskammer Paris (Hrsg.)
ICC Dispute Board Rules in force as from 1 September 2004,
abrufbar unter:
http://www.iccwbo.org/court/dispute_boards/id4352/index.html

/I14/ International Bank for Reconstruction and Development/World Bank (Eds.)
Guidelines: Selection and Employment of Consultants by World Bank Borrowers, May 2004 (revised October 2006), Washington,
abrufbar unter: http://www.worldbank.org

Literatur

/I15/ Blecken, U./Kulick, R.
Logistikkonzept für den Auslandsbau, Baumaschine+Bautechnik, Heft 10/1984, S. 404÷415

/I16/ Bollinger, R.
Auslandsbau, Bauwirtschaft, Jg. 53 (1999), Nr. 12, S. 17÷24

Seit 1977 wurde jeweils im Dezember-Heft der „Bauwirtschaft" von Bollinger ein detaillierter Überblick über den aktuellen Stand des Auslandsbaus gegeben.
Seit 2000 wird dieser Überblick von Kehlenbach–siehe /I32/–fortgeführt.

/I17/ Bollinger, R.
Volkswirtschaftliche und politische Rahmenbedingungen für deutsche Bauunternehmen auf internationalen Märkten,
in: VDI-Gesellschaft Bautechnik (Hrsg.): Bauen im Ausland: Chancen–Risiken–Erfahrungen, VDI Bericht 1347, VDI Verlag, Düsseldorf, 1997, S. 31÷51

/I18/ Bollinger, R.
Auslandsbau,
in: Diederichs, C.J. (Hrsg.): Handbuch der strategischen und taktischen Bauunternehmensführung, Bauverlag, Wiesbaden–Berlin, 1996, S. 567÷586

/I19/ Brockmann, C.
Erfolgsfaktoren von Internationalen Construction Joint Ventures in Südostasien, Diss., Zürich, 2007

/I20/ Feil, F.
Bauen in Entwicklungsländern–ein Glücksspiel, Bauwirtschaft, Jg. 34 (1980), Nr. 5, S. 140÷142

/I21/ Goedel, J.
Die Neufassung der FIDIC-Bauvertragsbedingungen vom März 1977, ZfBR, Heft 1/Okt. 1978, S. 10÷12; Heft 2/Dez. 1978, S. 41÷48

/I22/ Grüske, W.
Ratgeber Incoterms 2000, Fachverlag Deutscher Wirtschaftdienst, Köln, 2000

/I23/ Hinrichs, K.
Bauwirtschaftliche Ziele, Chancen und Risiken im Auslandsbau, in: VDI-Gesellschaft Bautechnik (Hrsg.): Bauen im Ausland: Chancen–Risiken–Erfahrungen, VDI Bericht 1347, VDI Verlag, Düsseldorf, 1997, S. 1÷29

/I24/ Hök, G.-S.
Handbuch des internationalen und ausländischen Baurechts, Springer-Verlag, Berlin–Heidelberg–New York, 2005

/I25/ Hök, G.-S.
FIDIC Red Book –Conditions of Contract for Construction, Erläuterungen und Übersetzung, Band 9 der VBI-Schriftenreihe, 2. Auflage, Berlin, 2006

/I26/ Hök, G.-S.
FIDIC Yellow Book–Conditions of Contract for Plant and Design-Build, Erläuterungen und Übersetzung, Band 12 der VBI-Schriftenreihe, 2. Auflage, Berlin, 2009

/I27/ Hök, G.-S.
FIDIC Silver Book–Conditions of Contract for EPC / Turnkey Projects, Erläuterungen und Übersetzung, Band 13 der VBI-Schriftenreihe, Berlin, 2006

/I28/ Hök, G.-S.
FIDIC Green Book–Short Form of Contract, Erläuterungen und Übersetzung, Band 16 der VBI-Schriftenreihe, Berlin, 2008

/I29/ Hök, G.-S.
FIDIC White Book–Client/Consultant Model Services Agreement, Erläuterungen und Übersetzung, Band 14 der VBI-Schriftenreihe, Berlin, 2007

/I30/ Hök, G.-S.
FIDIC Dispute Adjudication–Der FIDIC-Adjudicator, Band 15 der VBI-Schriftenreihe, Berlin, 2007

/I31/ Kehlenbach, F.
Die neuen FIDIC-Musterbauverträge, Bauwirtschaft, Jg. 53 (1999), Nr. 11, S. 19÷22

/I32/ Kehlenbach, F.
Internationaler Bauboom–Deutsche Bauindustrie im Auslandsbau beflügelt, Baumarkt+Bauwirtschaft, Jg. 107 (2008), Nr. 12, S. 68÷71; Jg. 108 (2009), Nr. 1-2, S. 51÷53

Seit 2000 wird jeweils im Dezember-Heft der „Baumarkt+Bauwirtschaft“ (bis 2000: „Bauwirtschaft“) von Kehlenbach ein detaillierter Überblick über den aktuellen Stand des Auslandsbaus gegeben. Vor 2000 wurde dieser Überblick von Bollinger–siehe /I16/–erstellt.

/I33/ Köntges, H./Jurowich, V.
Der Ingenieur als Schlichter, Baumarkt+Bauwirtschaft, Jg. 107 (2008), Nr. 5, S. 44÷47; Nr. 6, S. 42÷45

/I34/ Kulick, R.
Logistische Aufgaben bei der Vorbereitung und Abwicklung von Auslandsbaustellen, Bauingenieur, Jg. 56 (1981), Nr. 5, S. 193÷198

/I35/ Lange, K./Rogers, F.G.
Musterbriefe in Englisch für den Auslandsbau–unter besonderer Berücksichtigung der FIDIC-Bauvertragsbedingungen, Bauverlag, Wiesbaden–Berlin, 1994

Das Buch enthält als Anlage das vollständige „Red book“ in der 4. Auflage, 1987.

/I36/ Lütkestratkötter, H.
Die veränderte Rolle des unabhängig beratenden Ingenieurs im Auslandsbau, in: VDI-Gesellschaft Bautechnik (Hrsg.): Bauen im Ausland: Chancen–Risiken–Erfahrungen, VDI Bericht 1347, VDI Verlag, Düsseldorf, 1997, S. 197÷210

/I37/ Mallmann, R. A.
Bau- und Anlagenbauverträge nach den FIDIC-Standardbedingungen, Verlag C.H. Beck, München, 2002

Das Buch enthält als Anlagen das vollständige „Red book“, „Yellow book“ und „Silver book“, jeweils in der Fassung von 1999.

/I38/ Nemuth, T.
Risikomanagement bei internationalen Bauprojekten, Expert Verlag, Renningen, 2006

/I39/ Rönnberg, K.
Strukturelle Voraussetzungen und Veränderungen für erfolgreiche bauunternehmerische Tätigkeit auf internationalen Märkten, in: VDI-Gesellschaft Bautechnik (Hrsg.): Bauen im Ausland: Chancen–Risiken–Erfahrungen, VDI Bericht 1347, VDI Verlag, Düsseldorf, 1997, S. 53÷68

/I40/ Schroeder-Selbach, U.
Absicherung wirtschaftlicher und politischer Risiken im Auslandsbau durch das Hermes-Ausfuhrgewährleistungsinstrumentarium des Bundes, in: VDI-Gesellschaft Bautechnik (Hrsg.): Bauen im Ausland: Chancen–Risiken–Erfahrungen, VDI Bericht 1347, VDI Verlag, Düsseldorf, 1997, S. 69÷84

/I41/ Totterdill, B. W.
FIDIC users' guide–a practical guide to the 1999 red book, Thomas Telford, London, 2001

/I42/ VUBIC Verband unabhängig beratender Ingenieure und Consultants (Hrsg.)
Jahresbericht 2007/2008, Berlin, 2008 (und vorhergehende Jahre)

Der VUBIC ist zum 01.01.2009 dem VBI Verband Beratender Ingenieure beigetreten und hat sich gleichzeitig als eigenständiger Verband aufgelöst. In welcher Form die Auslandsstatistik des VUBIC weitergeführt wird, ist derzeit nicht bekannt.

/I43/ Wehner, M.
Kalkulationsverfahren für Auslandsprojekte, Bauwirtschaft, Jg. 34 (1980), Nr. 40, S. 1736÷1742

/I44/ ---
Le Moniteur des Travaux Publics et du Bâtiment
wöchentlich erscheinendes Journal,
weitere Informationen siehe: http://www.lemoniteur-expert.com

Frankreich

Regelwerke

/F01/ CMP Code des marchés publics–Décret n°2006-975 du 1er Août 2006
Gesetz über die Vergabe öffentlicher Aufträge, Fassung vom 01.08.2006,
abrufbar unter:
http://www.finances.gouv.fr/directions_services/sircom/code2006/index.htm

Umsetzung der Vergabekoordinierungsrichtlinie und Sektorenrichtlinie in französisches Recht

/F02/ Décret n° 2008-1355 du 19 décembre 2008 de mise en œuvre du plan de relance,
abrufbar unter: http://www.legifrance.gouv.fr

Beinhaltet die Novelierung des CMP Code des marchés publics

/F03/ CCAG Cahier des clauses administratives générales applicables aux marchés publics de travaux
Heft der Allgemeinen Verwaltungsbestimmungen anwendbar auf öffentliche Bauaufträge, Fassung 1994,
abrufbar unter:
http://www.colloc.bercy.gouv.fr/colo_struct_marc_publ/cahi_clau_2.html

/F04/ CCTG Cahier des clauses techniques générales
Verzeichnis der Allgemeinen Technischen Bestimmungen,
Verordnungen und Erlasse siehe:
http://www.colloc.bercy.gouv.fr/colo_struct_marc_publ/cahi_clau_3/marc_publ.html

/F05/ AFNOR Association Française de Normalisation
Norme Française P 03–001, Fassung vom Dezember 2000,
bestellbar über: http://www.boutique.afnor.org/BGR1AccueilGroupe.aspx

/F06/ Homepage SOCOTEC = Société de Contrôle Technique
http://www.socotec.fr

/F07/ Homepage VERITAS = Bureau Veritas
http://www.fr.bureauveritas.com

/F08/ CNOA Conseil National de l'Ordre des Architectes
Französische Architektenkammer
http://www.architectes.org/outils-et-documents/commande-publique/contrats-pour-marches-publics

Literatur

/F09/ Institute Français in Deutschland
Studieren in Frankreich,
abrufbar unter: http://www.cidu.de/raeume/studieren/hochschule/content_hoch.html

/F10/ Kohl, H.
Der Bauvertrag mit öffentlichen Auftraggebern in Frankreich, Baurecht (BauR), Jg. 14 (1983), Nr. 1, S. 29÷43

/F11/ Kulick, R./Deigmöller, D.
Organisatorischer und rechtlicher Rahmen des Bauens in Frankreich, Bauwirtschaft, Jg. 52 (1998), Nr. 4, S. 24÷28

/F12/ Ministerium der Finanzen des Landes Rheinland-Pfalz/VHV Vereinigte Haftpflichtversicherungen V.a.G.
Grenzüberschreitendes Bauen–Arbeitshilfe für Bauwirtschaft, Handwerk und Planer–ein deutsch-französischer Vergleich, Mainz–Hannover, 1999

/F13/ Wiegand, C.
Bauen in Frankreich–Regelungsmuster für Europa?, Bauwirtschaft, Jg. 43 (1989), Nr. 9, S. 752÷756

Sachwortverzeichnis

T

U

V

W

Z